电子电气基础课程规划教材

# 电路理论

许爱德　邢振宇　李作洲　主　编



電子工業出版社
Publishing House of Electronics Industry
北京 · BEIJING

## 内 容 简 介

本书把电路理论分为“直流”电路和“交流”电路两部分，直流部分从第1章至第4章，包括电路基本定律和简单电阻电路、电路分析的基本方法和定理、运算放大器电路和动态电路的时域分析；交流部分从第5章至第10章，包括正弦稳态电路、谐振电路与频率响应、互感电路、三相电路、非正弦周期电流电路和二端口网络。通过先介绍直流电路中的相关概念、定理和方法，在引入频率的概念后，将这些概念、定理和方法自然地推广到交流电路中，在教学实践中收到了非常好的效果。

本书内容简洁，重点突出，逻辑清晰。课后习题按照知识点分类给出，便于教师布置作业和学生有针对性的练习，书末附有全部习题答案。

本书可作为高等院校电子信息类专业本科生“电路理论”、“电路基础”课程教材或教学参考书，也可供工程技术人员和电路爱好者参考。



**图书在版编目（CIP）数据**

电路理论 / 许爱德，那振宇，李作洲主编．—北京：电子工业出版社，2015.1
电子电气基础课程规划教材
ISBN 978-7-121-24740-8

I．①电… II．①许…②那…③李… III．①电路理论－高等学校－教材 IV．①TM13

中国版本图书馆 CIP 数据核字（2014）第 262308 号

责任编辑：竺南直　　　　特约编辑：郭　莉
印　　刷：北京捷迅佳彩印刷有限公司
装　　订：北京捷迅佳彩印刷有限公司
出版发行：电子工业出版社
　　　　　北京市海淀区万寿路 173 信箱　邮编　100036
开　　本：787×1 092　1/16　印张：17　字数：435 千字
版　　次：2015 年 1 月第 1 版
印　　次：2025 年 1 月第 8 次印刷
定　　价：36.00 元

凡所购买电子工业出版社图书有缺损问题，请向购买书店调换。若书店售缺，请与本社发行部联系，联系及邮购电话：（010）88254888。

质量投诉请发邮件至 zlts@phei.com.cn，盗版侵权举报请发邮件至 dbqq@phei.com.cn。

服务热线：（010）88258888。

# 前　言

《电路理论》是普通高等工科院校信息类专业第一门重要的专业基础课，也是后续课程学习和科学研究的基础。根据编者对目前国内外主流教材的调研，大多数教材涵盖范围广、知识点内容多；由于这些教材是面向所有电类专业的，这实际上很难适应对信息类专业学生的授课需求。信息类专业包括电子信息工程、通信工程、电子科学与技术、光电工程、计算机科学与技术、网络工程、智能科学与技术等，与电气工程、电力自动化等专业相比，这些专业侧重信息的传输、处理和控制。因而，亟需一本面向信息类专业、具有专业针对性的《电路理论》教材。鉴于此，根据高等院校课程改革的要求，结合作者多年授课经验，在我校2001年出版的《电路基础理论》教材基础上，针对信息类专业学生编写了《电路理论》一书。

这部《电路理论》教材具有如下特点：

第一，区别于大多数教材的编写思路，全书把电路分为“直流”电路和“交流”电路两部分。直流部分从第1章至第4章，包括简单电阻电路、线性直流电路，运算放大器电路、动态电路时域分析。交流部分从第5章至第10章，包括正弦稳态电路、谐振电路与频率响应、含耦合电感电路、三相电路、非正弦周期电流电路和二端口网络。这样的章节安排事半功倍：先介绍线性直流电路中的相关概念、定理和方法，在引入频率的概念后，可以将直流电路中的这些概念、定理和方法自然地推广到交流电路中；在教学实践中收到了非常好的教学效果。

第二，针对信息类专业特点，充分考虑到后续课程衔接，有利于学生平稳过渡到后续专业课程。例如，针对电子通信专业后续课程，本书强调了动态电路的零输入响应、零状态响应、全响应、暂态响应和稳态响应等概念及其物理意义；由谐振电路详细介绍了频率响应的概念；通过非正弦周期电流电路自然引出了频谱的概念，建立信号的时域-频域对应关系，为《信号与系统》做铺垫；针对《低频电子线路》、《高频电子线路》、《电波与天线》等课程，重点讲解了输入、输出阻抗及等效阻抗的定义与求法；强调频率与电抗的关系，使学生深刻理解频率对电路特性的影响；对相量和利用相量图求解正弦稳态电路做了深入分析。本书作者从事电子通信专业教学和科研多年，补充或强调这些内容，有助于学生对后续课程的学习，在教学过程中受到了学生们的普遍认可。

第三，结合信息类专业特点，根据教学时数与前后课程衔接关系，对教学内容做了必要调整和删减。考虑到学生学完《复变函数与积分变换》后马上学习《信号与系统》，故删去了线性动态电路的复频域分析；考虑到《低频电子线路》或《模拟电子技术》课程中会系统讲授非线性电路，故删去这部分内容；受学时数限制，对图、树概念介绍做了简化处理，删去了电路方程矩阵形式等内容。这样，全书讲授内容控制在9～10章，能够最大程度上利用现有学时数，提升重点内容的教学效果。

此外，本书增加了例题数量，有的题目还给出了不同解法，以期让学生从不同角度深刻理解电路理论的概念、定理和解题方法。课后习题按照章节顺序给出，便于教师布置作业和学生有针对性练习。在行文上，本书注重启发性，力求将刻板乏味的电路理论讲述得生动易懂，便于学生自学。在本书最后，还推荐了一些与本课程相关的网络学习资源，启发和引导学生利用网络获取专业知识，激发学生学习兴趣、拓展学生视野。

本书由国家级电工电子教学中心电路理论课程组教师编写。全书共10章，第1～4章由许爱德编写，第5～9章由那振宇编写，第10章由李作洲编写。

为了方便教学，本书配有电子课件，任课教师可登录华信教育资源网（www.hxedu.com.cn）免费注册下载。

在成书过程中得到了大连海事大学教务处的大力支持。感谢信息科学技术学院领导、课程组其他任课教师和同仁的倾力协助。此外，研究生潘军、丁晖，北京航空航天大学研究生徐芙蓉、天津大学研究生曾亚辉协助参与了部分内容的校对和作图，也在此表示感谢。

由于作者水平有限，难免有疏漏之处，恳请读者批评指正。

电路课程教研室

2014年8月

# 目　　录

# 第 1 章　电路基本定律和简单电阻电路

本章主要介绍电路分析的一些基本概念和基本定律。首先引入**电路模型**的概念，然后明确下一步电路分析中会涉及到哪些**变量**，电路分析的**基本元件**有哪些。基本概念明确后，对电路中的电流和电压关系，通过**基尔霍夫电流**定律 KCL 和基尔霍夫电压定律 KVL 进行约束。最后，对于**等效变换**的概念进行了详细的介绍。

## 1.1　电路和电路模型

电在现代日常生活、工农业生产、科研和国防等许多方面都有十分广泛的应用。从技术领域来看，电的应用可分为能量和信息两大领域，它们都利用了电能几乎可以瞬时传送到远处的这一性质。电力系统涉及大规模电能的产生、传输和转换，构成现代工业生产、家庭生活电气化等方面的基础。这里，能量是主要的着眼点。电能也可以以极其微小而被精确控制的形式传送，具有携带信息的能力，如日常生活的电话通信、计算机间信息的交流等。电又是控制其他形式能量最有效的手段。这里，信息是主要的着眼点，电用做信息处理和交换的媒介已成为当代社会的显著特征。

无论是作为能量传输还是信息交换的模式，实际电路多种多样，大至长距离的电力输电线，小至芯片上的集成电路。各种实际电路都是由电阻器、电容器、线圈、电源等部件（component）和晶体管、集成电路等器件（device）相互连接而成的电流通路装置。从基本功能出发，把能够输出电能或电信号的器件，例如电池、发电机和各种信号源等统称为**电源**（source）；把要求输入电能或电信号的器件，如电灯、电动机和各种收信设备等统称为**负载**（load）。由于电路中的电压、电流是在电源的作用下产生的，因此电源又称为激励源或**激励**（excitation）；由激励而在电路中产生的电压、电流称为**响应**（response）。

有些实际电路十分复杂，例如，电能的产生、输送和分配是通过发电机、变压器、输电线等完成的，它们形成了一个庞大而复杂的电路，图 1-1 为电能输送示意图。又如集成电路（Integration Circuit，IC），采用现代微电子技术可将若干部件、器件不可分离地制作在一起，电气上相互连接，成为一个整体。现在，集成电路的集成度越来越高，在同样大小的芯片上可容纳的部件、器件数目越来越多，可达数百万个或更多。

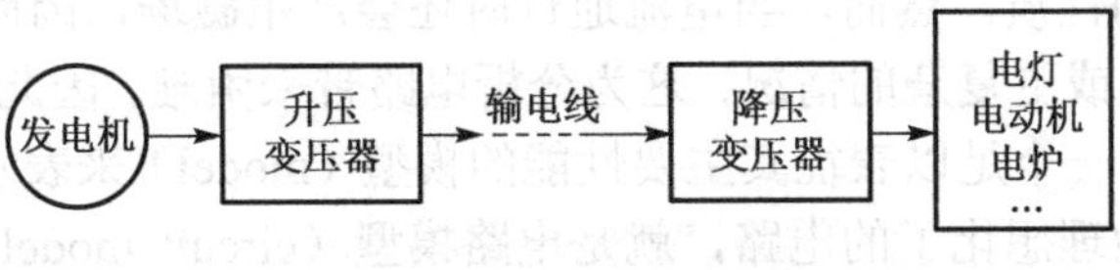


图 1-1　电能输送示意图

上述电路都是比较复杂的，但有些电路非常简单，例如日常生活中使用的手电筒电路就是一个十分简单的电路，它是由干电池、灯、开关、手电筒壳（充当连接导体）组成的，如图 1-2(a)所示。各种部、器件可以用图形符号表示，表 1-1 列举了一些我国国家标准中的电气图形符号。采用这些符号可绘出表明各部、器件相互连接关系的电气图（electric diagram），手电筒电路的电气图如图 1-2(b)所示。

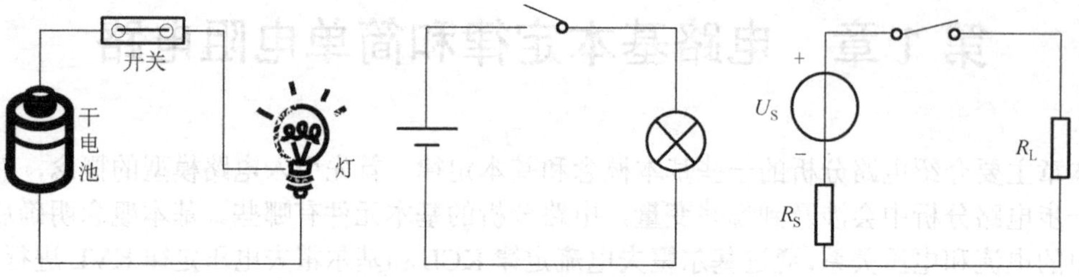


(a) 实际电路　　(b) 电气图　　(c) 电路模型

图 1-2　手电筒电路

**表 1-1　部分电气图用图形符号**

| 名称 | 符号 | 名称 | 符号 | 名称 | 符号 |
|---|---|---|---|---|---|
| 导线 |   | 传声器 |  | 可变电阻器 |  |
| 连接的导线 |  | 扬声器 | 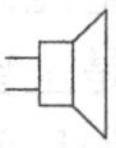 | 电容器 | 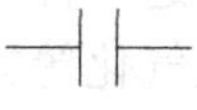 |
| 接地 |  | 二极管 | 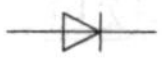 | 电感器、绕组 |  |
| 接机壳 |  | 稳压二极管 | 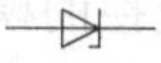 | 变压器 | 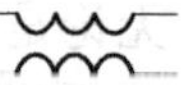 |
| 开关 | 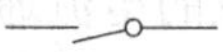 | 隧道二极管 | 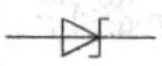 | 铁心变压器 | 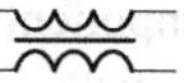 |
| 熔断器 | 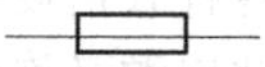 | 晶体管 | 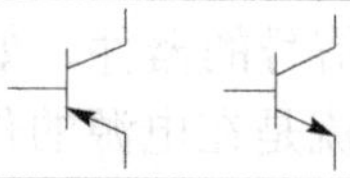 | 直流发电机 |   |
| 灯 |  | 电池 | 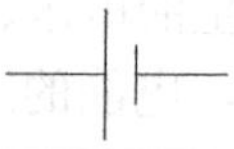 | 直流电动机 |   |
| 电压表 |   | 电阻器 | 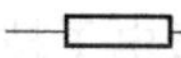 | | |

人们设计制作某种部、器件是要利用它的某种物理性质，例如，制作一个电阻器是要利用它对电流呈现阻力的性质，然而，当电流通过时还会产生磁场，因而兼有电感的性质。其他部、器件也有类似的或更复杂的情况，这为分析电路带来困难。因此，必须在一定条件下，忽略它的次要性质，用一个足以表征其主要性能的模型（model）来表示。把实际电路的本质特征抽象出来所形成的理想化了的电路，就是**电路模型**（circuit model），电路模型与实际电路的关系是前者只在一定程度上反映后者的本质性状。要建立电路模型，先要把最基本的电器件、部件的本质特征抽象成**理想化电路元件**（circuit element）。实际电路的电路模型由理想电路元件相互连接而成，理想元件是组成电路模型的最小单元，是具有某种确定电磁性质并有精确数学定义的基本结构。在一定的工作条件下，理想电路元件及他们的组合足以模拟实际电路中部件、器件中发生的物理过程。

图 1-2(a)手电筒电路的电路模型如图 1-2(c)所示。图中电阻元件 $R_L$ 作为小灯泡的电路模型，反映了将电能转换为热能和光能这一物理现象；干电池用电压源 $U_s$ 和电阻元件 $R_s$ 的串联组合作为模型，分别反映了电池内储化学能转换为电能以及电池本身耗能的物理过程；连接导线用理想导线（电阻为零）即线段表示。

今后本书所涉及电路均指由理想电路元件构成的电路模型，电路又常常称为**网络**(network)。同时将把理想化电路元件简称为电路元件。

# 1.2 电路分析基本变量

电路分析使我们能够得出给定电路的电性能。电路的电性能通常可以用一组表示为时间函数的变量来描述，电路分析的任务在于解得这些变量。这些变量中最常用到的便是**电流**、**电压**和**电功率**，同时对**电位**也做了介绍。

## 1.2.1 电流

电子和质子都是带电的粒子，电子带负电荷，质子带正电荷。所带电荷的多少称为电荷量，在国际单位制中，电荷量的单位是库仑（其符号为 C），$6.24\times10^{18}$ 个电子所具有的电荷量等于 1C。用符号 $q$ 或 $Q$ 表示电荷量。带电粒子有规律的运动便形成**电流**，电流有大小和方向。

每单位时间内通过导体横截面的电荷量定义为电流的大小，用符号 $i(t)$ 表示，即

$$i(t)=\frac{\mathrm{d}q}{\mathrm{d}t} \tag{1-1}$$

为简便计，有时将 $i(t)$ 也写为 $i$ 。在国际单位制中，电流的单位是安培（A），有时也取千安（$1\text{kA}=10^3\text{A}$）、毫安（$1\text{mA}=10^{-3}\text{A}$）、微安（$1\mu\text{A}=10^{-6}\text{A}$）做单位。

习惯上把正电荷运动的方向规定为电流的**实际方向**。但在实际问题中，电流的实际方向可能是未知的，也可能是随时间变动的。为了解决这个问题，引入**参考方向**（reference direction）的概念，又称为电流的**正方向**。在电路图中，电流的参考方向可以任意指定，一般用箭头表示，也可用双下标表示，例如，$i_{AB}$ 表示参考方向是由 A 到 B。本书统一规定：如果电流的实际方向和参考方向一致，电流为正值；如果两者相反，电流为负值，如图 1-3 所示。

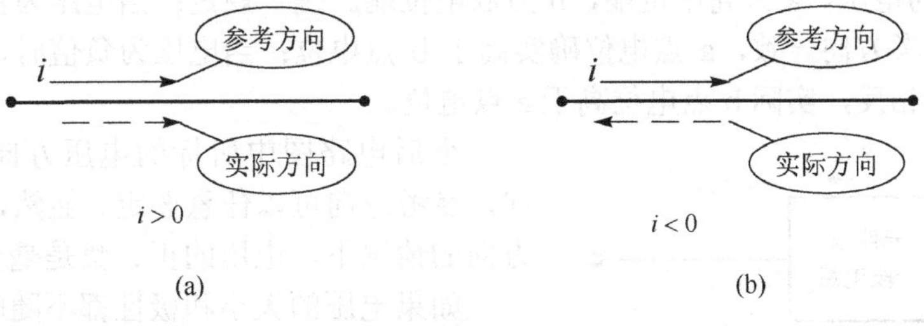


图 1-3 电流的参考方向

今后电路图中所标的电流方向都是指参考方向，并以此为准进行分析、计算。显然，在未标示参考方向的情况下，电流的正、负是毫无意义的。

如果电流的大小和方向不随时间变化，则这种电流称为恒定电流，简称**直流**（Direct

Current，DC），可用符号 $I$ 表示；否则称为时变电流，用符号 $i$ 表示。若时变电流的大小和方向都随时间作周期性变化，则称为交变电流，简称**交流**（Alternating Current，AC）。

### 1.2.2 电压

电荷在电路中流动，就必然有能量的交换发生。电荷在电路的某些部分（例如电源处）获得能量而在另外一些部分（如电阻元件处）失去能量。电荷在电源处获得的能量是由电源的化学能、机械能或其他形式的能量转换而来的。电荷在电路某些部分所失去的能量，或转换为热能（电阻元件处），或转换为化学能（如在被充电的电池处），或储存在磁场中（电感元件处）等，失去的能量是由电路中的电源提供的。因此，在电路中存在着能量的流动，电源可以提供能量，有能量流出；电阻等元件吸收能量，有能量流入。

**电压**为单位正电荷从电路的一点 a 移动到另一点 b 时所获得或失去的能量，用符号 $u$ 表示，即

$$u(t)=\frac{\mathrm{d}w}{\mathrm{d}q} \tag{1-2}$$

其中 $\mathrm{d}q$ 为由 a 点转移到 b 点的电荷量，单位为库仑（C）；$\mathrm{d}w$ 为转移过程中，电荷 $\mathrm{d}q$ 所获得或失去的能量，单位为焦耳（J）。在国际单位制中，电压的单位为伏特（V），有时也取千伏（$1\text{kV}=10^3\text{V}$）、毫伏（$1\text{mV}=10^{-3}\text{V}$）做单位。

在分析和计算电路时还经常用到电位的概念。在电路中任选一点为参考点，定义参考点的电位为零，其他各点与参考点之间的电压定义为**电位**。电压有时也称为**电位差**，a、b 两点之间的电压为

$$u_{\mathrm{ab}}=u_{\mathrm{a}}-u_{\mathrm{b}}$$

其中 $u_{\mathrm{a}}$ 为 a 点电位，$u_{\mathrm{b}}$ 为 b 点电位。如果正电荷由 a 转移到 b 获得能量，则 a 点为低电位，b 点为高电位；如果正电荷由 a 转移到 b 失去能量，则 a 点为高电位，b 点为低电位。正电荷在电路中转移时电能的得或失表现为电位的升高或降落，即电压升或电压降。

如同需要为电流规定参考方向一样，也需要为电压规定参考方向（即参考极性或正方向）。电路图中，电压的参考方向用“+”“−”号表示，“+”号表示高电位端，“−”号表示低电位端，如图 1-4 所示。也可用箭头表示，箭头从高电位指向低电位。还可用双下标表示，如 $u_{\mathrm{ab}}$ 表示 a、b 之间的电压，a 为高电位端，b 为低电位端。统一规定：当电压为正值时，该电压的实际方向和参考方向一致，a 点电位确实高于 b 点电位；当电压为负值时，该电压的实际方向和参考方向相反，实际 b 点电位高于 a 点电位。

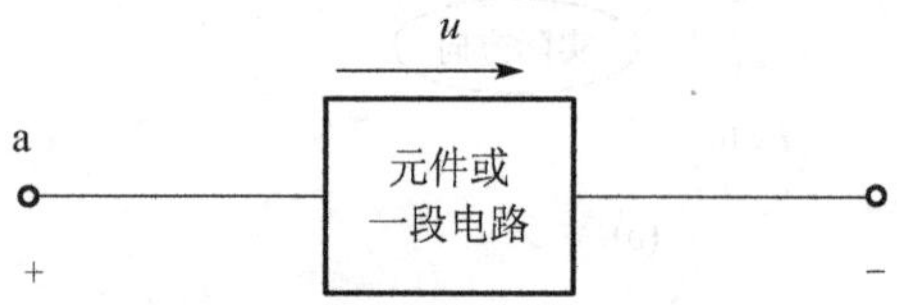

图 1-4　电压参考方向的表示

今后电路图中所标的电压方向都是指参考方向，参考方向可以任意选定。显然，在未标示参考方向的情况下，电压的正、负是毫无意义的。

如果电压的大小和极性都不随时间而变动，这样的电压就称为恒定电压或**直流电压**，可用符号 $U$ 表示。如果电压的大小和极性都随时间变化，则称为时变电压，用符号 $u$ 表示，若变化为周期性的，则称为**交流电压**。

关于电位，下面作进一步的说明。电位参考点的选择原则上是任意的，但通常人们规定大地作为标准的零电位，也就是说在一个包括电源、负载及连接导线的完整电路中，如果电

路的某点与大地相连，则电路中该点的电位为零。没有与大地相连接的电路，参考点的选择可以是任意的。但是一个电路，参考点只能选择一个。从电位的定义可知，电位是一个“相对的量”，是某点相对于参考点的物理量。参考点发生变化后，该点的电位这个物理量，也将发生“相对的”变化，但两点之间的电压是确定的。在一个参考点已经选定的电路中，高于参考点的电位为正电位，低于参考点的电位为负电位。

根据上述特点，电路有一种简化的习惯画法，即电源不用图形符号表示而改为只标出其极性及其电压值。图 1-5(b)中，2 端标出 $+u_s$，意为电压源的正极接在 2 端，其电压值为 $u_s$，电源的负极则接在参考点 3 处，不再标示。同理，1 端的电位为 $u_1$，表示端子 1 和参考点 3 之间的电压为 $u_1$，1 是参考正极性，3 是参考负极性。

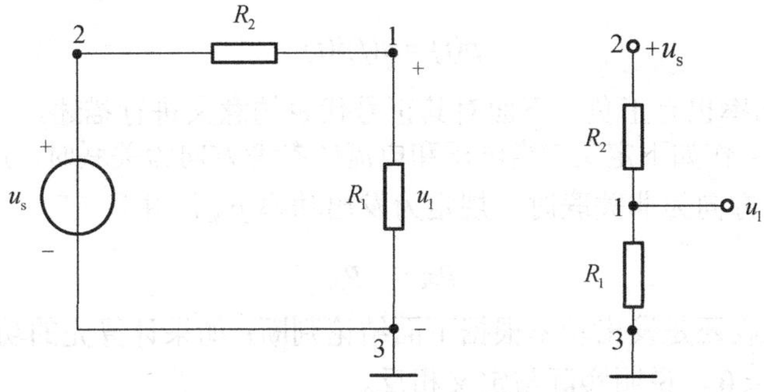

(a) 原电路　　(b) 简化后电路

图 1-5　电路的习惯表示形式

**注意：在介绍完电流和电压后，还会用到信号的概念。“信号”（signal）是指用来携带信息的电流或电压，例如音频信号电压。供电网提供的电压、电流则不能看成是信号，因为此时的电压、电流是用来提供电能，进行能量变换的。**

### 1.2.3　关联、非关联方向

由前面叙述知，在电路分析时，既要为元件或电路的电流假设参考方向，也要为它们标注电压的参考极性，二者是可以独立无关的任意假定的。但为了下一步分析问题的方便，引入关联参考方向和非关联方向的概念。当电流参考方向是从电压参考方向的正极流入负极流出时，称为电压和电流的参考方向是**关联的**（associated）；反之称为**非关联的**（no-associated），如图 1-6 所示。

图中 N 代表元件或电路的一个部分，并且所谓关联还是非关联一定是对某一个元件或电路而言的。如图 1-7 所示，电压 $u$、电流 $i$ 的参考方向对 A 是非关联的，对 B 就是关联的。

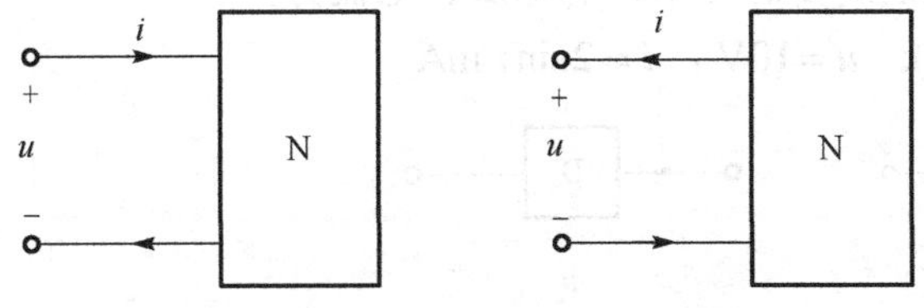

(a) 关联　　(b) 非关联

图 1-6　电压电流参考方向

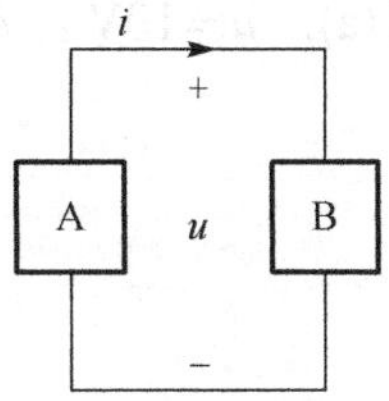

图 1-7　关联元件的针对性

### 1.2.4 电功率

电路中存在着能量的流动，某一段电路吸收或提供（发出）能量的速率即为**功率**，用符号 $p$ 表示。假设在 d$t$ 时间内电荷 d$q$ 从 a 点移动到 b 点所获得或失去的能量为 d$w$，则功率为

$$p(t)=\frac{\mathrm{d}w}{\mathrm{d}t}$$

由式（1-2）知，$\mathrm{d}w=u(t)\mathrm{d}q$；由式（1-1）知，$\mathrm{d}q=i(t)\mathrm{d}t$

故
$$p(t)=\frac{\mathrm{d}w}{\mathrm{d}t}=u(t)\frac{\mathrm{d}q}{\mathrm{d}t}=u(t)i(t)$$

即

$$p(t)=u(t)i(t) \qquad (1\text{-}3)$$

从式（1-3）知功率也有正负，下面对其正号代表的意义进行描述。工程上常常用吸收或发出来描述功率，并且作如下定义：当电压和电流的参考方向为关联时，规定为吸收功率 $p_{吸}$；当电压和电流的参考方向为非关联时，规定为发出功率 $p_{发}$，并且

$$p_{吸}=-p_{发}$$

实际上到底是吸收还是发出功率根据下面结论判断：如果计算完的功率 $p>0$，说明实际与定义一致；如果 $p<0$，说明实际与定义相反。

**例 1-1** 在图 1-8 电路中，分别求元件 A 和 B 吸收或发出的功率。

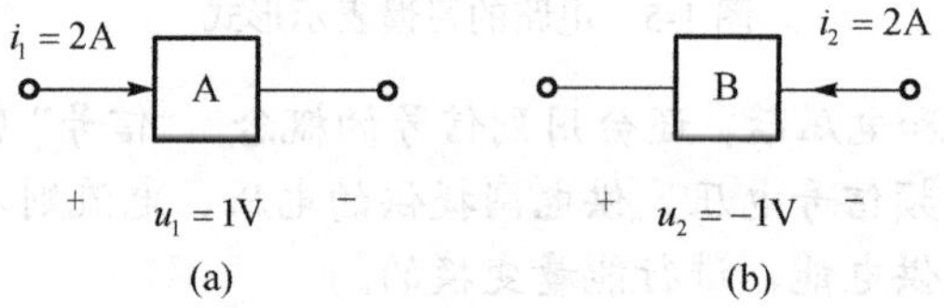


图 1-8 例 1-1

**解** (a) $u_1$ 和 $i_1$ 的参考方向是关联的，故

$$p_{吸}=u_1i_1=(1V)(2A)=2W$$

因为 $p_{吸}>0$，实际上 A 确实吸收功率 2W。

(b) $u_2$ 和 $i_2$ 的参考方向是非关联的，故

$$p_{发}=u_2i_2=(-1V)(2A)=-2W$$

因为 $p_{发}<0$，实际上 B 吸收功率 2W。

思考：在图 1-9 中，各元件吸收或发出的功率，其电压、电流为：

图(a)：$u=10V$，$i=5e^{-2t}$ mA；图(b)：$u=10V$，$i=2\sin t$ mA

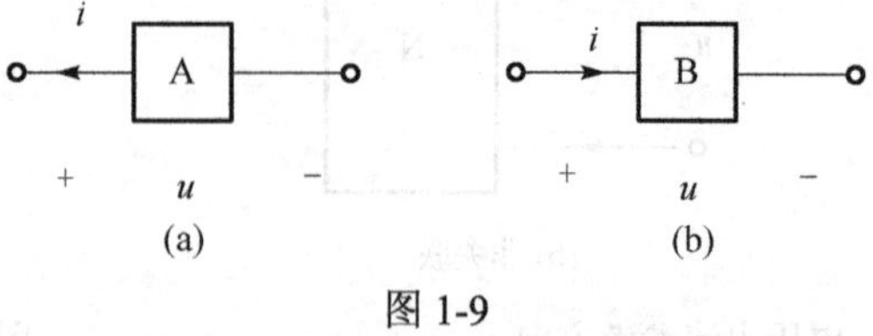


图 1-9

（a 发出 $50e^{-2t}$mW；b $20\sin t$ mW，$P>0$ 吸收、$P<0$ 发出）

# 1.3 电路分析基本元件

电路元件是电路模型中最基本的组成单元，它通过端子与外部连接，根据端子的不同可分为**二端、三端、四端元件**等。

电路元件的特性是通过与端子有关的电路物理量来描述，反映一种确定的电磁性质，例如：电阻元件的元件特性是电压与电流的代数关系 $u = f(i)$；电容元件的元件特性是电荷与电压的代数关系 $q = h(u)$；电感元件的元件特性是磁链与电流的代数关系 $\psi = g(i)$。如果表征元件特性的代数关系是一个线性关系，则该元件称为**线性元件**。如果表征元件特性的代数关系是一个非线性关系，则该元件称为**非线性元件**。

当实际电路的尺寸远小于使用时其最高工作频率所对应的波长时，对应电路称为实际电路的集总电路模型或简称为**集总电路**。集总电路中的元件称为**集总参数元件**，在元件外部不存在任何电场与磁场。在集总电路中，任何时刻，流入二端元件的一个端子的电流一定等于从另一个端子流出的电流，且两个端子之间的电压为单值量。当电路的尺寸大于最高频率所对应的波长或两者属于同一数量级时，便不能作为集总电路处理，应作为**分布参数电路**处理，电路中的元件称为**分布参数元件**。这在将来的相关课程中会详细介绍，本书只讨论集总电路的分析。

电路元件还可分为时不变元件和时变元件，如果元件参数是时间 $t$ 的函数，对应的元件叫做**时变元件**；否则叫做**时不变元件**。此外，还可分为有源元件和无源元件，需要电源才能显示其特性的就是**有源元件**，而不用电源就能显示其特性的就叫做**无源元件**。

## 1.3.1 电阻元件

实际中用到的电阻器、白炽灯、电炉子等在一定条件下可以用线性电阻元件作为其模型。线性电阻元件是这样的二端理想元件，在任何时刻它两端的电压和电流关系（Voltage Current Relation，VCR）都符合欧姆定律，如图 1-10 所示。

$$u = Ri \text{（关联方向）或 } u = -Ri \text{（非关联方向）} \tag{1-4}$$

其中 $R$ 为电阻元件的参数，单位为欧姆（Ω）。此外 $R$ 也可以表示一个电阻元件。

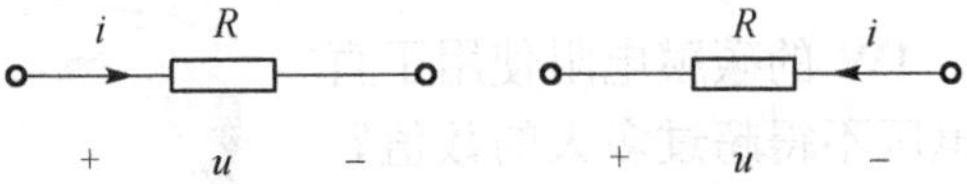


(a) 关联　　(b) 非关联

图 1-10　电阻元件

如果在直角坐标系中画出电压和电流的关系曲线，则这条曲线叫做电阻元件的伏安特性曲线，如图 1-11 所示。显然，**线性电阻元件的伏安特性是一条经过坐标原点的直线**，电阻值可由直线的斜率来确定。

电阻元件也可以用另一个参数——**电导**（conductance）来表示，电导用符号 $G$ 表示，其定义为

$$G = \frac{1}{R}$$

在国际单位制中电导的单位是西门子，简称西（符号为 S）。用电导表示线性电阻元件时，欧姆定律为

$$i = Gu\text{（关联方向）或}\, i = -Gu\text{（非关联方向）} \tag{1-5}$$

**非线性电阻**的电阻值随着电压或电流的大小甚至方向而改变，不是常数。任何一个二端器件或装置，只要从端钮上看，能满足电阻元件的定义都可看成是电阻元件，不论其内部结构和物理过程如何，例如二极管，它是一个非线性电阻，其伏安特性如图 1-12 所示。

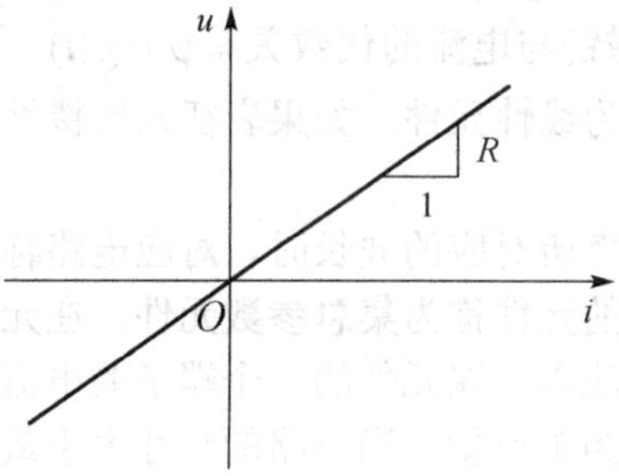

图 1-11　线性电阻的伏安特性曲线

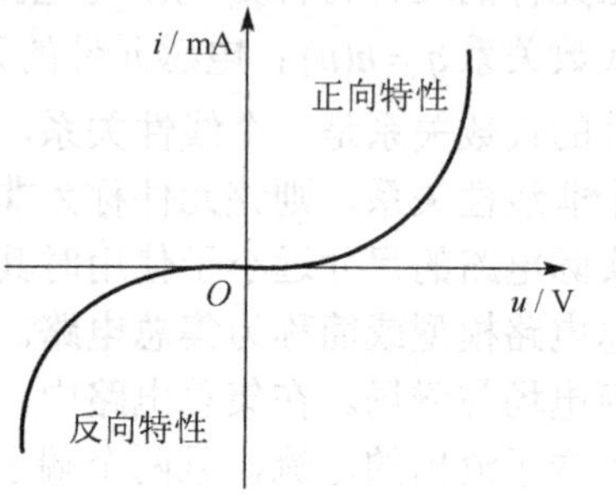

图 1-12　二极管的伏安特性曲线

当一个线性电阻元件的端电压不论为何值时，流过它的电流恒为零值，就把它称为“**开路**”，它相当于 $R=\infty$ 或 $G=0$。当流过一个线性电阻元件的电流不论为何值时，它的端电压恒为零值，就称它为“**短路**”，它相当于 $R=0$ 或 $G=\infty$。

对图 1-10(a)所示电路，根据功率的定义，电阻吸收的功率为

$$p = ui = Ri^2 = \frac{u^2}{R} \quad \text{或} \quad p = Gu^2 = \frac{i^2}{G} \tag{1-6}$$

正常情况下，$R$ 和 $G$ 是正实常数，故功率 $p$ 恒为非负值。电阻是一种耗能元件，把吸收的电能转换成热能或其他形式的能量。一些有代表性的电阻如图 1-13 所示。

注意：$R<0$ 为负电阻元件或负电阻，是一个发出电能的元件。如果要获得这种元件，需要专门设计。

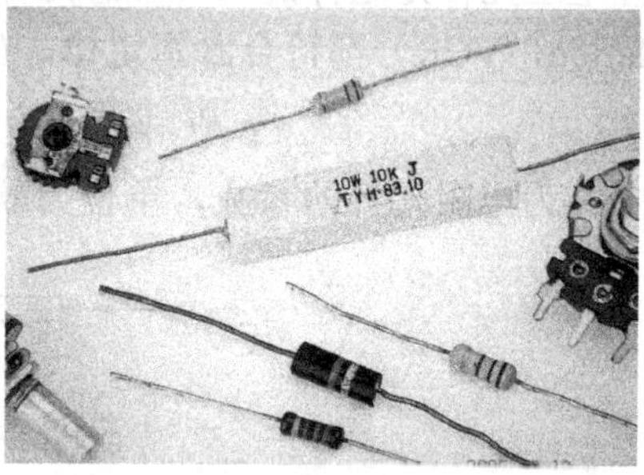

图 1-13　一些有代表性的电阻

**例 1-2**　有一个 100Ω、1W 的碳膜电阻使用于直流电路，问在使用时电流、电压不得超过多大的数值？

**解**　电流流过电阻必然消耗电能而发热，这使人们能够利用电来加热、发光，制成电灯、电烙铁、电炉等电阻器。但实际的电阻器以及电动机、变压器（它们都要用导线来制作，具有一定的电阻）等，本来不是为发热而设计的，但都因有电阻存在，不可避免地要发热，这是一种无谓的电能损失。如果在使用时，电流过大，温度过高，设备还会被烧坏。为了保证正常工作，制造工厂在电器的铭牌上都要标出它们的电压、电流或功率的限额，称为**额定值**，作为使用时的根据。电子电路中常用的线绕电阻与碳膜电阻不仅要标明电阻值，还要标明额定功率。市售的碳膜、金属膜电阻通常分为 $\frac{1}{8}$W、$\frac{1}{4}$W、$\frac{1}{2}$W、1W 及 2W。功率损耗较大时可用绕线电阻。本题解答如下：

$$|I| = \sqrt{\frac{P}{R}} = \sqrt{\frac{1}{100}}\text{A} = \frac{1}{10}\text{A} = 100\text{mA}$$

$$|U| = R|I| = 100 \times 100 \times 10^{-3}\text{V} = 10\text{V}$$

故在使用时电流不得超过 100mA，电压不得超过 10V。

### 1.3.2 电容元件

电路理论中的电容元件是实际**电容器**的理想化模型。电容器是一种存储电荷的器件，把两块金属板用介质隔开就可构成一个简单的电容器。由于理想介质是不导电的，在外电源作用下，两块极板上能分别存储等量的异性电荷。移除电源后，这些电荷依靠电场力的作用互相吸引，而又被介质绝缘不能中和，因而极板上的电荷能长久地存储下去。

电容元件的元件特性是电荷量 $q$ 与电压 $u$ 的代数关系。在直角坐标系中画出 $q$ 与 $u$ 的关系曲线，如果是一条通过原点的直线，则此电容元件为线性电容元件，其图形符号如图 1-14(a)所示，图(b)为电容元件的库伏特性曲线，由曲线知

$$q = Cu \tag{1-7}$$

其中 $C$ 是正实常数，它是用来度量特性曲线斜率的，称为**电容**。在国际单位制（SI）中，电容的单位为 F（法拉，简称法）。习惯上也常把电容元件简称为电容，并且无特殊说明，电容都指线性时不变电容。

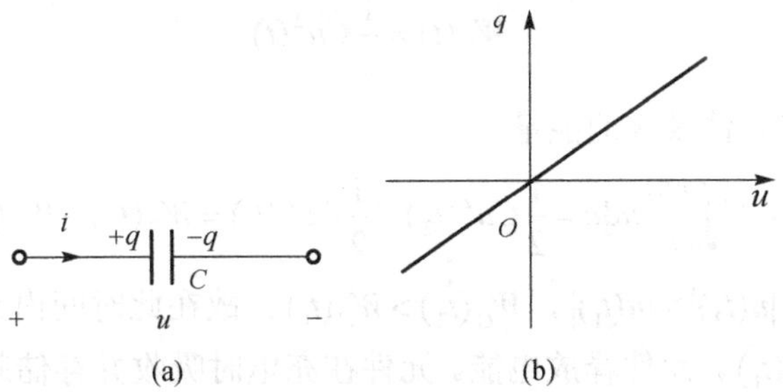


图 1-14　电容元件及其库伏特性曲线

如果电容元件的电压 $u$ 和电流 $i$ 取关联参考方向，如图 1-14(a)所示，则得到电容元件的电压电流关系（VCR）为

$$i = \frac{\mathrm{d}q}{\mathrm{d}t} = \frac{\mathrm{d}(Cu)}{\mathrm{d}t} = C\frac{\mathrm{d}u}{\mathrm{d}t} \tag{1-8}$$

当 $u$ 和 $i$ 的参考方向非关联时，则

$$i = -C\frac{\mathrm{d}u}{\mathrm{d}t} \tag{1-9}$$

式（1-8）和式（1-9）表明电容的电流和电压的变化率成正比。如果电压不变，那么 $\frac{\mathrm{d}u}{\mathrm{d}t}$ 为零，虽有电压，但电流为零，因此，电容有隔断直流（简称**隔直**）的作用，或者说电容在直流电路中相当于开路。当电容电压变化越快，即 $\frac{\mathrm{d}u}{\mathrm{d}t}$ 越大，则电流也就越大。

也可以把电容的电压 $u$ 表示为电流 $i$ 的函数，由式（1-8）可得

$$u(t)=\frac{1}{C}\int_{-\infty}^{t} i(\xi)\mathrm{d}\xi=\frac{1}{C}\int_{-\infty}^{t_0} i(\xi)\mathrm{d}\xi+\frac{1}{C}\int_{t_0}^{t} i(\xi)\mathrm{d}\xi=u(t_0)+\frac{1}{C}\int_{t_0}^{t} i(\xi)\mathrm{d}\xi$$

即

$$u(t)=u(t_0)+\frac{1}{C}\int_{t_0}^{t} i(\xi)\mathrm{d}\xi \quad t \geqslant t_0 \tag{1-10}$$

式中 $u(t_0)$ 为 $t_0$ 时刻电容两端电压。式（1-10）的物理意义是：$t$ 时刻电容电压除与 $t_0$ 到 $t$ 的电流值有关外，还与 $u(t_0)$ 值有关，因此，电容元件是一种有“记忆”的元件。与之相比，电阻元件的电压仅与该瞬间的电流值有关，是无记忆的元件。

在电压和电流的关联方向下，线性电容元件吸收的功率为

$$p=ui=Cu\frac{\mathrm{d}u}{\mathrm{d}t}$$

从 $t=-\infty$ 到 $t$ 时刻，电容元件吸收的能量为

$$W_C=\int_{-\infty}^{t} u(\xi)i(\xi)\mathrm{d}\xi=\int_{-\infty}^{t} Cu(\xi)\frac{\mathrm{d}u(\xi)}{\mathrm{d}\xi}\mathrm{d}\xi=C\int_{u(-\infty)}^{u(t)} u(\xi)\mathrm{d}u(\xi)=\frac{1}{2}Cu^2(t)-\frac{1}{2}Cu^2(-\infty)$$

电容元件吸收的能量以电场能量的形式存储在元件的电场中。可以认为在 $t=-\infty$ 时，$u(-\infty)=0$，其电场能量也为零。这样，电容元件在任何时刻 $t$ 存储的电场能量 $W_C(t)$ 将等于它吸收的能量，可写为

$$W_C(t)=\frac{1}{2}Cu^2(t) \tag{1-11}$$

从时间 $t_1$ 到时间 $t_2$ 电容元件吸收的能量

$$W_C=C\int_{u(t_1)}^{u(t_2)} u\mathrm{d}u=\frac{1}{2}Cu^2(t_2)-\frac{1}{2}Cu^2(t_1)=W_C(t_2)-W_C(t_1)$$

电容元件充电时，$|u(t_2)|>|u(t_1)|$，$W_C(t_2)>W_C(t_1)$，故在此时间内元件吸收能量；电容元件放电时，$W_C(t_2)<W_C(t_1)$，元件释放电能。元件在充电时吸收并存储起来的能量一定在放电时全部释放，它不消耗能量。所以，电容元件是一种储能元件。

实际的电容器除了具备上述的存储电荷的主要性质外，还有一些漏电现象。这是由于介质不能是理想的，多少有点导电能力的缘故。在这种情况下，电容器的模型中除了上述的电容元件外，还应增添电阻元件，二者是并联组合。因此，电容器也会消耗一部分电能。

一个电容器，除了表明它的电容量外，还需表明它的额定工作电压。电容器允许承受的电压是有限度的，电压过高，介质就会被击穿。一般电容器被击穿后，它的介质就从原来不导电变成导电，丧失了电容器的作用。因此，使用电容器时不应超过它的额定工作电压。此外，根据制作方式及材料的不同，电容还分为极性电容和无极性电容，在使用时极性电容的正负极性是绝对不能接反的。一些有代表性的电容如图 1-15 所示。

图 1-15　一些有代表性的电容

### 1.3.3 电感元件

电感元件是实际**电感线圈**的理想化模型。实际上将导线绕制成电感线圈后，通以电流就会在周围产生磁场。

电感元件的元件特性是电流 $i(t)$ 与磁链 $\psi(t)$ 的代数关系。如果 $i-\psi$ 平面上的特性曲线是一条通过原点的直线，且不随时间而变，则此电感元件称为线性时不变电感元件，其图形符号如图 1-16(a)所示，图 1-16(b)为电感元件韦（磁链的单位为韦伯，简称韦）安特性曲线，由曲线知

$$\psi(t)=Li(t) \tag{1-12}$$

其中 $L$ 是正值常数，它是用来度量特性曲线斜率的，称为**电感**或**自感系数**（区别于后面的互感系数）。国际单位制中，电感的单位为亨利，简称亨，用 H 表示。习惯上也常把电感元件简称为电感或自感，并且无特殊说明，电感都指线性时不变电感。

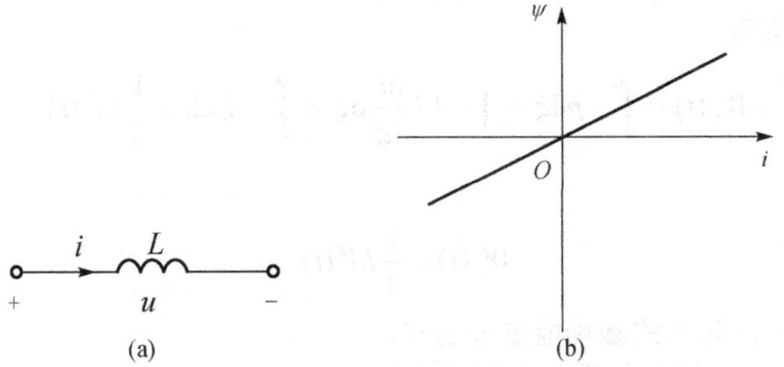


图 1-16　电感元件及其韦安特性

当通过电感的电流发生变化时，磁链也相应地发生变化，根据电磁感应定律，电感两端出现感应电压；当通过电感的电流不变时，磁链也不发生变化，这时虽有电流但没有电压。这和电阻、电容元件完全不同，电阻是有电压就一定有电流；电容是电压变化才有电流；电感则是电流变化才有电压。

根据电磁感应定律，感应电压等于磁链的变化率。当电压和电流的参考方向分别与磁链的参考方向符合右手螺旋法则时，可得

$$u=\frac{\mathrm{d}\psi}{\mathrm{d}t}=\frac{\mathrm{d}(Li)}{\mathrm{d}t}=L\frac{\mathrm{d}i}{\mathrm{d}t}$$

即电压电流在关联方向下，电感的 VCR 为

$$u=L\frac{\mathrm{d}i}{\mathrm{d}t} \tag{1-13}$$

当 $u$ 和 $i$ 的参考方向非关联时，则

$$u=-L\frac{\mathrm{d}i}{\mathrm{d}t} \tag{1-14}$$

式（1-13）和式（1-14）表明：在某一时刻电感的电压取决于该时刻电流的变化率。如果电流不变，那么 $\frac{\mathrm{d}i}{\mathrm{d}t}$ 为零，虽有电流，但电压为零，因此，电感对直流起着短路的作用。当电感电流变化越快，即 $\frac{\mathrm{d}i}{\mathrm{d}t}$ 越大，则电压也就越大。

由式（1-13）也可将电感的电流 $i$ 表示为电压 $u$ 的函数

$$i(t)=\frac{1}{L}\int_{-\infty}^{t}u(\xi)\,\mathrm{d}\xi=\frac{1}{L}\int_{-\infty}^{t_0}u(\xi)\,\mathrm{d}\xi+\frac{1}{L}\int_{t_0}^{t}u(\xi)\,\mathrm{d}\xi=i(t_0)+\frac{1}{L}\int_{t_0}^{t}u(\xi)\,\mathrm{d}\xi \qquad t\geqslant t_0$$

即

$$i(t)=i(t_0)+\frac{1}{L}\int_{t_0}^{t}u(\xi)\,\mathrm{d}\xi \qquad t\geqslant t_0 \tag{1-15}$$

式（1-15）表明：在某一时刻 $t$ 的电感电流值取决于其初始值 $i(t_0)$ 以及在 $[t_0,t]$ 区间所有的电压值。因此，电感元件也是“记忆”元件。

在电压和电流的关联参考方向下，线性电感元件吸收的功率为

$$p=ui=Li\frac{\mathrm{d}i}{\mathrm{d}t}$$

如果在 $t=-\infty$ 时，$i(-\infty)=0$，电感元件无磁场能量。因此，从 $-\infty$ 到 $t$ 的时间段内电感元件吸收的磁场能量为

$$W_L(t)=\int_{-\infty}^{t}p\mathrm{d}\xi=\int_{-\infty}^{t}Li\frac{\mathrm{d}i}{\mathrm{d}\xi}\mathrm{d}\xi=\int_{0}^{i(t)}Li\mathrm{d}i=\frac{1}{2}Li^2(t)$$

即

$$W_L(t)=\frac{1}{2}Li^2(t) \tag{1-16}$$

这就是电感元件在任何时刻的磁场能量表达式。

从时间 $t_1$ 到时间 $t_2$ 电感元件吸收的磁场能量

$$W_L=L\int_{i(t_1)}^{i(t_2)}i\mathrm{d}i=\frac{1}{2}Li^2(t_2)-\frac{1}{2}Li^2(t_1)=W_L(t_2)-W_L(t_1)$$

当电流 $|i|$ 增加时，$W_L>0$，元件吸收能量；当电流 $|i|$ 减小时，$W_L<0$，元件释放能量。可见电感元件不把吸收的能量消耗掉，而是以磁场能量的形式存储在磁场中，所以电感元件是一种储能元件。

由于实际电感线圈所用导线有一定内阻，所以除了具备储能的主要性质外，还会有一些能量损耗。在这种情况下，电感线圈的模型应该是电感元件和电阻元件的串联。因此，除了标明线圈的电感量外，还应标明它的额定工作电流。电流过大，会使线圈过热或使线圈受到过大的电磁力的作用而发生机械形变，甚至烧毁线圈。

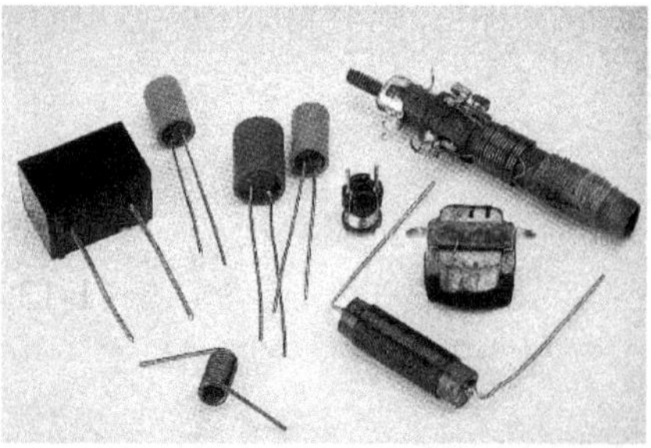
图 1-17　一些有代表性的电感

为了使每单位电流产生的磁场增加，常在线圈中加入铁磁物质，其结果可以使同样电流产生的磁链比起不用铁磁物质时大大增加，但 $\psi-i$ 关系变为非线性的。一些有代表性的电感如图 1-17 所示。

## 1.3.4　电压源

**理想电压源**（简称电压源）是从实际电源抽象出来的一种模型，它是一个二端元件，能够提供一个确定的电压。其图形符号如图 1-18 所示。图中的长、短线段及正、负号仅表示参考极性，对已知的直流电压源，常使参考极性与已知极性一致。

电压源有两个基本特性：（1）它的端电压是定值$U_s$（即**直流电压源**）或是一定的时间函数$u_s(t)$，与流过的电流无关。电压源的伏安特性如图 1-19 所示。（2）流过电压源的电流是由与之连接的外电路决定的，外电路不同，通过电压源的电流就不同。并且电流可以在不同的方向流过电压源，因而电压源既可以对外电路提供能量，也可以从外电路接收能量，视电流的方向而定。

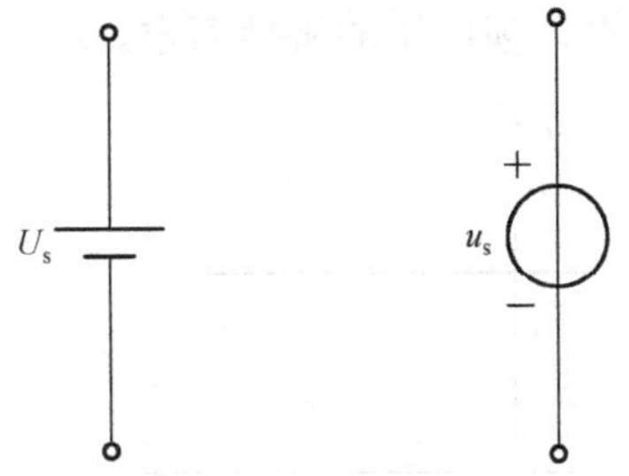


(a) 直流电压源的符号　　(b) 一般电压源的符号

图 1-18　电压源的符号

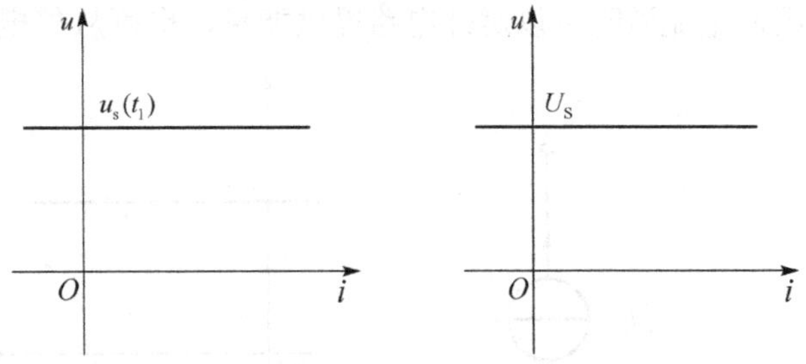


(a) 电压源在时刻$t_1$的伏安特性　　(b)直流电压源伏安特性

图 1-19　电压源的伏安特性曲线

当一个电压源的电压$u_s=0$时，即所谓**电压源置零**，相当于两个端子直接接在一起，端口电压等于零，即相当于短路。把$u_s\neq 0$的电压源短路是没有意义的，因为短路时端电压等于零，这与电压源的特性不相容。

理想电压源实际上是不存在的，但是，通常的电池、发电机等实际电源在一定电流范围内可近似地看成是一个电压源。可用电压源与电阻元件的串联来构成**实际电压源**的模型，如图 1-20 所示。此外，电压源也可用电子电路来实现。

实际电压源与理想电压源不同，当外接负载电阻$R_L$变化、输出电流增大时，电源的端电压要降低，电源的外特性曲线$u-i$（即伏安特性曲线）不再平行于电流轴，而是一条斜线，如图 1-21 所示。端口处电压$u$与输出电流$i$的关系为

$$u=u_s-R_s i \tag{1-17}$$

可以看出，在$u$轴和$i$轴上各有一个交点，前者相当于$i=0$时的电压，即开路（open circuit）电压$u_{oc}$（大小为$u_s$）；后者相当于$u=0$时的电流，即短路（short circuit）电流$i_{sc}$（大小为$u_s/R_s$）。当$R_s=0$时，曲线平行于$i$轴，即为理想电压源外特性。

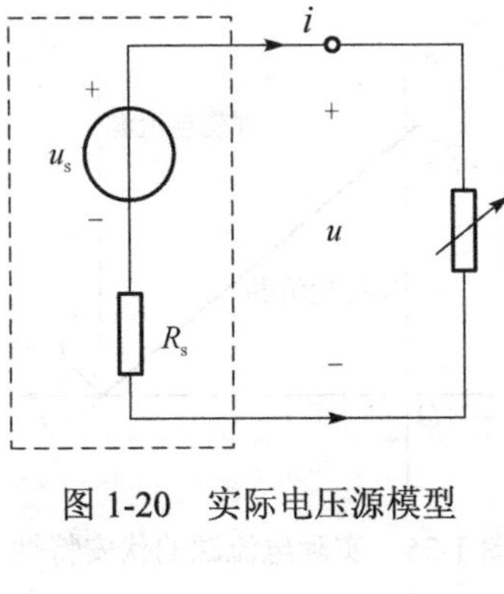


图 1-20　实际电压源模型

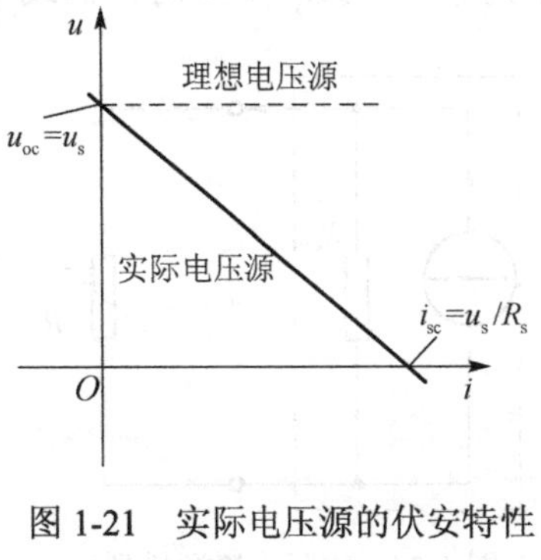


图 1-21　实际电压源的伏安特性

## 1.3.5　电流源

**理想电流源**（简称电流源）是从实际电源抽象出来的另一种模型。它也是一个二端元件，

能够提供一个确定的电流而与其两端电压大小无关。其图形符号如图 1-22 所示，图中箭头是电流源电流的参考方向。

电流源也有两个基本性质：（1）它发出的电流是定值 $I_S$（即**直流电流源**）或是一定的时间函数 $i_s(t)$，与两端的电压无关。电流源的伏安特性如图 1-23 所示。（2）电流源的端电压是由与之连接的外电路决定的，外电路不同，其端电压也不同。其两端电压可以有不同的极性，因而电流源既可以对外电路提供能量，也可从外电路接受能量，视电压的极性而定。

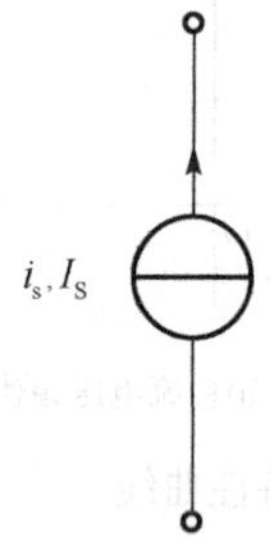


图 1-22　电流源的符号

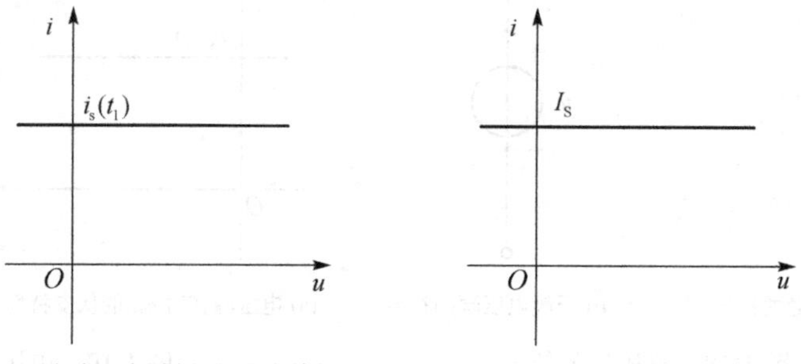


(a) 电流源在时刻 $t_1$ 的伏安特性　(b)直流电流源伏安特性

图 1-23　电流源的伏安特性曲线

如果一个电流源的 $i_s = 0$，即**电流源置零**，它相当于开路。把 $i_s \neq 0$ 的电流源开路是没有意义的，因为开路时电流必须为零，这与电流源的特性不相容。

理想电流源实际上是不存在的，但是，光电池等实际电源在一定的电压范围内可近似地看成是一个电流源。可用电流源与电阻并联构成**实际电流源**的模型，如图 1-24 所示。此外，电流源也可用电子电路来实现。

实际电流源与理想电流源不同，当外接负载电阻 $R_L$ 变化时，其输出电流 $i$ 不再象理想元件那样保持不变，电源的外特性曲线 $u-i$（即伏安特性曲线）不再平行于电压轴，而是一条斜线，如图 1-25 所示。端口处电压 $u$ 与输出电流 $i$ 的关系为

$$i = i_s - \frac{u}{R'_s} \tag{1-18}$$

同样，在 $u$ 轴和 $i$ 轴上各有一个交点，前者为开路电压 $u_{oc}$（大小为 $R'_s i_s$）；后者为短路电流 $i_{sc}$（大小为 $i_s$）。当 $R'_s \to \infty$ 时，曲线平行于 $u$ 轴，即为理想电流源外特性。

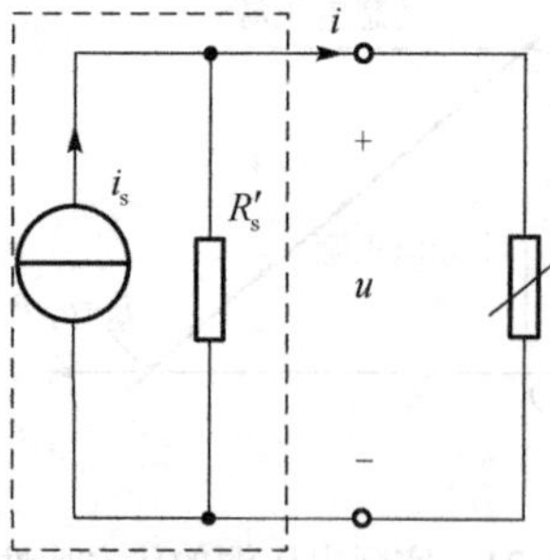


图 1-24　实际电流源模型

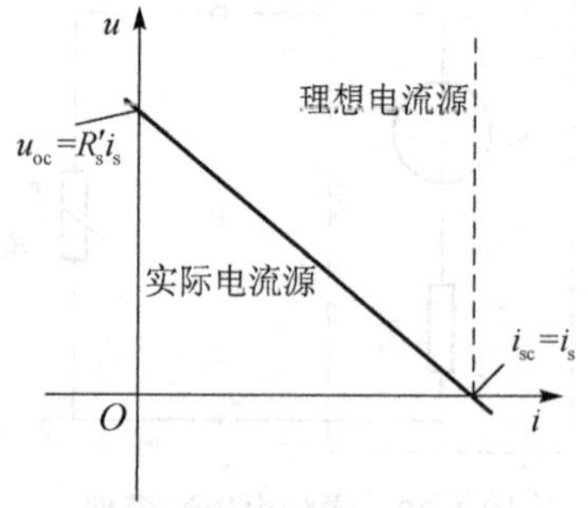


图 1-25　实际电流源的伏安特性

针对电压源和电流源，明确以下几个概念：

（1）如果电路中所含电源都是直流电源，则称该电路为**直流电路**。

（2）电压源和电流源常常被称为“**独立**”**电源**，“独立”二字是相对于 1.3.6 节要介绍的“受控”电源来说的。

（3）由于电路中的电压、电流是在电源的作用下产生的，因此电源又称为激励源或**激励**（excitation）；由激励而在电路中产生的电压、电流称为**响应**（response）。

## 1.3.6　受控源

一些电子器件，如晶体管、运算放大器等均具有输入端的电压或电流能控制输出端的电压或电流的特点。**受控源元件**就是为了描述这些电子器件的物理现象而抽象出来的一种模型，目的在于表明器件的电压、电流关系。它区别于独立电源，它的源电压或源电流并不独立存在，而是受电路中另一处的电压或电流控制。

受控源有四个端钮，是一种双口元件，一对输入端和一对输出端。输入端的输入量是用来控制输出端的输出量的，输入量又称主控量，可以是电压或电流；输出量又称为被控量，也可以是电压或电流。根据主控量和被控量的不同，受控源共有四种类型，即电压控制电压源（Voltage Controlled Voltage Source， VCVS）、电压控制电流源（Voltage Controlled Current Source，VCCS）、电流控制电压源（CCVS）和电流控制电流源（CCCS）。它们在电路图中的图形符号如图 1-26 所示。

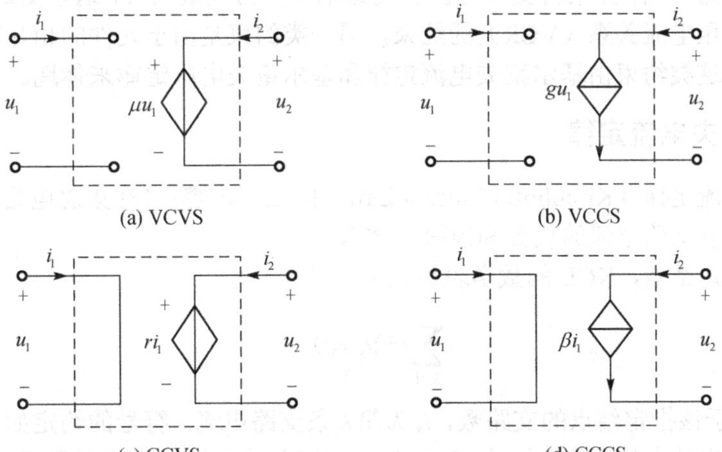


(a) VCVS　(b) VCCS

(c) CCVS　(d) CCCS

图 1-26　四种受控源

显然，受控源区别于独立电源，它的源电压或源电流并不独立存在，而是受电路中另一处的电压或电流控制。为了与独立电源相区别，用菱形符号表示其电源部分。图中，$u_1$ 和 $i_1$ 分别表示控制电压和控制电流，$\mu$、$g$、$r$ 和 $\beta$ 分别是有关的控制系数，其中 $\mu$ 称为转移电压比、$g$ 称为转移电导、$r$ 称为转移电阻、$\beta$ 称为转移电流比。这些系数为常数时，被控量和控制量成正比，这种受控源称为线性受控源，本书只考虑线性受控源。

在求解具有受控源的电路时，可以把受控电压源或受控电流源当作独立电压源或电流源处理，但必须注意其源电压或源电流是取决于控制量的，因此需要根据具体的情况列写控制量的附加方程。

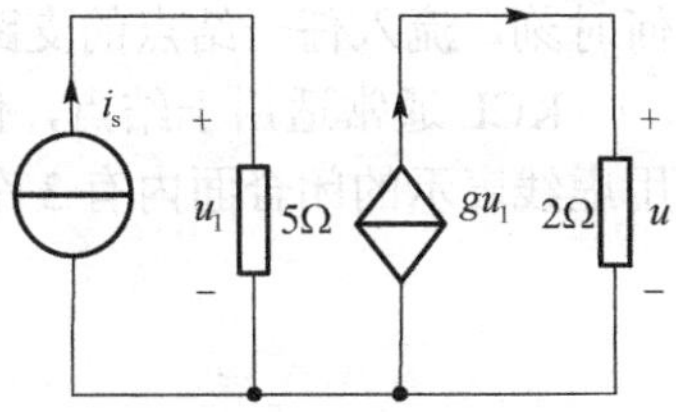


图 1-27　例 1-3 图

**例 1-3**　图 1-27 中 $i_s = 2A$，VCCS 的控制系数 $g = 2S$，求 $u$。

**解**　控制电压 $u_1 = 5i_s = 10V$；故 $u = 2gu_1 = 2\times2\times10 = 40V$。

# 1.4 基尔霍夫定律

为了说明基尔霍夫定律，先介绍支路、结点和回路几个名词。集总电路中，把组成电路的每一个二端元件称为一条**支路**（branch），这样，流经元件的电流和元件的端电压便分别称为**支路电流**和**支路电压**。以图 1-28 为例，电路中有 $R_1$、$L_1$、$C_1$、$R_2$、$u_{s1}$ 共 5 条支路，实际为了分析问题方便，通常把支路看成是具有两个端钮而由多个元件串联而成的组合，如图中 $R_2$ 和 $u_{s1}$ 可看成一条支路，这样图中就只有 4 条支路。支路的连接点称为**结点**（node）。显然结点是三条或三条以上支路的连接点。图中 a 点与 b 点是用理想导体相连的，从电的角度来看，它们是相同的端点，可以看成是一个结点。c 点与 d 点同样也是一个结点，并且 $R_2$ 和 $u_{s1}$ 看成一条支路后结点 e 也不存在了。因此图 1-28 中只有结点①和结点②两个结点。由支路所构成的闭合路径称为**回路**（loop）。图中 $R_1$ 和 $L_1$、$L_1$ 和 $C_1$、$C_1$ 和 $R_2$ 及 $u_{s1}$ 均构成回路，该电路有 6 个回路。

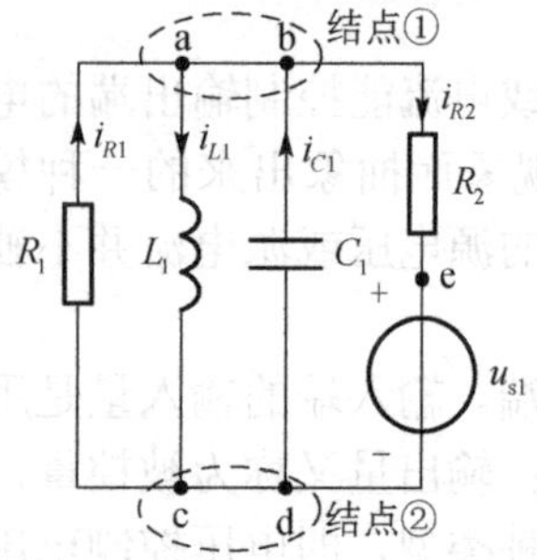

图 1-28　支路、结点与回路

观察上述电路可知，如果将支路电流和支路电压作为变量来看，这些变量受到两类约束。一类是元件的电压电流关系（VCR）的约束，另一类约束是由于元件的相互连接而造成的电路结构的约束，这类约束由基尔霍夫电流定律和基尔霍夫电压定律来体现。

## 1.4.1 基尔霍夫电流定律

**基尔霍夫电流定律**（Kirchhoffs Current Law，KCL）内容："在集总电路中，任何时刻，对任一结点，所有支路电流的代数和恒等于零"。

对于任一指定结点，KCL 的数学表达式为

$$\sum_{k=1}^{n}(\pm)i_k = 0 \tag{1-19}$$

式中，$n$ 为汇聚于该指定结点的支路数，$i_k$ 为第 $k$ 条支路电流。符号的约定如下：根据电流的参考方向，若流出结点的电流前面取"+"号，则流入结点的电流前面取"−"号。

以图 1-29 所示电路为例，与结点 o 相连接支路电流分别为 $i_1$、$i_2$、$i_3$ 和 $i_4$，其参考方向如图 1-29 所示，应用 KCL

$$i_1 - i_2 + i_3 - i_4 = 0$$

上式可写为

$$i_2 + i_4 = i_1 + i_3$$

此式表明，流入结点 o 的支路电流等于流出该结点的支路电流。因此，KCL 也可理解为，任何时刻，流入任一结点的支路电流等于由结点流出的支路电流。

KCL 通常适用于结点，但对包围几个结点的闭合面也是适用的。对于图 1-30 所示电路，用虚线表示的闭合面内有 3 个结点，即结点①、②和③。对这些结点应用 KCL 分别有

$$i_1 + i_4 - i_6 = 0$$
$$-i_2 - i_4 - i_5 = 0$$
$$i_3 + i_5 + i_6 = 0$$

以上 3 式相加后，得对闭合面的电流代数和

$$i_1 - i_2 + i_3 = 0$$

其中 $i_1$ 和 $i_3$ 流出闭合面，$i_2$ 流入闭合面。

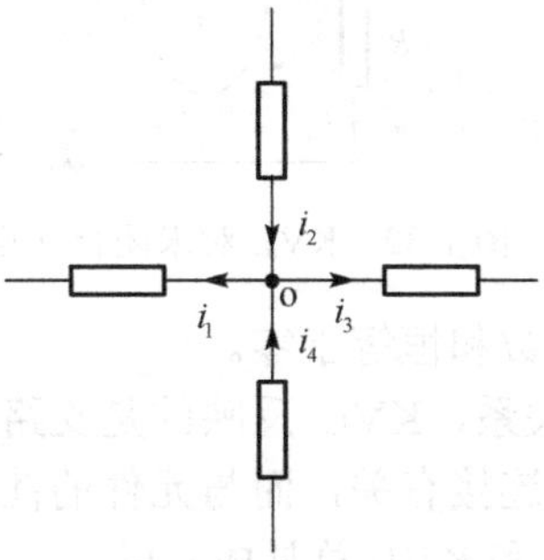


图 1-29　KCL 对结点

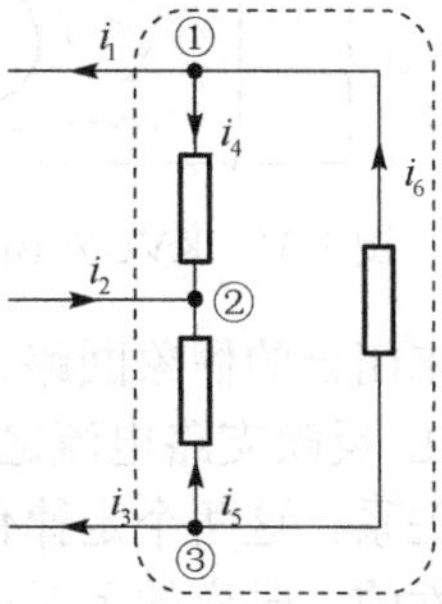


图 1-30　KCL 对闭合面

所以，通过一个闭合面的支路电流的代数和总是等于零；或者说，流出闭合面的电流等于流入同一闭合面的电流。

KCL 的理论依据是电流连续性的体现，或者说是电荷守恒的体现。

## 1.4.2　基尔霍夫电压定律

**基尔霍夫电压定律**（Kirchhoff's Voltage Law，KVL）内容："在集总电路中，任何时刻，沿任一回路，所有元件上电压的代数和恒等于零"。

对于任一指定回路，KVL 的数学表达式为

$$\sum_{k=1}^{n} (\pm) u_k = 0 \qquad (1\text{-}20)$$

式中 $u_k$ 为指定回路中第 $k$ 个元件的端电压，$n$ 为该回路中的元件数。符号的约定如下：首先，任意指定该回路的一个绕行方向，凡元件端电压参考方向与回路绕行方向一致者，该电压前面取"+"号，元件端电压参考方向与回路绕行方向相反者，前面取"−"号。

以图 1-31 所示电路为例，对 $L_1$、$R_2$ 和 $u_{s1}$ 构成的回路，回路的绕行方向用虚线的箭头表示，$L_1$ 和 $u_{s1}$ 电压的参考方向如图中所示，$R_2$ 的端电压取与电流 $i_{R2}$ 的关联方向。应用 KVL

$$-u_{L1} + R_2 i_{R2} + u_{s1} = 0$$

由上式可得

$$u_{L1} = R_2 i_{R2} + u_{s1}$$

上式表明，结点 a、b 之间的电压是单值的，既可以用电感 $L_1$ 两端的电压表示，也可以用 $R_2$、$u_{s1}$ 串联组成支路两端的电压表示。KVL 是电压与路径无关这一性质的反映。

KVL 适用于闭合回路，对未闭合的假想回路也同样适用。如图 1-32 所示，根据电压与路径无关的性质，a、b 之间的电压 $u_{ab}$ 可用 $R$、$u_{s1}$ 串联组成支路两端的电压表示，即

$$u_{ab} = -Ri + u_{s1}$$

上式也可表示为

$$Ri - u_{s1} + u_{ab} = 0$$

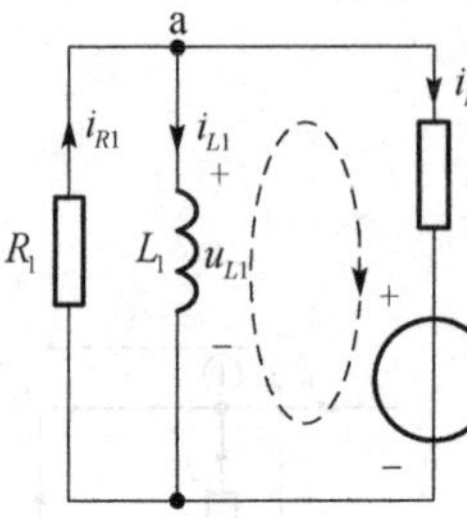


图 1-31　KVL 对闭合回路

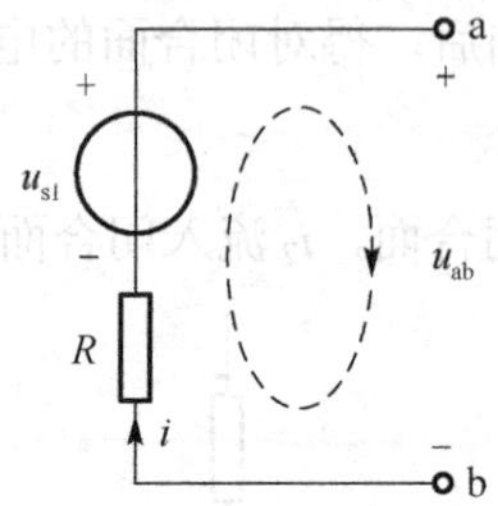


图 1-32　KVL 对未闭合回路

所以，对于未闭合的假象回路，所有电压的代数和恒等于零。

综上知，KCL 反映支路电流之间的线性约束关系，KVL 反映的是支路电压（即元件电压）的线性约束关系。这两个定律仅与元件的相互连接有关，而与元件的性质无关。不论是线性的还是非线性的，时变的还是时不变的，KCL 和 KVL 总是成立的。

下面结合欧姆定律，应用 KCL 和 KVL 对简单的电阻电路进行分析。简单电阻电路是指仅有一个回路或仅有一对结点的电阻电路。

**例 1-4**　计算图 1-33(a)中每个元件的电流、电压和功率。

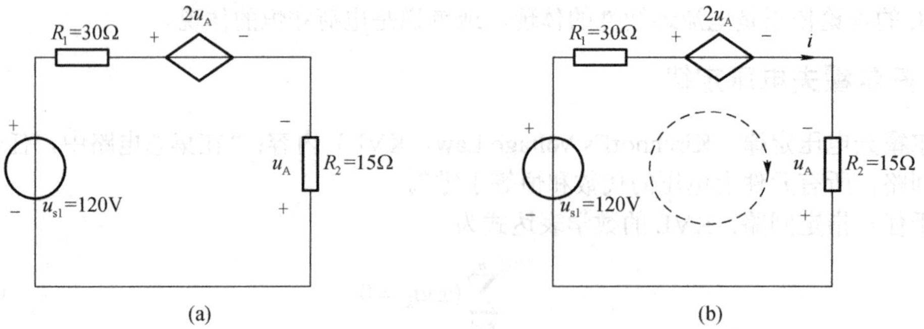


图 1-33　例 1-4 图

分析：图 1-33(a)只有一个回路，各元件中流过相同的电流，这样的电路称为**单回路电阻电路**。选电流 $i$ 为待求变量，并在图中任意假定其参考方向，如图 1-33(b)所示。同时电阻两端的电压在没有标注的情况下，取和电流关联方向，可以不在图中标出，其数值根据欧姆定律求出。受控源的处理前面已提到，当做独立源处理，对控制量列写附加方程。最后选定绕行方向（图中为顺时针）列写 KVL 方程

$$-u_{s1}+R_1 i+2u_A-u_A=0$$

受控源主控量的附加方程

$$u_A=-R_2 i=-15i$$

上面两式整理得

$$-120+30i-15i=0$$

即

$$i=8A$$

两电阻上的电压分别为

$$u_{R1}=R_1 i=240V\,,\qquad u_A=-R_2 i=-120V$$

受控源两端的电压为

$$2u_A = 2\times(-120) = -240\text{V}$$

根据功率吸收、发出的定义，各元件的功率分别为

$$p_{\text{us1发}} = u_{s1}i = 960\text{W} \quad \text{实际发出功率 960W；}$$

$$p_{\text{R1吸}} = i^2R_1 = 1920\text{W} \quad \text{实际吸收功率 1920W；}$$

$$p_{2u_A\text{吸}} = 2u_A i = -1920\text{W} \quad \text{实际发出功率 1920W；}$$

$$p_{R_2\text{吸}} = i^2R_2 = 960\text{W} \quad \text{实际吸收功率 960W。}$$

校验知 $p_{u_{s1}\text{发}} = p_{2u_A\text{吸}} + p_{R_1\text{吸}} + p_{R_2\text{吸}}$，实际吸收功率和实际发出功率也相等。即对于一完整的电路，发出的功率恒等于吸收的功率，满足功率平衡。

**例 1-5** 计算图 1-34(a)中每个元件的电流、电压和功率。

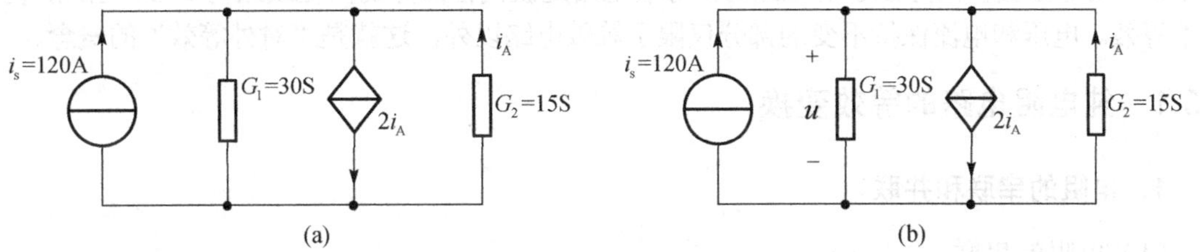


图 1-34 例 1-5 图

分析：前面已提及，图 1-34(a)电路中的上下两根无阻导线可缩减为上下两个结点，因此电路中只有两个结点，所有元件都并联在这两个结点之间，各元件上的电压均相同，这样的电路称为**单结点对电路**。选电压 $u$ 为待求变量，并在图中任意假定其参考极性，如图 1-34(b)所示。同时电阻中流过电流的参考方向在没有标注的情况下，取和电压关联方向，可以不在图中标出，其数值由欧姆定律求出。受控源处理方法同前。最后对任一结点（此处取上端结点）列写 KCL 方程，得

$$-i_s + G_1u + 2i_A - i_A = 0$$

受控源主控量的附加方程

$$i_A = -G_2u = -15u$$

将上两式整理得

$$-120 + 30u - 15u = 0$$

即

$$u = 8\text{V}$$

两电阻中流过的电流分别为

$$i_{G1} = G_1u = 240\text{A}, \qquad i_A = -G_2u = -120\text{A}$$

受控源中流过的电流为

$$2i_A = 2\times(-120) = -240\text{A}$$

根据功率吸收、发出的定义，各元件的功率分别为

$$p_{i_s发} = i_s u = 960\text{W} \quad 实际发出功率 960W;$$

$$p_{G_1吸} = u^2 G_1 = 1920\text{W} \quad 实际吸收功率 1920W;$$

$$p_{2i_A吸} = 2i_A u = -1920\text{W} \quad 实际发出功率 1920W;$$

$$p_{G_2吸} = u^2 G_2 = 960\text{W} \quad 实际吸收功率 960W。$$

校验易得 $p_{吸} = p_{发}$，表明上面计算结果正确。

# 1.5 电路的等效变换

对电路进行分析和计算时，有时可以把电路中某一部分简化，即用一个较为简单的电路代替该电路，同时未被代替部分的电压和电流均应保持不变，这就是电路的"**等效变换**"。也就是说，用等效变换的方法求解电路时，**等效电路**是被代替部分的简化或结构变形，因此，内部并不等效。电压和电流保持不变的部分仅限于等效电路以外，这就是"**对外等效**"的概念。

## 1.5.1 纯电阻电路的等效变换

### 1．电阻的串联和并联

（1）电阻的串联

把电阻一个接着一个首尾相连，中间没有分岔，外接电源时各电阻流过同一个电流，这种电阻的组合称为串联。图 1-35(a)所示电路为 $n$ 个电阻 $R_1, R_2, \cdots, R_n$ 相串联。

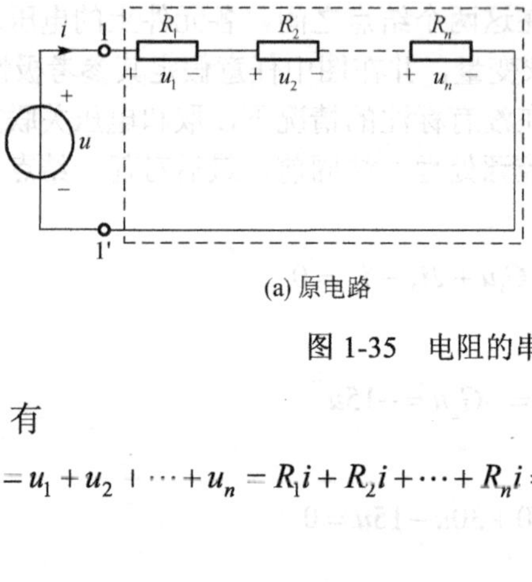


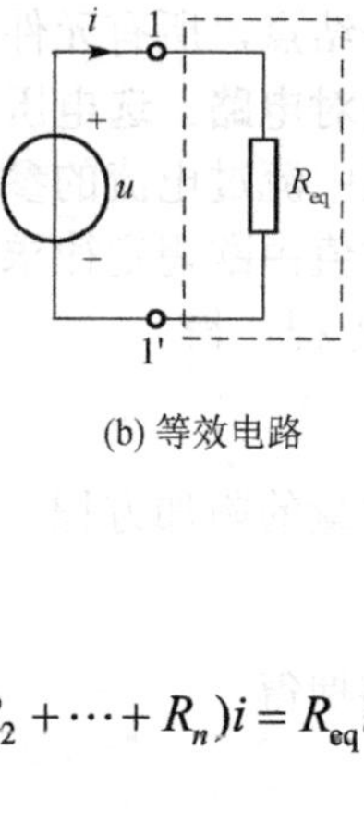


图 1-35　电阻的串联

应用 KVL，有

$$u = u_1 + u_2 + \cdots + u_n = R_1 i + R_2 i + \cdots + R_n i = (R_1 + R_2 + \cdots + R_n)i = R_{\text{eq}} i$$

其中

$$R_{\text{eq}} = \frac{u}{i} = R_1 + R_2 + \ldots + R_n = \sum_{k=1}^{n} R_k \tag{1-21}$$

电阻 $R_{\text{eq}}$ 称为这些串联电阻的**等效电阻**，在数值上等于各串联电阻之和，故 $R_{\text{eq}}$ 必大于任一个串联的电阻，也等于端部电压和电流之比。用 $R_{\text{eq}}$ 代替那些串联电阻，如图 1-35(b)所示，端子 1-1′ 处的 $u$ 、$i$ 均保持与图 1-35(a)中完全相同，故这种替代称为等效变换。$R_{\text{eq}}$ 等效性还表现在 $R_{\text{eq}}$ 所吸收的功率等于 $n$ 个串联电阻吸收功率之和。

电阻串联时，各电阻上的电压为

$$u_k = R_k i = \frac{R_k}{R_{\text{eq}}} u \qquad k = 1,2,\cdots,n \tag{1-22}$$

可见，串联的每个电阻上的电压与电阻值成正比，或者说总电压根据各个串联电阻的阻值进行分配。式（1-22）称为电压分配公式，或称分压公式。最常用的**电位器**就是根据这个原理来均匀地调节 $u_o$ 大小的，如图 1-36 所示。

**例 1-6** 图 1-37(a)所示电路为双电源直流分压电路，试求出 $U_1$ 的变化范围。电位器电阻为 $R$，$\alpha$ 表示 1、3 间的电阻在电位器总电阻 $R$ 中所占比例的数值，$0 \leqslant \alpha \leqslant 1$。

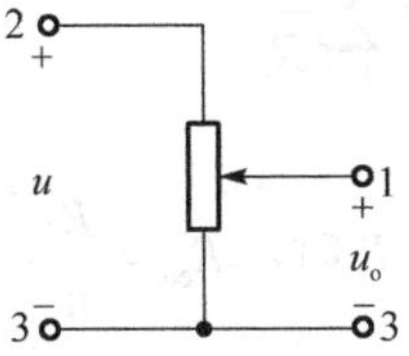

图 1-36 电位器电路图

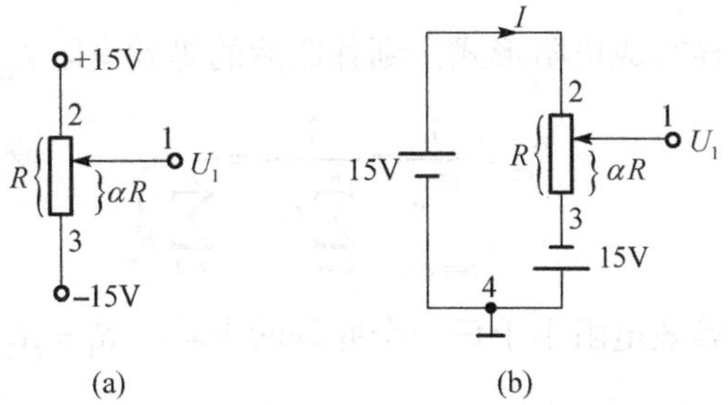

图 1-37 例 1-6 图

**解** 图 1-37(a)为电路简化后的习惯表示形式，初学者对此往往不习惯，不妨把它改画成图 1-37(b)，其中 4 为电源公共端的标号，是电路的参考点。

设电流 $I$ 的参考方向如图中所示，由 KVL 及欧姆定律可得

$$RI - 15\text{V} - 15\text{V} = 0 \qquad I = \frac{30\text{V}}{R}$$

故得

$$U_1 = U_{14} = \alpha RI - 15\text{V} = (30\alpha - 15)\text{V}$$

当滑动端移动时，$\alpha$ 随之变化，$U_1$ 亦随之而变。$\alpha = 1$，$U_1 = 15\text{V}$；$\alpha = 0.5$，$U_1 = 0$；$\alpha = 0$，$U_1 = -15\text{V}$。$U_1$ 在+15V 与−15V 间连续可变。

（2）电阻的并联

把两个或两个以上的电阻跨接在同一对结点上，各电阻上的电压是同一个电压，这种电阻的组合称为并联。图 1-38(a)为 $n$ 个电阻相并联，$G_1, G_2, \cdots, G_n$ 表示各电阻的电导。

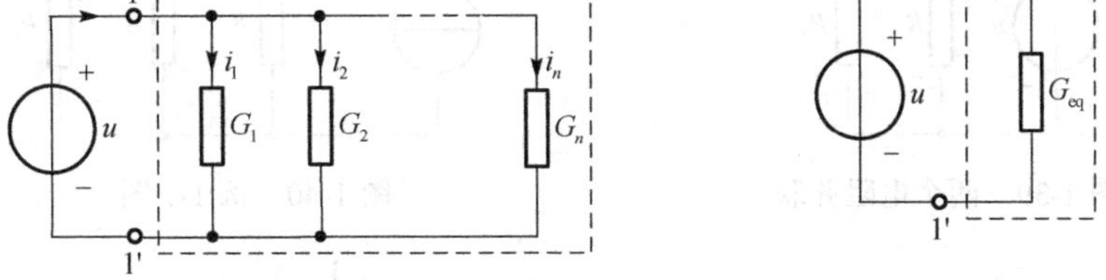

(a) 原电路　　(b) 等效电路

图 1-38 电阻的并联

根据 KCL，有

$$i = i_1 + i_2 + \cdots + i_n = G_1 u + G_2 u + \cdots + G_n u = (G_1 + G_2 + \cdots + G_n)u = G_{\text{eq}} u$$

其中

$$G_{eq}=\frac{i}{u}=G_1+G_2+\cdots+G_n=\sum_{k=1}^{n}G_k \tag{1-23}$$

$G_{eq}$ 称为并联电阻的等效电导，在数值上等于各并联电导之和，也等于端部电流对电压之比。用 $G_{eq}$ 代替那些并联电导，如图 1-38(b)，端子 1-1′ 处的 $u$ 、$i$ 均保持与图 1-38(a)中完全相同，这种替代称为等效变换。$G_{eq}$ 的等效性还表现在 $G_{eq}$ 所吸收的功率等于 $n$ 个并联电导吸收功率之和。

若将电导写成电阻形式，则并联后的等效电阻 $R_{eq}$ 为

$$R_{eq}=\frac{1}{G_{eq}}=\frac{1}{\sum_{k=1}^{n}G_k}=\frac{1}{\sum_{k=1}^{n}\frac{1}{R_k}} \quad 或 \quad \frac{1}{R_{eq}}=\sum_{k=1}^{n}\frac{1}{R_k}$$

不难看出，等效电阻小于任一个并联的电阻。$R_1=R_2=\cdots=R_n=R$ 时，$R_{eq}=\frac{R}{n}$。

电阻并联时，各电阻中的电流为

$$i_k=G_k u=\frac{G_k}{G_{eq}}i \qquad (k=1,2,\cdots,n) \tag{1-24}$$

可见，每个并联电阻中的电流与它们各自的电导值成正比。上式称为电流分配公式，或称分流公式。最常用的是当 $n=2$ 时，如图 1-39 所示，等效电阻为

$$R_{eq}=\frac{1}{\frac{1}{R_1}+\frac{1}{R_2}}=\frac{R_1R_2}{R_1+R_2}$$

两并联电阻的电流分别为

$$i_1=\frac{G_1}{G_{eq}}i=\frac{R_2}{R_1+R_2}i \qquad i_2=\frac{G_2}{G_{eq}}i=\frac{R_1}{R_1+R_2}i$$

**例 1-7** 图 1-40 所示电路中，$I_S=16.5\text{mA}$，$R_S=2\text{k}\Omega$，$R_1=40\text{k}\Omega$，$R_2=10\text{k}\Omega$，$R_3=25\text{k}\Omega$，求 $I_1$、$I_2$ 和 $I_3$。

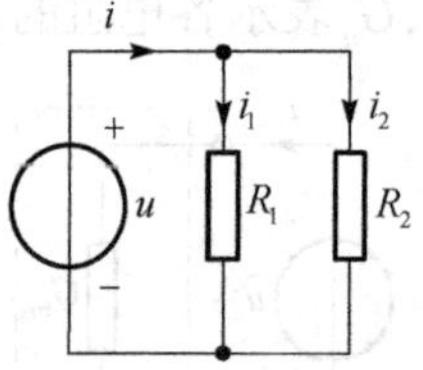


图 1-39 两个电阻并联

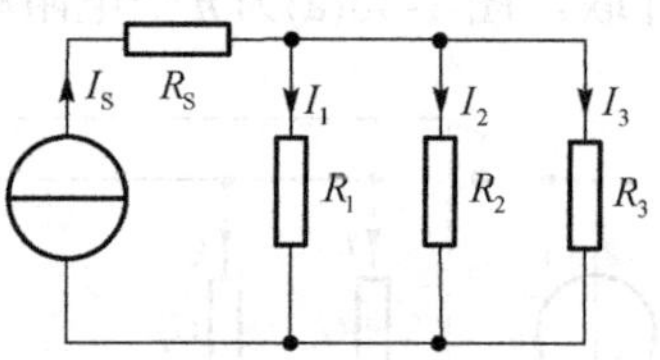


图 1-40 例 1-7 图

**解** $R_S$ 不影响 $R_1$、$R_2$、$R_3$ 中电流的分配。且 $G_1=\frac{1}{R_1}=0.025\text{mS}$，$G_2=\frac{1}{R_2}=0.1\text{mS}$，$G_3=\frac{1}{R_3}=0.04\text{mS}$。按电流分配公式。有

$$I_1=\frac{G_1}{G_1+G_2+G_3}I_S=\frac{0.025}{0.025+0.1+0.04}\times16.5\text{mA}=2.5\text{mA}$$

$$I_2 = \frac{G_2}{G_1+G_2+G_3} I_S = \frac{0.1}{0.025+0.1+0.04} \times 16.5\text{mA} = 10\text{mA}$$

$$I_3 = \frac{G_3}{G_1+G_2+G_3} I_S = \frac{0.04}{0.025+0.1+0.04} \times 16.5\text{mA} = 4\text{mA}$$

### 2．电阻的星角等效变换

电路中电阻有时会出现△形（也称为三角形）和 Y 形（也称为星形）的连接方式，如图 1-41 所示。端子 1、2、3 与电路的其他部分相连，图中没有画出电路的其他部分。当两种电路的电阻之间满足一定关系时，它们在端子 1、2、3 上对应端子之间具有相同的电压 $u_{12}$、$u_{23}$ 和 $u_{31}$，流入对应端子的电流分别相等，即 $i_1 = i_1'$，$i_2 = i_2'$，$i_3 = i_3'$，此时可以说 Y 形电路和△形电路进行了等效变换，简称星角等效变换，用 Y ⇌ Δ 表示。对应电压、电流相等为两电路等效变换的条件。

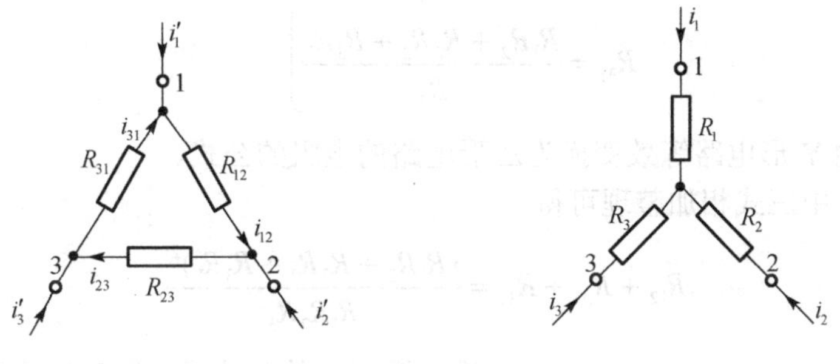


图 1-41　星角等效变换

对于△形连接电路，各电阻中的电流为

$$i_{12} = \frac{u_{12}}{R_{12}}，\quad i_{23} = \frac{u_{23}}{R_{23}}，\quad i_{31} = \frac{u_{31}}{R_{31}}$$

根据 KCL，端子电流分别为

$$\left.\begin{aligned} i_1' &= \frac{u_{12}}{R_{12}} - \frac{u_{31}}{R_{31}} \\ i_2' &= \frac{u_{23}}{R_{23}} - \frac{u_{12}}{R_{12}} \\ i_3' &= \frac{u_{31}}{R_{31}} - \frac{u_{23}}{R_{23}} \end{aligned}\right\} \tag{1-25}$$

对于 Y 形连接电路，根据 KCL 求出端子电压与电流之间的关系，方程为

$$i_1 + i_2 + i_3 = 0$$
$$R_1 i_1 - R_2 i_2 = u_{12}$$
$$R_2 i_2 - R_3 i_3 = u_{23}$$

可以解出电流

$$\left.\begin{aligned}i_1&=\frac{R_3u_{12}}{R_1R_2+R_2R_3+R_3R_1}-\frac{R_2u_{31}}{R_1R_2+R_2R_3+R_3R_1}\\i_2&=\frac{R_1u_{23}}{R_1R_2+R_2R_3+R_3R_1}-\frac{R_3u_{12}}{R_1R_2+R_2R_3+R_3R_1}\\i_3&=\frac{R_2u_{31}}{R_1R_2+R_2R_3+R_3R_1}-\frac{R_1u_{23}}{R_1R_2+R_2R_3+R_3R_1}\end{aligned}\right\}\tag{1-26}$$

根据两电路等放变换的条件，式（1-25）和式（1-26）中电压$u_{12}$、$u_{23}$和$u_{31}$前面的系数应该对应的相等，于是得到

$$\left.\begin{aligned}R_{12}&=\frac{R_1R_2+R_2R_3+R_3R_1}{R_3}\\R_{23}&=\frac{R_1R_2+R_2R_3+R_3R_1}{R_1}\\R_{31}&=\frac{R_1R_2+R_2R_3+R_3R_1}{R_2}\end{aligned}\right\}\tag{1-27}$$

式（1-27）就是由 Y 形电路等效变换为△形电路的电阻的公式。

将式（1-27）中三式相加整理可得

$$R_{12}+R_{23}+R_{31}=\frac{(R_1R_2+R_2R_3+R_3R_1)^2}{R_1R_2R_3}$$

代入$R_1R_2+R_2R_3+R_3R_1=R_{12}R_3=R_{31}R_2$就可得到$R_1$的表达式。同理可得到$R_2$、$R_3$，公式分别为

$$\left.\begin{aligned}R_1&=\frac{R_{12}R_{31}}{R_{12}+R_{23}+R_{31}}\\R_2&=\frac{R_{23}R_{12}}{R_{12}+R_{23}+R_{31}}\\R_3&=\frac{R_{31}R_{23}}{R_{12}+R_{23}+R_{31}}\end{aligned}\right\}\tag{1-28}$$

式（1-28）就是由△形电路等效变换为 Y 形电路的电阻的公式。

为了便于记忆，以上互换公式可归纳为

$$\text{Y形电阻}=\frac{\Delta\text{形相邻电阻的乘积}}{\Delta\text{形电阻之和}}$$

$$\Delta\text{形电阻}=\frac{\text{Y形电阻两两乘积之和}}{\text{Y形不相邻电阻}}$$

若 Y 形连接中 3 个电阻相等，即$R_1=R_2=R_3=R_Y$，则等效△形连接中 3 个电阻也相等，它们等于

$$R_\Delta=R_{12}=R_{23}=R_{31}=3R_Y$$

或

$$R_Y=\frac{1}{3}R_\Delta$$

**例 1-8** 求图 1-42(a)所示桥形电路的总电阻 $R_{12}$。

**解** 将结点①、③、④内的△形电路用等效 Y 形电路替代，得到图 1-42(b)所示电路，其中

$$R_2 = \frac{14\times 21}{14+14+21}\Omega = 6\Omega$$

$$R_3 = \frac{14\times 14}{14+14+21}\Omega = 4\Omega$$

$$R_4 = \frac{14\times 21}{14+14+21}\Omega = 6\Omega$$

然后用串、并联的方法，得到图 1-42(c)、(d)、(e)所示电路，从而求得

$$R_{12} = 15\Omega$$

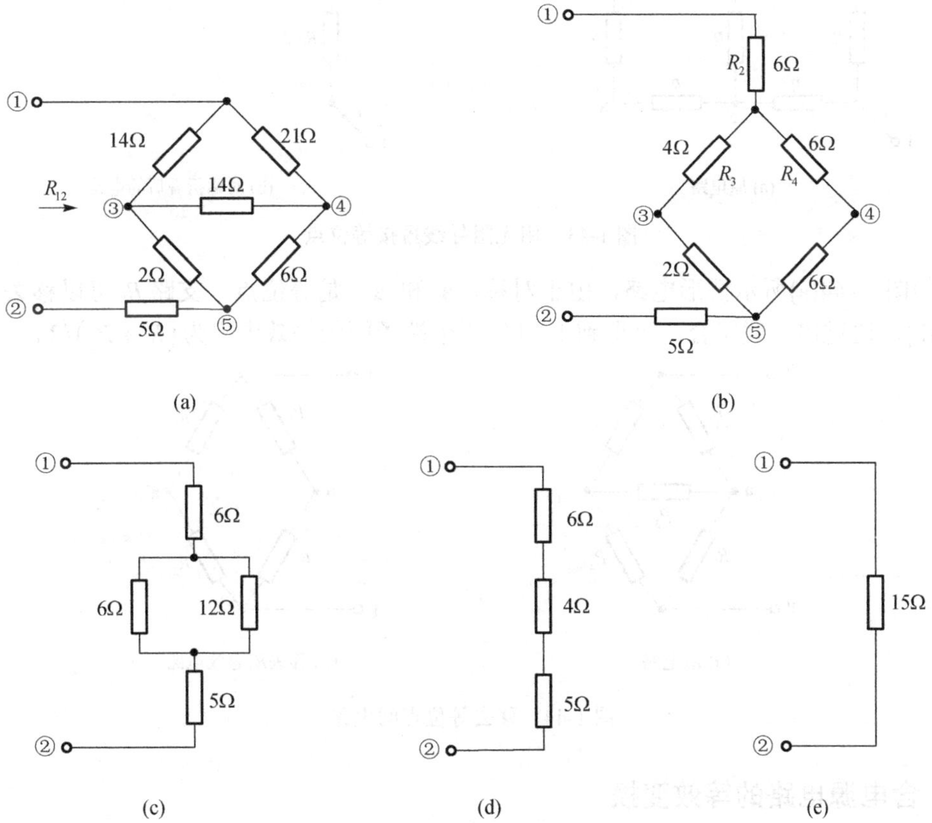


图 1-42 例 1-8 图

### 3. 等位点法*

纯电阻电路的等效变换最基本的方法是串并联和星角转换。但是在某些情况下，利用电路相对于端口的对称性可以找到电路内部电位相等的结点，简称**等位点**。这些等位点间如有支路连接，则支路中必然无电流通过，因此可以断开这些支路而不影响端口处的电压和电流。这些等位点间如无支路连接，则可用无阻导线将等位点短接，做这种处理也不影响端口电流

和电压。即上述两种处理方式都不会影响输入电阻的计算，但在断开和短接之后，会使电路得到很大的简化。

如图 1-43(a)所示电路，所有电阻均为 $R$，此电路用星角转换是可以算出等效电阻的，但太烦琐。由于电路对端口 1—1′ 结构对称，结点a 和a′、b 和b′、c 和c′分别是等位点，用无阻导线短接后（即将电路图沿 1—1′ 对角线折叠过去），得到图 1-43(b)所示电路，此时再用简单串并联即可求得 1—1′ 两个端子间的等效电阻为 $\dfrac{3R}{2}$。

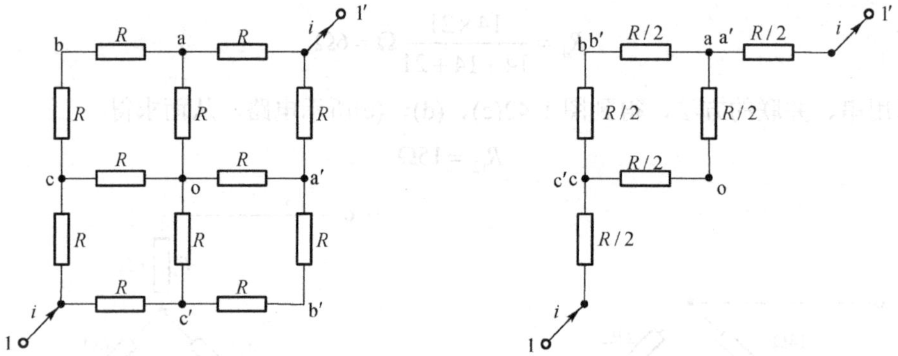


(a) 原电路　　　　(b) 对称折叠后的电路

图 1-43　用无阻导线短接等位点

再如图 1-44(a)所示桥形电路，由于对称，a 和 a′ 是等位点，支路 $R_3$ 可以移去，得到图 1-44(b)，通过串并联组合，可得到 1—1′ 两个端子间的等效电阻为 $(R_1+R_2)/2$。

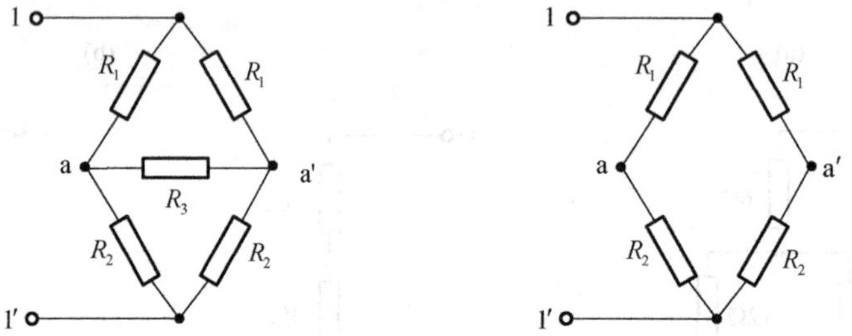


(a) 原电路　　　　(b) 移去$R_3$等效电路

图 1-44　移去等位点间电路

## 1.5.2　含电源电路的等效变换

### 1. 理想电源的组合

（1）电压源

当 $n$ 个电压源串联时，如图 1-45(a)所示，可以用一个电压源来等效替代，如图 1-45(b)所示，这个等效电压源的电压是各独立电压源的代数和，即

$$u_s = u_{s1} + u_{s2} + \cdots + u_{s2} = \sum_{k=1}^{n} (\pm) u_{sk} \tag{1-29}$$

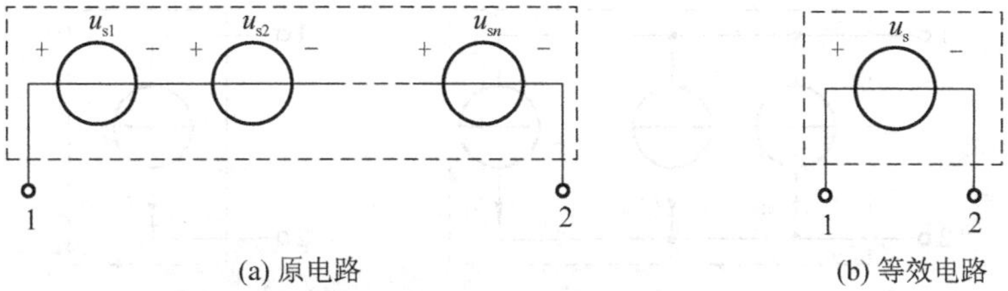


图 1-45　电压源串联

如果 $u_{sk}$ 的参考方向与等效电压源 $u_s$ 的参考方向一致时，式中 $u_{sk}$ 的前面取“+”号，不一致时取“-”号。

理想电压源只有电压相等且极性一致时才允许并联，并联后的等效电路为其中任一电压源。在实际运行中，电压源的串联能提高输出电压，并联能增加输出电流。

在复杂电路的简化过程中，有时会遇到电压源与一个元件、一个支路、甚至一个二端网络并联的情况，称为**电压源的特殊组合**，此时电路对外等效于该电压源。如图 1-46 所示，是电压源与一个电阻、一个电流源并联的情况，对外接负载来说，用 $u_s$ 作这种替代，负载上的电流、电压与替代前保持不变。

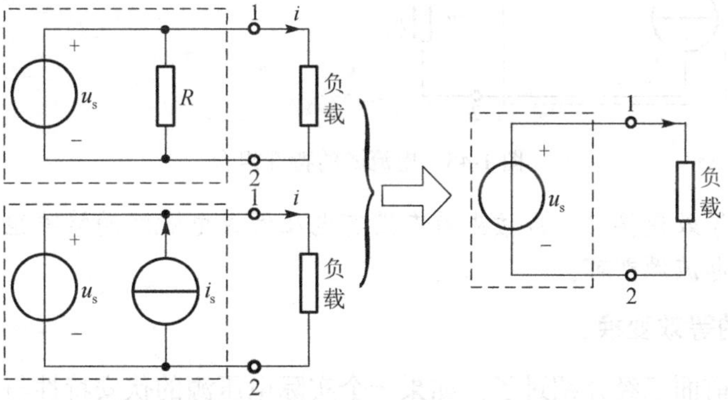


图 1-46　电压源的特殊组合

（2）电流源

当 $n$ 个电流源并联时，如图 1-47(a)所示，可以用一个电流源来等效替代，如图 1-47(b)所示，这个等效电流源的电流是各独立电流源的代数和，即

$$i_s = i_{s1} + i_{s2} + \cdots + i_{sn} = \sum_{k=1}^{n} (\pm) i_{sk} \tag{1-30}$$

如果 $i_{sk}$ 的参考方向与等效电流源 $i_s$ 的参考方向一致时，式中 $i_{sk}$ 的前面取“+”号，不一致时取“－”号。

理想电流源只有电流相等且极性一致时才允许串联，串联后的等效电路为其中任一电流源。在实际运行中，电流源的并联能增加输出电流，串联能提高电流源的耐压性。

在复杂电路的简化过程中，有时会遇到电流源与一个元件、一个支路、甚至一个二端网络串联的情况，称为**电流源的特殊组合**，此时电路对外等效于该电流源。如图 1-48 所示，是电流源与一个电阻、一个电压源串联的情况，对外接负载来说，用 $i_s$ 作这种替代，负载上的电流、电压与替代前保持不变。

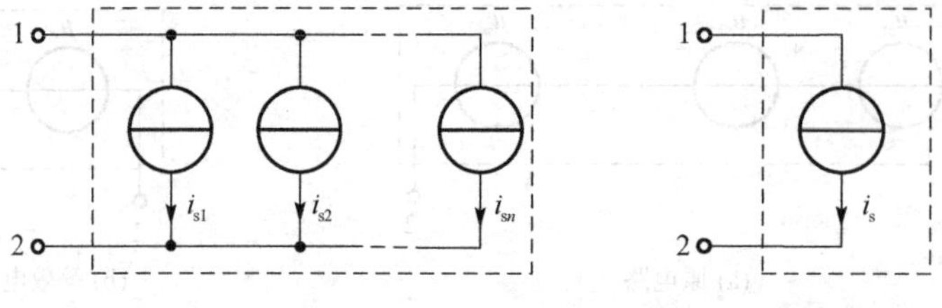


(a) 原电路　　　　(b) 等效电路

图 1-47　电流源并联

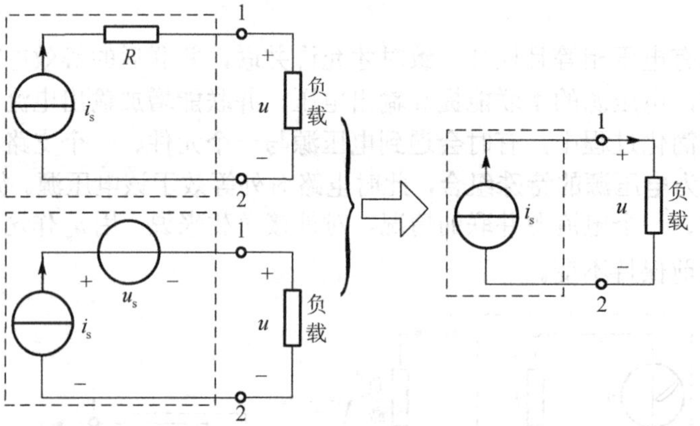


图 1-48　电流源的特殊组合

**注意：在电路等效变换时，应该先看有没有电压源或电流源的特殊组合，若有的话可直接等效成电压源或电流源即可。**

**2．实际电源的等效变换**

实际电源模型前面已经介绍过了，如果一个实际电压源的伏安特性与一个实际电流源的伏安特性完全相同，则这两个实际电源对外等效，它们在电路中可以相互替代，称为**电源的等效变换**。

根据已知实际电压源外特性，方程式（1-17）改写成

$$i = \frac{u_s}{R_s} - \frac{u}{R_s}$$

与实际电流源外特性方程式（1-18）进行比较，根据等效性，两方程的对应各项应相等：

$$i_s = \frac{u_s}{R_s} \quad 和 \quad R'_s = R_s \tag{1-31}$$

上式为实际电压源等效为实际电流源的方程式，同理可求得实际电流源等效为实际电压源的方程式为

$$\begin{cases} u_s = R_s i_s \\ R_s = R'_s \end{cases} \tag{1-32}$$

综上所述，实际电压源与实际电流源的等效变换如图 1-49 所示。注意，$i_s$ 的参考方向是从 $u_s$ 的参考“−”极性指向参考“+”极性。

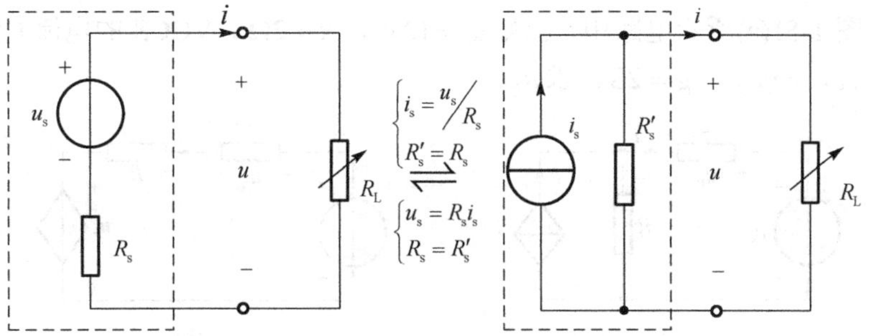

图 1-49　实际电压源和电流源的等效变换

注意：（1）实际电源的等效变换只对电源的外部等效，对内是不等效的。

（2）作为理想元件，电压源和电流源的外特性是不可能相同的，因此它们之间是不可能等效互换的。

（3）受控电压源、电阻串联组合和受控电流源、电导的并联组合也可以用实际电源等效变换的方法处理。此时可把受控电源当作独立电源处理，但应注意在变换过程中保存控制量所在支路，而不要把它消掉。

**例 1-9**　求图 1-50(a)所示电路中电流 $i$ 。

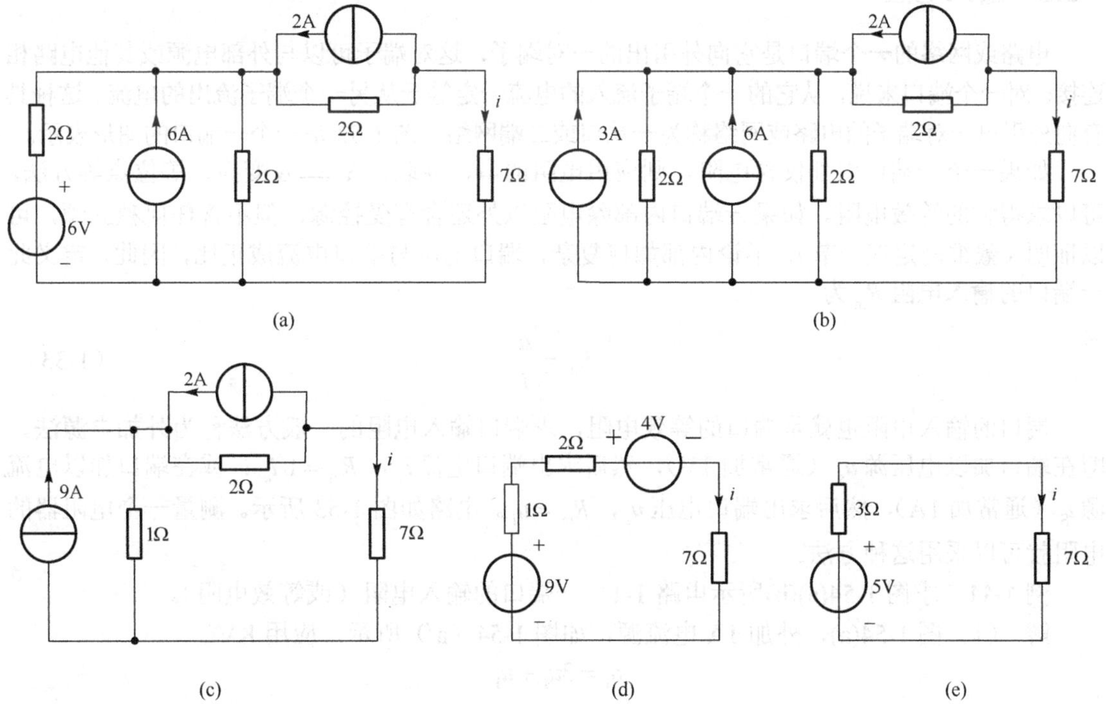

图 1-50　例 1-9 图

**解**　图 1-50(a)电路经过图(b)、(c)、(d)等效变换得到简化后的简单电路图(e)，可求得电流 $i$ 为

$$i=\frac{5}{3+7}=0.5\text{A}$$

显然，经过等效变换可以大大简化电路的计算。

**例 1-10** 图 1-51(a)所示电路中，已知 $u_s = 12V$ ，$R = 2\Omega$ ，VCCS 的电流 $i_c$ 受电阻 $R$ 上的电压 $u_R$ 控制，且 $i_c = gu_R$ ， $g = 2S$ 。求 $u_R$ 。

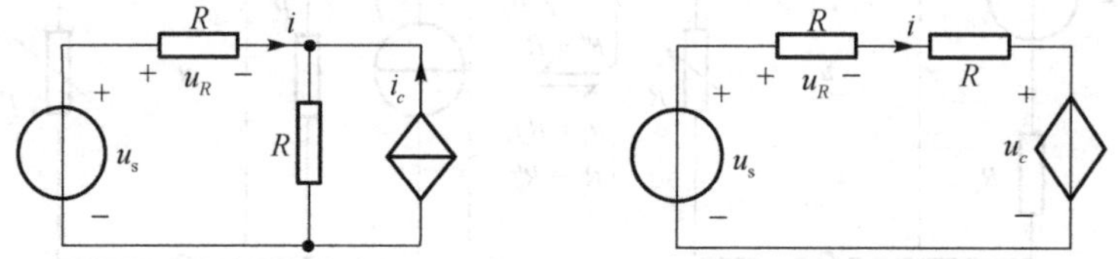


(a) (b)

图 1-51 例 1-10 图

**解** 利用等效变换，把电压控制电流源和电阻的并联组合变换为电压控制电压源和电阻的串联组合，如图 1-51(b)所示，其中 $u_c = Ri_c = 2\times 2\times u_R = 4u_R$ ，而 $u_R = Ri$ 。根据 KVL，有

$$Ri + Ri + u_c = u_s$$

$$2u_R + 4u_R = u_s$$

$$u_R = \frac{u_s}{6} = 2V$$

## 1.5.3 输入电阻

电路或网络的一个端口是它向外引出的一对端子，这对端子可以与外部电源或其他电路相连接。对一个端口来说，从它的一个端子流入的电流一定等于从另一个端子流出的电流。这种具有向外引出一对端子的电路或网络称为**一端口或二端网络**。图 1-52 是一个一端口的图形表示。

如果一个一端口内部仅含电阻，则应用电阻的串、并联、$Y \rightleftharpoons \Delta$ 变换、等位点等方法，可以求得它的等效电阻。如果一端口内部除电阻以外还含有受控源，但不含任何独立源，可以证明（戴维南定理一节），不论内部如何复杂，端口电压与端口电流成正比，因此，定义此一端口的**输入电阻** $\boldsymbol{R_{in}}$ 为

$$R_{in} = \frac{u}{i} \tag{1-33}$$

端口的输入电阻也就是端口的等效电阻，求端口输入电阻的一般方法称为**外加电源法。** 即在端口加以电压源 $u_s$ （通常加 1V），然后求出端口电流 $i_u$ ， $R_{in} = 1/i_u$ ；或在端口加以电流源 $i_S$ （通常加 1A），然后求出端口电压 $u_i$ ， $R_{in} = u_i$ 。电路如图 1-53 所示。测量一个电阻器的电阻就可以采用这种方法。

**例 1-11** 求图 1-54(a)(b)所示电路 1-1′ 一端口的输入电阻（或等效电阻）。

**解** （1）图 1-54(a)，外加 1A 电流源，如图 1-54（a′）所示，应用 KVL

$$u_i = 3u_1 + u_1$$

附加方程

$$u_1 = 2V$$

得到

$$u_i = 4u_1 = 8V$$

故

$$R_{in} = \frac{u_i}{1} = 8\Omega$$

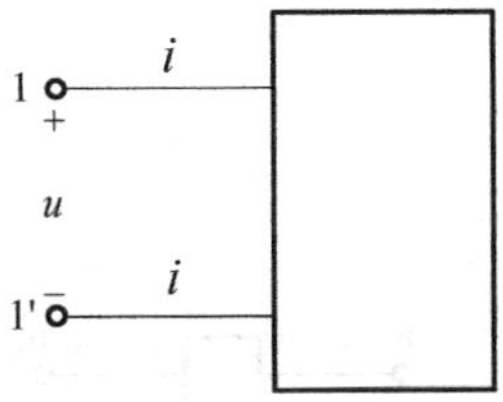


图 1-52　一端口

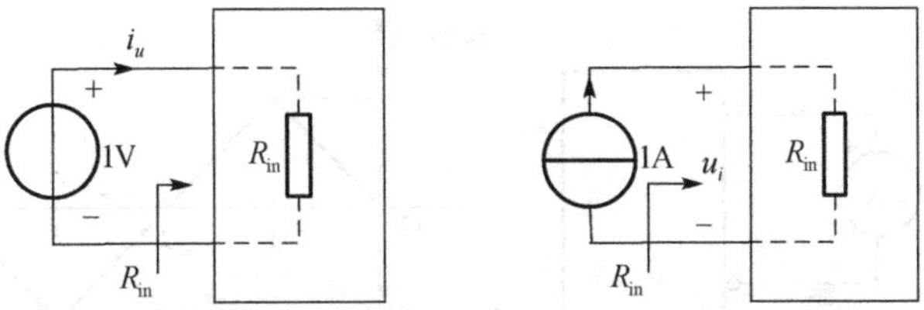


(a) 外加1V电压源　　(b) 外加1A电流源

图 1-53　外加电源法求输入电阻

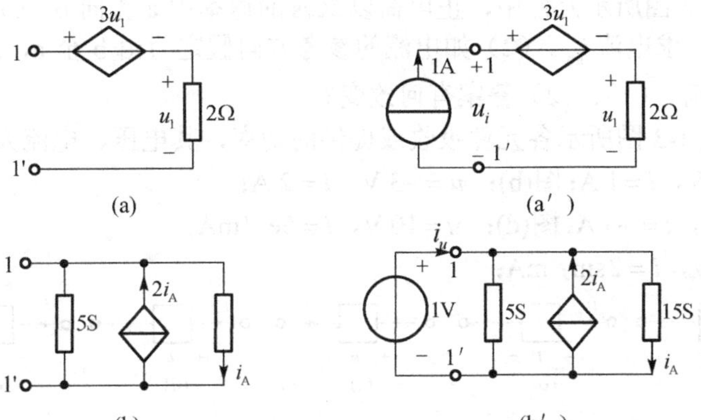


(a)　(a′)　(b)　(b′)

图 1-54　例 1-11 图

（2）图 1-54(b)，外加 1V 电流源，如图 1-54（b′）所示，应用 KCL

$$i_u = 5 - 2i_A + i_A$$

附加方程

$$i_A = 15A$$

得到

$$i_u = 5 - i_A = -10A$$

故

$$R_{in} = \frac{1}{i_u} = -0.1\Omega$$

负电阻表明该二端网络外加独立电源时向外发出功率。

# 习　题　1

## 1.2　电路分析基本变量

1-1　接在题 1-1 图所示电路中电流表 A 的读数随时间变化的情况如图中所示。试确定 $t=1s$、2s 及 3s 时的电流 $i$。

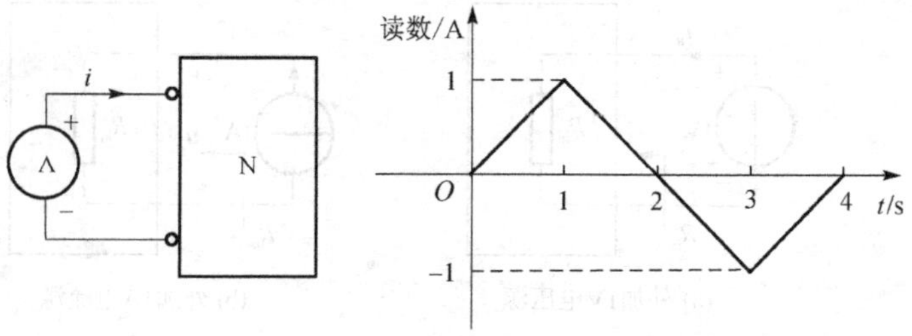


题 1-1 图

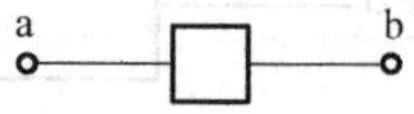


题 1-2 图

1-2　设在题 1-2 图所示元件中，正电荷以 5C/s 的速率由 a 流向 b。（1）如电流的参考方向假定为由 a 至 b，求电流 $i_{ab}$。（2）如电流的参考方向假定为由 b 至 a，求电流 $i_{ba}$。（3）如流动的电荷为负电荷，（1）、（2）答案有何改变？

1-3　试计算题 1-3 图所示各元件吸收或提供的功率，其电压、电流为：

图(a)：$u=-2$ V，$i=1$ A; 图(b)：$u=-3$ V，$i=2$ A;

图(c)：$u=2$ V，$i=-3$ A; 图(d)：$u=10$ V，$i=5e^{-2t}$mA;

图(e)：$u=10$ V，$i=2\sin t$ mA;

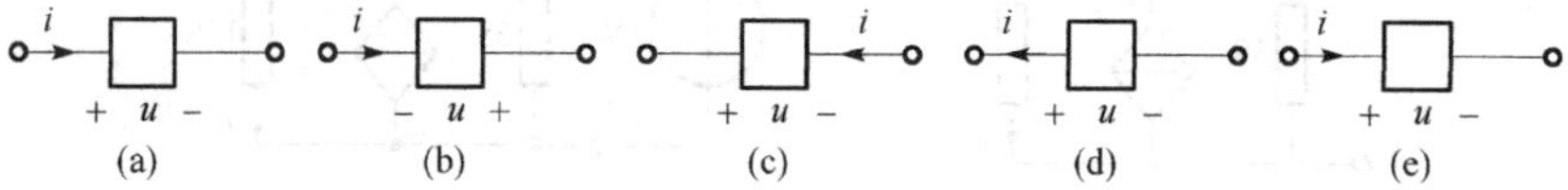


题 1-3 图

1-4　各元件情况如题 1-4 图所示。

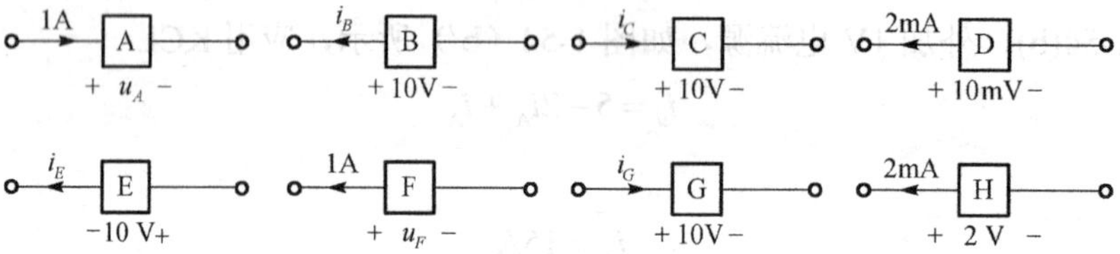


题 1-4 图

（1）若元件 A 吸收功率 10W，求 $u_A$；

（2）若元件 B 吸收功率 10W，求 $i_B$；

（3）若元件 C 吸收功率 −10W，求 $i_C$；

（4）试求元件 D 吸收的功率；

（5）若元件 E 提供的功率是 10W，求 $i_E$；

（6）若元件 F 提供的功率是 −10W，求 $u_F$；

（7）若元件 G 提供的功率是 10mW，求 $i_G$；

（8）试求元件 H 提供的功率。

1-5　题 1-5 图所示为一带有 8 个端钮的集成电路。试求 $U_0$、$U_4$、$U_7$、$U_{10}$、$U_{23}$、$U_{30}$、$U_{67}$、$U_{56}$ 以及电流 $I$。

## 1.3　电路分析基本元件

1-6　题 1-6 图所示电路中，已知 $u_{be}=-2$V；$u_{cd}$=4V；$u_{de}=-9$V；$u_{ef}$=6V；$u_{af}$=10V。求 $u_{ab}$、$u_{bc}$、$u_{ca}$、$i_1$、$i_2$、$i_3$。

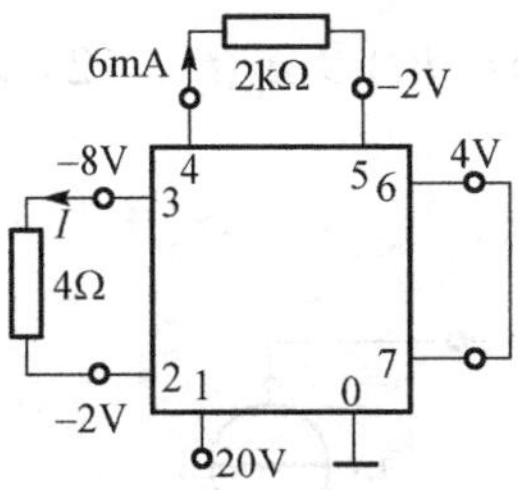


题 1-5 图

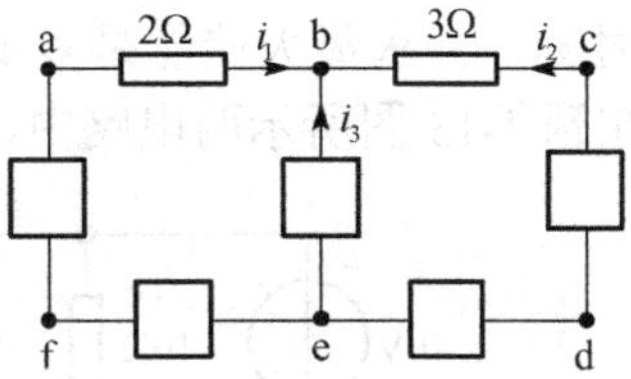


题 1-6 图

1-7　求题 1-7 图(a)至(d)的 $u_{ab}$ 以及图(e)的 $u_{ab}$、 $u_{bc}$、 $u_{ca}$。

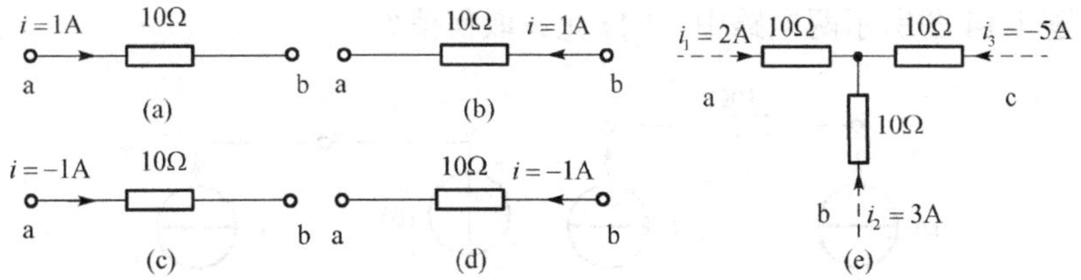


题 1-7 图

1-8　一个 40kΩ、10W 的电阻，使用时至多能允许多大电流流过？

1-9　如题 1-9 图所示。（1）图(a)中已知 $u = 7\cos(2t)$ V，求 $i$；（2）图(b)中已知 $u = (5 + 4e^{-6t})$ V，$i = (15 + 12e^{-6t})$ A，求 $R$，（3）图(c)中已知 $u = 3\cos(2t)$ V，求 5Ω 电阻的功率。

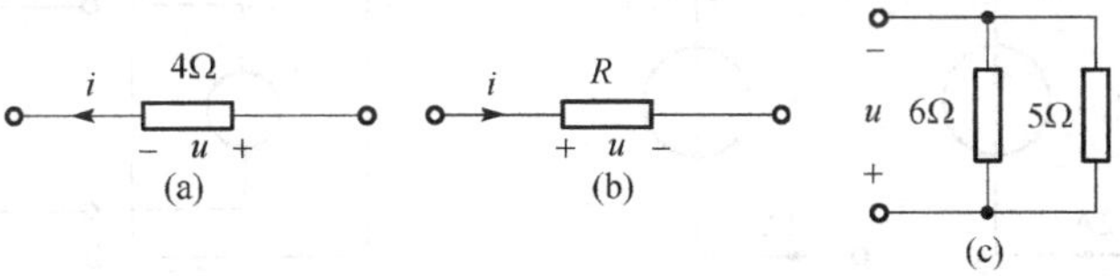


题 1-9 图

1-10　（1）1 μF 电容的端电压为 $100\cos(1\,000t)$ V，试求 $i(t)$。$u$ 与 $i$ 波形是否相同？最大值、最小值是否发生在同一时刻？

（2）10 μF 电容的电流为 $10e^{-100t}$ mA，若 $u(0) = -10$ V，试求 $u(t)$，$t > 0$。

1-11　在题 1-11 图所示电路中 $R = 1$ kΩ，$L = 100$ mH，若

$$u_R(t) = \begin{cases} 15(1 - e^{-10^4 t}) & t > 0 \\ 0 & t < 0 \end{cases}$$

其中 $u_R$ 单位为 V、$t$ 单位为 s。

（1）求 $u_L(t)$，并绘制波形图；

（2）求电源电压 $u_S(t)$。

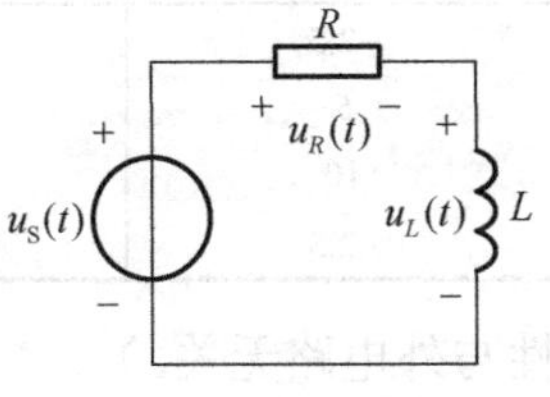


题 1-11 图

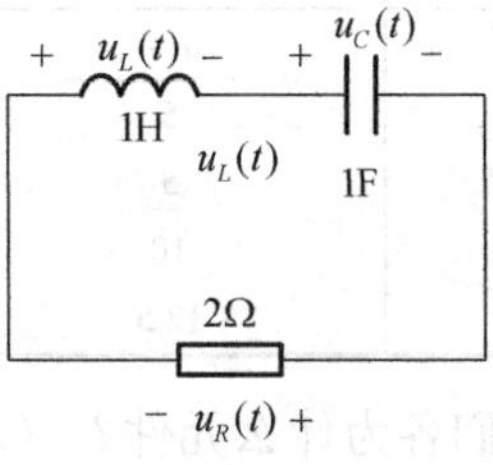


题 1-12 图

1-12　题 1-12 图所示电路中，已知 $u_C(t)=t\mathrm{e}^{-t}$ V。（1）求 $i(t)$ 及 $u_L(t)$，（2）求电容储能达最大值的时刻，并求最大储能是多少？

1-13　在题 1-13 图所示两电路中，问 $u$ 允许取何值？

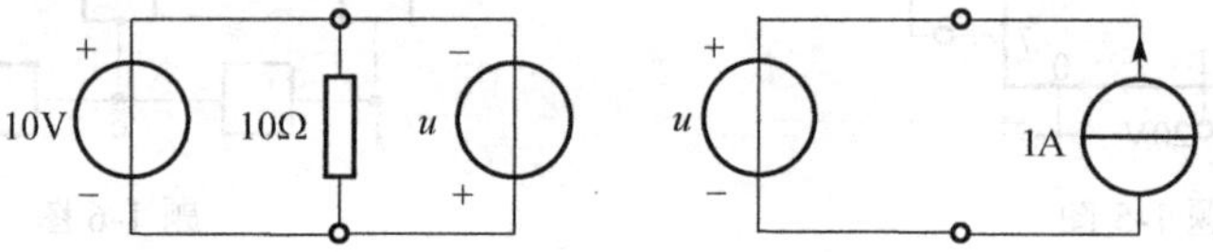


题 1-13 图

1-14　在题 1-14 图所示两电路中，问 $i$ 允许取何值？

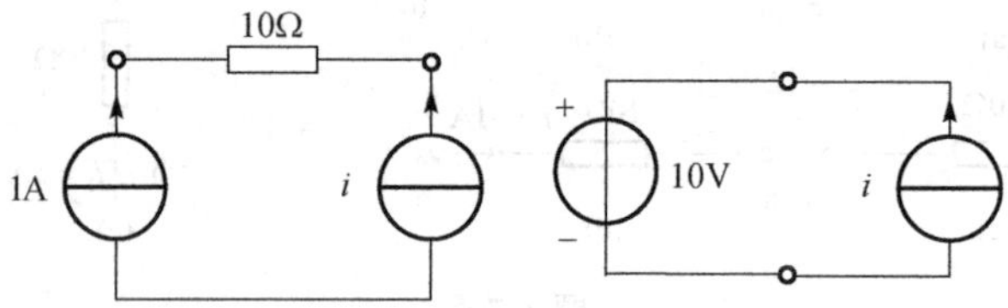


题 1-14 图

1-15　求题 1-15 图所示两电压源的吸收功率。

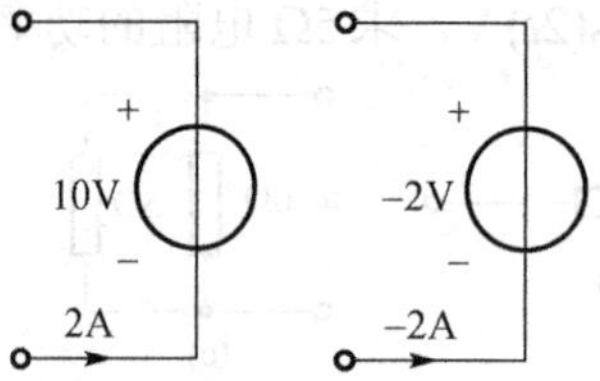


题 1-15 图

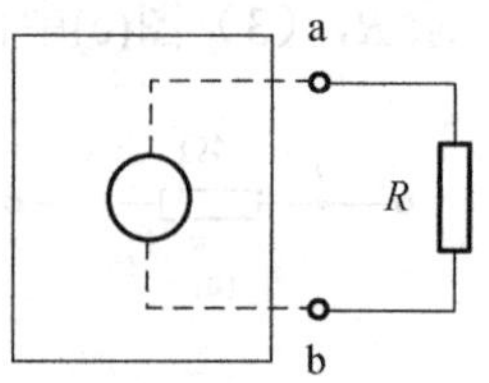


题 1-16 图

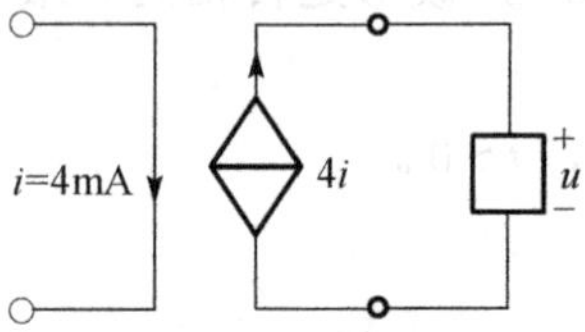


题 1-17 图

1-16　题 1-16 图所示方框内为一电源元件，当 $R=1\,\Omega$ 时，$u_{ab}$=7 V。（1）若电源元件为电流源，问当 $R=2\,\Omega$ 及 $R=1/2\,\Omega$ 时，$u_{ab}$ 各为多少？（2）若为电压源，问当 $R=2\,\Omega$ 及 $R=1/2\,\Omega$ 时，$u_{ab}$ 又各为多少？

1-17　求题 1-17 图所示受控源提供的功率，已知 $u$ =10 V。

1-18　今有四种元器件 A、B、C、D。为测定其“身份”，依次放置在两个含有电源的不同网络 $N_1$、$N_2$ 两端，如题 1-18 图所示，图中以 X 表明四种元件中的任一个，测得数据如下：

| 元件 | 与 $N_1$ 相接 | | 与 $N_2$ 相接 | |
|---|---|---|---|---|
| | $u$/V | $i$/mA | $u$/V | $i$/mA |
| A | 5 | 1 | −2.5 | −0.5 |
| B | 5 | 5 | 5 | −10 |
| C | 10 | 0 | 10 | −15 |
| D | 12.5 | −2.5 | −2.5 | −2.5 |

试确定它们各为什么元件？（本题表明，元件的特性与外电路无关。）

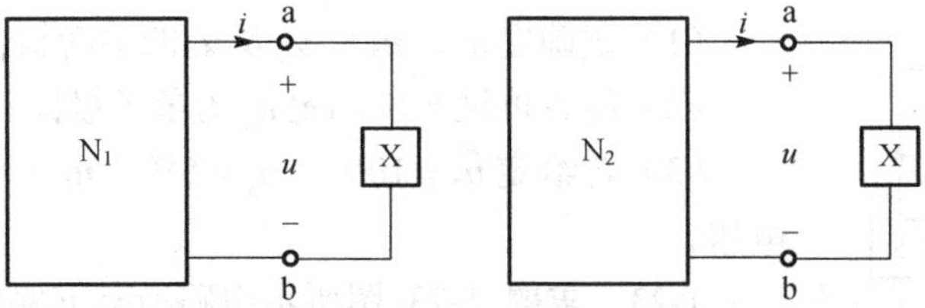


题 1-18 图

## 1.4 基尔霍夫定律

1-19 判断下列说法是否正确：

（1）在结点处各支路电流的方向不能均设为流向结点，否则将只有流入结点的电流而无流出结点的电流。

（2）利用 KCL 方程求解某一支路电流时，若改变接在同一结点所有其他已知支路电流的参考方向，将使求得的结果有符号的差别。

（3）从物理意义上来说，KCL 应对电流的实际方向说才是正确的，但对电流的参考方向来说也必然是正确的。

1-20 题 1-20 图(a)所示电路中，$u_1(t)$、$u_2(t)$、$u_3(t)$ 的波形是否可能如图题 1-20(b)所示？为什么？

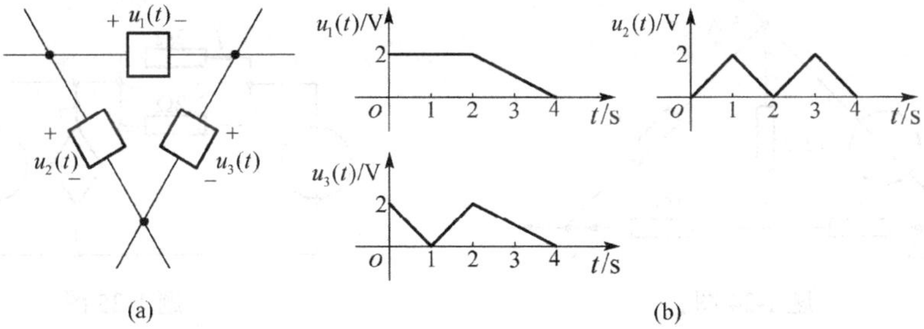


题 1-20 图

1-21 电路如题 1-21 图所示，试求：（1）图(a)中的 $i$；（2）图(b)中各未知电流；（3）图(c)中的 $u_1$、$u_2$ 和 $u_3$。

1-22 题 1-22 图电路中电压 $u_3$ 的参考极性已选定，若该电路的两个 KVL 方程为 $u_1-u_2-u_3=0$，$-u_2-u_3+u_5-u_6=0$。

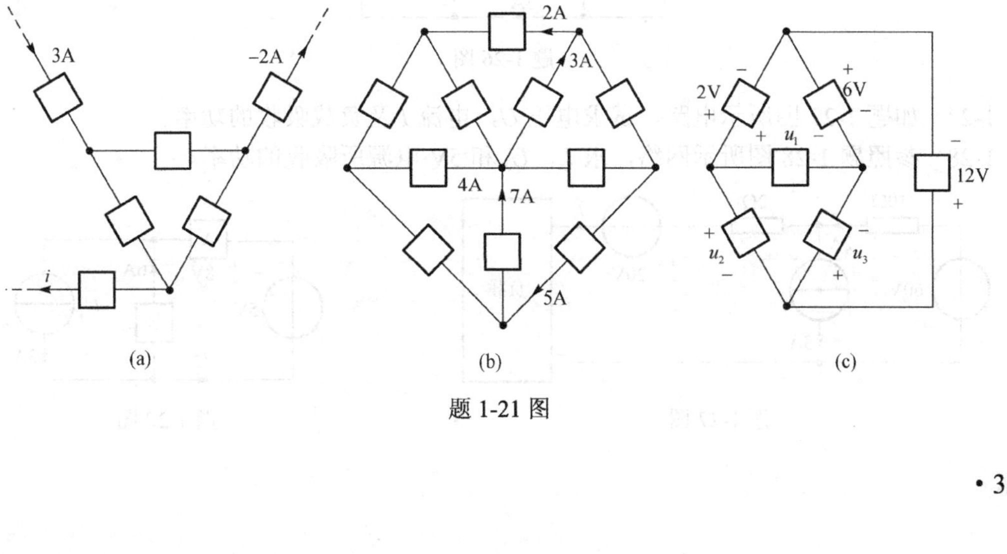


题 1-21 图

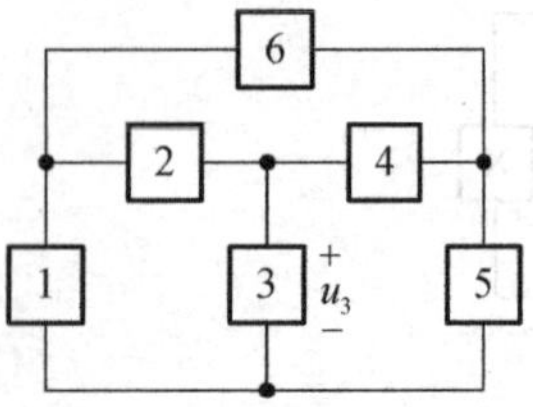

题 1-22 图

（1）试确定$u_1$、$u_2$、$u_5$及$u_6$的参考极性；

（2）能否再进一步确定$u_4$的参考极性？

（3）若给定$u_2=10\text{V}$，$u_3=5\text{V}$，$u_6=-4\text{V}$，试确定其余各电压。

1-23　求题 1-23 图所示电路所有支路的电压和电流，并利用功率平衡关系来验证所求正确性。

1-24　求题 1-24 图所示电路中的$u_s$和$i$。

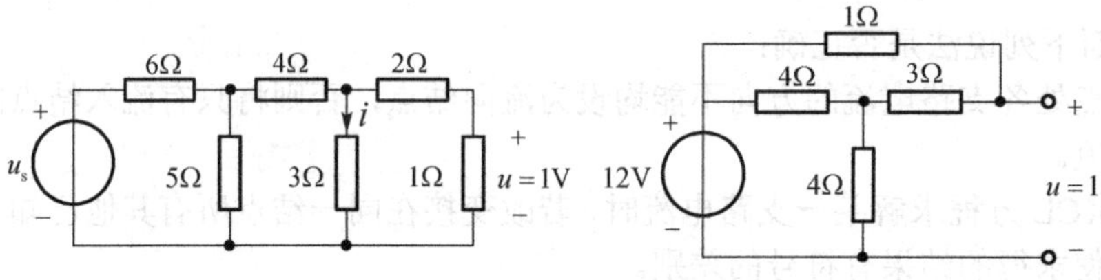

题 1-23 图

1-25　如题 1-25 图所示电路，求受控源提供的电流和每一元件吸收的功率；核对功率平衡关系。

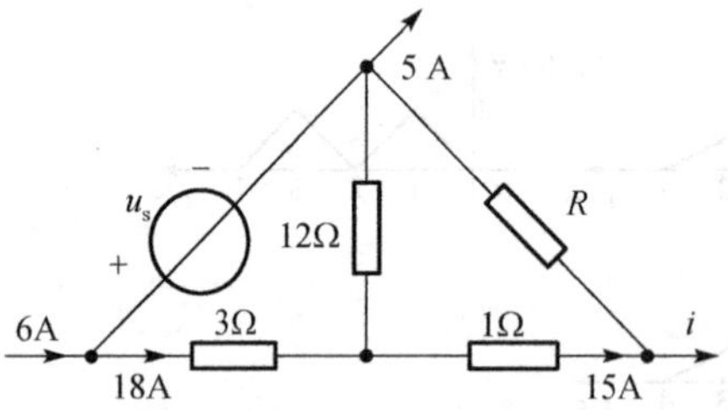

题 1-24 图

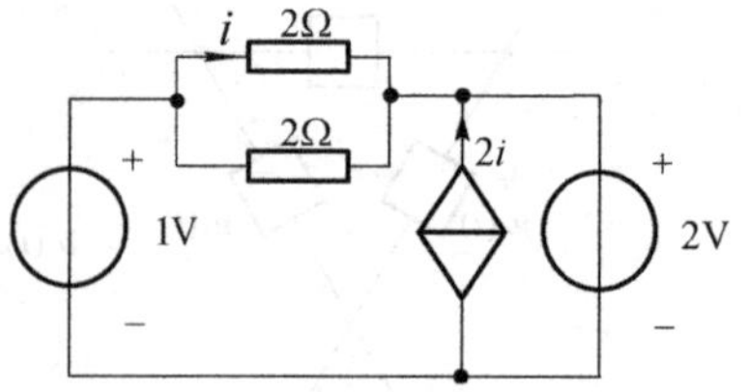

题 1-25 图

1-26　电路如题 1-26 图所示，其中$g=2\text{ S}$，求$u$和$R$。

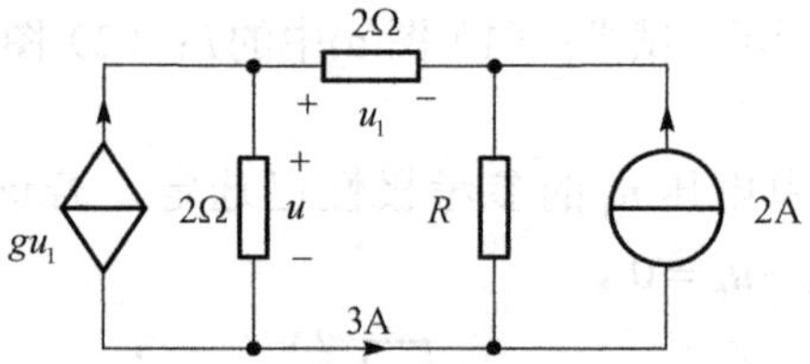

题 1-26 图

1-27　如题 1-27 图所示电路，试求电压$U$，电流$I$及负载吸收的功率。

1-28　参照题 1-28 图所示网络，求$I_x$，$U_x$和 5V 电源所吸收的功率。

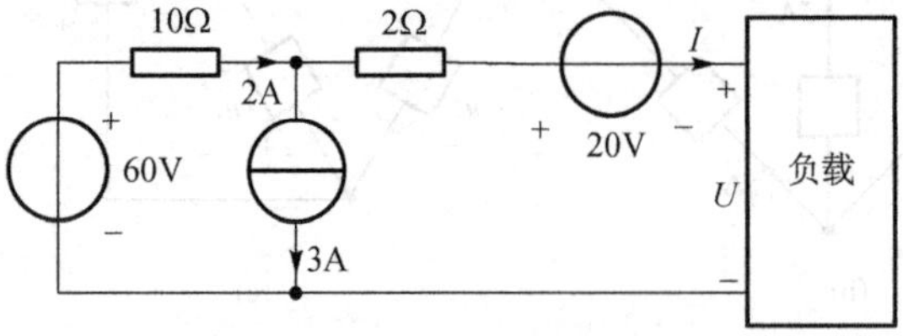

题 1-27 图

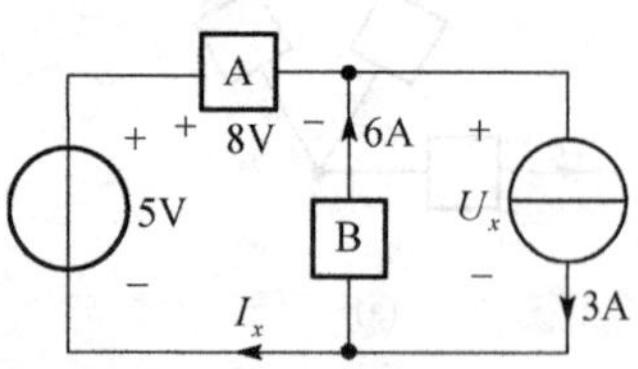

题 1-28 图

1-29　求题 1-29 图中 3V 电源提供的功率。

1-30　求题 1-30 图电路的的 6 个元件中每个元件所吸收的功率。

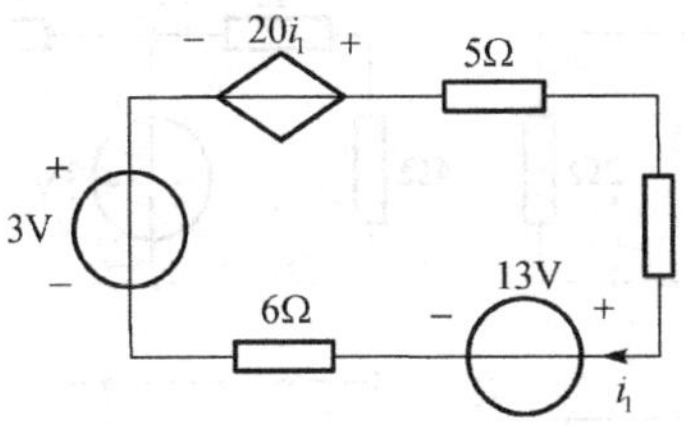


题 1-29 图

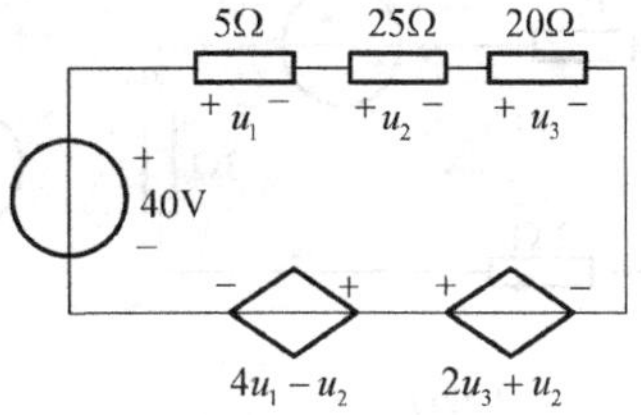


题 1-30 图

## 1.5　电路的等效变换

1-31　求题 1-31 图示各电路的等效电阻 $R_{ab}$，其中 $R_1 = R_2 = 1\Omega$, $R_3 = R_4 = 2\Omega$, $R_5 = 4\Omega$, $G_1 = G_2 = 1\text{S}, R = 2\Omega$。

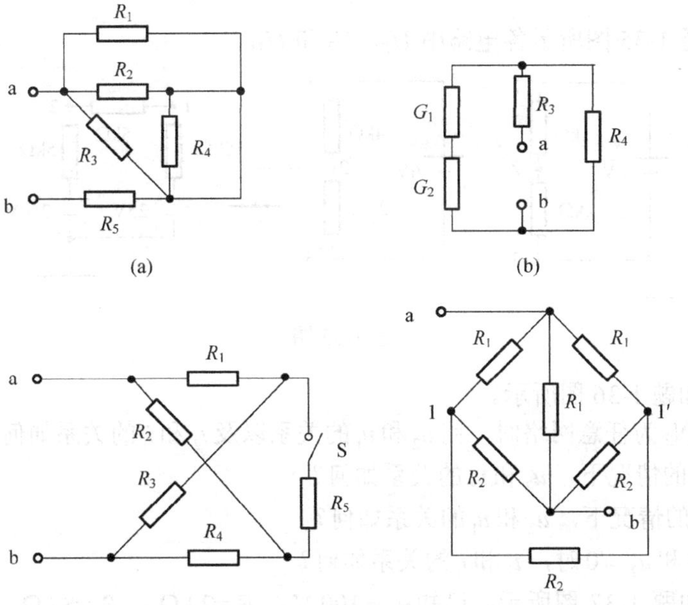


题 1-31 图

1-32　计算题 1-32 图所示各电路的 $u_a$（试根据不同路径求解，以便校核结果）。

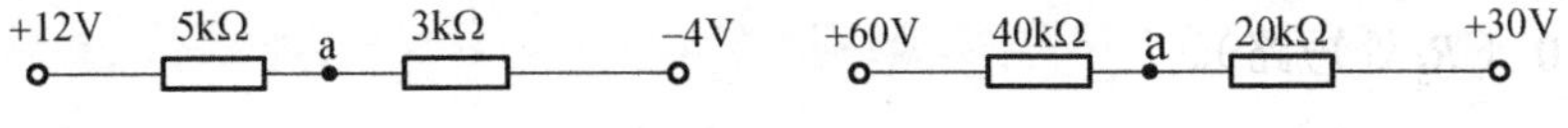


题 1-32 图

1-33　题 1-33 图所示电路中，$U_1$ 应为−1V，如果测得电压 $U_1$ 为 20V，电路出现什么故障？如果测得的 $U_1$ 为 6V，又是什么故障？

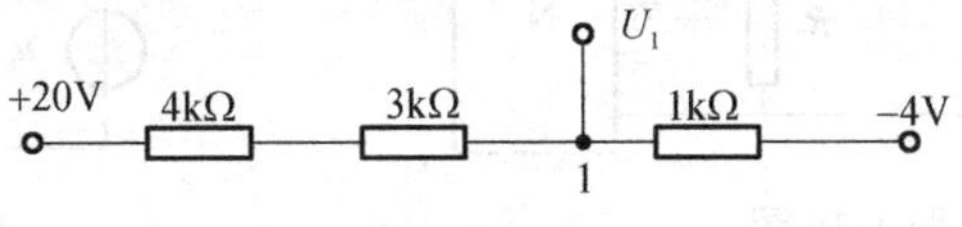


题 1-33 图

1-34　求图 1-34 题所示各电路中的 $u_X$ 和 $i_X$。

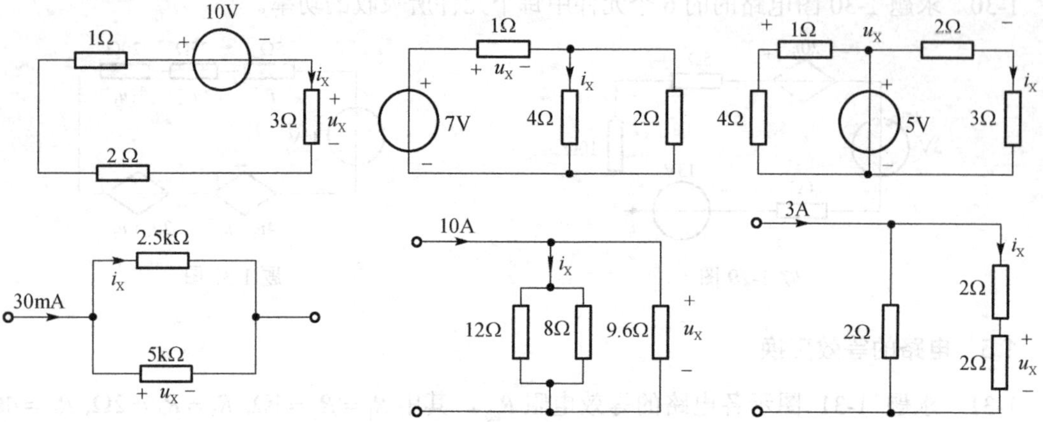


题 1-34 图

1-35　计算题 1-35 图所示各电路中 $U_1$、$U_2$ 和 $U_3$。

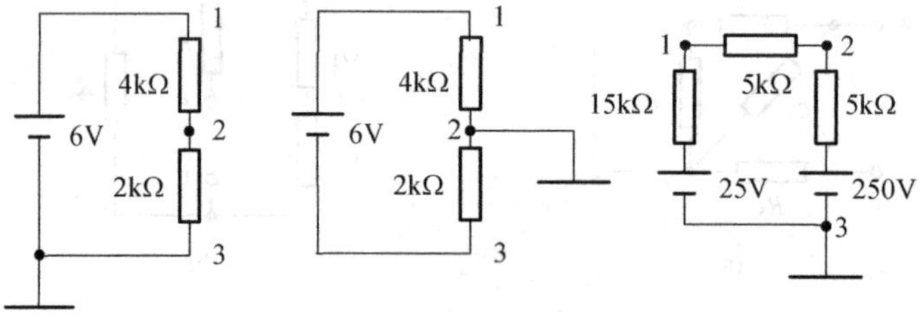


题 1-35 图

1-36　电路如题 1-36 图所示。

（1）当 $N_1$、$N_2$ 为任意网络时，问 $u_2$ 和 $u_1$ 的关系以及 $i_2$ 和 $i_1$ 的关系如何？

（2）在 $i_2=0$ 的情况下，$u_2$ 和 $u_1$ 的关系如何？

（3）在 $i_1=0$ 的情况下，$u_2$ 和 $u_1$ 的关系如何？

（4）在 $u_1=0$ 和 $u_2=0$ 时，$i_2$ 和 $i_1$ 的关系如何？

1-37　电路如题 1-37 图所示，已知 $u_S=100\text{ V}$，$R_1=2\text{ k}\Omega$，$R_2=8\text{ k}\Omega$。试求以下 3 种情况下的电压 $u_2$ 和电流 $i_2$、$i_3$：

（1）$R_3=8\text{ k}\Omega$；

（2）$R_3=\infty$（$R_3$ 处开路）；

（3）$R_3=0$（$R_3$ 处短路）。

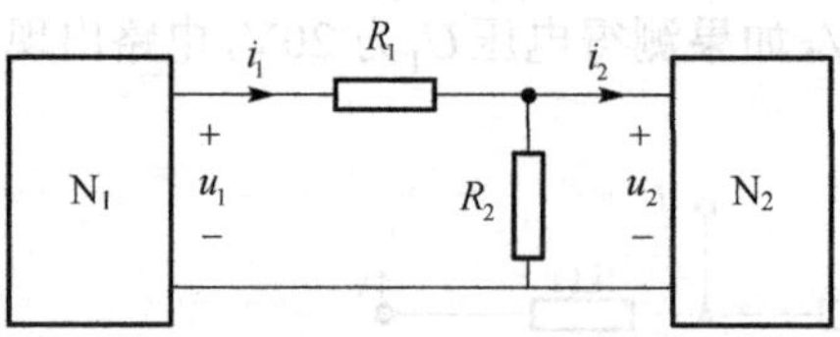


题 1-36 图

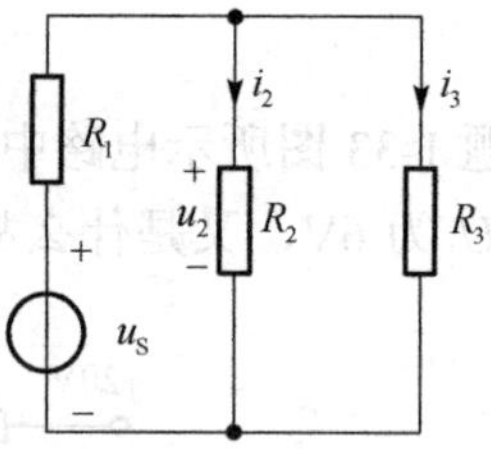


题 1-37 图

1-38　题 1-38 图中 $u_S = 50\ \text{V}$，$R_1$=2 kΩ，$R_2$=8 kΩ。现欲测量电压 $u_o$，所用电压表量程为 50 V，灵敏度为 1 000 Ω/V（即每伏量程电压表相当为 1 000 Ω 的电阻），问：

（1）测量得 $u_o$ 为多少？

（2）$u_o$ 的真值 $u_{ot}$ 为多少？

（3）如果测量误差以下式表示：

$$\delta(\%)=\frac{u_o - u_{ot}}{u_{ot}}\times 100\%$$

问此时测量误差为多少？

1-39　题 1-39 图所示为由桥 T 电路构成的衰减器。

（1）试证明当 $R_2 = R_1 = R_L$ 时，$R_{ab} = R_L$，且有 $\frac{u_o}{u_i} = 0.5$；

（2）试证明当 $R_2 = \frac{2R_1R_L^{\ 2}}{3R_1^{\ 2} - R_L^{\ 2}}$ 时，$R_{ab} = R_L$，并求此时电压比 $\frac{u_o}{u_i}$。

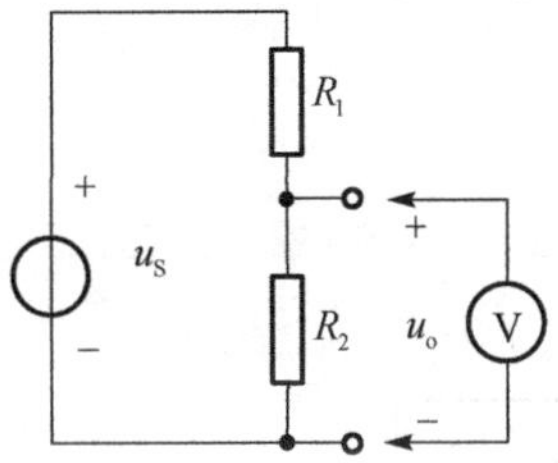


题 1-38 图

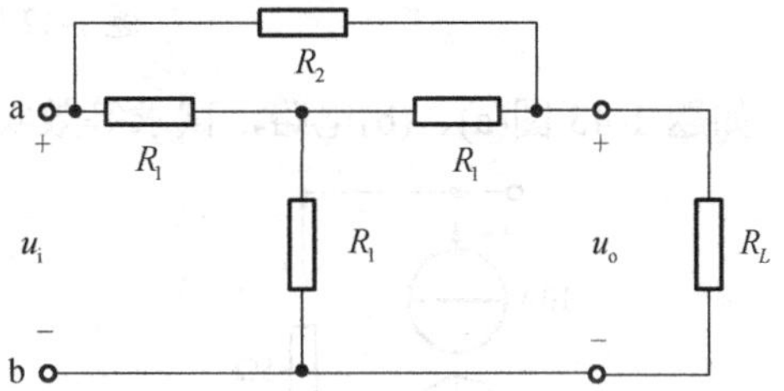


题 1-39 图

1-40　利用电源的等效变换，求题 1-40 图所示电路的电流 $i$。

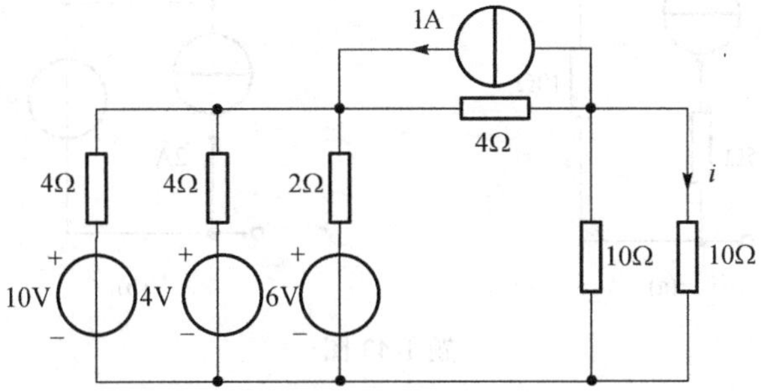


题 1-40 图

1-41　利用电源的等效变换，求题 1-41 图所示电路中电压比 $\frac{u_o}{u_s}$。已知 $R_1 = R_2 = 2\Omega$，$R_3 = R_4 = 1\Omega$。

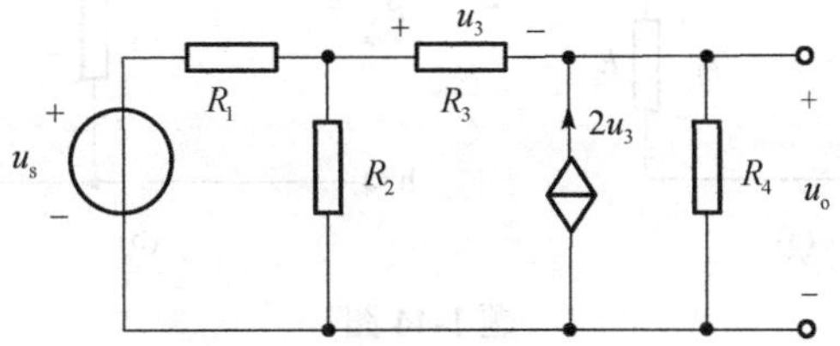


题 1-41 图

1-42　如题 1-42 图(a)、(b)电路，试求等效实际电压源。

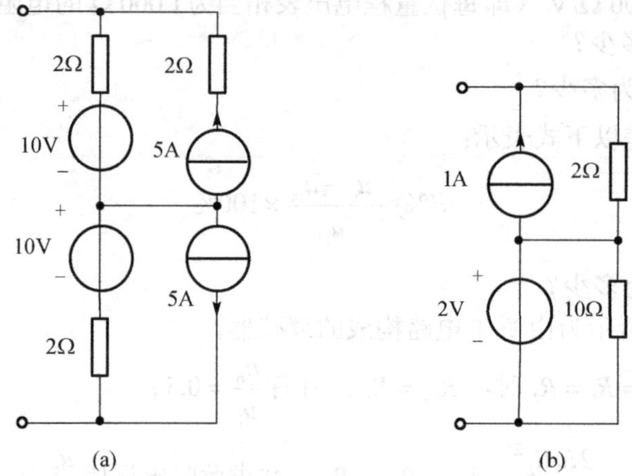


题 1-42 图

1-43　如题 1-43 图(a)、(b)电路，试求等效实际电流源。

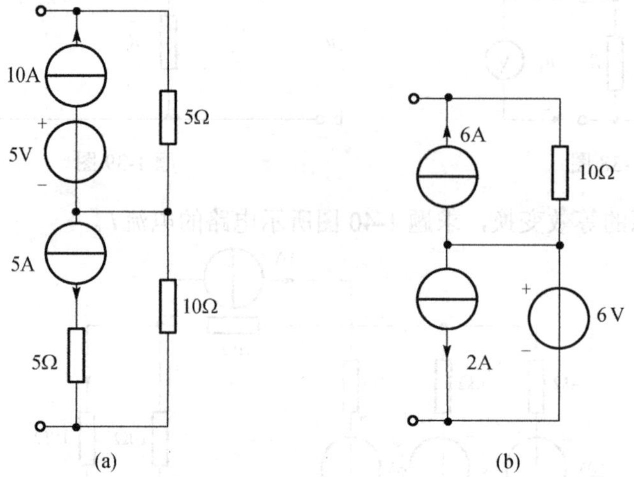


题 1-43 图

1-44　试求题 1-44 图(a)、(b)的输入电阻 $R_{ab}$。

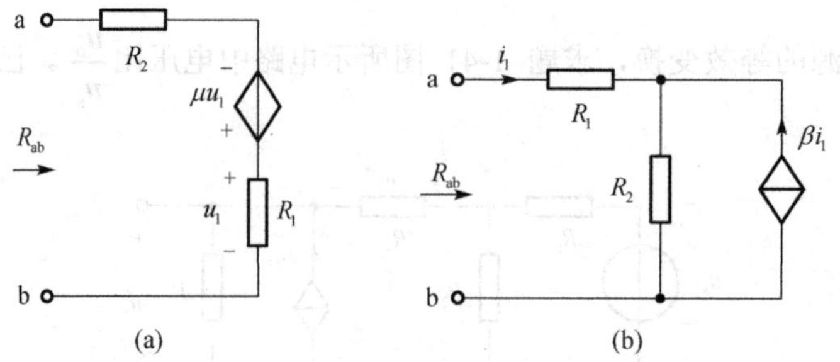


题 1-44 图

1-45　试求题 1-45 图(a)、(b)的输入电阻 $R_i$。

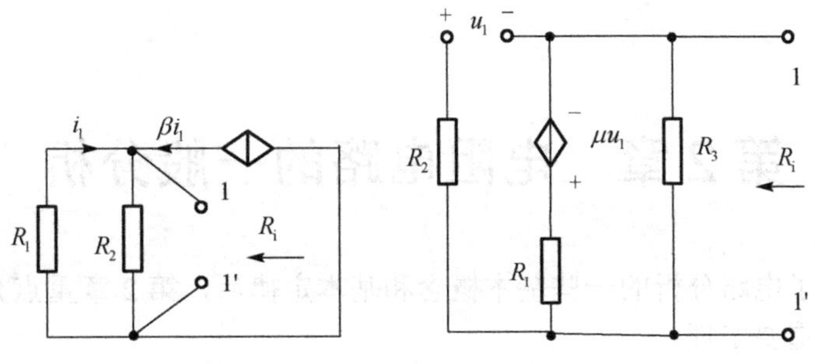

(a)　　　　　　　　　　　　(b)

题 1-45 图

1-46　题 1-46 图所示电路中全部电阻均为1Ω，求输入电阻 $R_i$。

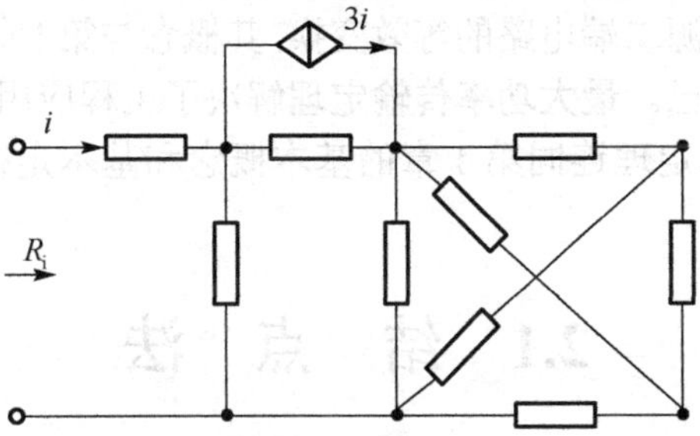

题 1-46 图

# 第 2 章　电阻电路的一般分析

在第 1 章掌握了电路分析的一些基本概念和基本定律后，第 2 章重点介绍电阻电路分析的一些基本方法和重要定理。

**结点法**是以电路中的结点电位为变量列写方程，**回路法**是以假想的回路电流为变量列写方程，它们都是电路分析中常用的方法。其中结点分析应用更为广泛，且便于编写计算机程序。**齐次性和叠加定理**可从不同的角度为线性电路的计算带来方便。**替代定理**不仅适用于线性电路，也适用于非线性电路，它时常用来对电路进行简化，从而使电路易于分析或计算。**戴维南定理**和**诺顿定理**是对有源二端电路的等效变换，其概念与第 1 章等效变换的概念完全一致，只是等效变换的方法不同而已。**最大功率传输定理**解决了工程应用中的一个功率传输问题。

必须明确，上述方法和定理连同第 1 章的基本概念和基本定律是整个电路分析的基础，必须要牢固掌握。

## 2.1　结　点　法

由 1.2.2 节知，当在电路中选某一点作为参考点时，其他各点与参考点之间的电压称为**电位**，并且参考点的电位为零。对某一个电路，除了参考点之外的其他各结点称为**独立结点**。独立结点的电位是各独立结点与参考点之间的电压，其参考极性以参考点处为负，各独立结点处为正。**结点法**就是以各独立结点电位作为求解对象来分析电路的一种方法，故又称**结点电位法**。下面首先通过一个具体的电路对结点法进行介绍。

电路如图 2-1 所示，电位相等的结点看成同一结点，因此图中总共有 3 个结点。通常选取汇聚支路最多的结点为参考结点，图中取下端结点为参考点并用符号“⊥”标注，独立结点①、②的结点电位分别用 $u_{n1}$、$u_{n2}$ 表示。两结点间的电压就是两结点电位之差，例如：结点①②间的电压 $u_{12}=u_{n1}-u_{n2}$，结点①处为参考正极性，结点②处为参考负极性。

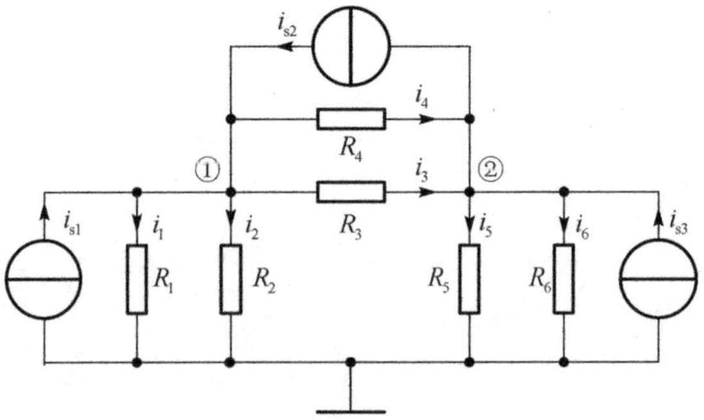


图 2-1　结点电位法

对独立结点①、②，根据图中电流参考方向的标注，分别列写 KCL 方程

$$\begin{cases}\text{结点①}\quad i_1+i_2+i_3+i_4-i_{s1}-i_{s2}=0\\ \text{结点②}\quad -i_3-i_4+i_5+i_6+i_{s2}-i_{s3}=0\end{cases}$$

根据各支路的电压电流关系，上式为

$$\begin{cases}结点① & \dfrac{u_{n1}}{R_1}+\dfrac{u_{n1}}{R_2}+\dfrac{u_{n1}-u_{n2}}{R_3}+\dfrac{u_{n1}-u_{n2}}{R_4}-i_{s1}-i_{s2}=0\\ 结点② & -\dfrac{u_{n1}-u_{n2}}{R_3}-\dfrac{u_{n1}-u_{n2}}{R_4}+\dfrac{u_{n2}}{R_5}+\dfrac{u_{n2}}{R_6}+i_{s2}-i_{s3}=0\end{cases}$$

经整理，就可得到以结点电位为独立变量的方程

$$\begin{cases}结点① & \left(\dfrac{1}{R_1}+\dfrac{1}{R_2}+\dfrac{1}{R_3}+\dfrac{1}{R_4}\right)u_{n1}-\left(\dfrac{1}{R_3}+\dfrac{1}{R_4}\right)u_{n2}=i_{s1}+i_{s2}\\ 结点② & -\left(\dfrac{1}{R_3}+\dfrac{1}{R_4}\right)u_{n1}+\left(\dfrac{1}{R_3}+\dfrac{1}{R_4}+\dfrac{1}{R_5}+\dfrac{1}{R_6}\right)u_{n2}=-i_{s2}+i_{s3}\end{cases} \tag{2-1}$$

若用电导表示电阻，上式可写为

$$\begin{cases}结点① & (G_1+G_2+G_3+G_4)u_{n1}-(G_3+G_4)u_{n2}=i_{s1}+i_{s2}\\ 结点② & -(G_3+G_4)u_{n1}+(G_3+G_4+G_5+G_6)u_{n2}=-i_{s2}+i_{s3}\end{cases} \tag{2-2}$$

式（2-2）中，方程的左边，令 $G_{11}=G_1+G_2+G_3+G_4$， $G_{22}=G_3+G_4+G_5+G_6$，分别为连于各独立结点的电导之和，称为**自导**，自导总是正的；令 $G_{12}=G_{21}=-(G_3+G_4)$，是连接于结点①、②间的电导的负值，称为**互导**，互导总是负的。方程的右边，令 $i_{s11}=i_{s1}+i_{s2}$，$i_{s22}=-i_{s2}+i_{s3}$，分别表示结点①、②的电流源的代数和。流入结点的取“+”，流出取“−”（由于已移到等式右边，与 KCL 中的约定恰好相反）。经过上述代换，两个独立结点的**标准结点电位方程**为

$$\begin{cases}G_{11}u_{n1}+G_{12}u_{n2}=i_{s11}\\ G_{21}u_{n1}+G_{22}u_{n2}=i_{s22}\end{cases} \tag{2-3}$$

推广到具有（$n$–1）个独立结点的电路，有

$$\begin{cases}G_{11}u_{n1}+G_{12}u_{n2}+G_{13}u_{n3}+\cdots+G_{1(n-1)}u_{n(n-1)}=i_{s11}\\ G_{21}u_{n1}+G_{22}u_{n2}+G_{23}u_{n3}+\cdots+G_{2(n-1)}u_{n(n-1)}=i_{s22}\\ \cdots\cdots\cdots\\ G_{(n-1)}u_{n1}+G_{(n-1)2}u_{n2}+G_{(n-1)3}u_{n3}+\cdots+G_{(n-1)(n-1)}u_{n(n-1)}=i_{s(n-1)(n-1)}\end{cases} \tag{2-4}$$

凡具有（$n$–1）个独立结点的电路，不管参数结构如何，都可用式（2-4）来描述。列结点电位方程时，可以根据观察的方法直接代入自导、互导等的参数值，写出标准结点电位方程，无须重复前面的推导过程。注意，方程的系数行列式中自导分布在主对角线上，互导都与主对角线对称。如电路中出现受控源、电压源等特殊情形时，下面通过例子分别介绍该如何处理。

### 1. 含电流源和电阻相串联支路的结点方程

列写结点方程时，如果电路中存在电流源和电阻相串联的情形，如图 2-2 中 $i_{s2}$ 和 $R_7$ 串联所在支路，列方程时该支路的电阻或电导不予考虑。因此图 2-2 的结点方程仍为式（2-1），跟没有 $R_7$ 时完全一样。有时也把电流源和电阻相串联的支路称为“**陷阱支路**”。

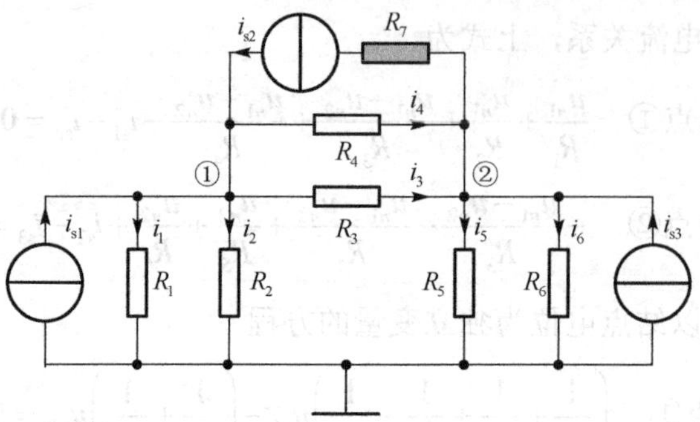


图 2-2　含陷阱支路电路

2．含受控电流源的结点方程

列写结点方程时，如果电路中含受控电流源，首先将受控电流源看作独立电流源处理，然后找出受控源的主控量与结点电位的关系列写附加方程，将主控量用结点电位表示并代入已列出的含受控源的结点方程中。

**例 2-1**　电路如图 2-3 所示，列写该电路的结点电位方程。

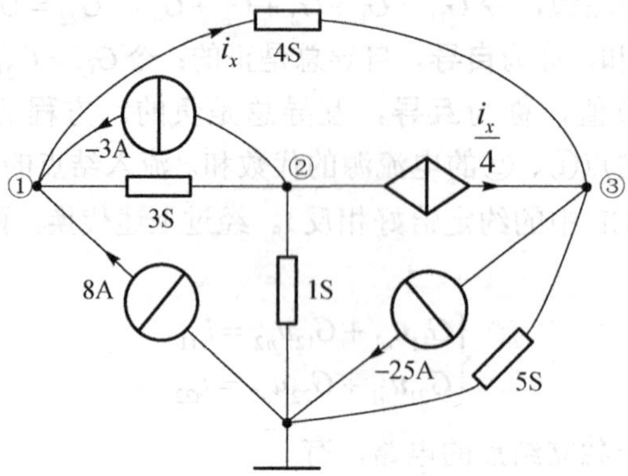


图 2-3　含受控电流源电路

**解**　(1) 选定参考点后，3 个独立结点的电位为 $u_{n1}$、$u_{n2}$、$u_{n3}$。

(2) 先把受控电流源 $\frac{i_x}{4}$ 看作独立电流源，用观察法直接列出结点电位方程

$$\begin{cases}(4+3)u_{n1}-3u_{n2}-4u_{n3}=8+(-3)\\ -3u_{n1}+(3+1)u_{n2}+0=-(-3)-\dfrac{i_x}{4}\\ -4u_{n1}+0+(4+5)u_{n3}=-(-25)+\dfrac{i_x}{4}\end{cases} \tag{2-5}$$

(3) 列出受控源主控量 $i_x$ 与结点电位之间的附加方程

$$i_x=4(u_{n1}-u_{n3})$$

代入式 (2-5) 整理得

$$\begin{cases}7u_{n1}-3u_{n2}-4u_{n3}=5\\-2u_{n1}+4u_{n2}-u_{n3}=3\\-5u_{n1}+10u_{n3}=25\end{cases}$$

**注意：**整理后结点方程的系数行列式，由于受控源的影响，已失去了原有主对角线的对称性。

### 3．含电压源的结点方程

当电路中存在电压源时，由于电压源中的电流不确定，列写结点方程时需具体处理。含电压源的电路分两种情况，下面分别说明具体如何处理。

（1）电压源支路有电阻相串联

如果支路是由电压源和电阻串联组合而成的，如图 2-4(a)所示电路，参考点和独立结点已标注。列结点方程时，可把它看成是实际电压源，等效变换为实际电流源，如图 2-4(b)所示。

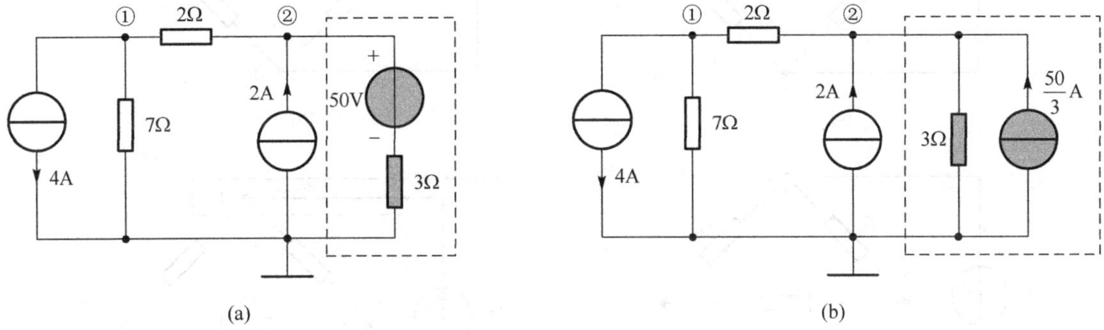


图 2-4　电压源有电阻串联

对图 2-4 观察列写结点方程为

$$\begin{cases}\left(\dfrac{1}{7}+\dfrac{1}{2}\right)u_{n1}-\dfrac{1}{2}u_{n2}=-4\\-\dfrac{1}{2}u_{n1}+\left(\dfrac{1}{2}+\dfrac{1}{3}\right)u_{n2}=2+\dfrac{50}{3}\end{cases}$$

整理后解得 $u_{n1}=21\text{V}$，$u_{n2}=35\text{V}$。

**注意：**上述等效只是对外等效，图(a)中 50V 电压源支路的电流应该由图(b)中 3Ω 电阻支路和 $\dfrac{50}{3}$A 电流源支路共同表示，熟练后可不进行等效变换，直接列写。

（2）支路中仅含电压源

当支路中仅含电压源而无电阻与之串联时，此时的电压源称为**无伴电压源**，如图 2-5 所示电路。无伴电压源作为一条支路连接于两个结点之间，该支路的电阻为零，即电导等于无限大，支路电流不能通过支路电压表示，结点方程的列写就遇到困难。当电路中存在这类支路时，有三种处理方法。

方法一：增补电流变量法

把无伴电压源的电流作为附加变量列入结点方程，同时增加一个结点电位与无伴电压源电压之间的附加方程。把附加方程和结点方程合并成一组联立方程，其方程数与变量数相同。

如图 2-5(b)所示，确定参考点和独立结点后，令无伴电压源支路电流为 $I_s$，则结点方程为

$$\begin{cases}(G_1+G_2)u_{n1}-G_1u_{n2}=I_s\\ -G_1u_{n1}+(G_1+G_3+G_4)u_{n2}-G_4u_{n3}=0\\ -G_4u_{n2}+(G_4+G_5)u_{n3}=-I_s\end{cases} \tag{2-6}$$

附加方程：$u_{n1}-u_{n3}=U_s$

上述四个方程联立即可解得 $u_{n1}$、$u_{n2}$、$u_{n3}$ 和 $I_s$。

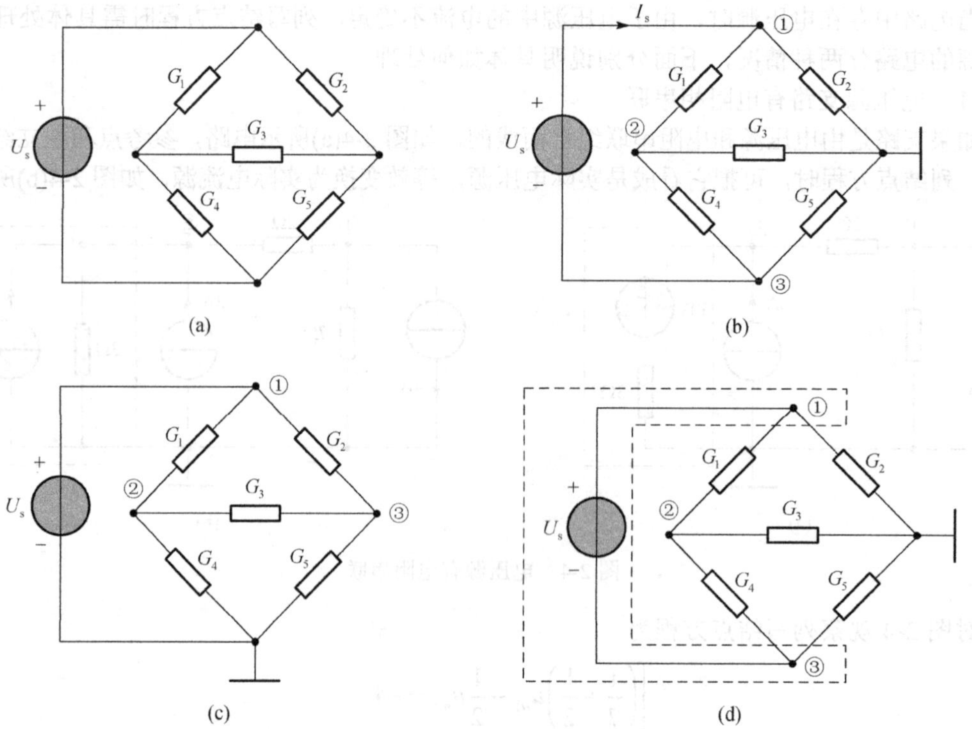


图 2-5　含无伴电压源电路

方法二：电压源支路参考点法

选取无伴电压源支路的其中一个结点作为参考点，则令一个结点的电位可直接用无伴电压源电压表示，如图 2-5(c)所示，结点方程为

$$\begin{cases}u_{n1}=U_s\\ -G_1u_{n1}+(G_1+G_3+G_4)u_{n2}-G_3u_{n3}=0\\ -G_2u_{n1}-G_3u_{n2}+(G_2+G_3+G_5)u_{n3}=0\end{cases}$$

方法三：超结点法*

取包含无伴电压源的两个结点的封闭面作为一超（级）结点，列写 KCL，其他结点列写标准结点方程，同时添加结点电位与无伴电压源的附加方程。如图 2-5(d)所示。

对超结点：

$$G_2u_{n1}+(u_{n1}-u_{n2})G_1+(u_{n3}-u_{n2})G_4+G_5u_{n3}=0$$

整理得

$$(G_1+G_2)u_{n1}-(G_1+G_4)u_{n2}+(G_4+G_5)u_{n3}=0 \tag{2-7}$$

附加方程：

$$u_{n1}-u_{n3}=U_s$$

结点②：$$-G_1u_{n1}+(G_1+G_3+G_4)u_{n2}-G_4u_{n3}=0$$

很显然，式（2-7）可由增补电流变量法的式（2-6）中第一式和第三式相加得到，但超结点法可避免附加电流变量的出现。

**注意**：超结点方程式（2-7）也可根据标准结点的规律列写，只是自导要分别对应两个结点电位。

**4．含受控电压源的结点方程**

如电路中存在受控电压源，处理方法参见电压源的处理方法，同时添加受控源的主控量与结点电位的附加方程。

**例 2-2**　电路如图 2-6 所示，试列出其结点电位方程。

**解**　选择参考结点及标注独立结点，结点电位分别为$u_{n1}$、$u_{n2}$、$u_{n3}$。独立电压源一端为参考结点，故

$$u_{n1}=U_s$$

对 CCVS 两端作包含结点②与③的封闭面（超级结点）列方程

$$-\frac{1}{R_1}u_{n1}+\left(\frac{1}{R_1}+\frac{1}{R_2}\right)u_{n2}+\frac{1}{R_3}u_{n3}=g_mU$$

附加方程

$$u_{n2}-u_{n3}=R_mI_1$$

$$\frac{u_{n1}-u_{n2}}{R_1}=I_1$$

$$u_{n2}=U$$

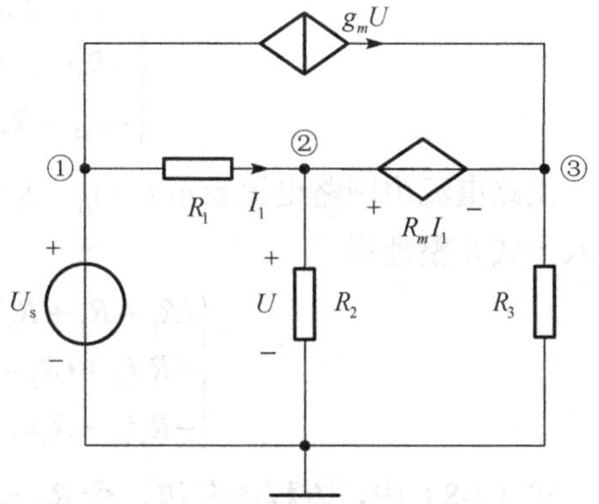


图 2-6　含受控电压源电路

经整理可得 3 变量方程组

$$\begin{cases}u_{n1}=U_s\\-\dfrac{1}{R_1}u_{n1}+\left(\dfrac{1}{R_1}+\dfrac{1}{R_2}-g_m\right)u_{n2}+\dfrac{1}{R_3}u_{n3}=0\\-\dfrac{R_m}{R_1}u_{n1}+\left(1+\dfrac{R_m}{R_1}\right)u_{n2}-u_{n3}=0\end{cases}$$

通过对上述各种情况的介绍，**结点法的步骤**简单归纳如下：

第一步：指定参考结点，标注各独立结点电位；

第二步：无特殊情况下，根据式（2-4）观察列写结点方程；

第三步：当电路中出现上述 4 种特殊情况时需分别另行处理，处理方法已一一介绍。

## 2.2 回　路　法

回路法是以回路电流作为第一步求解的对象，故又称为**回路电流法**。所谓**回路电流**是一

种沿着回路边界流动的假想电流，如图 2-7 中的回路电流$i_{l1}$、$i_{l2}$、$i_{l3}$，其参考方向由图中虚线箭头表示，同时该箭头又表示回路的绕行方向。支路电流可由回路电流表示，如$i_1 = i_{l1}$，$i_2 = -i_{l2}$，$i_5 = i_{l1} - i_{l2}$。回路$l_1$、$l_2$、$l_3$是电路图 2-7 的三个独立回路，所谓**独立回路**是对应于一组线性独立的 KVL 方程的回路。在平面电路里，网孔数就是电路的独立回路数。所谓**平面电路**是指可以画在平面上，不出现支路交叉的电路。在平面电路里，不包含其他回路的一个回路称为**网孔**。平面电路根据网孔的数量来确定独立回路的数量是非常方便的，如果独立回路选的就是网孔，则回路法也可称为**网孔法**。下面首先通过电路图 2-7 对回路法进行介绍。

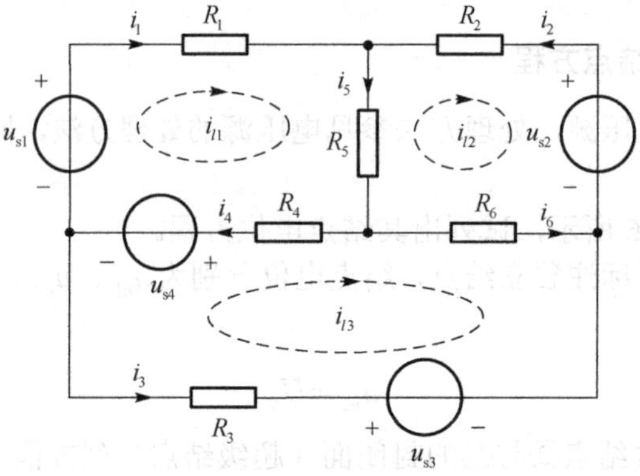


图 2-7　回路电流法

根据上面的介绍，图 2-7 有三个独立回路，分别对三个独立回路列写 KVL 方程为

$$\begin{cases}-u_{s1} + R_1 i_1 + R_5 i_5 + R_4 i_4 + u_{s4} = 0 \\ -R_2 i_2 + u_{s2} - R_6 i_6 - R_5 i_5 = 0 \\ -u_{s4} - R_4 i_4 + R_6 i_6 - u_{s3} - R_3 i_3 = 0\end{cases}$$

支路电流用回路电流表示$i_1 = i_{l1}$，$i_2 = -i_{l2}$，$i_3 = -i_{l3}$，$i_4 = i_{l1} - i_{l3}$，$i_5 = i_{l1} - i_{l2}$，$i_6 = i_{l3} - i_{l2}$，代入上式并整理得

$$\begin{cases}(R_1 + R_4 + R_5)i_{l1} - R_5 i_{l2} - R_4 i_{l3} = u_{s1} - u_{s4} \\ -R_5 i_{l1} + (R_2 + R_5 + R_6)i_{l2} - R_6 i_{l3} = -u_{s2} \\ -R_4 i_{l1} - R_6 i_{l2} + (R_3 + R_4 + R_6)i_{l3} = u_{s3} + u_{s4}\end{cases} \tag{2-8}$$

式（2-8）中，方程的左边，令$R_{11} = R_1 + R_4 + R_5$，$R_{22} = R_2 + R_5 + R_6$，$R_{33} = R_3 + R_4 + R_6$，分别为各独立回路的电阻之和，称为**自阻**，自阻总是正的；令$R_{12} = R_{21} = -R_5$、$R_{13} = R_{31} = -R_4$、$R_{23} = R_{32} = -R_6$，分别表示两个回路的公共电阻之和，称为**互阻**，两个回路电流的参考方向在互阻上方向一致时互阻是正的，方向相反时是负的。方程的右边，令$u_{s11} = u_{s1} - u_{s4}$，$u_{s22} = -u_{s2}$，$u_{s33} = u_{s3} + u_{s4}$分别表示回路 1、回路 2、回路 3 中所有电压源电压的代数和。各电压源的方向与回路电流方向一致时取“−”，相反时取“+”（由于已移到等式右边，与 KVL 中的约定恰好相反）。经过上述代换，三个独立回路的**标准回路方程**为

$$\begin{cases}R_{11}i_{l1} + R_{12}i_{l2} + R_{13}i_{l3} = u_{s11} \\ R_{21}i_{l1} + R_{22}i_{l2} + R_{23}i_{l3} = u_{s22} \\ R_{31}i_{l1} + R_{32}i_{l2} + R_{33}i_{l3} = u_{s33}\end{cases} \tag{2-9}$$

推广到具有$l$个独立回路的电路，有

$$
\begin{cases}
R_{11}i_{l1}+R_{12}i_{l2}+\cdots+R_{1l}i_{ll}=u_{sl1} \\
R_{21}i_{l1}+R_{22}i_{l2}+\cdots+R_{2l}i_{ll}=u_{sl2} \\
\cdots\ \cdots \\
R_{l1}i_{l1}+R_{l2}i_{l2}+\cdots+R_{ll}i_{ll}=u_{s11}
\end{cases}
\tag{2-10}
$$

凡具有$l$个独立回路的电路，可用式（2-10）来描述。列回路方程时，可以根据观察的方法直接代入自阻、互阻等参数值，写出标准回路方程，无需重复前面的推导过程。注意，方程的系数行列式中自阻分布在主对角线上，互阻都与主对角线对称。当电路中出现受控源、电流源等特殊情形时，下面的例子分别介绍该如何处理。

**1．含受控电压源的回路方程**

当电路中含有受控电压源时，把它作为独立电压源处理列写回路方程，同时把控制量用回路电流表示列写附加方程，代入已列出的含受控电压源的方程中。

**例 2-3** 电路如图 2-8(a)所示，用回路法列出电路的方程。

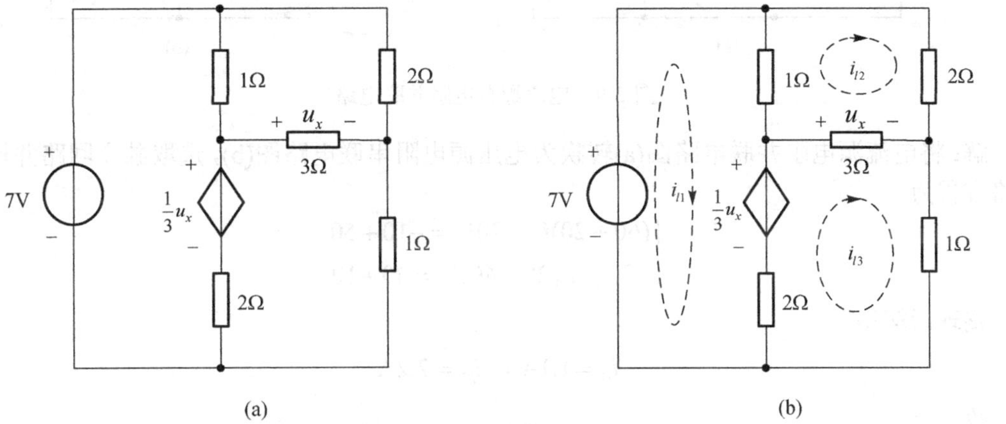


图 2-8 含受控电压源电路

**解** （1）取网孔作为独立回路$i_{l1}$、$i_{l2}$、$i_{l3}$，标注如图(b)所示；

（2）把受控电压源$\frac{1}{3}u_x$当作独立电压源，根据观察列写标准回路方程

$$
\begin{cases}
(1+2)i_{l1}-i_{l2}-2i_{l3}=7-\frac{1}{3}u_x \\
-i_{l1}+(1+2+3)i_{l2}-3i_{l3}=0 \\
-2i_{l1}-3i_{l2}+(3+1+2)i_{l3}=\frac{1}{3}u_x
\end{cases}
\tag{2-11}
$$

（3）列出受控源主控量$u_x$与回路电流之间的附加方程

$$u_x=3(i_{l3}-i_{l2})$$

代入式（2-11）整理得

$$
\begin{cases}
3i_{l1}-2i_{l2}-i_{l3}=7 \\
-i_{l1}+6i_{l2}-3i_{l3}=0 \\
-2i_{l1}-2i_{l2}+5i_{l3}=0
\end{cases}
$$

**注意**：整理后结点方程的系数行列式，由于受控源的影响，已失去了原有主对角线的对称性。

**2．含电流源的回路方程**

（1）电流源有电阻并联

如果电路中有电流源和电阻的并联组合，可等效变换成为电压源和电阻的串联组合后再列写回路电流方程。

**例 2-4** 电路如图 2-9(a)所示，应用回路法求电流 $I_x$。

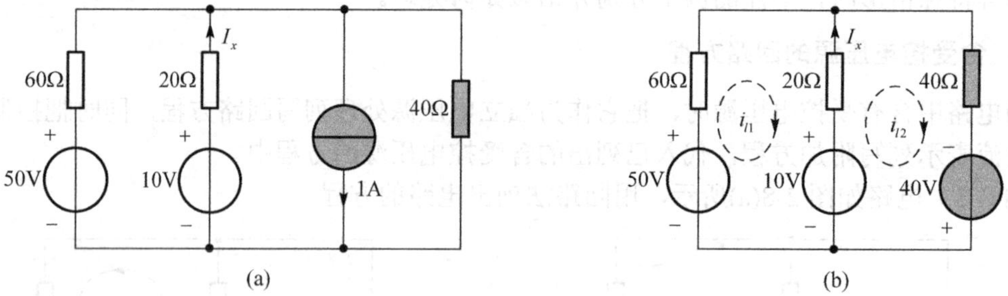


图 2-9 电流源有电阻并联电路

解：将电流源电阻并联电路图(a)转换为电压源电阻串联电路图(b)，选取独立回路并标注，回路方程为

$$\begin{cases}(60+20)i_{l1}-20i_{l2}=-10+50\\-20i_{l1}+(20+40)i_{l2}=40+10\end{cases}$$

整理后解得

$$i_{l1}=1.1\text{A}\text{，}\quad i_{l2}=2.2\text{A}$$

故

$$I_x=i_{l2}-i_{l1}=1.1\text{A}$$

（2）无伴电流源

当电路中存在无伴电流源时，如图 2-10(a)所示，无法进行等效变换，处理方法有 3 种。

方法一：增补电压变量法

把无伴电流源的电压作为附加变量列入回路方程，同时增加一个回路电流与无伴电流源之间的附加方程。把附加方程和回路方程合并成一组联立方程，其方程数与变量数相同。如图 2-10(b)所示，令无伴电流源两端电压为 $U$，确定独立回路后，则回路方程为

$$\begin{cases}(R_s+R_1+R_4)i_{l1}-R_1i_{l2}-R_4i_{l3}=U_s\\-R_1i_{l1}+(R_1+R_2)i_{l2}=U\\-R_4i_{l1}+(R_3+R_4)i_{l3}=-U\end{cases}\tag{2-12}$$

附加方程：$$i_{l2}-i_{l3}=I_s$$

上述四个方程联立即可解得 $i_{l1}$、$i_{l2}$、$i_{l3}$ 和 $U$。

方法二：电流源唯一回路法

选取独立回路时，令无伴电流源支路仅和一个独立回路相关，如图 2-10(c)所示，独立电流源支路仅和回路 2 相关，则该回路电流 $i_{l2}$ 即为电流源电流 $I_S$。图 2-10(c)的回路方程为

$$\begin{cases}(R_s+R_1+R_4)i_{l1}-R_1i_{l2}-(R_1+R_4)i_{l3}=U_s\\ i_{l2}=I_s\\ -(R_1+R_4)i_{l1}+(R_1+R_2)i_{l2}+(R_1+R_2+R_3+R_4)i_{l3}=0\end{cases}$$

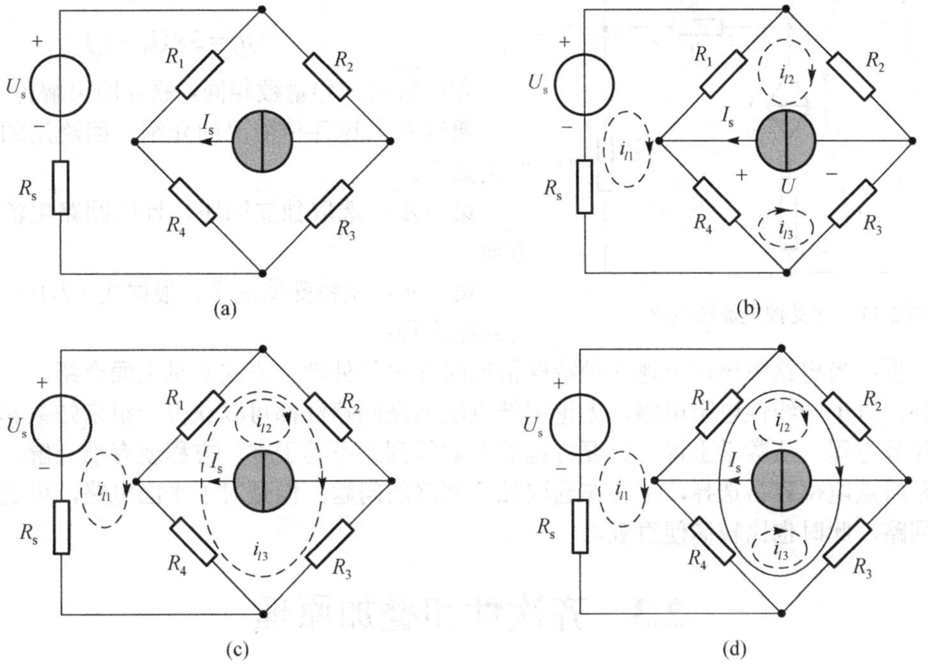

图 2-10　无伴电流源电路

方法三：超回路法

依然选网孔作为独立回路，避开含电流源支路，将含电流源支路假想的“移去”后，由原回路 2、3 拼合成**超（级）回路**，对超级回路列写 KVL 方程及附加方程，其他回路 1 列标准回路方程。如图 2-10(d)所示，

回路 1：　$(R_s+R_1+R_4)i_{l1}-R_1i_{l2}-R_4i_{l3}=U_s$

对超级回路：　$R_1(i_{l2}-i_{l1})+R_2i_{l2}+R_3i_{l3}+R_4(i_{l3}-i_{l1})=0$

整理得：　$-(R_1+R_4)i_{l1}+(R_1+R_2)i_{l2}+(R_3+R_4)i_{l3}=0$　　(2-13)

附加方程：　$i_{l2}-i_{l3}=I_s$

很显然，式（2-13）可由增补电压变量法的式（2-12）中第二式和第三式相加得到，但超回路法可避免附加电压变量的出现。

**注意：超回路方程式（2-13）也可根据标准回路的规律列写，只是自阻要分别对应两个回路电流。**

### 3. 含受控电流源的回路方程

如电路中存在受控电流源，处理方法参见电流源的处理方法，同时添加受控源的主控量与回路电流的附加方程。

**例 2-5**　电路如图 2-11 所示，列写回路方程。

**解**　选网孔为独立回路标注如图所示，

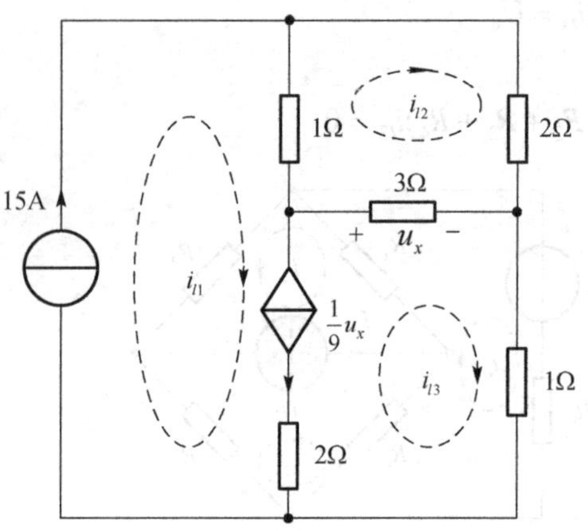

图 2-11　含受控电流源电路

回路 1：$i_{l1}=15\text{A}$

回路 2：$-i_{l1}+(1+2+3)i_{l2}-3i_{l3}=0$

回路 3：$i_{l1}-i_{l3}=\dfrac{1}{9}u_x$

$$u_x=3\times(i_{l3}-i_{l2})$$

方程数与未知量数相同，联立即可解得未知量。

通过对上述各种情况的介绍，**回路法的步骤**可归纳如下：

第一步：选取独立回路，标注回路电流的参考方向；

第二步：无特殊情况下，根据式（2-10）观察列写回路方程；

第三步：当电路中出现上述 3 种特殊情况时需另行处理，方法参见上面介绍。

此外，对于一线性电阻电路，无论用结点法还是回路法都可以获得一组未知数和方程数相等的代数方程。从数学上说，只要方程的系数行列式不等于零，方程就有唯一解。结点法的优点是结点电位容易选择，不存在选取独立回路的问题。但是对于平面电路，可选网孔作为独立回路，此时也比较简便直观。

## 2.3　齐次性和叠加原理

由线性元件及独立电源组成的电路为**线性电路**，独立电源是电路的输入，对电路起着**激励**（excitation）的作用。电压源的电压、电流源的电流与所有其他元件的电压、电流相比，扮演着完全不同的角色，后者只是激励引起的**响应**（response）。究其实质来说，激励是产生响应的原因，响应是激励产生的效果。

### 2.3.1　齐次性定理

在**单一激励**的线性电路中，当激励增大或缩小至 $k$ 倍时（$k$ 为实常数），其响应也将同样增大或缩小至 $k$ 倍，这样的性质称为“**齐次性**”或“比例性”，它是“线性”的一个表现。

以图 2-12 所示电路为例，它只有一个独立结点，激励是 $u_s$，结点电压 $u_n$ 为响应。根据结点法，结点方程为

$$\left(\frac{1}{R_1}+\frac{1}{R_2}+\frac{1}{R_3}\right)u_n=\frac{u_s}{R_1}$$

得

$$u_n=\frac{R_2R_3}{R_1R_2+R_2R_3+R_1R_3}u_s$$

式中，$R_1$、$R_2$、$R_3$ 为常数，这是一个线性关系，可表示为

$$u_n=au_s \tag{2-14}$$

$a$ 为**线性系数**，与电路结构和参数值有关，其物理意义也可理解为 $u_s$ 为 1V 时产生的电压 $u_n$ 响应值。当电路给定后，其值不随 $u_s$ 变化，所以激励和响应之间具有式（2-14）不变的方程形式。

当激励增加为 $k$ 倍，即 $u_{sk}=ku_s$ 时，代入式（2-14），则 $u_{nk}=a(ku_s)=k(au_s)=ku_n$。可见，响应也增加了 $k$ 倍。

利用齐次性定理可以简化电路的计算，以图 2-13 所示单激励梯形电路为例进行说明。已知：$u_s=120\text{V}$，求距离 $u_s$ 最远端 20Ω 电阻中流过的电流 $i_5$？

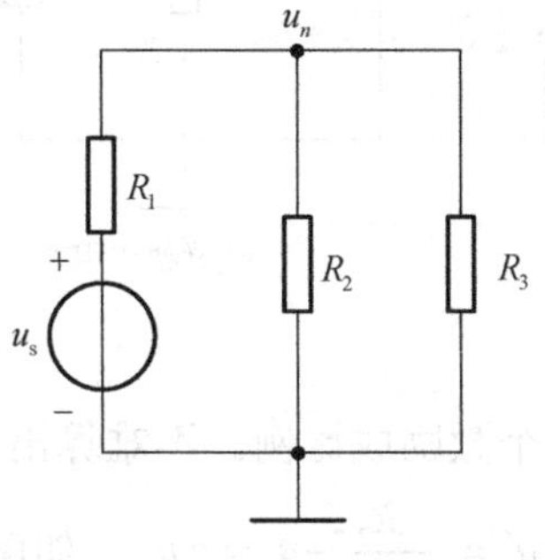

图 2-12　齐次性定理示例

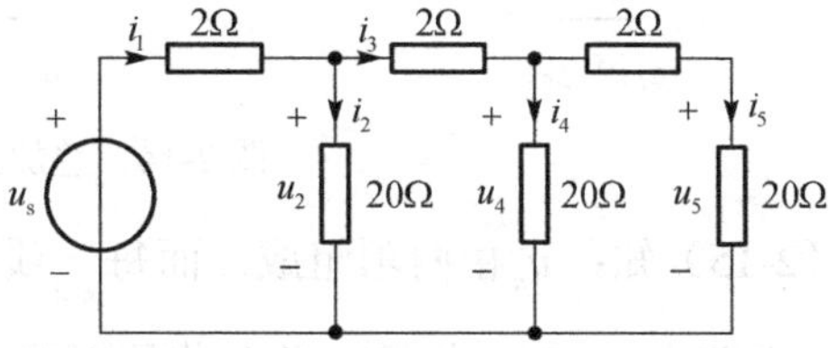

图 2-13　梯形电路

如果采用串并联先求等效电阻，再求出激励处的电流 $i_1$，最后采用分流的办法虽可求出 $i_5$，但比较麻烦。采用齐次性定理，可简化计算。

首先假定 $i_5=1\text{A}$，运用欧姆定律、KCL、KVL 依次可求得下列各式：

$$u_5=20i_5=20\text{V}$$

$$u_4=2i_5+u_5=22\text{V}\;;\quad i_4=\frac{u_4}{20}=1.1\text{A}$$

$$i_3=i_4+i_5=2.1\text{A}$$

$$u_2=2i_3+u_4=26.2\text{V}\;;\quad i_2=\frac{u_2}{20}=1.31\text{A}$$

$$i_1=i_2+i_3=3.41\text{A}$$

$$u_s=2i_1+u_2=33.02\text{V}$$

由此可见，当激励 $u_s=33.02\text{V}$ 时，响应 $i_5=1\text{A}$，当激励 $u_s=120\text{V}$ 时，根据齐次性定理，响应也以同样的倍数增加，所以

$$i_5=\frac{120}{33.02}\times1=3.63\text{A}$$

有时把这种计算方法叫做**“倒退法”**。

### 2.3.2　叠加原理

在**多个激励**的线性电路中，响应与激励关系又将如何？以图 2-14 所示双激励的线性电路为例来探讨这一问题。仍以结点电压 $u_n$ 为响应。根据结点法，结点方程为

$$\left(\frac{1}{R_1}+\frac{1}{R_2}\right)u_n=\frac{u_s}{R_1}+i_s$$

得

$$u_n=\frac{R_2}{R_1+R_2}u_s+\frac{R_1R_2}{R_1+R_2}i_s \tag{2-15}$$

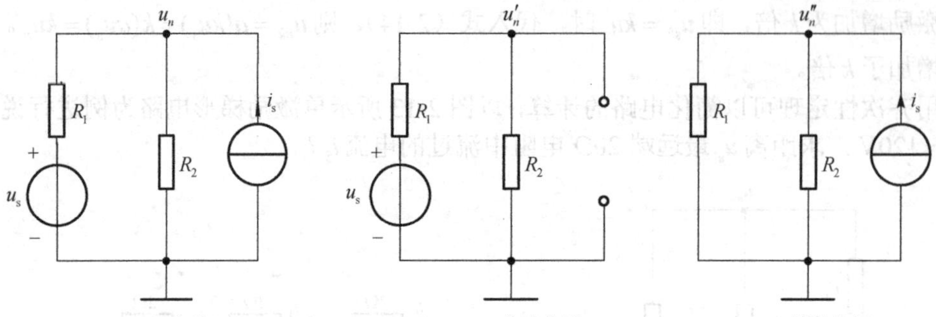

(a) 原电路　　(b) $u_s$单独作用　　(c) $i_s$单独作用

图 2-14　叠加定理示例

由式（2-15）知：$u_n$ 由两项组成，而每一项只与某一个激励成比例。不难算出，式中第一项就是该电路在 $i_s = 0$，亦即 $u_s$ 单独作用时产生的电压 $u'_n = \dfrac{R_2}{R_1 + R_2} u_s = a_1 u_s$，如图 2-14(b)所示，这一项是比例于激励 $u_s$ 的，其线性系数 $a_1$ 可理解为 $u_s$ 为 1V 时产生的电压 $u_n$ 响应值；第二项就是该电路在 $u_s = 0$，亦即 $i_s$ 单独作用时产生的电压 $u''_n = \dfrac{R_1 R_2}{R_1 + R_2} i_s = a_2 i_s$，如图 2-14(c)所示，这一项是比例于激励 $i_s$ 的，其线性系数 $a_2$ 可理解为 $i_s$ 为 1A 时产生的电压 $u_n$ 响应值。因此，式（2-15）可表示为

$$u_n = u'_n + u''_n \tag{2-16}$$

式（2-16）表明：由两个激励产生的响应为每一激励单独作用时产生的响应之和。这是“线性”在多于一个独立源时的表现，称为“**叠加性**”。线性电路的叠加性常以原理的形式来表达。

在多个电源共同作用的线性电路中，每一元件的电流或电压可以看成是每一个独立源单独作用于电路时，在该元件上产生的电流或电压的代数和，这就是**叠加原理**。当某一独立源单独作用时，其他独立源应为零值，即独立电压源用**短路**代替；独立电流源用**开路**代替。

叠加性是线性电路的根本属性。叠加方法作为电路分析的一大基本方法，可使复杂激励问题简化为单一激励问题。

**例 2-6**　电路如图 2-15(a)所示，其中 $r = 2\Omega$，用叠加原理求 $i_x$。

**解**　对含受控源电路运用叠加原理时必须注意：叠加原理中说的只是**独立电源**的单独作用，受控源的电压或电流不是电路的输入，不能单独作用。在运用该原理时，受控源应和电阻一样，始终保留在电路内。

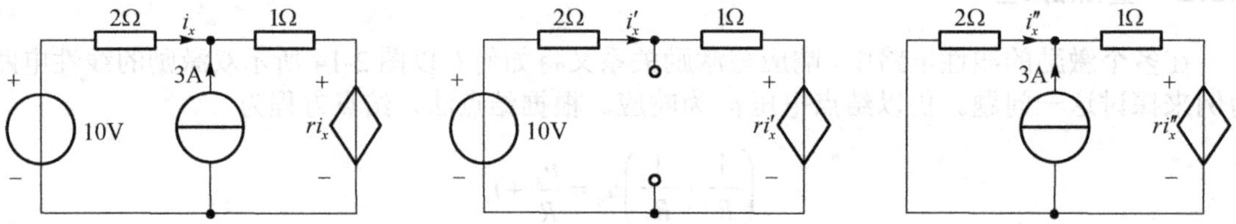

(a)　　(b)　　(c)

图 2-15

**解**　10V 电压源单独作用，如图 2-15(b)所示，注意此时受控源的电压为 $2i'_x$，应用 KVL 得

$$-10+3i_x'+2i_x'=0$$

解得
$$i_x'=2\text{A}$$

3A 电流源单独作用，如图 2-15(c)所示，注意此时受控源的电压为 $2i_x''$，应用 KCL 及 KVL 得

$$2i_x''+(3+i_x'')+2i_x''=0$$

解得
$$i_x''=-0.6\text{A}$$

两电源同时作用时，应用叠加原理

$$i_x=i_x'+i_x''=1.4\text{A}$$

**例 2-7** 在图 2-16 所示电路中，N 的内部结构不知，但只含线性电阻，在激励 $u_s$ 和 $i_s$ 作用下，其测试数据为：当 $u_s=1\text{V}$，$i_s=1\text{A}$ 时，$u=0$；当 $u_s=10\text{V}$，$i_s=0$ 时，$u=1\text{V}$。若 $u_s=0$，$i_s=10\text{A}$ 时，$u$ 为多少？

**解** 令 $u_s$ 单独作用时激励和响应的线性系数为 $a_1$，$i_s$ 单独作用时激励和响应的线性系数为 $a_2$，根据齐次性及叠加定理知，

$$u=a_1u_s+a_2i_s$$

由两测试结果可得

$$a_1+a_2=0$$

$$10a_1=1$$

联立解得

$$a_1=0.1 \quad a_2=-0.1$$

故知

$$u=0.1u_s-0.1i_s$$

当 $u_s=0$，$i_s=10\text{A}$ 时

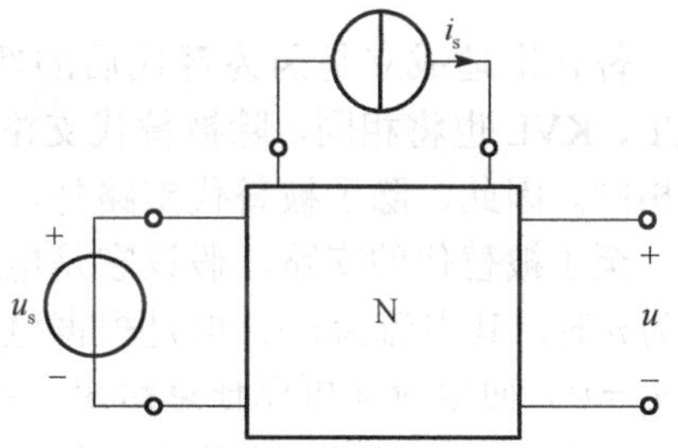

图 2-16 例 2-7 图

$$u=0.1\times0-0.1\times10=-1\text{V}$$

由例 2-7 可知，叠加原理简化了电路激励与响应的关系。例中的 N 可能是一个含有众多电阻元件、结构复杂的电路，但只需用两个参数 $a_1$、$a_2$ 即能描述指定的响应与激励间的关系，且每一激励对响应的作用可一目了然。当 N 的结构与参数明朗时，$a_1$、$a_2$ 既可用实验方法确定，也可通过计算求得。只要电路的结构和参数不变动，不论由实验还是由计算所得的网络函数始终有效，在研究激励与响应的关系时就不必再考虑电路的各元件参数和结构。从这个意义上讲，研究线性电路的响应与激励关系比起直接运用回路或结点分析要方便得多。

最后，使用叠加原理时还要**注意**：

(1)“每一元件的电流或电压可以看成是每一个独立源单独作用于电路时，在该元件上产生的电流或电压的**代数和**”，这里要特别注意“代数和”的含义，即求和时，凡是与总量参考方向一致的分量前面取“+”号，不一致的分量前面取“−”号；

(2) 叠加原理只适用于线性电路中电流或电压的叠加，由于线性电路中的功率不是电流或电压的一次函数，所以不能用叠加原理来计算功率。

(3) 叠加原理还可适用于一个独立电源和一组独立电源相叠加。例如图中有 3 个独立源时，计算响应可以三次都单独作用后再叠加，也可以一个单独作用和两个共同作用后叠加。

## 2.4 替代定理

替代定理是一个应用范围颇为广泛的定理，它不仅适用于线性电路，也适用于非线性电路。它时常用来对电路进行简化，从而使电路易于分析或计算。

在线性或非线性电路中，若某一支路的电压和电流为$u$和$i$，则不论这个支路是由什么元件组成的，总可以用$u_s=u$的电压源或$i_s=i$的电流源来替代，替代后电路中全部电压和电流均保持替代前的原值不变。这称为**替代定理**。如图 2-17 所示。

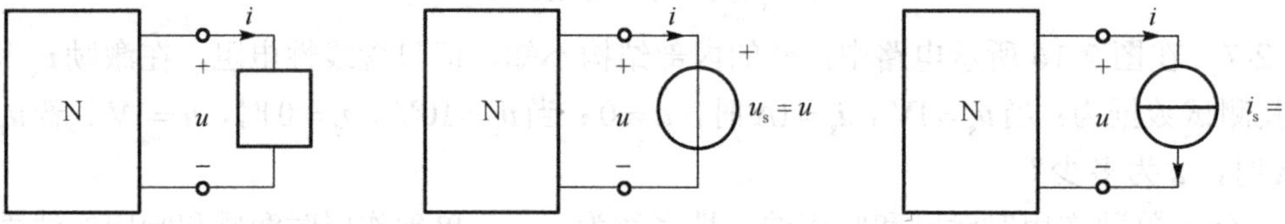


图 2-17　替代定理

替代定理成立是因为替代后的新电路和原电路在连接结构上完全相同，所以两电路的 KCL、KVL 也将相同，除被替代支路外两电路的元件参数值也完全相同，元件的伏安特性完全相同。因此，除了被替代支路外，两电路的所有电流、电压关系约束方程都相同。

至于被替代的支路，假设它是电压源，它的伏安特性虽然与原支路不同（原支路中当电压为$u$时，其电流为$i$），但是根据电压源的特点，它的电流可以是任意的，现在电压源的电压$u_s=u$，而电流又可以任意给定，当然可以让它等于原电路的支路电流$i$。这样一来，新电路的电压和电流满足原电路全部约束关系方程，这就维持了原电路的电压、电流不变。如果被替代后的支路是电流源$i_s=i$，根据电流源的特点，它的电压可以是任意的，当然可以让它等于原电路的支路电压$u$，这也能使新的电路的电流、电压满足原电路的全部方程，维持原电路的电流、电压不变。

图 2-18 示出替代定理应用的实例。图 2-18(a)中，可求得$u_3=8\text{V}$，$i_3=1\text{A}$。现将支路 3 分别以$u_s=u_3=8\text{V}$的电压源或$i_s=i_3=1\text{A}$的电流源替代，如图 2-18(b)或图 2-18(c)所示，不难看出，在图 2-18(a)(b)(c)中，其他部分的电压和电流均保持不变，即$i_1=2\text{A}$，$i_2=1\text{A}$。

顺便指出，支路 3 也可用一个电阻来替代，其值为$R_s=\dfrac{u_s}{i_s}=8\Omega$，此时，其他部分的电压和电流也保持不变。

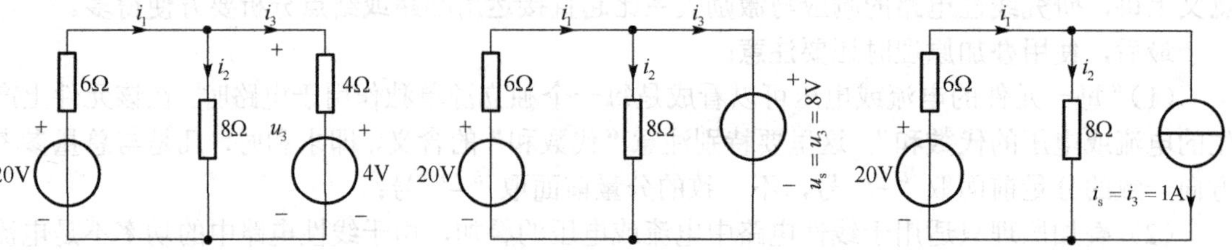


图 2-18　替代定理示例

替代定理还可以从替代一个支路推广到替代一个具有两个端钮的部分电路（不论其结构如何复杂），只要知道它的端电压或者入端电流，即可用电压源或电流源进行替代，这样就可以使原来复杂的电路得到简化。

## 2.5 戴维南定理和诺顿定理

由第 1 章 1.5.3 输入电阻知识可知，给定一个不含独立源的一端口网络（简称**无源二端网络或无源一端口**），如果仅由电阻组成，可用电阻的串、并联、Y ⇌ Δ 变换、等位点等方法化简，最后得出电路的等效电阻；如果除了电阻外，还含受控源，则可采用外加电源法求得等效电阻。对于一个既含线性电阻、受控源又含独立电源的一端口（简称**有源二端网络或有源一端口**），应如何加以简化，或者说它的等效电路是什么？戴维南定理和诺顿定理将回答这个问题。

### 2.5.1 戴维南定理

戴维南定理指出："一个含独立电源、线性电阻和受控源的一端口，对外电路来说，可以用一个电压源和电阻的串联组合等效置换，电压源电压等于此一端口的**开路电压** $u_{oc}$，电阻等于一端口内全部独立电源置零后的**等效电阻** $R_{eq}$"。等效置换后的电路称为**戴维南等效电路**，如图 2-19 所示，N 为线性含源一端口网络。

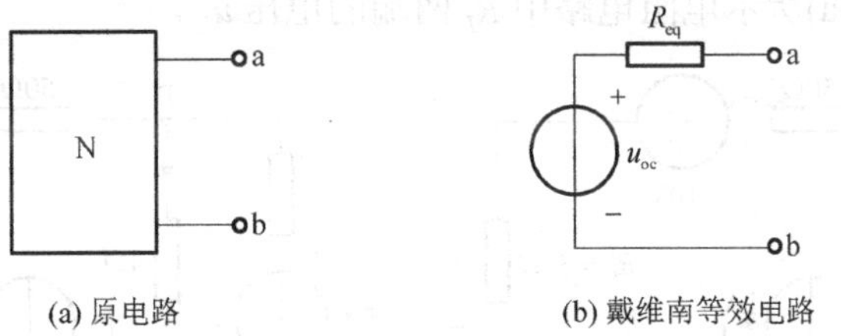


图 2-19　戴维南定理

戴维南定理完整的证明如图 2-20 所示，用到了替代定理和叠加原理，其中 $N_0$ 为含源一端口网络全部独立电源置零后对应的无源一端口，并令其等效电阻为 $R_{eq}$。

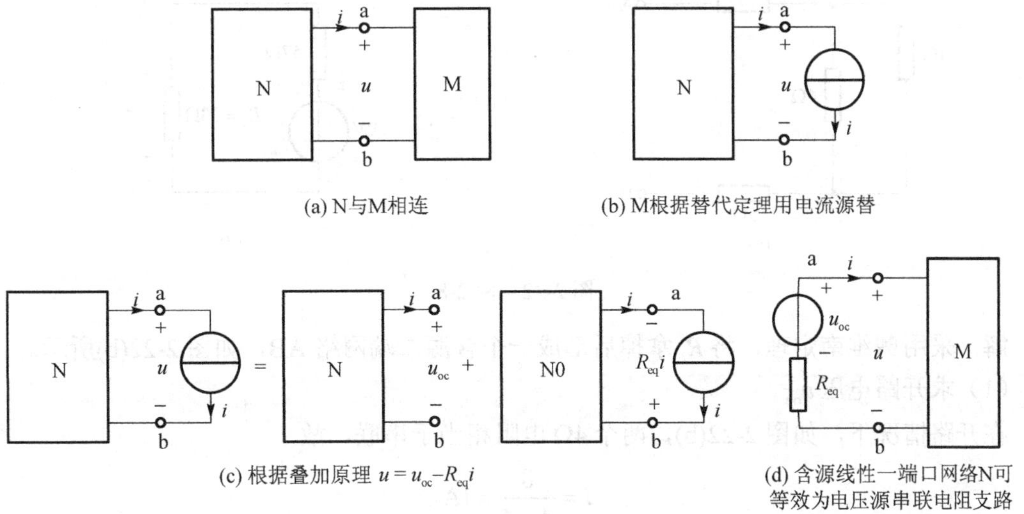


图 2-20　戴维南定理的证明过程

当一端口用戴维南等效电路置换后，端口以外的电路（称为**外电路**）中的电压、电流均保持不变。这种等效也是对外等效。

应用戴维南定理来等效含源一端口时，关键是要求出开路电压$u_{oc}$和戴维南等效电阻$R_{eq}$。通常用下面两种方法计算。

（1）实验法求$u_{oc}$和$R_{eq}$

对于内部结构未知的含源二端网络，可用实际测量的方法，即在开路情况下测出它的端电压$u_{oc}$，再测出端部短路时的电流$i_{sc}$，如图 2-21 所示，显然等效电阻

$$R_{eq}=\frac{u_{oc}}{i_{sc}} \tag{2-17}$$

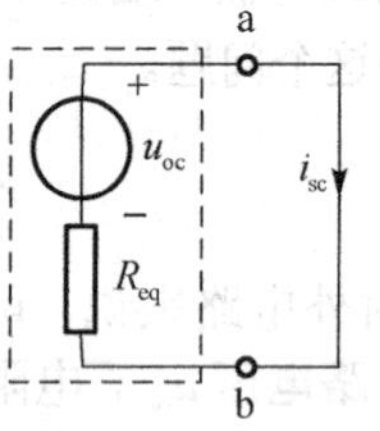

图 2-21　实验法求$R_{eq}$

实验法也可称为**开路电压、短路电流法**。

（2）分析计算法求$u_{oc}$和$R_{eq}$

对内部结构已知的二端网络，$u_{oc}$可用前面学习过的各种分析计算方法求出，在求解过程中要强调端口开路的概念；$R_{eq}$可采用第 1 章 1.5.3 节求等效电阻的方法求出，在此过程中一定要注意先"**除源**"，是独立源置零后对应无源二端网络的等效电阻。也可采用求得开路电压$u_{oc}$后，再求出端部短路时的电流$i_{sc}$，然后用式（2-17）求得$R_{eq}$。

**例 2-8**　求图 2-22(a)所示电阻电路中$R_L$两端的电压$u_L$。

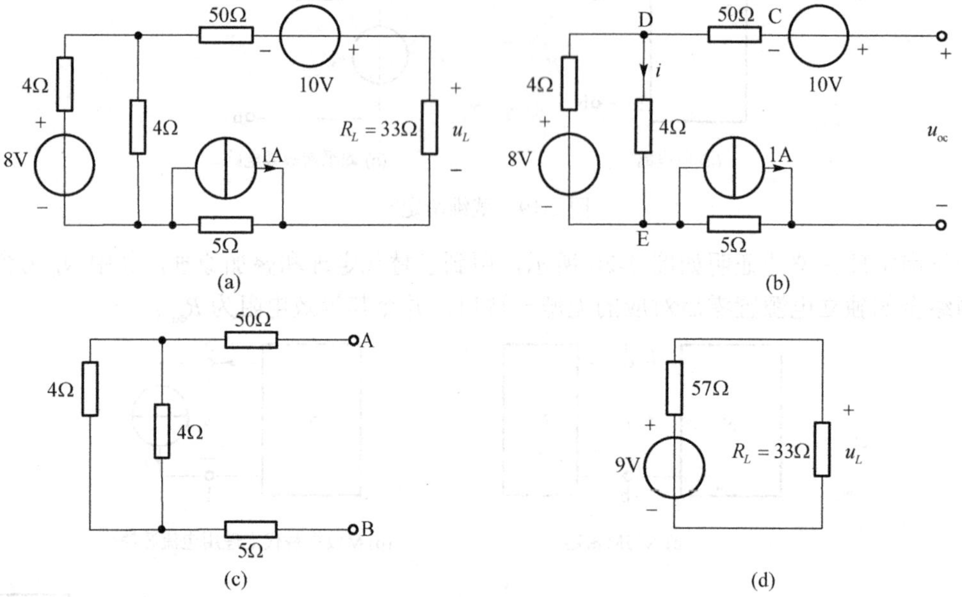

图 2-22　例 2-8

**解**　采用戴维南定理，将$R_L$拿掉后形成一个含源二端网络 AB，如图 2-22(b)所示。

（1）求开路电压$u_{oc}$

在开路情况下，如图 2-22(b)，两个 4Ω 电阻相当于串联，故

$$i=\frac{8}{4+4}=1\text{A}$$

根据 KVL

$$u_{oc}=u_{AC}+u_{CD}+u_{DE}+u_{EB}=10+0+4\times1+(-5)=9V$$

（2）求等效电阻 $R_{eq}$

除源后电路如图 2-22(c)所示，显然

$$R_{eq}=50+4//4+5=57\Omega$$

（3）戴维南等效电路图为图 2-22(d)

$$u_L=\frac{9}{57+33}\times33=3.3\text{ V}$$

**注意：此题图 2-22(b)如果采用第 1 章等效变换的方法，同样可以求得和戴维南等效电路图完全一致的结果，只不过是完全不同的两种解题方法。**

**例 2-9** 求图 2-23(a)所示含源一端口的戴维南等效电路。一端口内部有电流控制电流源 $i_c=0.75i_1$。

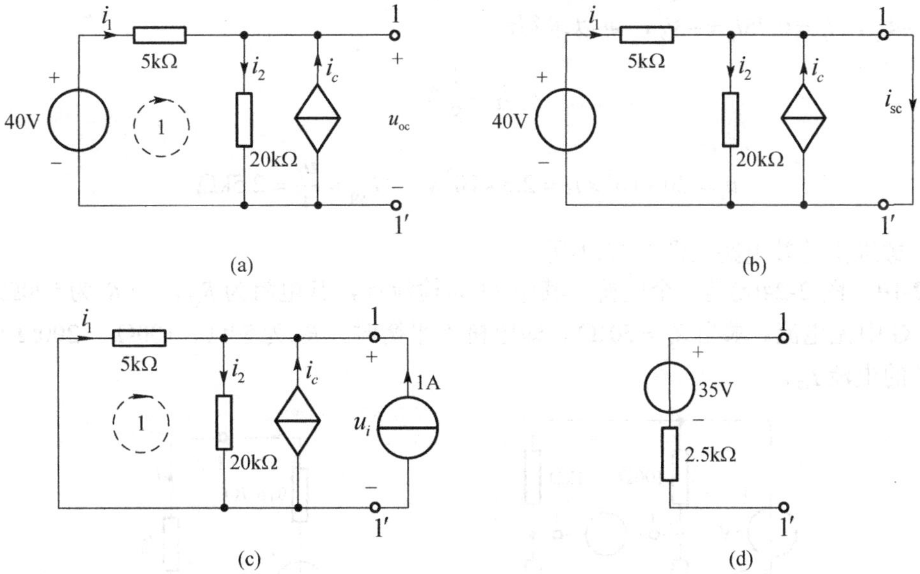


图 2-23　例 2-9

**解**　（1）求开路电压 $u_{oc}$

在图 2-23(a)中，当端口 $1-1'$ 开路时，有

$$i_2=i_1+i_c=1.75i_1$$

对回路 1 列 KVL 方程，得

$$5\times10^3\times i_1+20\times10^3\times i_2=40$$

代入 $i_2=1.75i_1$，可以求得 $i_1=10\text{mA}$。而开路电压

$$u_{oc}=20\times10^3\times i_2=35V$$

（2）求等效电阻 $R_{eq}$

**方法一**　开路电压、短路电流法

当$1-1'$短路时，可求得短路电流$i_{sc}$，如图 2-23(b)所示。此时

$$i_1=\frac{40}{5\times10^3}=8\text{mA}\text{；}\quad i_{sc}=i_1+i_c=1.75i_1=14\text{mA}$$

故得

$$R_{eq}=\frac{u_{oc}}{i_{sc}}=2.5\text{k}\Omega$$

**方法二　外加电源法**

除源后外加 1A 电流源，如图 2-23(c)所示，对回路 1 应用 KVL

$$5\times10^3\times i_1+20\times10^3\times i_2=0$$

即

$$i_1=-4i_2$$

应用 KCL 知

$$i_1+i_c+1=i_2$$

代入$i_1=-4i_2$，$i_c=0.75i_1=-3i_2$，可以求得

$$i_2=\frac{1}{8}\text{A}$$

故

$$u_i=20\times10^3\times i_2=2.5\times10^3\text{V}\qquad R_{eq}=\frac{u_i}{1}=2.5\text{k}\Omega$$

（3）戴维南等效电路如图 2-23(d)所示。

**例 2-10**　图 2-24(a)是一个电桥，其中 G 为检流计，其电阻为$R_G$。当$R_3$为 500Ω时，电桥平衡，G 中无电流。求当$R_3=501\Omega$，即电桥不平衡时，$R_G$为 50Ω、100Ω、200Ω与 500Ω时，G 中的电流$I_G$。

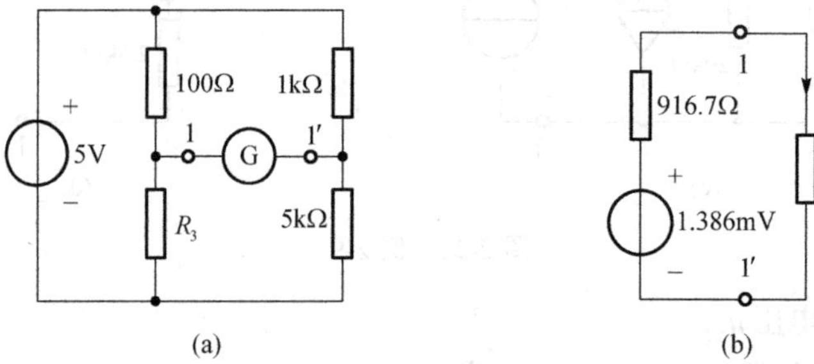


图 2-24　例 2-10

**解**　由于要求电路中$R_G$发生变化，而其他部分不变情况下的多个解，可将 G 以外的$1-1'$看为一个含源一端口。$1-1'$的开路电压

$$u_{oc}=\left(\frac{501}{100+501}-\frac{5000}{1000+5000}\right)\times5\text{V}=1.386\text{mV}$$

从$1-1'$看入的等效电阻

$$R_{eq}=\left(\frac{501\times100}{501+100}+\frac{5000\times1000}{5000+1000}\right)\Omega=916.7\Omega$$

戴维南等效电路如图 2-24(b)所示，从而

$$I_G = \frac{1.386\times10^{-3}}{916.7+R_G}$$

可求得当 $R_G$ 为 50Ω、100Ω、200Ω 与 500Ω 时，$I_G$ 分别为 1.434μA，1.363μA，1.241μA 与 0.978μA。

### 2.5.2 诺顿定理

**诺顿定理**指出：“一个含独立电源、线性电阻和受控源的一端口，对外电路来说，可以用一个电流源和电阻的并联组合等效置换，电流源电流等于此一端口的**短路电流** $i_{sc}$，电阻等于一端口内全部独立电源置零后的**等效电导** $G_{eq}$”。等效置换后的电路称为**诺顿等效电路**，如图 2-25 所示，N 为线性含源一端口网络。

(a) 原电路　　(b) 诺顿等效电路

图 2-25　诺顿定理

在证明了戴维南定理后，诺顿定理的证明就变得非常简单。根据前面学过的实际电压源和电流源的等效变换，将戴维南电路等效变换为一个实际电流源时，该实际电流源中电流源的大小将是 $U_{oc}/R_{eq}$，这个数值恰好就是端口短路时的短路电流 $i_{sc}$（见图 2-26），而并联电导恰好就是戴维南等效电阻的倒数。

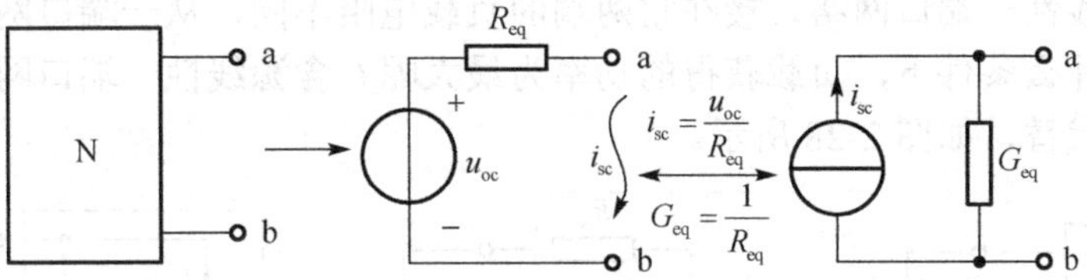


(a) 原电路　　(b) 戴维南等效电路　　(c) 诺顿等效电路

图 2-26　诺顿定理证明

诺顿等效电路可以直接由含源二端网络求得，当然也可以由戴维南等效电路转换过来。通常在求短路电流比较方便时，可直接由含源二端网络求出诺顿等效电路。求等效电导 $G_{eq}$ 的方法与戴维南等效电路中 $R_{eq}$ 求法相同。

**例 2-11**　求图 2-27(a)所示含受控源二端网络的诺顿等效电路。

**解**　（1）求短路电流 $i_{sc}$

将 $1-1'$ 端口短路，如图 2-27(b)

$$i_1=\frac{10}{2}=5\text{A}$$

$$i_{sc}=i_1+\frac{6i_1}{2}=4i_1=20\text{A}$$

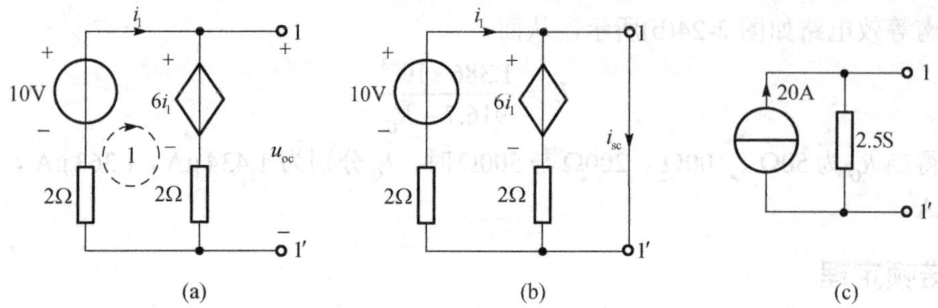


图 2-27 例 2-11

（2）求等效电导 $G_{eq}$

可采用外加电源法，在此采用开路电压、短路电流法。如图 2-27(a)。对回路 1 根据 KVL

$$6i_1 + 2i_1 + 2i_1 - 10 = 0$$

解得

$$i_1 = 1\text{A}$$

开路电压

$$u_{oc} = 6i_1 + 2i_1 = 8i_1 = 8\text{V}$$

$$G_{eq} = \frac{i_{sc}}{u_{oc}} = 2.5\text{S}$$

（3）诺顿等效电路如图 2-27(c)。

# 2.6 最大功率传输定理

给定一含源线性一端口网络，接在它两端的负载电阻不同，从一端口网络传递给负载的功率也不同。在什么条件下，负载获得的功率为最大呢？含源线性一端口网络可以用戴维南或诺顿等效电路代替，如图 2-28 所示。

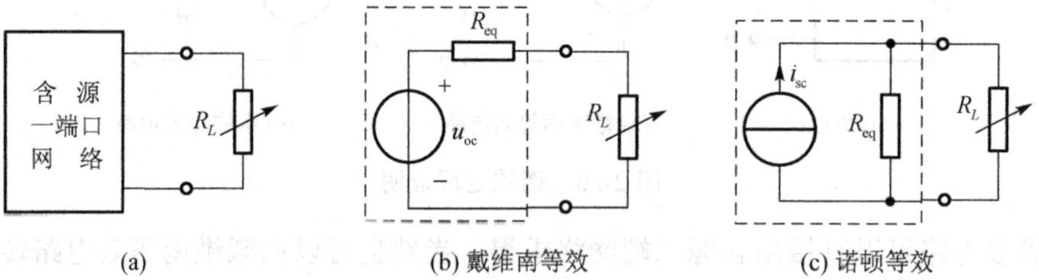


图 2-28 最大功率的传输

设负载电阻为 $R_L$，所获得的功率 $P_L$ 为

$$P_L = I_L^2 R_L = \left(\frac{u_{oc}}{R_L + R_{eq}}\right)^2 R_L = f(R_L)$$

要使 $P_L$ 为最大，应使 $\mathrm{d}P_L / \mathrm{d}R_L = 0$，由此可解得 $P_L$ 为最大时的 $R_L$ 值，即

$$\frac{\mathrm{d}P_L}{\mathrm{d}R_L} = u_{oc}^2 \left[\frac{(R_{eq}+R_L)^2 - 2(R_{eq}+R_L)R_L}{(R_{eq}+R_L)^4}\right] = \frac{u_{oc}^2(R_{eq}-R_L)}{(R_{eq}+R_L)^3} = 0$$

可得

$$R_L = R_{\mathrm{eq}}$$

由于

$$\left.\frac{\mathrm{d}^2 P_L}{\mathrm{d}R_L^2}\right|_{R_L=R_{\mathrm{eq}}} = -\frac{u_{\mathrm{oc}}^2}{4R_{\mathrm{eq}}} < 0$$

所以，$R_L = R_{\mathrm{eq}}$ 即为使 $P_L$ 为最大的条件。因此，由含源线性一端口网络传递给可变负载 $R_L$ 的功率为最大的条件是：负载 $R_L$ 应与戴维南（或诺顿）等效电阻相等。此即**最大功率传递定理**。满足 $R_L = R_{\mathrm{eq}}$ 时，称为**最大功率匹配**，此时负载得到的最大功率为

$$P_{\max} = \frac{u_{\mathrm{oc}}^2}{4R_{\mathrm{eq}}}$$

如用诺顿等效电路，则

$$P_{\max} = \frac{i_{\mathrm{sc}}^2}{4G_{\mathrm{eq}}}$$

注意最大功率传递定理是在 $R_L$ 可变的情况下得出的。如果 $R_{\mathrm{eq}}$ 可变而 $R_L$ 固定，则应使 $R_{\mathrm{eq}}$ 尽量减小，才能使 $R_L$ 获得的功率增大。当 $R_{\mathrm{eq}} = 0$ 时，$R_L$ 获得最大功率。

此外，由线性一端口网络获得最大功率时，其功率传递效率是多少？如果负载功率来自一个具有内阻为 $R_{\mathrm{eq}}$ 的电压源，因为 $R_{\mathrm{eq}}$ 与 $R_L$ 消耗的功率相等，效率为 50%。但是，一端口网络和它的等效电路，就其内部功率而言是不等效的，由等效电阻 $R_{\mathrm{eq}}$ 算得的功率一般并不等于网络内部消耗的功率，因此，实际上当负载得到最大功率时，其功率传递效率未必是 50%。

**例 2-12** 如图 2-29 所示电路：（1）求 $R_L$ 获得最大功率时的值；（2）计算此时 $R_L$ 得到的功率；（3）当 $R_L$ 获得最大功率时，求 360V 电源产生的功率传递给 $R_L$ 的百分数。

**解** （1）先求 a-b 端的戴维南等效电路

$$u_{\mathrm{oc}} = 360 \times \frac{150}{180} = 300\mathrm{V}$$

$$R_{\mathrm{eq}} = \frac{150 \times 30}{180} = 25\Omega$$

因此，当 $R_L = R_{\mathrm{eq}} = 25\Omega$ 时，$R_L$ 获得最大功率。

（2）$R_L$ 获得的最大功率为

$$P_{\max} = \frac{u_{\mathrm{oc}}^2}{4R_{\mathrm{eq}}} = \frac{300^2}{4 \times 25} = 900\mathrm{W}$$

（3）当 $R_L = 25\Omega$ 时，其两端电压为

$$300 \times \frac{25}{25+25} = 150\mathrm{V}$$

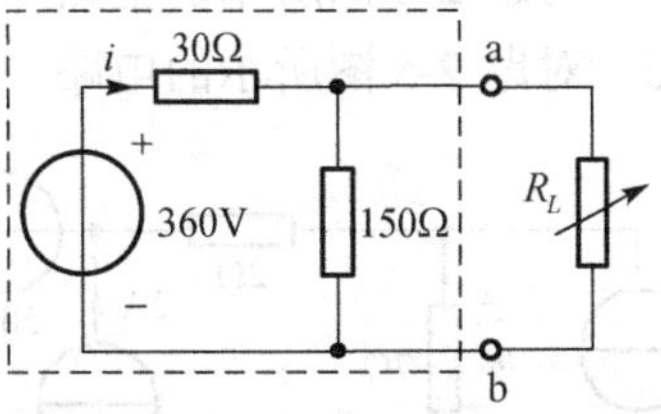

图 2-29　例 2-12

流过 360V 电源的电流

$$i = \frac{360-150}{30} = 7\mathrm{A}$$

360V 电源发出的功率为

$$p_s = 360i = 2520\text{W}$$

负载所得功率的百分数为

$$\frac{P_{\max}}{p_s} = \frac{900}{2520} \times 100\% = 35.71\%$$

显然，传递效率不是 50%。

# 习　题　2

## 2.1　结点法

2-1　用结点分析求题 2-1 图所示电路中的 $u$ 和 $i$ 。

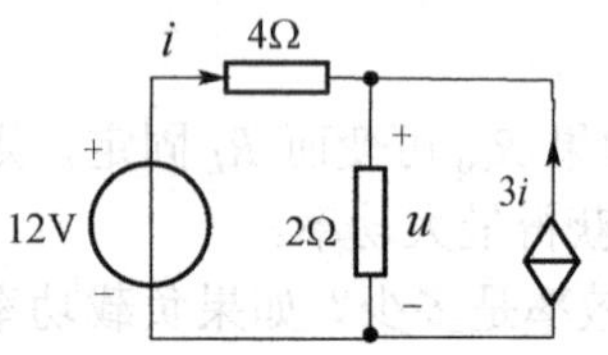


题 2-1 图

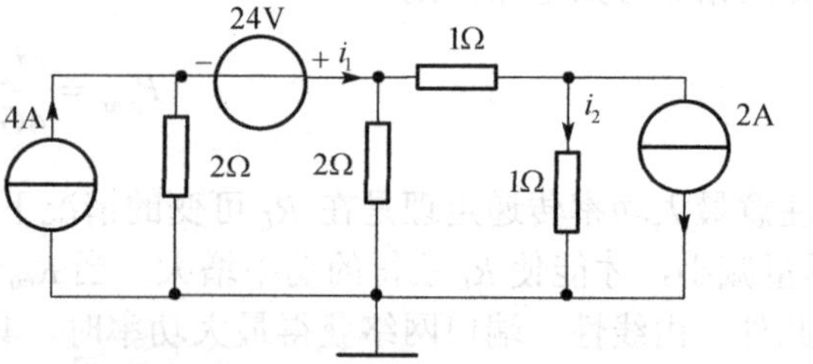


题 2-2 图

2-2　电路图如题 2-2 图所示，试用结点分析求 $i_1$ 和 $i_2$ 。

2-3　对题 2-3 图所示的各电路图，用结点分析法求 $u_1$ 。

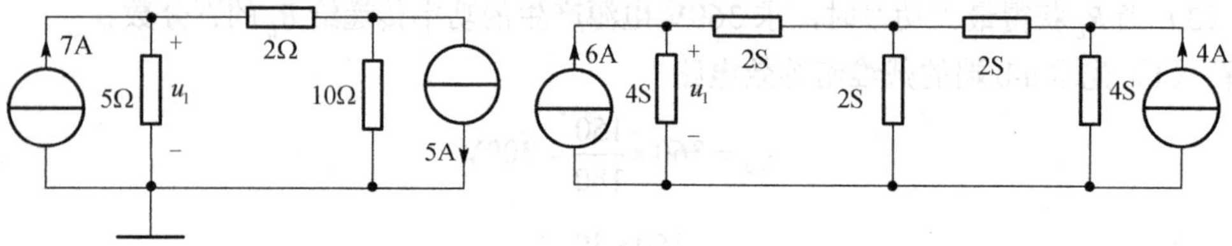


(a)　　　　(b)

题 2-3 图

2-4　对题 2-4 图所示的电路，用结点分析法计算 $u_1$ 。

2-5　对题 2-5 图所示的电路，用结点分析法确定 $i_x$ 。

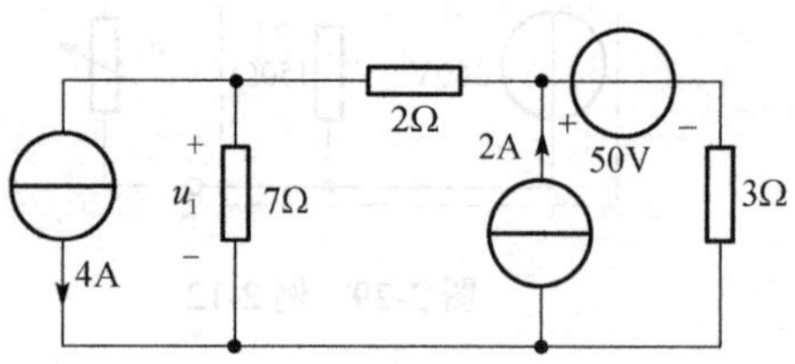


题 2-4 图

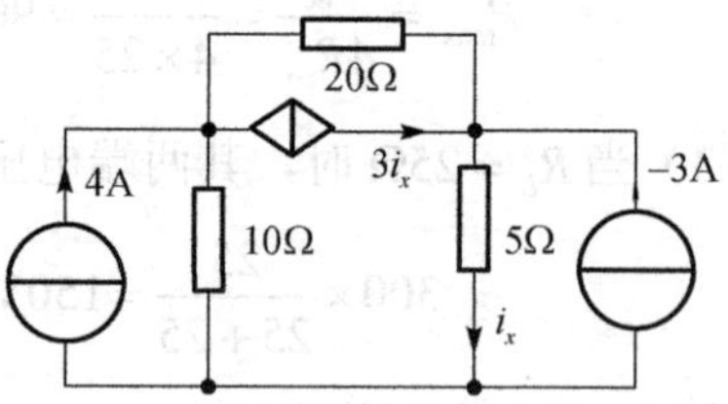


题 2-5 图

2-6　列写题 2-6 图所示电路的结点方程，并求 5V 电源发出的功率。

2-7　用结点分析法求题 2-7 图电路的 $u_4$。

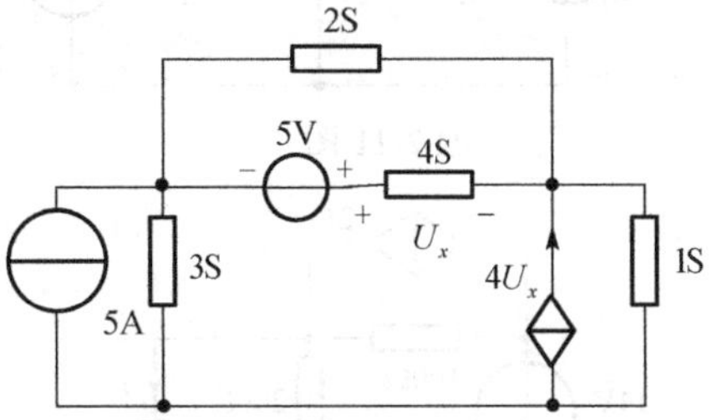


题 2-6 图

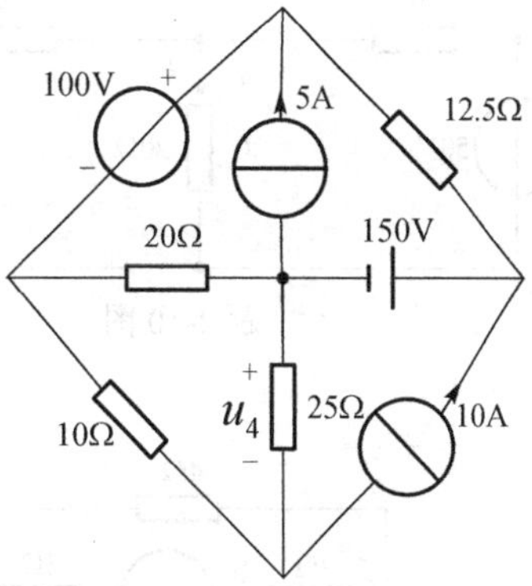


题 2-7 图

2-8　在题 2-8 图电路中用结点法求 $u_1$ 和受控电流源发出的功率。

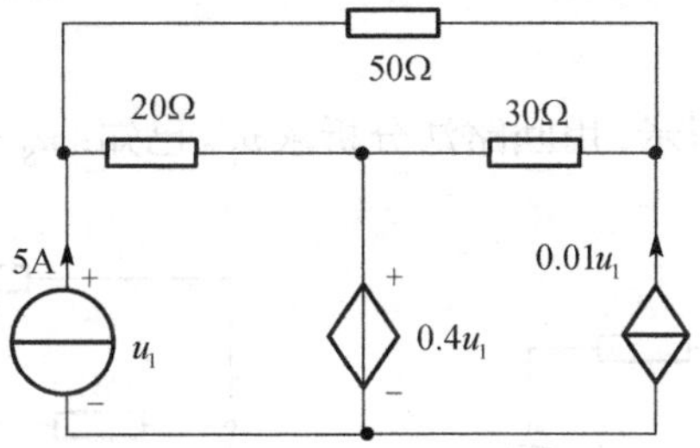


题 2-8 图

2-9　题 2-9 图所示电路中各支路电流。

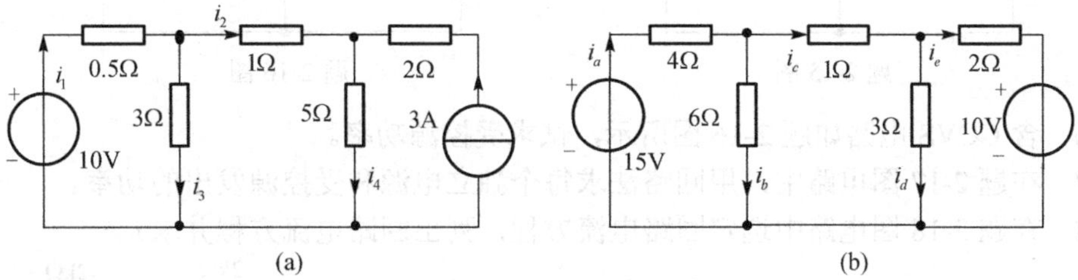


题 2-9 图

2-10　用结点电压法求解题 2-10 图所示的电路中的电压 $U$。

## 2.2　回路法

2-11　直流电路如题 2-11 图所示，已知 $R_1=3\Omega$，$R_2=1\Omega$，$R_3=2\Omega$，若要求网孔电流 $I_1=2\text{A}$，$I_2=-3\text{A}$，试问电源电压 $U_1$ 和 $U_2$ 应为多少？

2-12　直流电路如题 2-11 图所示，已知 $U_1=5\text{V}$，$U_2=10\text{V}$，$R_3=2\Omega$，若要求 $I_1=1\text{A}$，$I_2=2\text{A}$，试求 $R_1$ 和 $R_2$。

2-13　试用回路法求图题 2-13 所示电路中的电流 $i$ 和电压 $u_{ab}$。

2-14　电路如题 2-14 图所示，用回路法分析求 $i$，并求受控源提供的功率。

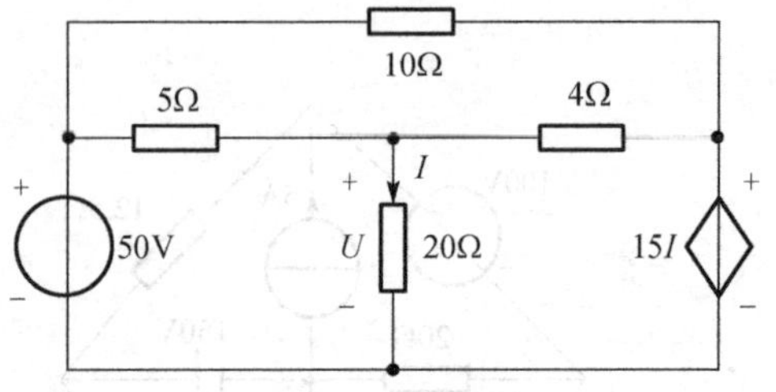


题 2-10 图

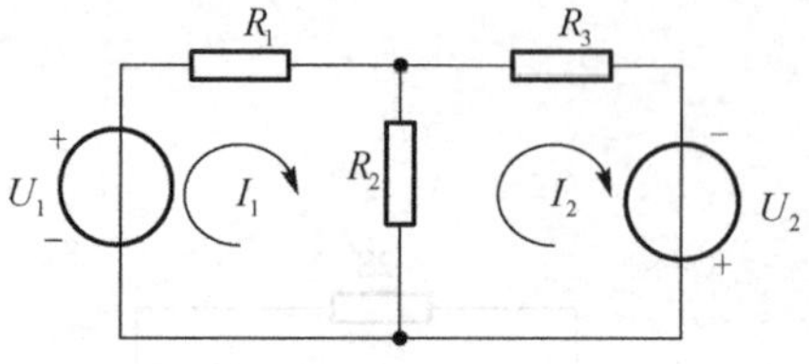


题 2-11 图

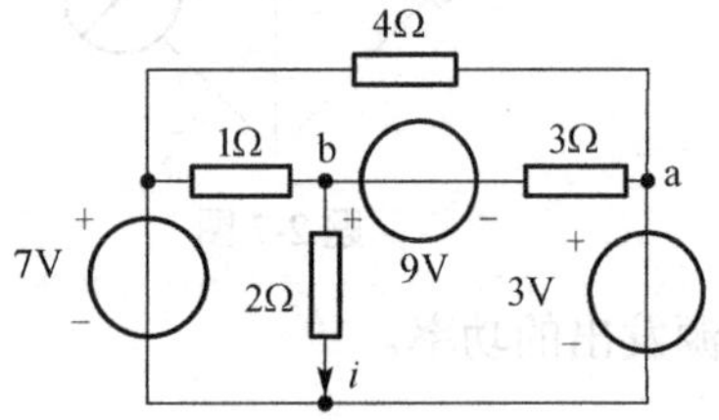


题 2-13 图

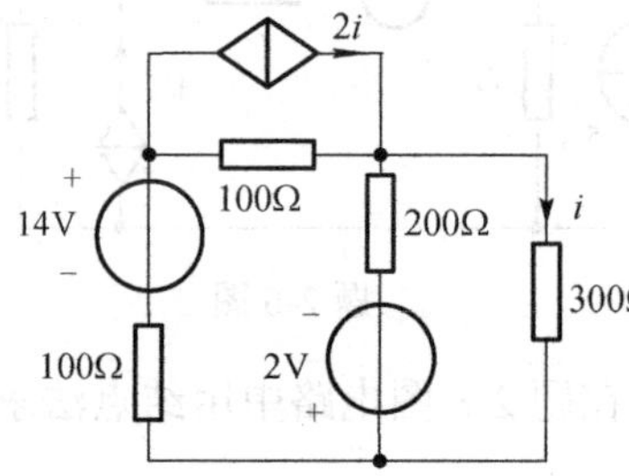


题 2-14 图

2-15 电路如题 2-15 图所示，用回路法分析求 $u_1$。已知：$u_S = 5\text{V}$，$R_1 = R_2 = R_4 = R_5 = 1\Omega$，$R_3 = 2\Omega$，$\mu = 2$。

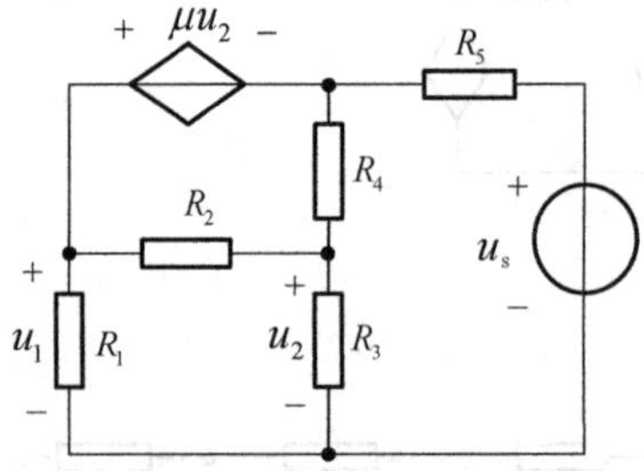


题 2-15 图

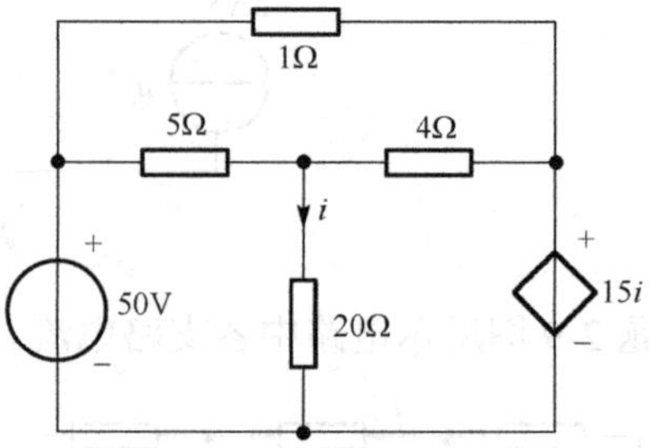


题 2-16 图

2-16 含 CCVS 电路如题 2-16 图所示，试求受控源功率。

2-17 在题 2-17 图电路中，用回路法求每个独立电源和受控源发出的功率。

2-18 在题 2-18 图电路中选定回路电流方程，列出回路电流方程并求 $i$。

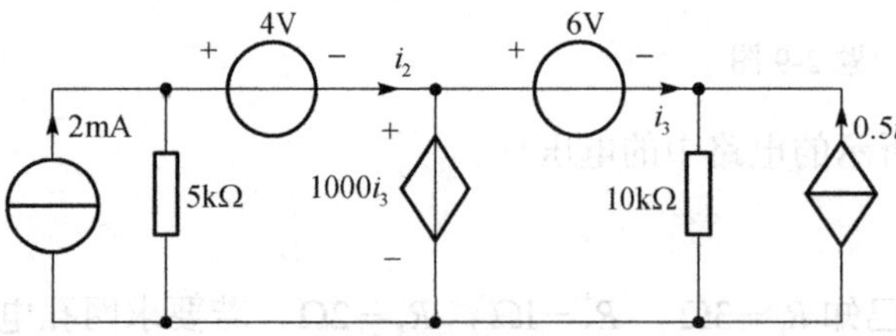


题 2-17 图

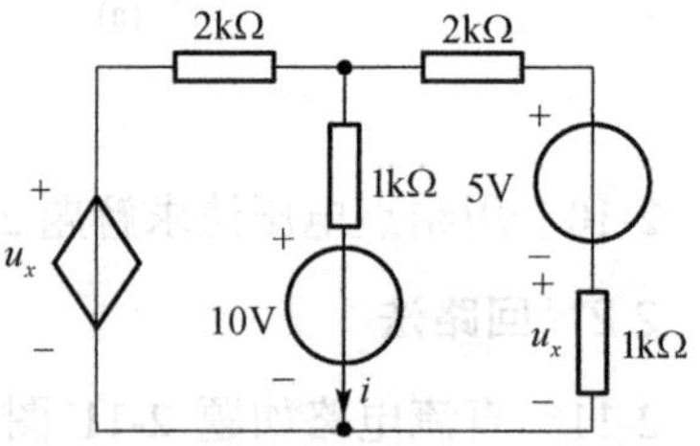


题 2-18 图

2-19 用回路电流法求解题 2-19 图示电路中电压 $U_0$。

## 2.3 齐次性和叠加原理

2-20 求解题 2-20 图所示电路的电流 $i$。试利用线性电路的比例性求当电流源电流改为 6.12A，方向相反时的电流 $i$。

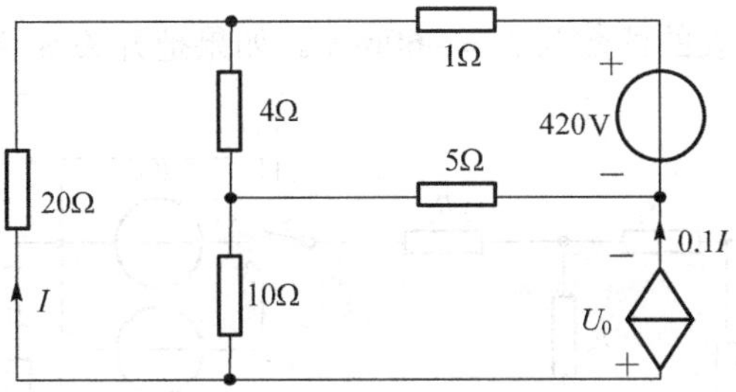


题 2-19 图

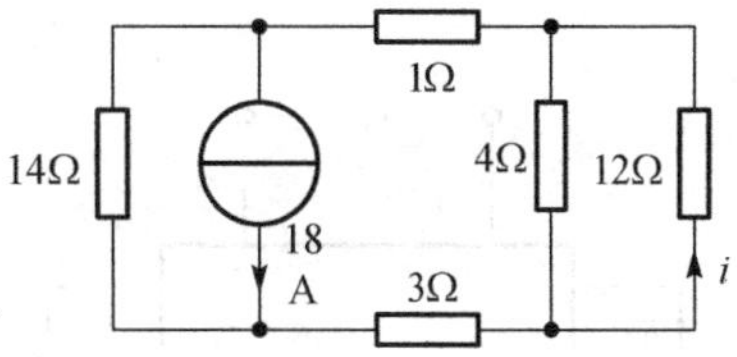


题 2-20 图

2-21 电路如题 2-21 图所示，（1）若 $u_2 = 10\text{V}$，求 $i_1$ 及 $u_s$；（2）若 $u_s = 10\text{V}$，求 $u_2$。

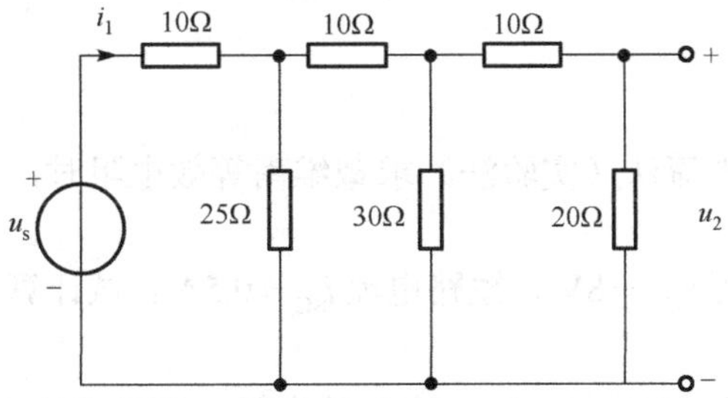


题 2-21 图

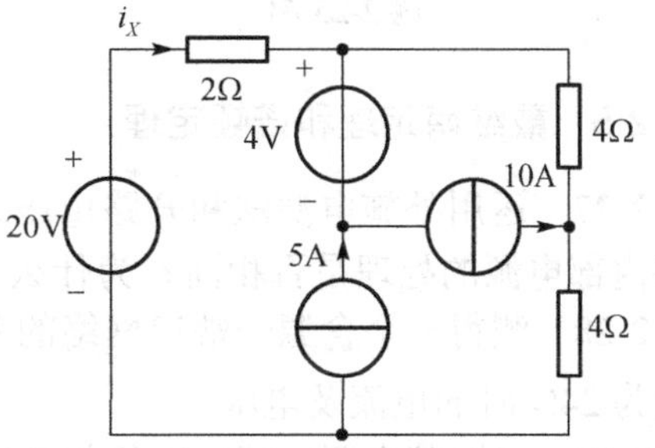


题 2-22 图

2-22 电路如题 2-22 图所示，用叠加原理求 $i_x$。

2-23 电路如题 2-23 图所示，试填写下表：

| $u_{s1}$ | $u_{s2}$ | $i$ | $u_{s1}$ | $u_{s2}$ | $i$ |
|---|---|---|---|---|---|
| 60V | 0 | 14A | 0 | 25V | 2A |
| 45V | 0 | （　　） | 100V | 100V | （　　） |
| （　　） | 0 | −8A | （　　） | 75V | 0 |

2-24 电路如题 2-24 图所示，用叠加原理求 $i$，已知 $\mu = 5$。

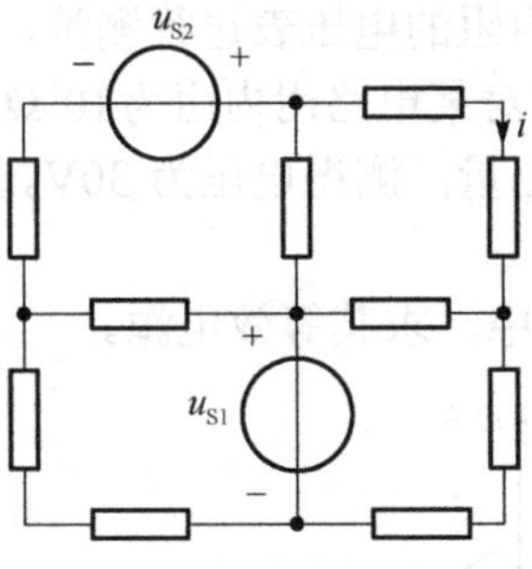


题 2-23 图

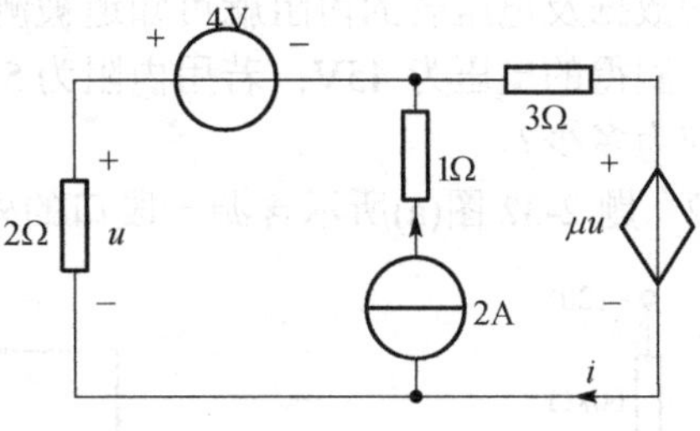


题 2-24 图

2-25 （1）题 2-25 图所示线性网络 N 只含电阻。若 $i_{s1} = 8\text{A}$、$i_{s2} = 12\text{A}$，$u_x$ 为 80V；若 $i_{s1} = -8\text{A}$、$i_{s2} = 4\text{A}$，$u_x$ 为 0 则。求：当 $i_{s1} = i_{s2} = 20\text{A}$，$u_x$ 是多少？（2）若所示网络 N 含有一个电源，当 $i_{s1} = i_{s2} = 0$ 时，$u_x = -40\text{V}$；所有（1）中的数据仍有效。求：当 $i_{s1} = i_{s2} = 20\text{A}$ 时，$u_x$ 是多少？

2-26 如题 2-26 图所示电路中 $u_{s1} = 10\text{V}$，$u_{s2} = 15\text{V}$，当开关 S 在位置 1 时，毫安表的读

数为 $I'=40\text{mA}$；当开关 S 合向位置 2 时，毫安表的读数为 $I''=-60\text{mA}$。如果把开关 S 合向位置 3，则毫安表的读数为多少？

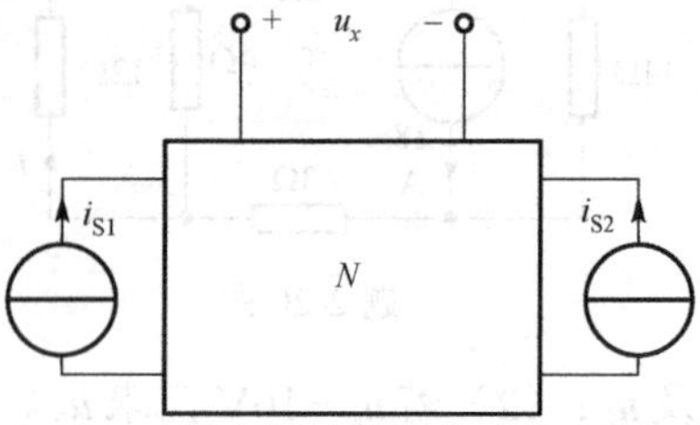


题 2-25 图

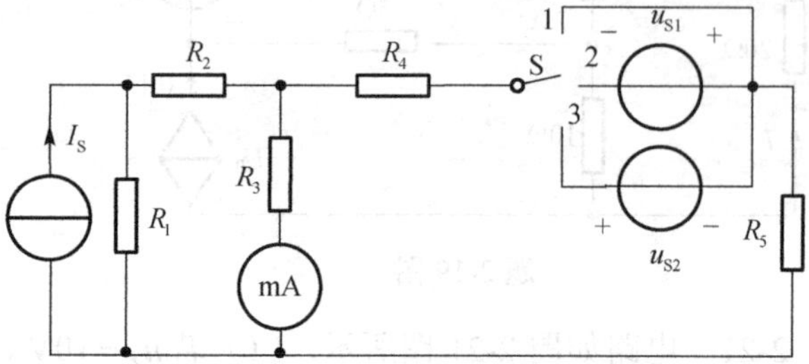


题 2-26 图

## 2.5 戴维南定理和诺顿定理

2-27 运用外施电源法和开路电压、短路电流法（实验法）求戴维南等效电阻时，对原网络内部电源的处理是否相同？为什么？

2-28 测得一个含源一端口网络的开路电压 $u_{OC}=8\text{V}$，短路电流 $i_{SC}=0.5\text{A}$。试计算外接电阻为 24Ω 时的电流及电压。

2-29 （1）某含源一端口网络的开路电压为 10V，如接一 10Ω 的电阻，则电压为 7V，试求出此网络的戴维南等效电路。

（2）若含源一端口网络的开路电压为 $u_{OC}$，接上负载 $R_L$ 后，其电压为 $u_1$，试证明该网络的戴维南等效电阻为

$$R_{eq}=\left(\frac{u_{OC}}{u_1}-1\right)R_L$$

在电子电路中常根据上式用实验法测定其输出电阻，这样可避免短路实验。

2-30 用戴维南定理求题 2-30 图所示电路中流过 20kΩ 电阻的电流及 a 点电压 $U_a$。

2-31 在用电压表测量电路的电压时，由于电压表要从被测电路分取电流，对被测电路有影响，故测得的数值不是实际的电压值。如果用两个不同内阻的电压表进行测量，则从两次测得的数据及电压表的内阻就可知道被测电压的实际值。设对某电路用内阻为 $10^5\Omega$ 的电压表测量，测得的电压为 45V；若用内阻为 $5\times10^4\Omega$ 的电压表测量，测得电压为 30V。问实际的电压应为多少？

2-32 题 2-32 图(a)所示含源一段口的外特性曲线画于(b)中，求其等效电源。

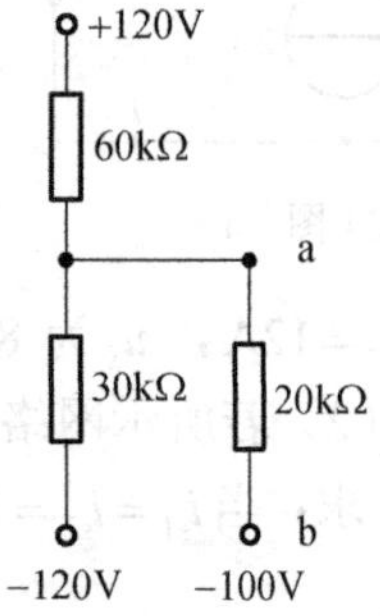


题 2-30 图

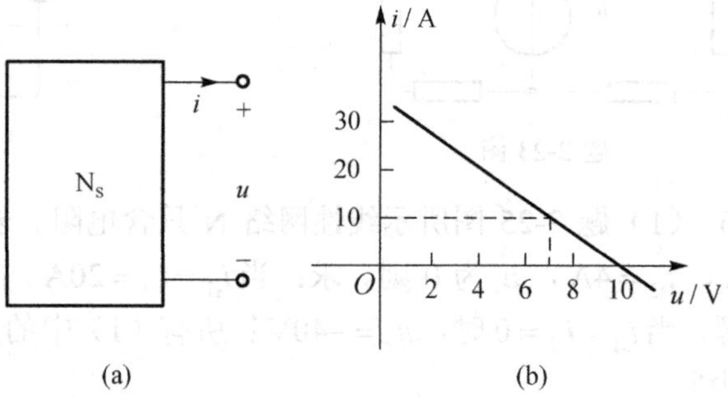


题 2-32 图

2-33 求题 2-33 图所示电路的戴维南电路或诺顿电路。

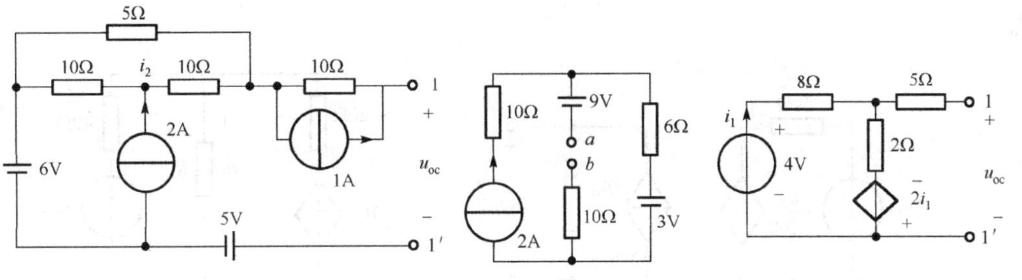


(a) (b) (c)

题 2-33 图

2-34 求题 2-34 图所示两个一端口的戴维南或诺顿等效电路，并解释所得结果。

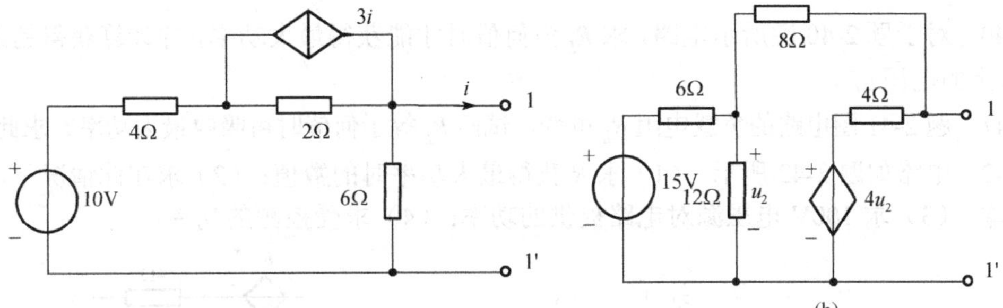


(a) (b)

题 2-34 图

2-35 求题 2-35 图所示电路的戴维南等效电路。

2-36 用诺顿定理求题 2-36 图所示电路的电流 $i$。

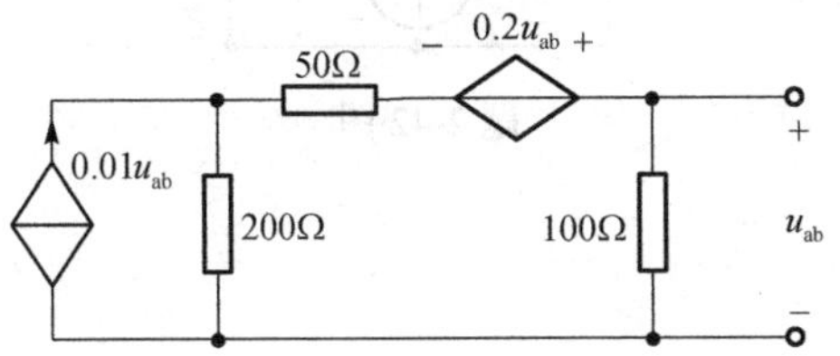


题 2-35 图

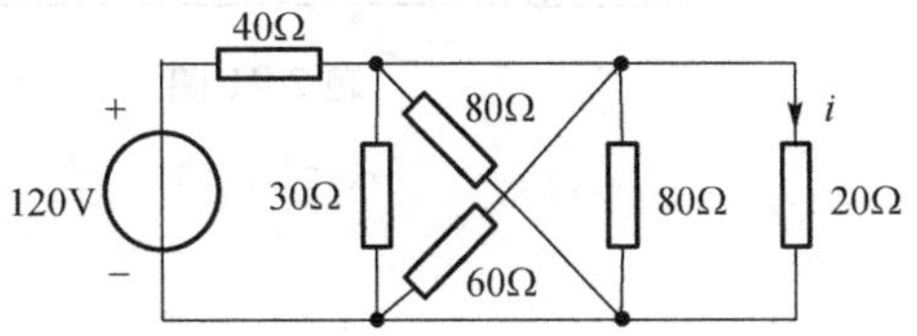


题 2-36 图

2-37 试求题 2-37 图所示一端口网络的诺顿等效电路。

2-38 求题 2-38 电路的诺顿等效电路，已知 $R_1=15\Omega$、$R_2=5\Omega$、$R_3=10\Omega$、$u_S=10V$ 及 $i_3=1A$。

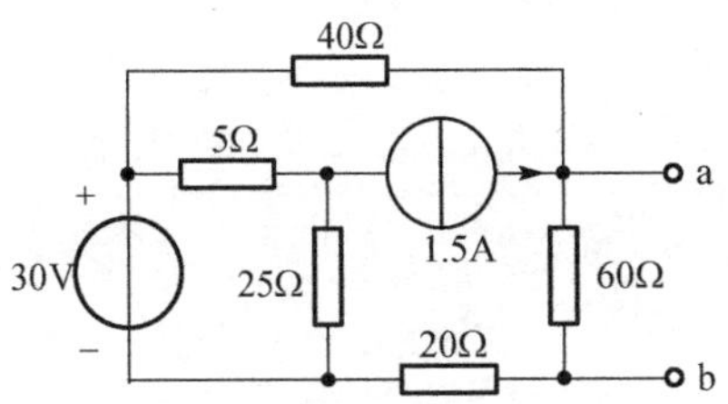


题 2-37 图

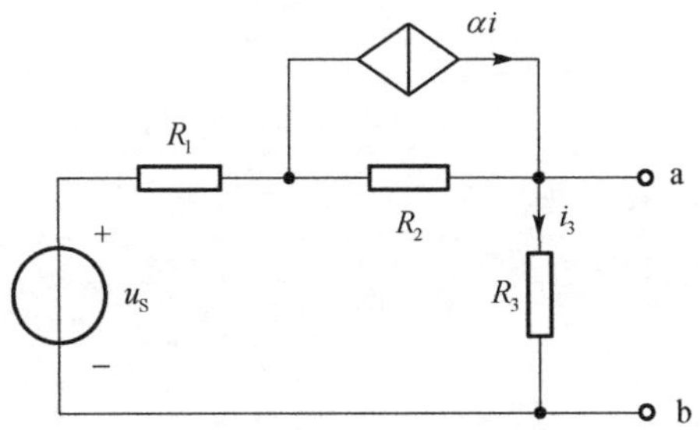


题 2-38 图

2-39　题 2-39 图是晶体管放大器等效电路的一种形式，求此放大器开路电压 $u_2$ 和输出电阻 $R_o$ 。

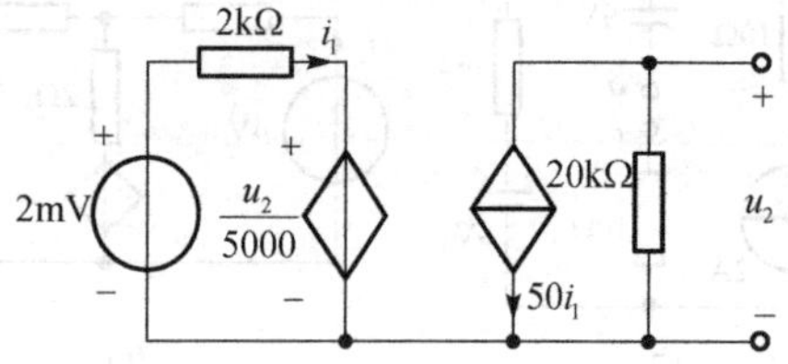


题 2-39 图

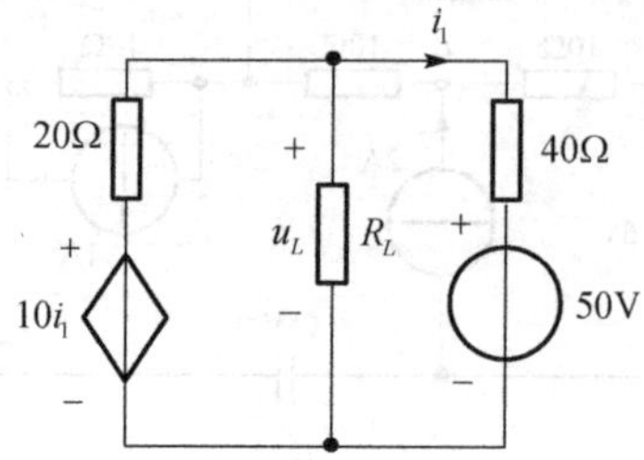


题 2-40 图

## 2.6　最大功率传输定理

2-40　对于题 2-40 图所示电路，求 $R_L$ 为何值时才能获得最大功率，并计算获得的最大功率和 $R_L$ 上的电压 $u_L$ 。

2-41　题 2-41 图电路的负载电阻 $R_L$ 可变，试问 $R_L$ 等于何值时可吸收最大功率？求此功率。

2-42　电路如题 2-42 所示。（1）求 $R$ 获得最大功率时的数值；（2）求在此情况下，$R$ 获得的功率；（3）求 100V 电压源对电路提供的功率；（4）求受控源的功率。

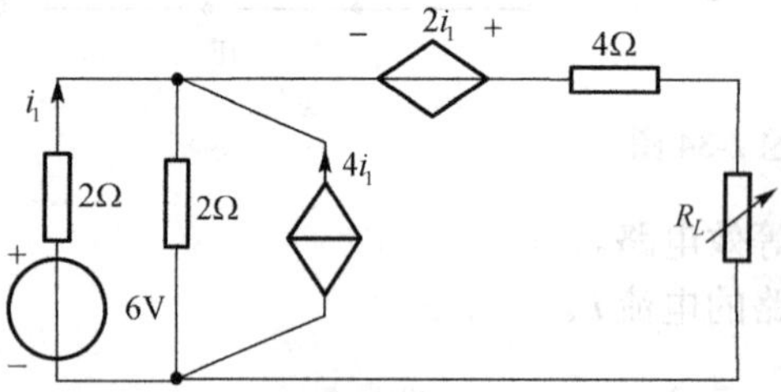


题 2-41 图

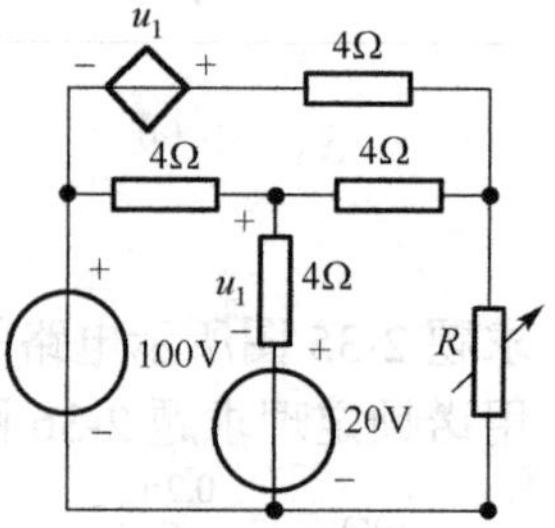


题 2-42 图

# 第 3 章　含有运算放大器的电路

运算放大器是电路中一种重要的多端器件，它的应用十分广泛。本章首先介绍运算放大器的电路模型，运算放大器在理想化条件下的外部特性，然后对含有运算放大器的各种电路进行了分析，最后对实际运放在应用时要考虑的问题进行了简介。

## 3.1　运算放大器的电路模型

### 3.1.1　运算放大器简介

运算放大器（Operational Amplifier）简称运放（OP-AMP）是一种多端器件，最早出现于 20 世纪 40 年代，如图 3-1(a)所示，它使用真空管，用电子方式来完成加、减、乘、除、微分和积分的数学运算，故称**运算放大器**。它的出现使得可以使用早期的模拟计算机来完成微分方程的求解。

(a) 真空管运算放大器　　　　(b) 集成运放 741

图 3-1　各种运算放大器

现代运放的制造采用了集成电路技术，它包含一小片硅片，在其上制作了许多相连接的晶体管、电阻、二极管等，封装后成为一个对外具有多个端钮的电路器件，如图 3-1(b)所示。现在，运放的应用远远超出早期信号运算这一范围，成为现代电子技术中应用广泛的一种器件。

### 3.1.2　运算放大器符号及电路模型

虽然运放有多种型号，其内部结构也各不相同，但从电路分析的角度出发，感兴趣的仅仅是运放外部特性及其电路模型。图 3-2(a)给出了运放的电路图形符号，这里只表示出 5 个主要的端钮。

运放在正常工作时，需将一个直流正电源和直流负电源与运放的电源端 $E_+$ 和 $E_-$ 相连，以维持运放内部晶体管正常工作，两个电源的公共端构成运放的外部接地端，如图 3-2(b)所示。$u_+$ 和 $u_-$ 两电压所连接的的端子为运放的输入端，符号中的“+”、“−”表示运放的

**同相输入端**和**反相输入端**，即当输入电压加在同相输入端和公共端之间时，输出电压和输入电压两者的实际方向相对于公共端来说相同；反之，当输入电压加在反相输入端和公共端之间时，输出电压和输入电压两者的实际方向相对于公共端来说相反。其意义并不是电压的参考方向，电压参考方向如图 3-2(b)所示。$u_o$所接端子为运放的输出端，电压参考方向参见图 3-2(b)。$A$为运放的**电压放大倍数**（电压增益），$A = u_o / u_d$。此外，运放是一种**单向器件**，它的输出电压$u_o$受差分输入电压$u_d$（$u_d = u_+ - u_-$）的控制，但输入电压却不受输出电压的影响。运放图形中的具有指向性质的三角形符号“▷”正是为了反映这一特点的。

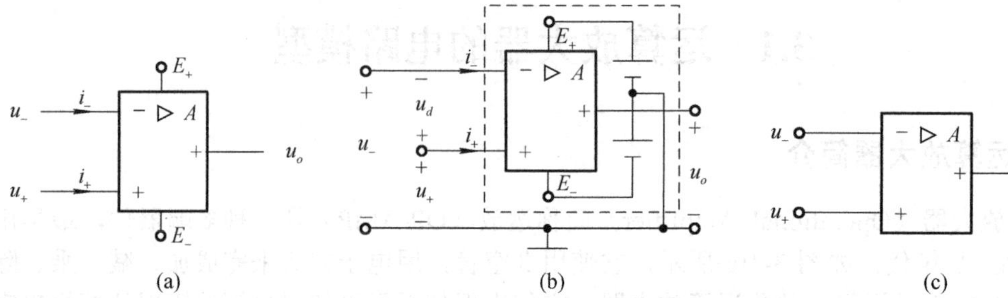


图 3-2　运放的图形符号

有时，为了简化起见，在画运放的电路符号时，可将电源端子省略掉，只画输入输出端子，如图 3-2(c)所示。但在实际电路分析时，必须要正确的接线。

当运放工作在直流和低频信号的条件下，其输出电压$u_o$和差分输入电压$u_d$之间的关系可以用图 3-3 描述。在输入信号很小（$|u_d| < \varepsilon$）的区域内，曲线近似于一条很陡的直线，即$u_o = f(u_d) \approx Au_d$。该直线的斜率与电压增益$A$成正比，其量值可高达$10^5 \sim 10^8$。工作在**线性区**的运放是一个高增益的电压放大器。在输入信号较大（$|u_d| > \varepsilon$）的区域，曲线饱和于$u_o = \pm U_{sat}$，$U_{sat}$称为饱和电压，其量值比电源电压低 2V 左右，例如$E_+ = 15V$、$E_- = -15V$时，则$+U_{sat} = 13V$、$-U_{sat} = -13V$左右。工作于**饱和区**的运放，其输出特性与电源相似。这个关系曲线称为运放的外特性。

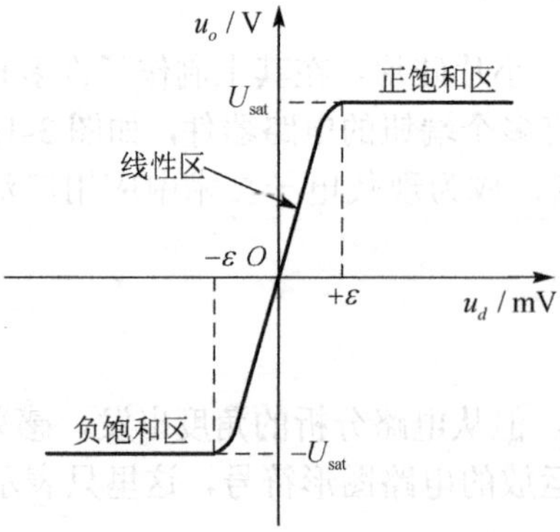


图 3-3　运放的$u_d$-$u_o$特性

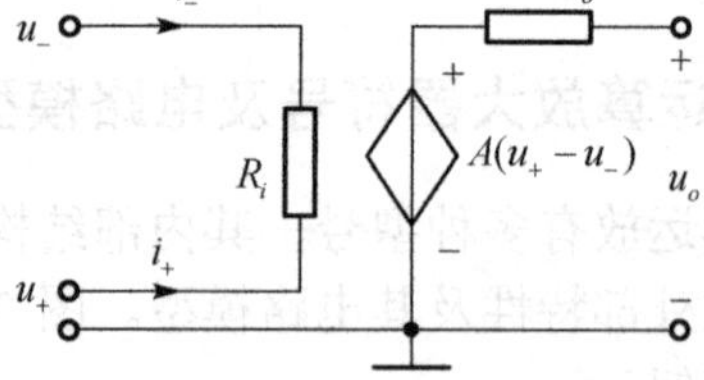


图 3-4　线性区运放的电路模型

若运放工作于线性区，图 3-4 所示即为其电路模型。模型中$R_i$为运放的输入电阻，$R_o$为输出电阻。实际运放的$R_i$都比较高，而$R_o$则较低。它们的具体值根据运放的制造工艺有所不同，但可认为 $R_i \gg R_o$。受控源则表明运放的电压放大作用，其电压为 $A(u_+ - u_-)$。如果把反相输入端与公共端连接在一起，而把输入电压施加在同相端与公共端之间，则受控源的电压为 $Au_+$；如果把同相端与公共端连接在一起，而把输入电压施加在反相输入端与公共端之间，则受控源的电压为 $-Au_-$，负号表明反相的作用。当 $R_o$ 忽略不计时，受控源的电压即为运放的输出电压。

上述工作在线性区的运放，由于放大倍数 $A$ 很大，而 $U_{\text{sat}}$ 一般为正、负十几伏或几伏，这样输入电压就必须很小。运放的这种工作状态称为**"开环运行"**，$A$ 称为开环放大倍数。由于运放的这种开环运行状态极其不稳定，在实际应用中，通常通过一定的方式将输出的一部分接回（反馈）到输入中去，这种工作状态称为**"闭环运行"**。

### 3.1.3 理想运算放大器

根据运放电路模型中的参数特点，作理想化处理，假设 $R_i = \infty$，$R_o = 0$，$A = \infty$，符合这一假设条件的运放称为**理想运放**。对理想运放来说，由于 $A$ 为无限大，且输出电压 $u_o$ 为有限值，于是从式 $u_o = A(u_+ - u_-) = Au_d$ 知，$u_d = u_+ - u_- = 0$，亦即

$$u_+ = u_- \tag{3-1}$$

这是因为 $u_o$ 为有限值，所以差分输入电压 $u_d$ 被强制为零，或者说 $u_+$ 和 $u_-$ 将相等，也就是说，输入端在分析时可以看成是短接的，这就是所谓的**"虚短"**。

同时又由于输入电阻 $R_i$ 为无限大，因此，不论是同相端还是反相端，输入电流为零，这就是所谓的**"虚断"**，以 $i_+$ 和 $i_-$ 分别表示这两个输入端的电流，则

$$i_+ = i_- = 0 \tag{3-2}$$

运放简化为理想运放模型后，其符号和转移特性曲线如图 3-5 所示。用"∞"代替"$A$"以说明是理想运放。

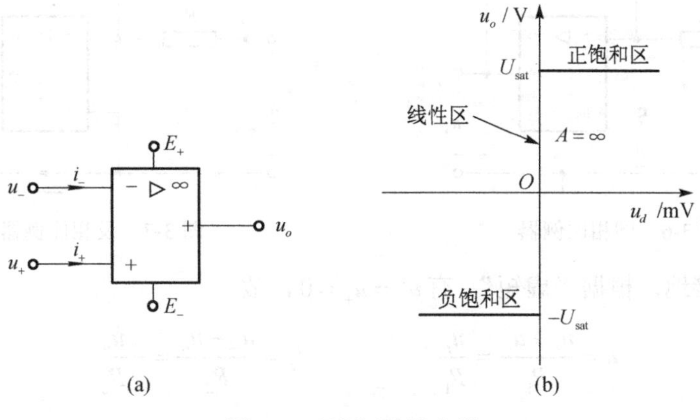


图 3-5 理想运算放大器

实际运放的工作情况比以上介绍的要复杂一些。例如，放大倍数 $A$ 不仅为有限值，而且随着频率的增高而下降。通常，图 3-4 所示运放电路模型在输入电压频率较低时是足够精确的。为了简化分析，一般将假设运放是在理想化条件下工作的，这样在许多场合下不会造成很大的误差。

## 3.2 含有理想运算放大器的电路分析

含有理想运放的电路的分析有一些特点，按 3.1.3 介绍的有关理想运放的性质，可以得到以下两条规则：

（1）同相端和反相端的输入电流均为零，即 $i_+ = i_- = 0$，“虚断”；

（2）同相输入端和反相输入端的电位相等，即 $u_+ = u_-$，“虚短”。

合理地运用这两条规则，并与结点法相结合，对输入端的结点列写 KCL 方程，是分析含理想运算放大器电路的基本方法。下面举例加以说明。

**例 3-1** 图 3-6 所示电路为**同相比例器**，试求输出电压 $u_o$ 与输入电压 $u_i$ 之间的关系。

**解** 根据“虚短”，有 $u_- = u_+ = u_i$，故

$$i_1 = \frac{0-u_-}{R_1} = -\frac{u_i}{R_1} \qquad i_2 = \frac{u_- - u_o}{R_2} = \frac{u_i - u_o}{R_2}$$

根据“虚断”，$i_- = 0$，故 $i_1 = i_2$，即 $-\frac{u_i}{R_1} = \frac{u_i - u_o}{R_2}$，因此

$$u_o = \left(1 + \frac{R_2}{R_1}\right) u_i$$

选择不同的 $R_1$ 和 $R_2$，可以获得不同的 $\frac{u_o}{u_i}$ 值，且比值一定大于 1，同时又是正的，即输出和输入同相。

**例 3-2** 图 3-7 所示电路为**反相比例器**，试求输出电压 $u_o$ 与输入电压 $u_i$ 之间的关系。

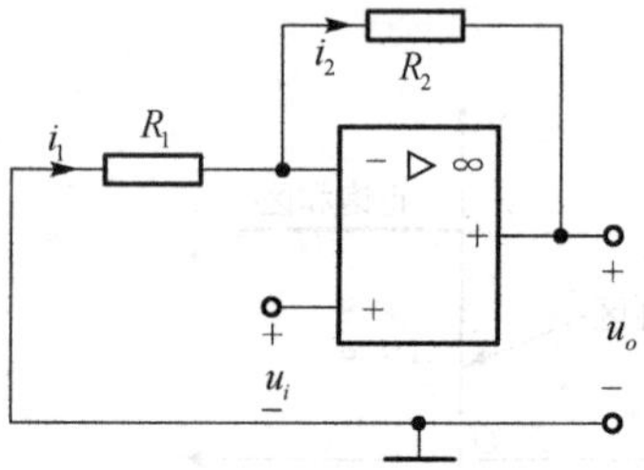

图 3-6　同相比例器

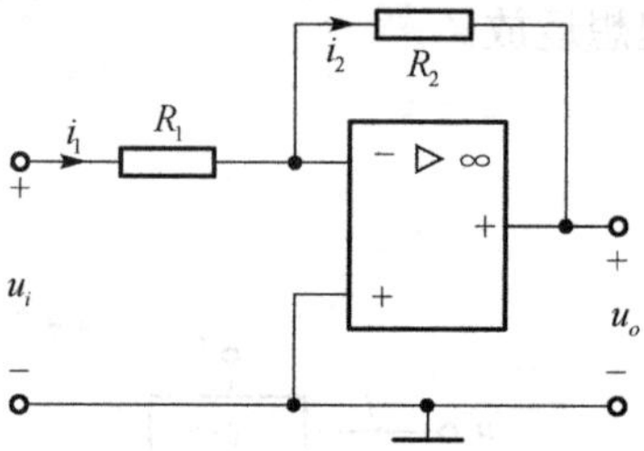

图 3-7　反相比例器

**解** 同相端接地，根据“虚短”，有 $u_- = u_+ = 0$，故

$$i_1 = \frac{u_i - u_-}{R_1} = \frac{u_i}{R_1} \qquad i_2 = \frac{u_- - u_o}{R_2} = -\frac{u_o}{R_2}$$

根据“虚断”，$i_- = 0$，故 $i_1 = i_2$，即 $\frac{u_i}{R_1} = -\frac{u_o}{R_2}$，因此

$$u_o = -\frac{R_2}{R_1} u_i$$

改变电阻 $R_1$、$R_2$ 的大小，可改变输出电压和输入电压的比例系数；负号表明输出和输入是反相关系。

**例 3-3** 图 3-8 所示电路为**电压跟随器**，试求输出电压$u_o$与输入电压$u_i$之间的关系。

**解** 由图知$u_i = u_+$，$u_- = u_o$，又根据“虚短”特性，$u_+ = u_-$，故

$$u_o = u_i$$

输出电压完全跟随输入电压，故称电压跟随器。又由于理想运放的输入电流为零，当它接入两电路之间，可起隔离作用，而不影响信号电压的传递。例如，在图 3-9(a)所示分压器电路中，输出电压$u_o$与输入电压$u_s$的比例关系为

$$u_o = \frac{R_2}{R_1 + R_2} u_s$$

但是，当输出端接上负载$R_L$后，其比例关系将变为

$$u_o = \frac{R_2 // R_L}{R_1 + R_2 // R_L} u_s$$ （符号“//”表示对并联电阻求等效值）

这便是所谓“负载效应”，负载影响了原定关系。如果在负载$R_L$与分压器之间接入一电压跟随器，则由于它的输入电流为零，它的接入并不影响到原分压器的分压关系，$R_L$被隔离，但原定的输出电压仍出现在$R_L$两端，如图 3-9(b)所示。

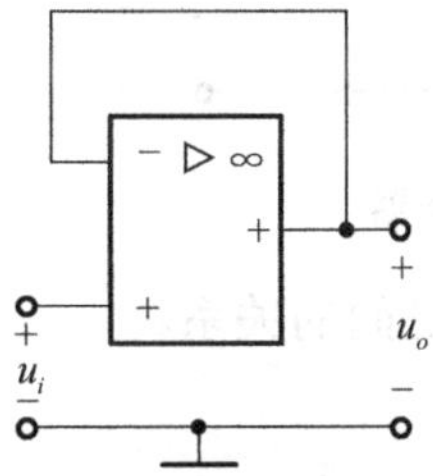


图 3-8 电压跟随器

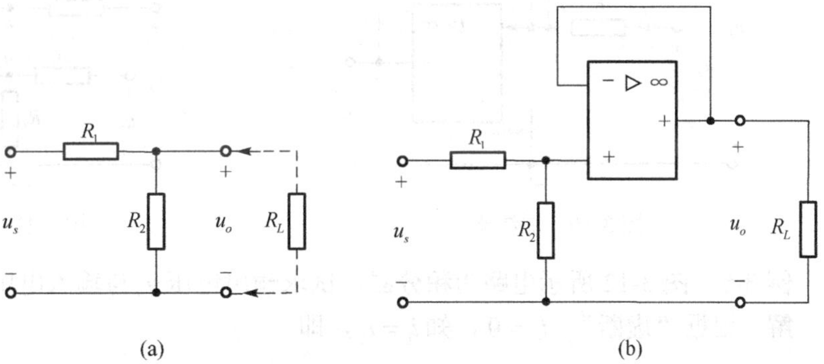


图 3-9 电压跟随器的隔离作用

**例 3-4** 图 3-10 所示电路为**加法器**，试说明其工作原理。

**解** 根据“虚断”，$i_- = 0$，得$i_f = i_1 + i_2 + i_3$，即

$$\frac{u_- - u_o}{R_f} = \frac{u_1 - u_-}{R_1} + \frac{u_2 - u_-}{R_2} + \frac{u_3 - u_-}{R_3}$$

又根据“虚短”，$u_- = u_+ = 0$，所以

$$-\frac{u_o}{R_f} = \frac{u_1}{R_1} + \frac{u_2}{R_2} + \frac{u_3}{R_3}$$

整理得

$$u_o = -R_f\left(\frac{u_1}{R_1} + \frac{u_2}{R_2} + \frac{u_3}{R_3}\right)$$

如令$R_1 = R_2 = R_3 = R_f$，则

$$u_o = -(u_1 + u_2 + u_3)$$

式中负号说明输出电压和输入电压反相，该电路是一反相加法器。

**例 3-5** 图 3-11 所示电路为**减法器**，试说明其工作原理。

**解** 根据“虚断”，$i_+ = i_- = 0$，对两个输入结点有

$$u_- = u_1 + \frac{u_o - u_1}{R_1 + R_2}R_1 = \frac{R_2}{R_1 + R_2}u_1 + \frac{R_1}{R_1 + R_2}u_o \qquad u_+ = \frac{R_2}{R_1 + R_2}u_2$$

又根据“虚短”，$u_- = u_+$，即

$$\frac{R_2}{R_1 + R_2}u_1 + \frac{R_1}{R_1 + R_2}u_o = \frac{R_2}{R_1 + R_2}u_2$$

整理得

$$u_o = \frac{R_2}{R_1}(u_2 - u_1)$$

显然，两输入信号实现了减法运算。

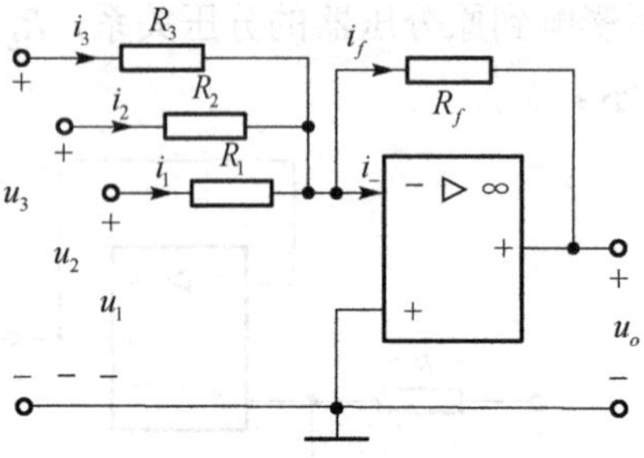

图 3-10 加法器

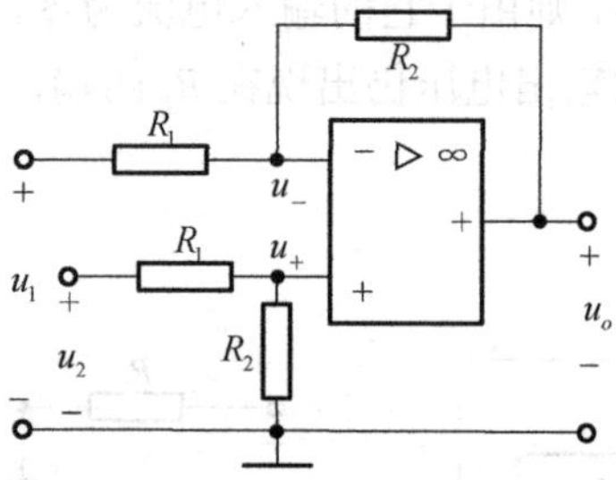

图 3-11 减法器

**例 3-6** 图 3-12 所示电路为**积分器**，试求输出电压 $u_o$ 与输入电压 $u_i$ 之间的关系。

**解** 根据“虚断”，$i_- = 0$，知 $i_1 = i_2$，即

$$\frac{u_i - u_-}{R_1} = C_1\frac{\mathrm{d}(u_- - u_o)}{\mathrm{d}t}$$

又根据“虚短”，知 $u_- = u_+ = 0$，故

$$\frac{u_i}{R_1} = C_1\frac{\mathrm{d}(-u_o)}{\mathrm{d}t} = -C_1\frac{\mathrm{d}(u_o)}{\mathrm{d}t}$$

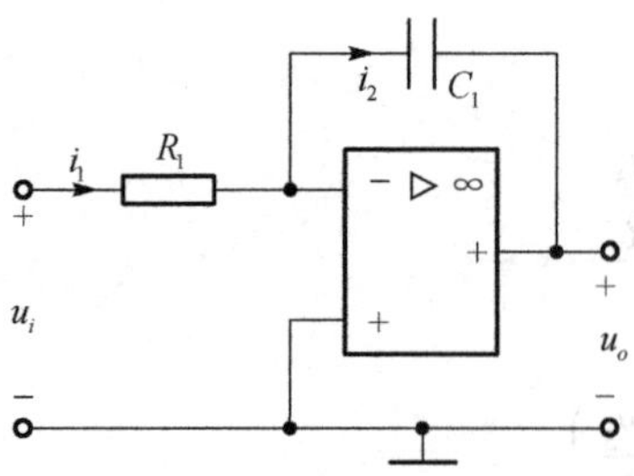

图 3-12 积分器

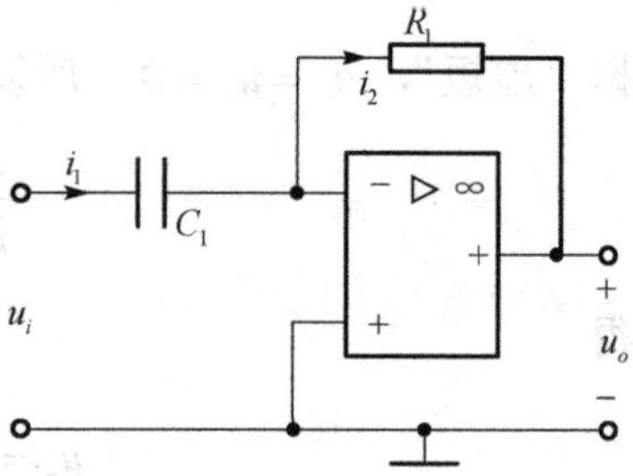

图 3-13 微分器

两边进行积分得

$$u_o(t)=-\frac{1}{R_1C_1}\int_{-\infty}^{t}u_i\mathrm{d}\tau=u_o(0)-\frac{1}{R_1C_1}\int_{0}^{t}u_i\mathrm{d}\tau$$

通常积分器通过$C_2$放电已开始复位，在此情况下，$u_o(0)=0$，因而有

$$u_o(t)=-\frac{1}{R_1C_1}\int_{0}^{t}u_i\mathrm{d}\tau$$

于是，输出正比于输入的积分。因此，这个电路称为积分器。

将图 3-12 电路中的$R_1$和$C_1$交换位置，得到电路图 3-13，利用理想运算放大器的特性可推导出

$$u_o=-R_1C_1\frac{\mathrm{d}u_i}{\mathrm{d}t}$$

输出正比于输入的微分，因此该电路称为**微分器**。

**例 3-7** 设计运算放大器电路，要求输出为$u_o=u_{i1}+u_{i2}$。这里的$u_{i1}$和$u_{i2}$是电压输入，$u_{i1}=10\text{V}$，$u_{i2}=5\text{V}$，且所有电阻都等于$R$。每个电阻消耗的功率应不超过 1W。

**解** 尽管运放的功能很多，但在许多应用中，只使用一个运放并不够。在这种情况下，通常可以把单独的几个运放**级联**起来以满足应用的要求。根据图 3-10 知加法器含有反相符号，因此只要在其后级联一反相比例器，即可实$u_o=u_{i1}+u_{i2}$，如图 3-14 所示。其中$u_{o1}=-(u_{i1}+u_{i2})$。

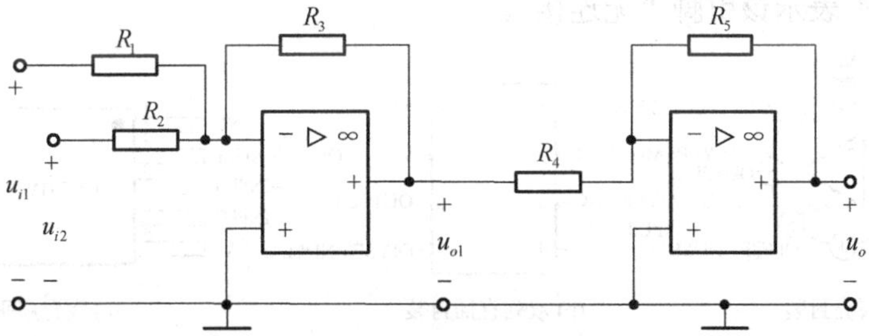


图 3-14 例 3-7 图

当$u_{i1}=10\text{V}$，$u_{i2}=5\text{V}$时，$u_{o1}=-(u_{i1}+u_{i2})=-15\text{V}$，$u_o=u_{i1}+u_{i2}=15\text{V}$。每个电阻上消耗的功率为

$$p_1=\frac{u_{i1}^2}{R_1}=\frac{100}{R},\quad p_2=\frac{u_{i2}^2}{R_2}=\frac{25}{R},\quad p_3=p_4=\frac{u_{o1}^2}{R_3}=\frac{225}{R},\quad p_5=\frac{u_o^2}{R_5}=\frac{225}{R}$$

消耗的最高功率为$\frac{225}{R}$，如果$R=1\text{k}\Omega$，每一个电阻消耗功率将小于 1W。

## 3.3 实际运放应用时的考虑

3.2 节的分析都是基于理想运算放大器的分析，实际运放在应用时，需要注意几个问题。

（1）饱和

在设计运放电路时，电源电压的选取是个重要的考虑因素，因为它限定了运放最大可能的输出电压。比如考虑一个具有闭环增益为 10 的同相运算放大电路，以±5V 电源供电，实

际测试输入-输出特性曲线知，该电路的最大输出电压为 4V 多一些，如果 $u_{in}=1V$，根本输出不了 $u_{out}=10u_{in}=10V$。这一重要的非线性现象，称为**饱和**。该现象说明实际运放的输出不能超过其电源电压大小，运放的输出为限制在正负饱和电压范围内的线性响应。作为一般原则，在设计运放电路时总是避免进入饱和区，这就需要根据闭环增益和最大输入电压来仔细选取运放的工作电压。

（2）输入失调电压

实际使用运放时，即使是在两个输入端短接时，实际的运放也可能具有非零输出。这时的输出值称为**失调电压**，使输出恢复为零所需的输入电压称为**输入失调电压**。输入失调电压的典型值为几个毫伏或者更小。

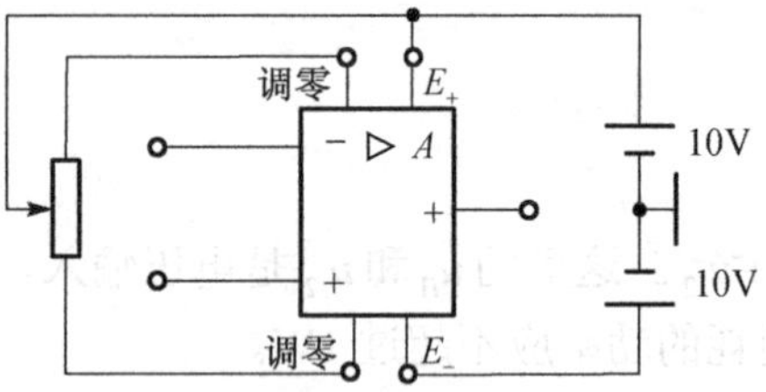

图 3-15　一种失调电压校准电路

大多数运放都提供了两个引脚，标为“调零（offset null）”，或者“平衡（balance）”，可以把它们接到一个可变电阻器上来调整输出电压。如图 3-15 给出了一种用于校正运放输出电压的电路。

（3）封装

现代运放有各种不同的封装，根据应用环境的不同采用不同的封装形式，有些类型的封装更适合于高温环境。因为封装形式不同，所以在印刷电路板安装集成电路的方式也有好几种。图 3-16 给出了美国国家半导体公司（National Semiconductor）制造的 LM741 的几种不同封装形式。引脚旁边标注“NC”表示该引脚“无连接”。

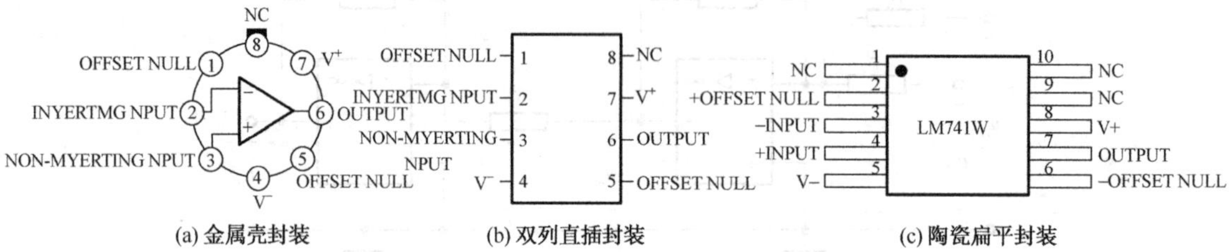

图 3-16　运放 LM741 的几种不同封装形式

# 习　题　3

3-1　题 3-1 图所示为含理想运算放大器电路，求 $u_L$。

3-2　已知含理想运算放大器电路如题 3-2 图所示，其中 $i_s=2A$，$R=4\Omega$，求输出电压 $u_o$。

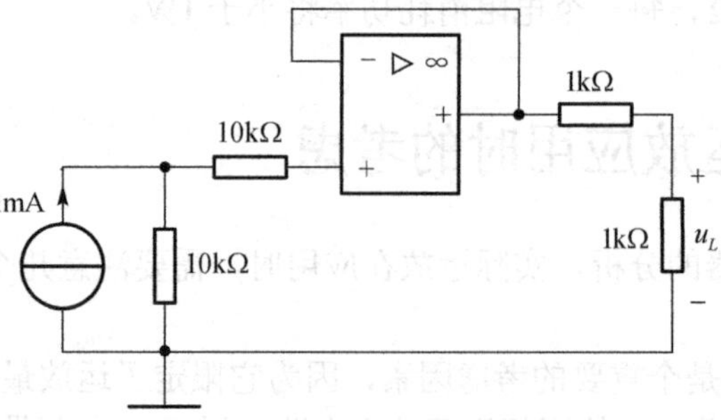

题 3-1 图

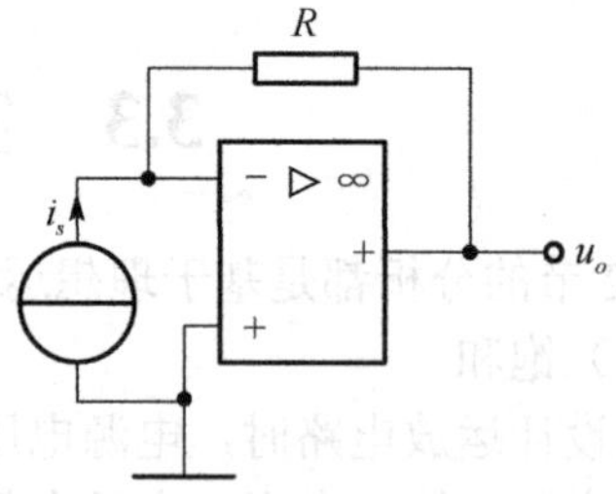

题 3-2 图

3-3　设题 3-3 图所示电路的输出 $u_o$ 为 $u_o=-3u_1-0.2u_2$，已知 $R_3=10\text{k}\Omega$，求 $R_1$ 和 $R_2$。

3-4　求题 3-4 图所示电路的输出电压与输入电压之比 $\dfrac{u_2}{u_1}$。

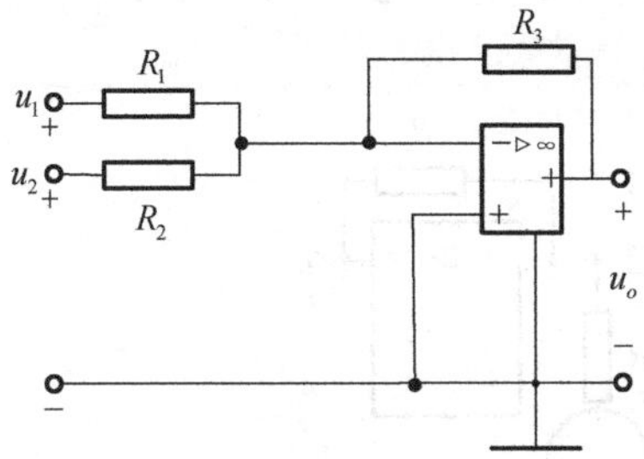


题 3-3 图

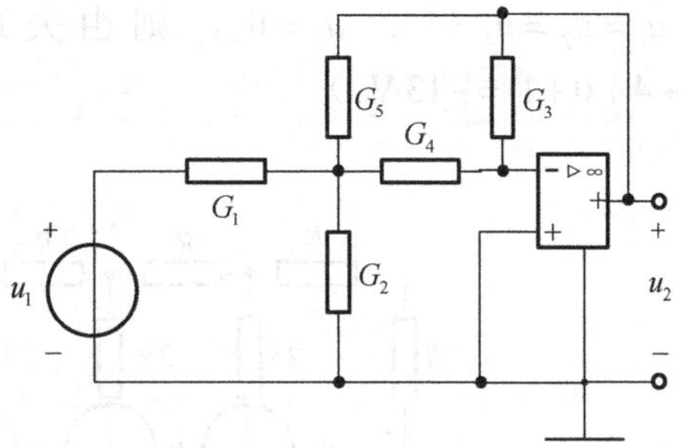


题 3-4 图

3-5　求题 3-5 图所示电路的电压比值 $\dfrac{u_0}{u_1}$。

3-6　求题 3-6 图所示电路的电压比值 $\dfrac{u_o}{u_s}$。

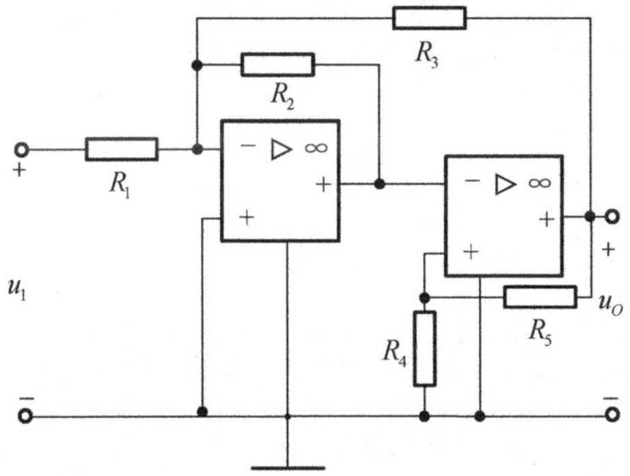


题 3-5 图

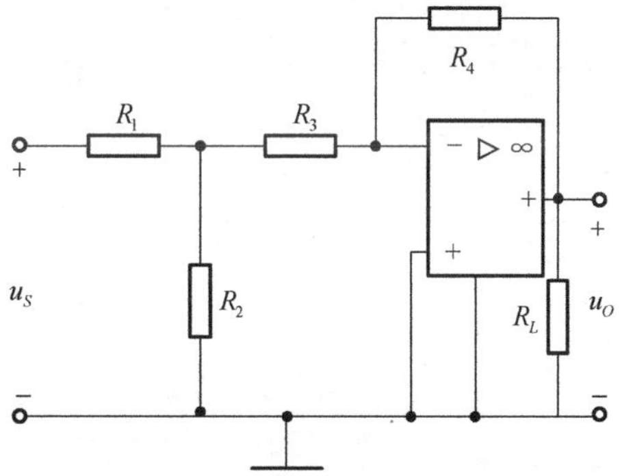


题 3-6 图

3-7　试证明题 3-7 图所示电路若满足 $R_1R_4=R_2R_3$，则电流 $i_L$ 仅决定于 $u_1$ 而与负载电阻 $R_L$ 无关。

3-8　求题 3-8 图所示电路的 $u_o$ 与 $u_{s1}$，$u_{s2}$ 之间的关系。

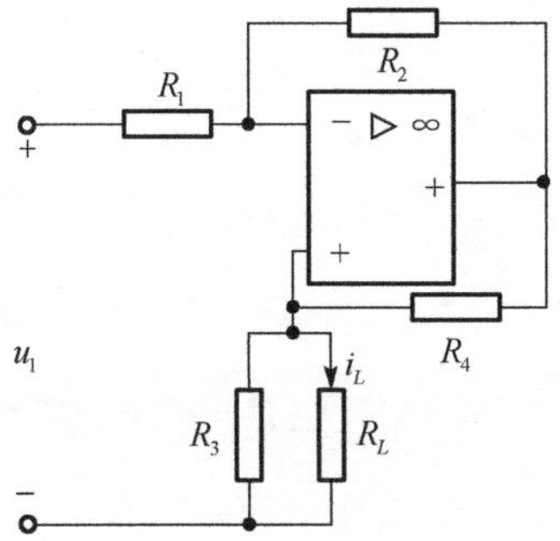


题 3-7 图

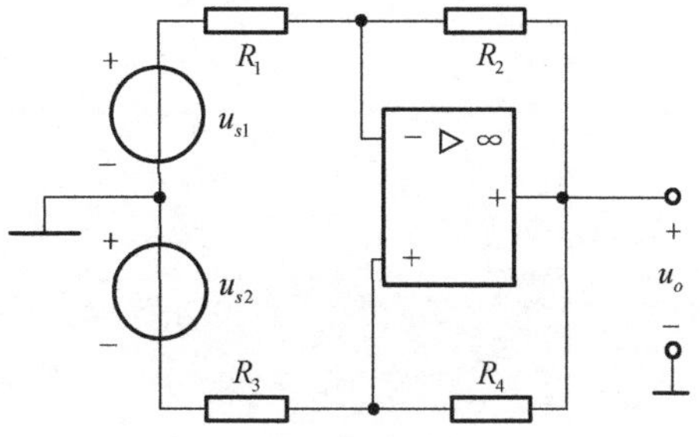


题 3-8 图

3-9 电路如题3-9图所示，设 $R_f = 16R$，验证该电路的输出 $u_o$ 与输入 $u_1 \sim u_4$ 之间的关系为 $u_o = -(8u_1 + 4u_2 + 2u_3 + u_4)$。（注：该电路为4位数字-模拟转换器，常用在信息处理、自动控制领域。该电路可将一个4位二进制数字信号转换成模拟信号。例如当数字信号为1101时，令 $u_1 = u_2 = u_4 = 1$，$u_3 = 0$，则由关系式 $u_o = -(8u_1 + 4u_2 + 2u_3 + u_4)$ 得模拟信号 $u_o = -(8+4+0+1) = -13\,\text{V}$。）

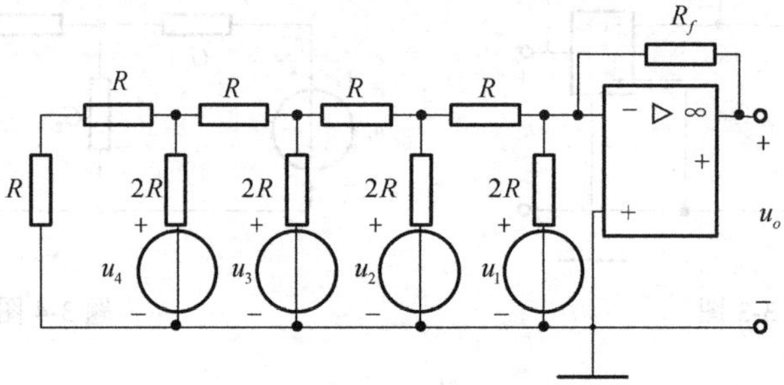


题3-9图

# 第 4 章　动态电路时域分析

在第 1 章 1.3 节电路分析基本元件中，曾经对电感和电容元件进行了介绍，这两种元件统称为储能元件，其电压电流关系都涉及对电流、电压的微分或积分，因而又称为**动态元件**（dynamic element）。电路模型中出现动态元件的原因，一方面是为了能够实现某种功能的需要（如滤波），在实际电路中有意接入了电容器、电感器等器件；另一方面，当电路中信号变化很快时，一些实际器件已不能用电阻模型来表示，如在高频信号电路中，一个电阻器不能只用电阻元件来表示，而必须考虑到磁场变化及电场变化的影响，在模型中应该增加电感、电容动态元件。

至少包含一个动态元件的电路称为**动态电路**。不论是电阻电路还是动态电路，电路中的各支路电流和电压都分别受 KCL 和 KVL 的约束，只是在动态电路中，动态元件的电压、电流关系，需用微分或积分形式来表示。因此，线性、时不变动态电路要用线性、常系数微分方程来描述。用一阶微分方程来描述的电路称为**一阶电路**（first order circuit），用二阶微分方程来描述的电路称为**二阶电路**（second order circuit），本章重点研究一阶电路。并且因为求解常微分方程后，得到电路所求变量（电压或电流）是时间 $t$ 的函数，所以称为**时域分析**（time domain analysis）。在后续的课程中，还会研究动态电路的其他域分析，如**频域分析**。

## 4.1　动态电路的暂态过程及初始值

### 4.1.1　暂态过程

第 1 章介绍了电容元件和电感元件，这两种元件的电压和电流的约束关系是通过导数（或积分）表达的，所以称为**动态元件**，又称为**储能元件**。含有动态元件的电路称为**动态电路**。当电路中含有电容元件和电感元件时，根据 KCL 和 KVL 以及元件的 VCR 建立的电路方程是以电流和电压为变量的微分方程，微分方程的阶数取决于动态元件的个数和电路的结构。

在一般情况下，当电路中仅有一个动态元件，动态元件以外的线性电阻电路可用戴维南定理或诺顿定理置换为电压源和电阻的串联组合，或电流源和电导的并联组合，对于这样的电路，所建立的电路方程将是一阶线性常微分方程，相应的电路称为**一阶电路**。当电路中含有两个或 $n$ 个动态元件时，建立的方程为二阶微分方程或 $n$ 阶微分方程，相应的电路为**二阶电路**或 $n$ 阶电路。

如果电路中的电流和电压在一定时间内要么恒定，要么随时间按周期规律变化，电路的这种状态称为稳定状态，简称**稳态**。动态电路的一个特征是当电路的结构或元件的参数发生变化时（例如电路中电源或无源元件的断开或接入，信号的突然注入等），可能使电路改变原来的工作状态（称为**旧稳态**），转变到另一个工作状态（称为**新稳态**），这种转变往往需要经历一个过程，在工程上称为**过渡过程**，也称**暂态过程**（transient state）。电容器的充电与放电，电感线圈的磁化与去磁，便是常见的电路暂态过程的简单例子。在暂态过程中，有时会出现短时间的强电流或高电压等现象。

上述电路结构或参数变化引起的电路变化统称为“**换路**”，并认为换路是在 $t=0$ 时刻进行的。为了叙述方便，把换路前的最终时刻记为 $t=0_-$，把换路后的最初时刻记为 $t=0_+$，换路经历的时间为 $0_-$ 到 $0_+$。如果换路是在 $t=t_0$ 时刻进行，则 $t=t_{0-}$ 表示换路前的最终时刻，$t=t_{0+}$ 表示换路后的最初时刻。

显然，换路是暂态过程产生的条件。暂态过程产生的原因是因为动态电路换路后，电容元件和电感元件上的能量也要发生变化。这些元件中能量的吸收或释放实际上都不可能瞬间完成，须经历一定时间的连续变化过程，即暂态过程。

分析动态电路的暂态过程的方法之一是：根据 KCL、KVL 和支路 VCR 建立描述电路的方程，这类方程是以时间为自变量的线性常微分方程，然后求解常微分方程，从而得到电路所求变量（电压或电流）。此方法称为**经典法**，由于是以时间 $t$ 为主变量，各处电流、电压都是 $t$ 的函数，所以称为**时域分析**（time domain analysis）。全面分析暂态过程不仅能深入地理解电路中的物理概念，而且具有重要的实际意义。

### 4.1.2 初始值

用经典法求解常微分方程时，必须根据电路的初始条件确定解答中的积分常数。设描述电路动态过程的微分方程为 $n$ 阶，所谓初始条件就是指电路中所求变量（电压或电流）及其 1 阶至（$n$–1）阶导数在 $t=0_+$（或 $t=t_{0+}$）时的值，也称**初始值**。电容电压 $u_C(0_+)$ 和电感电流 $i_L(0_+)$ 称为独立的初始条件，其余的称为非独立的初始条件。

对于线性电容，在任意时刻 $t$ 时，它的电荷、电压与电流的关系为：

$$q(t)=q(t_0)+\int_{t_0}^{t} i_C(\xi)\mathrm{d}\xi$$

$$u_C(t)=u_C(t_0)+\frac{1}{C}\int_{t_0}^{t} i_C(\xi)\mathrm{d}\xi$$

式中 $q$、$u_C$ 和 $i_C$ 分别为电容的电荷、电压和电流。令 $t_0=0_-$，$t=0_+$，则得

$$q(0_+)=q(0_-)+\int_{0_-}^{0_+} i_C\mathrm{d}t$$

$$u_C(0_+)=u_C(0_-)+\frac{1}{C}\int_{0_-}^{0_+} i_C\mathrm{d}t$$

如果在换路前后，即 $0_-$ 到 $0_+$ 的瞬间，电流 $i_C(t)$ 为有限值，则上式中右方的积分项将为零，此时电容上的电荷和电压就不发生跃变，即

$$q(0_+)=q(0_-) \tag{4-1a}$$

$$u_C(0_+)=u_C(0_-) \tag{4-1b}$$

如果换路是发生在 $t_0$ 时刻，同理可得

$$q(t_{0+})=q(t_{0-}) \qquad u_C(t_{0+})=u_C(t_{0-})$$

对于一个在 $t=0_-$ 储存电荷为 $q(0_-)$、电压为 $u_C(0_-)=U_0$ 的电容，在换路瞬间不发生跃变的情况下，有 $u_C(0_+)=u_C(0_-)=U_0$，可见在换路的瞬间，电容可视为一个电压值为 $U_0$ 的电压源。同理，对于一个在 $t_0=0_-$ 不带电荷的电容，在换路瞬间不发生跃变的情况下，有 $u_C(0_+)=u_C(0_-)=0$，在换路瞬间电容相当于短路。

线性电感的磁通链、电流与电压的关系为

$$\psi_L(t)=\psi_L(t_0)+\int_{t_0}^{t}u_L(\xi)\,\mathrm{d}\xi$$

$$i_L(t)=i_L(t_0)+\frac{1}{L}\int_{t_0}^{t}u_L(\xi)\,\mathrm{d}\xi$$

令 $t_0=0_-$， $t=0_+$ 有

$$\psi_L(0_+)=\psi_L(0_-)+\int_{0_-}^{0_+}u_L\mathrm{d}t$$

$$i_L(0_+)=i_L(0_-)+\frac{1}{L}\int_{0_-}^{0_+}u_L\mathrm{d}t$$

如果从 $0_-$ 到 $0_+$ 的瞬间，电压 $u_L(t)$ 为有限值，上式中右方的积分项将为零，此时电感中的磁通链和电流不发生跃变，即

$$\psi_L(0_+)=\psi_L(0_-) \tag{4-2a}$$

$$i_L(0_+)=i_L(0_-) \tag{4-2b}$$

如果换路是发生在 $t_0$ 时刻，同理可得

$$\psi_L(t_{0+})=\psi_L(t_{0-})\qquad i_L(t_{0+})=i_L(t_{0-})$$

对于 $t=0_-$ 时电流为 $I_0$ 的电感，在换路瞬间不发生跃变的情况下，有 $i_L(0_+)=i_L(0_-)=I_0$，此电感在换路瞬间可视为一个电流值为 $I_0$ 的电流源。同理，对于 $t=0_-$ 时电流为零的电感，在换路瞬间不发生跃变的情况下有 $i_L(0_+)=i_L(0_-)=0$，此电感在换路瞬间相当于开路。

式（4-1a）、式（4-1b）和式（4-2a）、式（4-2b）分别说明在换路前后电容电流和电感电压为有限值的条件下，换路前后瞬间电容电压和电感电流不能跃变。上述关系又称为**换路定则**。表 4-1 对换路定则及换路时的等效电路进行了总结。

**表 4-1　换路定则**

| 元件 | 数学表达式 | 等效电路（$t=0$） | |
|---|---|---|---|
| | | $t=0_-$ | $t=0_+$ |
| 电容 C | $u_C(0_+)=u_C(0_-)\quad q(0_+)=q(0_-)$ | 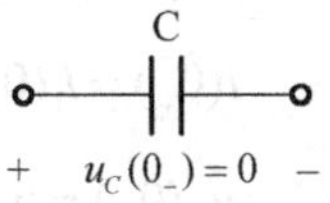 |  |
| | | 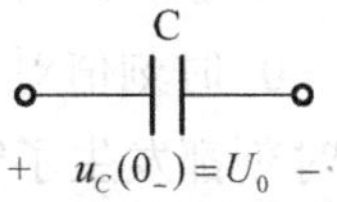 | 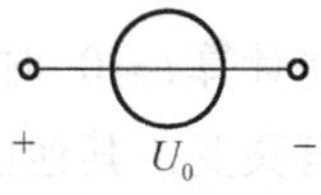 |
| 电感 L | $i_L(0_+)=i_L(0_-)\quad \psi_L(0_+)=\psi_L(0_-)$ | 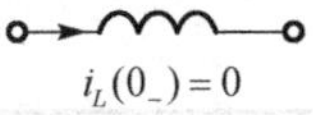 |  |
| | | 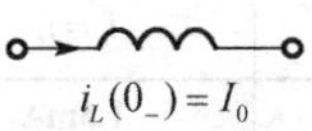 | 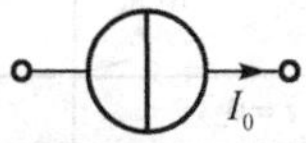 |

一个动态电路的独立初始条件电容电压 $u_C(0_+)$ 和电感电流 $i_L(0_+)$，显然通过换路定则就可求得。对于电路中其他电流、电压。例如电容电流、电感电压及电阻上电流和电压，它们

在换路后的初始值可通过电容电压和电感电流的初始值，画出$0^{+}$时刻的等效电路（也称为**初始值等效电路**），并根据基尔霍夫定律列方程求解。这些电流和电压不一定连续变化，即有可能发生突变。

**例 4-1** 电路如图 4-1(a)所示，开关 S 在 1 端停留已久，$t=0$时合向 2 端，求$i$、$i_1$、$i_2$、$u_C$、$u_L$的初始值。

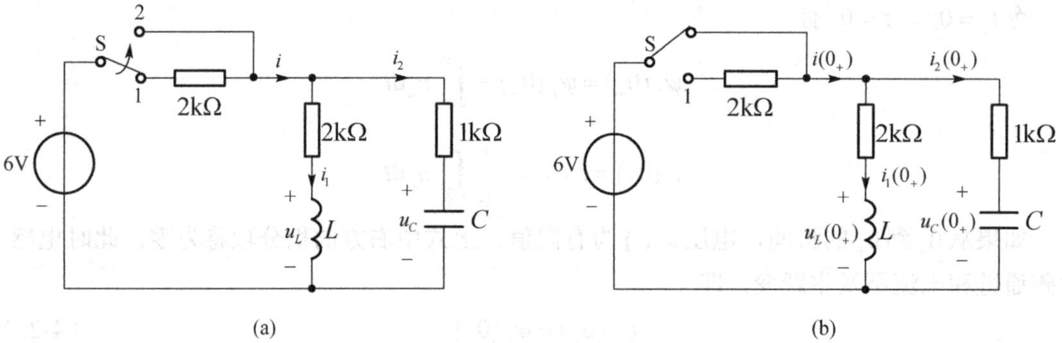


图 4-1 例 4-1 图

**解** 开关合在 1 端时，电路处在直流稳态，电容相当于开路，电感相当于短路。于是

$$i_1(0_-)=\frac{6}{(2+2)\text{k}\Omega}=1.5\text{mA}$$

$$u_C(0_-)=\frac{2}{2+2}\times 6=3\text{V}$$

由换路定则知

$$i_1(0_+)=i_1(0_-)=1.5\text{mA}$$

$$u_C(0_+)=u_C(0_-)=3\text{V}$$

根据上述结果，$t=0_+$时刻的等效电路如图 4-1(b)所示。求得

$$i_2(0_+)=\frac{6-u_C(0_+)}{1\text{k}\Omega}=3\text{ mA}$$

$$i(0_+)=i_1(0_+)+i_2(0_+)=4.5\text{ mA}$$

$$u_L(0_+)=6-i_1(0_+)\times 2\text{k}\Omega=3\text{ V}$$

将计算$t=0_+$时刻值和$t=0_-$时刻值对比，并列于表 4-2 中，显然只有电感电流和电容电压没有突变，其他值在换路时刻都发生了突变。

**表 4-2**

| 电量 / 时间 | $i$ | $i_1=i_L$ | $i_2$ | $u_C$ | $u_L$ |
|---|---|---|---|---|---|
| $t=0_-$ | 1.5mA | 1.5mA | 0 | 3V | 0 |
| $t=0_+$ | 4.5mA | 1.5mA | 3mA | 3V | 3V |

由例 4-1 可以看出，确定初始条件的步骤为：

（1）根据换路前的电路，确定$u_C(0_-)$和电感电流$i_L(0_-)$；

（2）依据换路定则确定 $u_C(0_+)$、$i_L(0_+)$；

（3）根据已求得的 $u_C(0_+)$、$i_L(0_+)$，画出 $t=0_+$ 时刻的等效电路，根据电路相应的定律确定其他非独立初始值。

## 4.2 一阶电路的零输入响应

动态电路中无外施激励电源，仅由动态元件初始储能所产生的响应，称为动态电路的零输入响应（zero-input response）。

### 1. RC 电路的零输入响应

在图 4-2(a)所示 RC 电路中，开关原与 a 点接触，电容上的电压为 $u_C(t)=U_0(t<0)$。$t=0$ 时开关由 a 点突然接到 b 点。$t>0$ 时构成图 4-2(b)所示的 RC 零输入响应电路,电容储存的能量将通过电阻以热能形式释放出来。根据 KVL 可得

$$u_R - u_C = 0$$

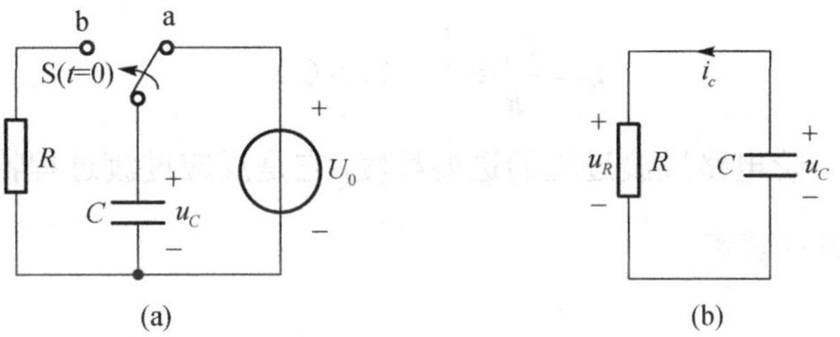


图 4-2　RC 零输入响应电路

将 $u_R = Ri_C$，$i_C = -C\dfrac{du_C}{dt}$ 代入上述方程，有

$$RC\frac{du_C}{dt} + u_C = 0$$

这是一阶齐次微分方程，初始条件 $u_C(0_+)=u_C(0_-)=U_0$，令此方程的通解 $u_C = Ae^{pt}$，代入上式后有

$$(RCp+1)Ae^{pt} = 0$$

相应的特征方程为

$$RCp+1=0$$

特征根为

$$p = -\frac{1}{RC}$$

根据 $u_C(0_+)=u_C(0_-)=U_0$，以此代入 $u_C = Ae^{pt}$，则可求得积分常数 $A=u_C(0_+)=U_0$。

这样，求得满足初始值的微分方程的解为

$$u_C = u_C(0_+)e^{-\frac{1}{RC}t} = U_0 e^{-\frac{1}{RC}t} \qquad (t>0)$$

上式就是放电过程中电容电压 $u_C$ 的表达式。

电阻上的电压

$$u_R = u_C = U_0 \mathrm{e}^{-\frac{1}{RC}t} \qquad (t>0)$$

由电阻或电容中电流与电压关系得电路中的电流 $i_C$ 为

$$i_C = \frac{u_C}{R} = -C\frac{\mathrm{d}u_C}{\mathrm{d}t} = \frac{U_0}{R}\mathrm{e}^{-\frac{t}{RC}} \qquad (t>0)$$

从以上表达式可以看出，零输入响应电压 $u_C$、$u_R$ 及电流 $i_C$ 与初始值成线性关系。当初始值加倍时，响应也加倍。电压 $u_C$、$u_R$ 及电流 $i_C$ 都是按照同样的指数规律衰减的，它们衰减的快慢取决于指数中 $\frac{1}{RC}$ 的大小。由于 $p=-\frac{1}{RC}$，这是电路特征方程的特征根，仅取决于电路的结构和元件的参数。当电阻的单位为 Ω，电容的单位为 F，乘积 $RC$ 的单位为 s，它称为 $RC$ 电路的**时间常数**，用 $\tau$ 表示。引入 $\tau$ 后，电容电压 $u_C$ 和电流 $i_C$ 可以分别表示为

$$u_C = U_0\mathrm{e}^{-\frac{t}{\tau}} \qquad (t>0) \tag{4-3}$$

$$i_C = \frac{U_0}{R}\mathrm{e}^{-\frac{t}{\tau}} \qquad (t>0) \tag{4-4}$$

$\tau$ 的大小反应了一阶电路过渡过程的进展程度，它是反应过渡过程特征的一个重要的量。根据 $u_C = U_0\mathrm{e}^{-\frac{t}{\tau}}$，可以计算得

$$u_C(t_0+\tau) = U_0\mathrm{e}^{-\frac{t_0+\tau}{\tau}} = U_0\mathrm{e}^{-1}\mathrm{e}^{-\frac{t_0}{\tau}} = \mathrm{e}^{-1}u_C(t_0) \approx 0.368u_C(t_0)$$

上式表明，从任意时刻 $t_0$ 开始，经过一个时间常数 $\tau$，电压大约下降到 $t_0$ 时刻的 36.8%。表 4-3 列出了不同时刻的 $u_C$ 值。

**表 4-3　RC 放电电路不同时刻的 $u_C$ 值**

| $t$ | 0 | $\tau$ | $2\tau$ | $3\tau$ | $4\tau$ | $5\tau$ | … | ∞ |
|---|---|---|---|---|---|---|---|---|
| $u_C(t)$ | $U_0$ | $0.368U_0$ | $0.135U_0$ | $0.05U_0$ | $0.018U_0$ | $0.007U_0$ | … | 0 |

由表 4-3 可见，在理论上要经过无限长的时间 $u_C$ 才能衰减为零值。但工程上一般认为换路后，经过 $3\tau \sim 5\tau$ 时间过渡过程即告结束。

图 4-3(a)、(b)分别画出了 $u_C$ 及 $i_C$ 变化规律曲线。由图可见，$t$ 从 $0_-$ 到 $0_+$，$u_C$ 是连续的，而 $i_C$ 则由零突变到 $U_0/R$。如果 $R$ 很小，则在放电开始的一瞬间，将会产生很大的放电电流。$t>0$ 以后，$u_C$ 和 $i_C$ 按相同的指数规律衰减至零，放电结束。还可从物理概念解释 $u_C$ 及 $i_C$ 的变化规律。在放电过程中，电容上的电荷 $q(t)$ 越来越少，而 $u_C = q/C$，$i_C = u_C/R$，所以 $u_C$ 及 $i_C$ 都是单调下降的。另外，由于 $i_C$ 的单调下降，使得放电速率变得越来越慢（$i_C = -\mathrm{d}q/\mathrm{d}t = -C\mathrm{d}u_C/\mathrm{d}t$），即 $u_C$ 及 $i_C$ 变化曲线呈半上凹形。

此外，由 $u_C$ 及 $i_C$ 的表达式知，时间常数 $\tau$ 越大，衰减越慢，暂态过程实际延续的时间就越长。由 $\tau = RC$ 可见，若在 $R$ 为定值时，$C$ 越大，$\tau$ 越大。因为在同样电压下，$C$ 越大，表明电容储存的电荷或能量越多（$q = Cu_C, W_C = Cu_C^2/2$），放电时间越长。若在 $C$ 为定值时，

$R$ 越大，$\tau$ 也越大。这是因为在同样电压下，$R$ 越大，表明放电电流或功率越小（$i_C = u_C / R, p = u_C^2 / R$）,因此放电时间也就越长。图 4-4 画出了在同一初始电压下，不同时间常数 $\tau$ 所对应的 $u_C$ 变化曲线，其中 $\tau_1 > \tau_2 > \tau_3$。

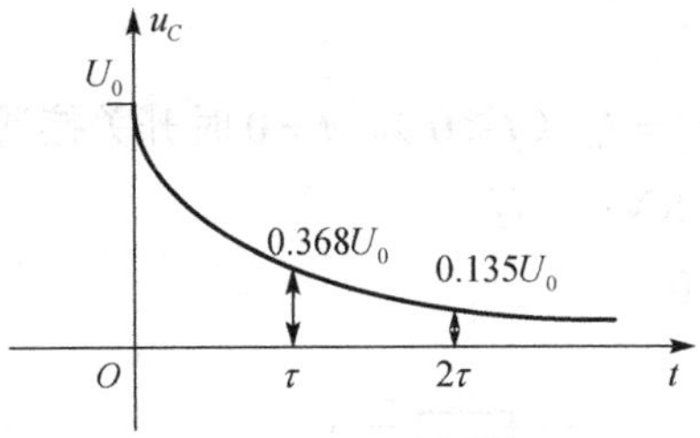


(a) $u_C$曲线

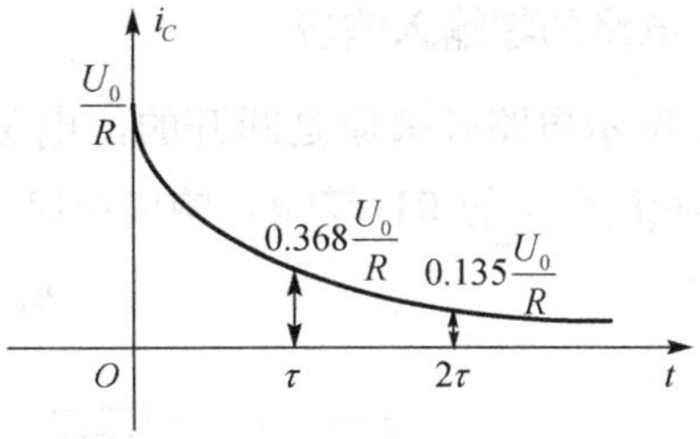


(b) $i_C$曲线

图 4-3　电容放电时电压、电流变化曲线

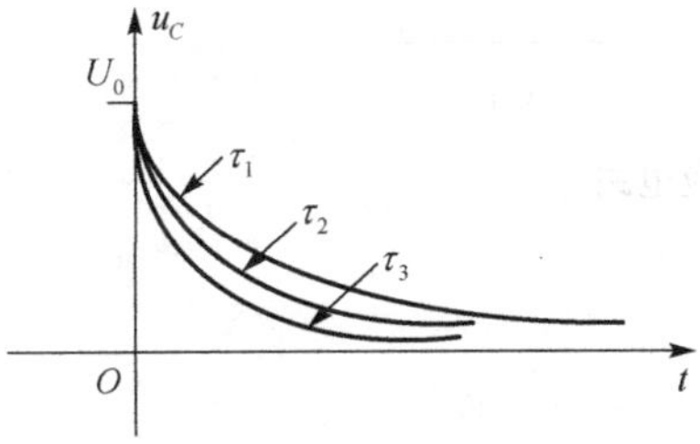


图 4-4　不同时间常数 $\tau$ 对应的 $u_C$ 变化曲线

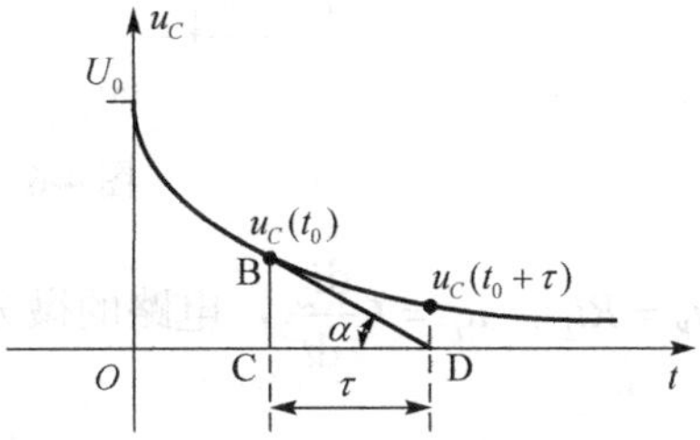


图 4-5　时间常数 $\tau$ 的几何意义

时间常数 $\tau$ 还可从几何意义来理解。在图 4-5 中过曲线上任一点 B 做切线 BD,则 CD 长为

$$\mathrm{CD} = \frac{\mathrm{BC}}{\mathrm{tg}\alpha} = \frac{u_C(t_0)}{-\left.\frac{\mathrm{d}u_C}{\mathrm{d}t}\right|_{t=t_0}} = \frac{U_0 \mathrm{e}^{-\frac{t_0}{\tau}}}{\frac{1}{\tau} U_0 \mathrm{e}^{-\frac{t_0}{\tau}}} = \tau$$

因此可以这样假想，不论在任何时刻，如果从此之后零输入响应就按该瞬间曲线上对应点的斜率一直衰减下去，则经过一个时间常数 $\tau$，$u_C$ 刚好衰减为零。

下面再分析放电过程中电荷及能量的变化规律。在整个放电过程中电路中通过的电荷量为

$$\int_{0_+}^{\infty} i_C(t)\mathrm{d}t = \int_{0_+}^{\infty} \frac{U_0}{R} \mathrm{e}^{-\frac{t}{RC}} \mathrm{d}t = CU_0$$

可见刚好等于放电开始时电容上储存的电荷，即

$$q(0_+) = Cu_C(0_+) = CU_0$$

这正符合电荷守恒定律。

整个过程中电阻所消耗的能量为

$$\int_{0_+}^{\infty} p_R(t)\mathrm{d}t = \int_{0_+}^{\infty} i_C^2(t) R\mathrm{d}t = \int_{0_+}^{\infty} \left(\frac{U_0}{R} \mathrm{e}^{-\frac{t}{RC}}\right)^2 R\mathrm{d}t = \frac{1}{2} CU_0^2$$

可见刚好等于电容的初始储能，即

$$W_C(0_+)=\frac{1}{2}Cu_C^2(0_+)=\frac{1}{2}CU_0^2$$

这正符合能量守恒定律。

### 2．RL 电路的零输入响应

图 4-6 所示电路开关原是断开的，电感电流 $i_L=I_0$（$t<0$）。$t=0$ 时开关接通。$t>0$ 时就得到图 4-6(b)所示的 RL 零输入响应电路。根据 KVL，有

$$u_R+u_L=0$$

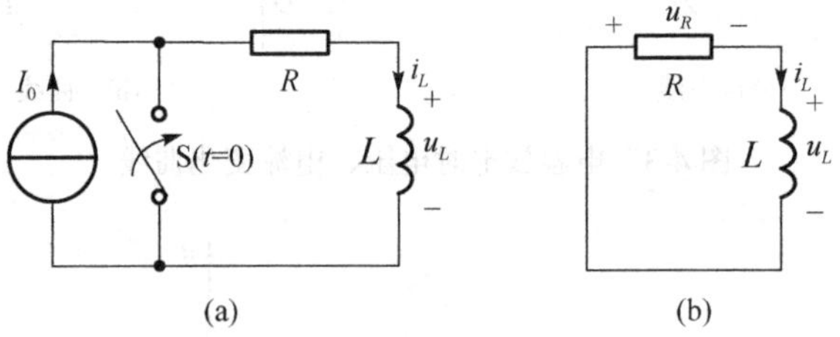


图 4-6　RL 零输入响应电路

而 $u_R=Ri_L$，$u_L=L\frac{\mathrm{d}i_L}{\mathrm{d}t}$，电路的微分方程为

$$L\frac{\mathrm{d}i_L}{\mathrm{d}t}+Ri_L=0$$

上式为一阶齐次微分方程。令方程的通解为 $i_L=A\mathrm{e}^{pt}$，可以得到相应的特征方程为

$$Lp+R=0$$

其特征根为

$$p=-\frac{R}{L}$$

故电流为

$$i_L=A\mathrm{e}^{-\frac{R}{L}t}$$

根据 $i_L(0_+)=i_L(0_-)=I_0$，代入上式可求得 $A=i_L(0_+)=I_0$,从而

$$i_L=i_L(0_+)\mathrm{e}^{-\frac{R}{L}t}=I_0\mathrm{e}^{-\frac{R}{L}t}\qquad（t>0）$$

电阻和电感上的电压分别为

$$u_R=Ri_L=RI_0\mathrm{e}^{-\frac{R}{L}t}\qquad（t>0）$$

$$u_L=L\frac{\mathrm{d}i_L}{\mathrm{d}t}=-RI_0\mathrm{e}^{-\frac{R}{L}t}\qquad（t>0）$$

与 RC 电路类似，令 $\tau=\frac{L}{R}$，称为 RL 电路的**时间常数**，则上述各式可写为

$$i_L=I_0\mathrm{e}^{-\frac{t}{\tau}}\qquad（t>0）\qquad(4\text{-}5)$$

$$u_R = RI_0 e^{-\frac{t}{\tau}} \qquad (t>0) \tag{4-6}$$

$$u_L = -RI_0 e^{-\frac{t}{\tau}} \qquad (t>0) \tag{4-7}$$

图 4-7 画出了$i_L$及$u_L$随时间变化的曲线。由图可见，$i_L$总是连续变化的，而$u_L$则从$0_-$时刻的零值突变到$0_+$时刻的$-RI_0$。若电阻$R$很大，则在换路时电感两端会出现很高的瞬间电压。$i_L$及$u_L$按相同指数规律变化，变化速率取决于时间常数$\tau(\tau = L/R)$。在$R$为定值时，$L$越大，$\tau$越大。这是因为在相同电流条件下，$L$越大，所储存的磁场能量越多（$W_L = \frac{1}{2}Li_L^2$），暂态过程时间也就越长。若$L$为定值，则$R$越大，$\tau$越小。这是因为在相同电流条件下，$R$越大，消耗的功率也就越大（$P_R = i_L^2 R$），过渡过程时间也就越短。

概括式（4-3）～式（4-7），可得**一阶电路零输入响应一般形式**为

$$f(t) = f(0^+)e^{-\frac{t}{\tau}} \quad (t>0) \tag{4-8}$$

**例 4-2** 图 4-8 所示电路是一台 300kW 汽轮发电机的励磁回路。已知励磁绕组的电阻$R_1 = 0.189\Omega$，电感$L = 0.398\text{H}$，直流电压$U_S = 35\text{V}$。电压表的量程为 50V，内阻$R_V = 5\text{k}\Omega$。开关未断开时，电路中电流已经恒定不变。在$t=0$时开关突然断开。求$t>0$时的电流$i_L$及电压表两端电压$u_V$。

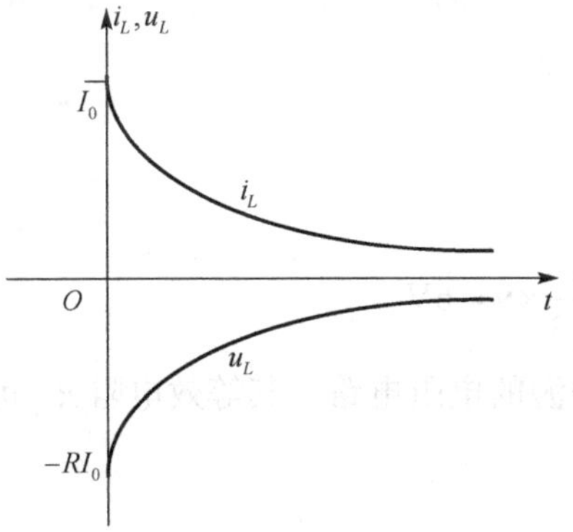


图 4-7 $i_L$及$u_L$的变化曲线

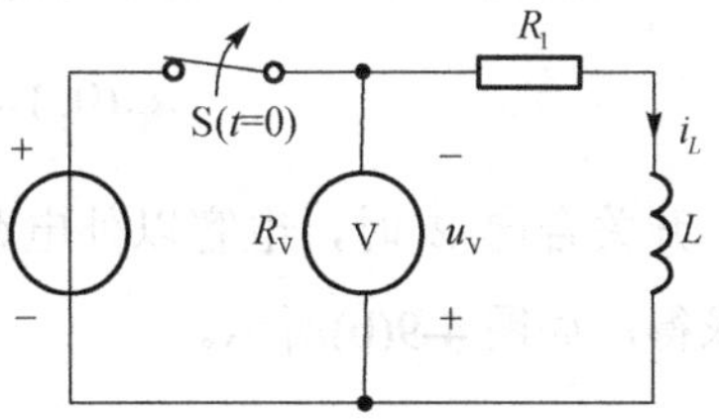


图 4-8 例 4-2 图

**解** 显然，换路后电路属于 RL 零输入响应电路。

（1）开关断开前，电流已恒定不变，故

$$i_L(0_+) = i_L(0_-) = \frac{U_S}{R_1} = 185.2\text{A}$$

（2）开关断开后，时间常数为

$$\tau = \frac{L}{R_1 + R_V} = \frac{0.398}{0.189 + 5\times 10^3} = 79.6\mu\text{s}$$

（3）根据一阶电路零输入响应的一般形式，式（4-8）知

$$i_L(t) = i_L(0^+)e^{-\frac{t}{\tau}} = 185.2e^{-12560t}\text{A} \quad (t>0)$$

由欧姆定律求得电压表两端电压

$$u_V = R_V i_L = 926e^{-12560t} \text{kV} \quad (t > 0)$$

根据上式可算得

$$u_V(0^+) = 926\text{kV}$$

可见，在开关断开的瞬间电压表要承受很高的电压，远远大于表的量程，而且初始瞬间的电流也很大，可能损坏电压表。因此，切断电感电流时必须考虑磁场能量的释放。如果磁场能量较大，而又必须在短时间内完成电流的切断，则必须考虑如何熄灭因此而出现的电弧（一般出现在开关处）的问题。

**例 4-3** 图 4-9(a)所示电路，开关 S 合在位置 1 时电路已达稳态，$t=0$ 时开关由位置 1 合向位置 2，试求 $t>0$ 时的电流 $i(t)$。

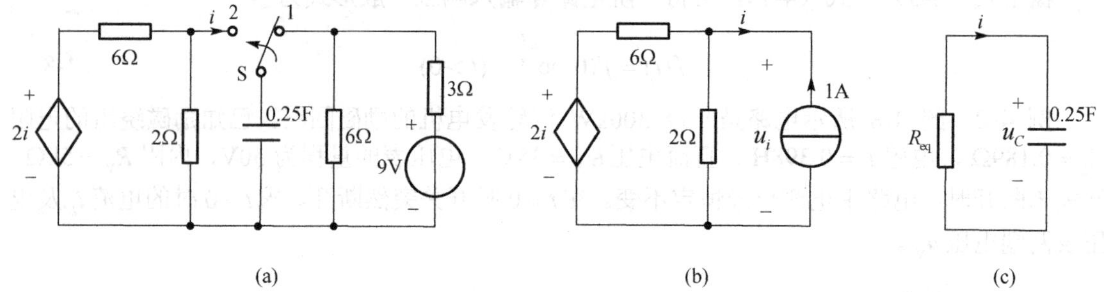


图 4-9 例 4-3 图

**解** 换路后，电路输入 RC 零输入响应电路。

（1）开关合在 1 时，电路处于稳态

$$u_C(0_+) = u_C(0_-) = \frac{6}{6+3} \times 9 = 6\text{V}$$

（2）开关合向 2 时，电容以外电路为含有受控源的电阻电路，其等效电阻 $R_{eq}$ 可用外加电源法求得，如图 4-9(b)所示。

$$i = -1$$

$$-2i + 6 \times \left(i + \frac{u_i}{2}\right) + u_i = 0$$

解得 $u_i = 1$；故 $R_{eq} = \dfrac{u_i}{1} = 1\Omega$

故换路后等效电路如图 4-9(c)。

$$\tau = R_{eq}C = 0.25\text{s}, \quad u_C(t) = u_C(0_+)e^{-\frac{t}{\tau}} = 6e^{-4t}\text{V}$$

$$i(t) = C\frac{du_C}{dt} = -6e^{-4t}\text{A}$$

**注意：** 电流 $i(t)$ 也可先求出其初始值（画出 $t=0_+$ 时等效电路），时间常数的求法同前法，再采用式（4-8）求得。

## 4.3 一阶电路的零状态响应

如果在换路前电路的初始储能为零（即 $u_C(0_-)=0$，$i_L(0_-)=0$），则换路后仅由外加独立电源激励而产生的响应称为**零状态响应**（zero-state response）。

### 1. RC 电路的零状态响应

图 4-10 所示 RC 串联电路，开关 S 闭合前电路处于零初始状态，即 $u_C(0_-)=0$。在 $t=0$ 时刻，开关 S 闭合，电路接入直流电压源 $U_S$。根据 KVL，有

$$u_R+u_C=U_S$$

将 $u_R=Ri$，$i=C\dfrac{\mathrm{d}u_C}{\mathrm{d}t}$ 代入，得电路的微分方程

$$RC\frac{\mathrm{d}u_C}{\mathrm{d}t}+u_C=U_S$$

此方程为一阶线性非齐次方程。方程的解由非齐次方程的特解 $u_C'$ 和对应的齐次方程的通解 $u_C''$ 两个分量组成，即

$$u_C=u_C'+u_C''$$

不难求得特解为

$$u_C'=U_S$$

而齐次方程 $RC\dfrac{\mathrm{d}u_C}{\mathrm{d}t}+u_C=0$ 的通解为

$$u_C''=A\mathrm{e}^{-\frac{t}{\tau}}$$

其中 $\tau=RC$。因此

$$u_C=U_S+A\mathrm{e}^{-\frac{t}{\tau}}$$

代入初始值，可求得

$$A=-U_S$$

而

$$u_C=U_S-U_S\mathrm{e}^{-\frac{t}{\tau}}=U_S(1-\mathrm{e}^{-\frac{t}{\tau}})\qquad t>0$$

$$i=C\frac{\mathrm{d}u_C}{\mathrm{d}t}=\frac{U_S}{R}\mathrm{e}^{-\frac{t}{\tau}}\qquad t>0$$

$u_C$ 和 $i$ 的波形如图 4-11 所示。电压 $u_C$ 的两个分量 $u_C'$ 和 $u_C''$ 也示于该图中。

$u_C$ 以指数形式趋于它的最终恒定值 $U_S$,到达该值后，电压和电流不再变化，电容相当于开路，电流为零。此时电路达到稳定状态（简称稳态），所以在这种情况下，特解 $u_C'(=U_S)$ 称为**稳态分量**。同时可以看出 $u_C'$ 与外施激励的变化规律有关，所以又称为**强制分量**。齐次方程的通解 $u_C''$ 则由于其变化规律取决于特征根而与外施激励无关，所以称为**自由分量**。自由分量按指数规律衰减，最终趋于零，所以又称为**瞬态分量**。

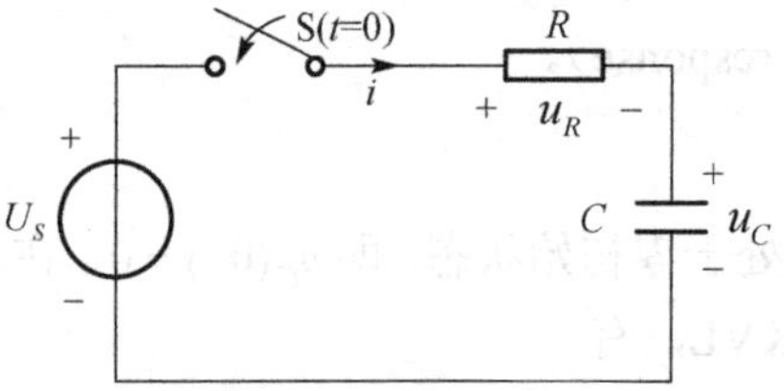


图 4-10 RC 电路的零状态响应

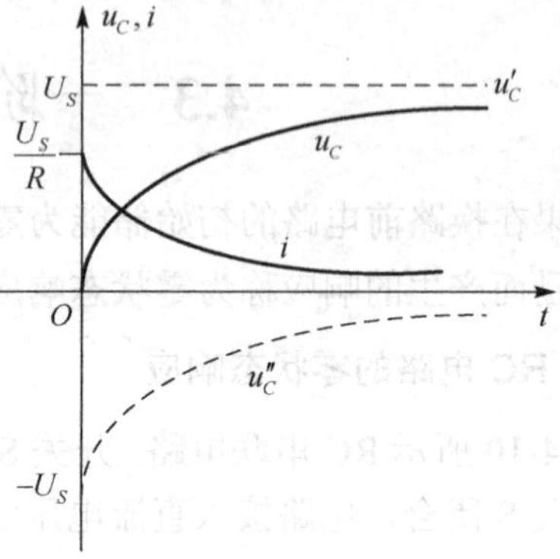


图 4-11 $u_C$、$i$ 的波形

RC 电路接通直流电压源的过程也即是电源通过电阻对电容充电的过程。在充电过称中，电源供给的能量一部分转换成电场能量储存于电容中，一部分被电阻转变为热能消耗，电阻消耗的电能为

$$W_R = \int_0^\infty i^2 R\mathrm{d}t = \int_0^\infty \left(\frac{U_S}{R}\mathrm{e}^{-\frac{t}{\tau}}\right)^2 R\mathrm{d}t = \frac{U_S^2}{R}\left(-\frac{RC}{2}\right)\mathrm{e}^{-\frac{2}{RC}t}\Big|_0^\infty = \frac{1}{2}CU_S^2$$

从上式可见，电阻消耗的能量恰好跟稳态时电容储存的能量（$\frac{1}{2}CU_S^2$）相等。故不论电路中电容 $C$ 和电阻 $R$ 的数值为多少，在充电过程中，电源提供的能量只有一半转变成电场能量储存于电容中，另一半则为电阻所消耗，也就是说，充电效率只有 50%。

**2. RL 电路的零状态响应**

图 4-12 所示为 RL 电路，类似以上 RC 电路零状态响应的求解步骤可求得

$$i_L = \frac{U_S}{R}\left(1-\mathrm{e}^{-\frac{t}{\tau}}\right) \quad t>0$$

$$u_L = L\frac{\mathrm{d}i_L}{\mathrm{d}t} = U_S - Ri_L = U_S\mathrm{e}^{-\frac{t}{\tau}} \quad t>0$$

式中 $\tau = \frac{L}{R}$ 为时间常数。$i_L$ 和 $u_L$ 的波形如图 4-13 所示。

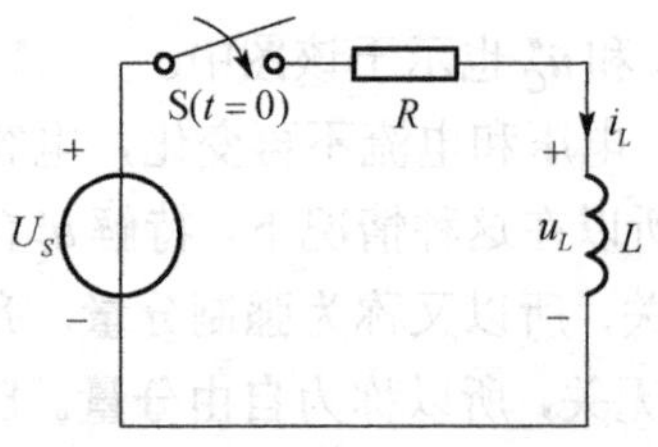


图 4-12 RL 电路的零状态响应

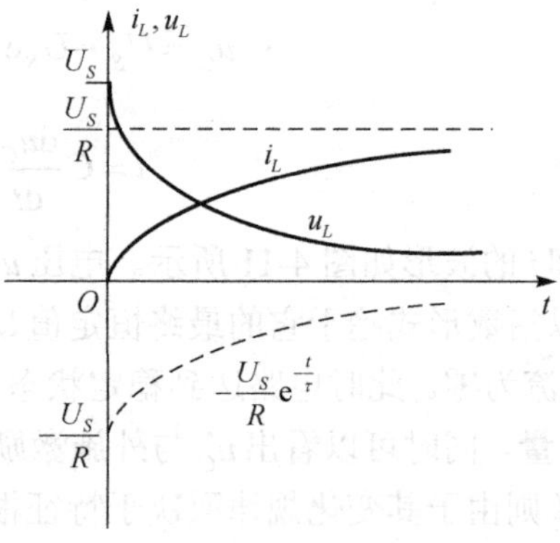


图 4-13 $i_L$、$u_L$ 波形

**注意：** $i_L$ 按指数规律增长，而 $u_L$ 按指数规律衰减。不要以为零状态响应都是按指数规律增长的。

以上讨论了直流电源作用下电路在 $t>0$ 时的零状态响应。其物理过程实质上是电路中动态元件的储能从无到有逐渐增长的过程。因此，电容电压或电感电流都是从它的零值开始按指数规律上升到达它的稳态值的，时间常数 $\tau$ 分别为 $RC$ 和 $L/R$。当电路到达稳态值时，电容相当于开路，而电感相当于短路，由此可确定电容或电感的稳态值。零状态响应是由电容或电感的稳态值和时间常数 $\tau$ 所确定的，掌握它们按指数规律增长的特点，即可直接写出 $u_C(t)$、$i_L(t)$。零状态响应下其他各个电压和电流可根据相应关系或定理方法求得。

**例 4-4　RC 定时器**　RC 电路可用于测量时间。最简单的定时器，由一个电容 $C$ 和一个电阻 $R$、直流电源、开关串联组成。设电源电压为 200V、$R=27\text{M}\Omega$、$C=10\mu\text{F}$。设 $u_C(0)=0$，开关闭合，计时开始，问电容电压显示为 51.84V 时，经历了多长时间？

**解**　$u_C$ 的稳态值应为 200V，时间常数 $\tau=RC=(27\times10^6)\times(10\times10^{-6})=270\text{s}$。开关闭合后，电容电压由零开始按指数规律增长至 200V，即

$$u_C=200(1-\mathrm{e}^{-\frac{t}{270}})\text{V}$$

当 $u_C(t)=51.84\text{V}$ 时，$51.84=200(1-\mathrm{e}^{-\frac{t}{270}})$，由此可解得 $t=81\text{s}$。

某些速度较快的运动体（如赛车、奔马等），若在该时间段内，距离为已知的定值，据此即可得到运动体的平均速度。

**例 4-5**　图 4-14(a)所示电路在 $t=0$ 时开关 S 闭合，求 $i_L(t)$、$i(t)$，$t\geqslant0$。

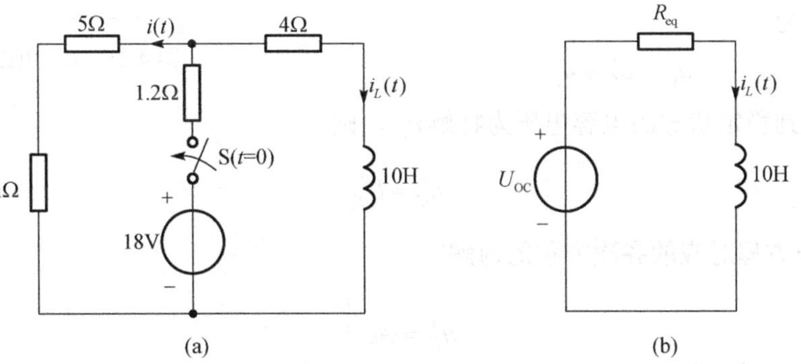


图 4-14　例 4-5 图

**解**　先求 $i_L(t)$，为此可用戴维南定理将原电路化简为图 4-14(b)所示 $t\geqslant0$ 时的电路，其中：

$$U_{\text{oc}}=18\times\frac{6}{7.2}=15\text{V}$$

$$R_{\text{eq}}=\frac{1.2\times6}{1.2+6}+4=5\Omega$$

故得

$$\tau=\frac{L}{R_{\text{eq}}}=2\text{s}$$

又稳态值

$$i_L(\infty)=U_{\text{oc}}/R_{\text{eq}}=3\text{A}$$

电感电流由 0 开始按指数规律上升到 3A,故得

$$i_L(t)=3(1-\mathrm{e}^{-\frac{t}{2}})\mathrm{A} \qquad t\geqslant 0$$

在图 4-14(a)中，对左边网孔应用 KVL，则

$$6i(t)+1.2[i(t)+i_L(t)]=18$$

解得

$$i(t)=\frac{18-1.2i_L(t)}{7.2}=(2+0.5\mathrm{e}^{-\frac{t}{2}})\mathrm{A} \quad t\geqslant 0$$

## 4.4　一阶电路的全响应

电路既非零初始状态，又有外加激励电源，由它们共同作用所产生的响应称为**全响应**（complete response）。下面以 RC 电路为例讨论。

图 4-15 电路在$t<0$时电容中储存有电场能，设其电压为$u_C(0_-)=U_0$，$t=0$时开关接通，根据 KVL 有

$$RC\frac{\mathrm{d}u_C}{\mathrm{d}t}+u_C=U_S$$

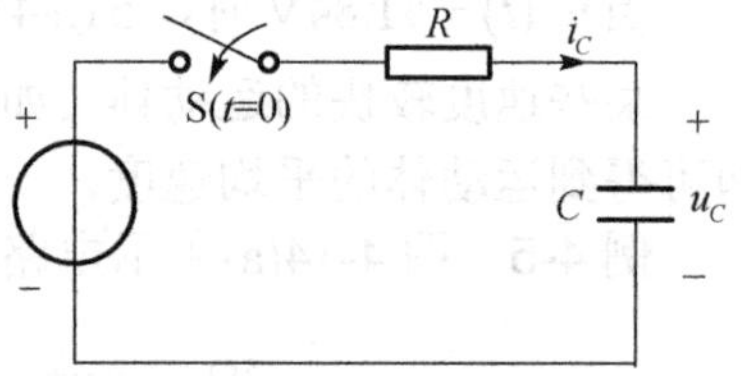

图 4-15　RC 电路的全响应

初始条件

$$u_C(0_+)=u_C(0_-)=U_0$$

方程的解为

$$u_C=u_C'+u_C''$$

换路后达到稳定状态的电容电压为特解$u_C'$，则

$$u_C'=U_S$$

$u_C''$为上述微分方程对应的齐次方程的通解

$$u_C''=A\mathrm{e}^{-\frac{t}{\tau}}$$

其中$\tau=RC$为电路的时间常数，所以有

$$u_C=U_S+A\mathrm{e}^{-\frac{t}{\tau}}$$

根据初始条件$u_C(0_+)=u_C(0_-)=U_0$，得积分常数为

$$A=U_0-U_S$$

所以电容电压为

$$u_C=U_S+(U_0-U_S)\mathrm{e}^{-\frac{t}{\tau}} \tag{4-9}$$

式（4-9）即为电容电压在$t>0$时的全响应。

把式（4-9）改写成

$$u_C = U_0 e^{-\frac{t}{\tau}} + U_S(1 - e^{-\frac{t}{\tau}}) \tag{4-10}$$

可以看出，上式右边的第一项是电路的零输入响应，右边的第二项则是电路的零状态响应，分析得出一般结论：**线性电路的全响应等于零输入响应与零状态响应的叠加**。即

全响应 = 零输入响应 + 零状态响应

这一结论指出，引起电路响应的原因不仅有电路的输入，而且还有电路的初始储能，它们分别产生零状态响应与零输入响应。在线性电路中，全响应与零状态响应和零输入响应之间满足叠加定理。零输入响应与零状态响应可以看成是全响应的某种特殊情况。

由式（4-9）还可以看出，右边的第一项是电路微分方程的特解，其变化规律与电路施加的激励相同，所以称为强制分量，式（4-9）右边第二项对应的是微分方程的通解，它的变化规律取决于电路参数而与外施激励无关，所以称之为自由变量。因此，**全响应又可以用强制分量和自由分量表示**，即

全响应 = 强制分量 + 自由分量

在直流的一阶电路中，常取换路后达到新的稳态解作为特解，而自由分量随着时间的增长按指数规律逐渐衰减为零，所以又常将**全响应看作是稳态分量和瞬态分量的叠加**，即

全响应 = 稳态分量 + 瞬态分量

无论是将全响应分解成零状态响应与零输入响应之和，还是分解成强制分量与自由分量之和，都只不过是从不同角度去分析全响应，在电路中出现的只有全响应。而全响应总是由初始值、特解和时间常数三个要素决定的。在直流电源激励下，若初始值为 $f(0_+)$，特解为稳态解 $f(\infty)$，时间常数为 $\tau$，则全响应 $f(t)$ 可写为

$$f(t) = f(\infty) + [f(0_+) - f(\infty)]e^{-\frac{t}{\tau}} \tag{4-11}$$

只要知道 $f(0_+)$、$f(\infty)$ 和 $\tau$ 这三个要素，就可以根据式（4-11）直接写出直流激励下一阶电路的全响应，这种方法称为**三要素法**。

三要素中初始值 $f(0_+)$ 的求解方法前面已经介绍过。稳态值 $f(\infty)$ 可根据换路后电路达到新稳态，电容相当于开路、电感相当于短路，应用相应的定理、方法求解即可。时间常数 $\tau$ 的求解如下：对于含电容 $C$ 的一阶电路，$\tau = R_{eq}C$；对于含电感 $L$ 的一阶电路，$\tau = L/R_{eq}$。$R_{eq}$ 为储能元件（$L$ 或 $C$）以外电路应用戴维南定理或诺顿定理进行等效变换后所得电阻。

**例 4-6** 图 4-16(a)所示电路中 $U_S = 10\text{V}, I_S = 2\text{A}, R = 2\Omega, L = 4\text{H}$。试求 S 闭合后电路中的电流 $i_L$ 和 $i$。

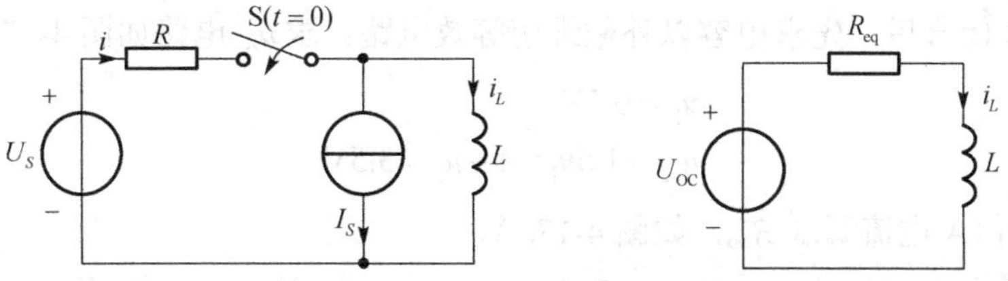


图 4-16　例 4-6 图

**解**　采用三要素法求解。

（1）初始值

$$i_L(0_+)=i_L(0_-)=-I_S=-2\text{A}$$

（2）稳态值

**方法一：**开关闭合达到稳态后

$$i(\infty)=\frac{U_S}{R}=5\text{A}$$

根据 KCL

$$i(\infty)=I_S+i_L(\infty)$$

解得：$i_L(\infty)=3\text{A}$

**方法二：**换路后 $L$ 两端的戴维南等效电路如图 4-16(b)所示，其中

$$U_{\text{oc}}=U_S-RI_S=(10-2\times 2)\text{V=6V}$$

$$R_{\text{eq}}=R=2\Omega$$

$$i_L(\infty)=\frac{U_{\text{oc}}}{R_{\text{eq}}}=3\text{A}$$

（3）时间常数

$$\tau=L/R_{\text{eq}}=2\text{s}$$

（4）根据式（4-11）解得

$$i_L=3+(-2-3)\text{e}^{-\frac{1}{2}t}=(3-5\text{e}^{-0.5t})\text{A}$$

电流 $i$ 可以求出初始值后采用三要素的方法求得，也可在图 4-16(a)中，开关闭合后根据 KCL 求得为

$$i=I_S+i_L=(5-5\text{e}^{-0.5t})\text{A}$$

**例 4-7** 图 4-17(a)所示电路中，开关 S 闭合前电路已达稳定状态，$t=0$ 时 S 闭合，求 $t\geqslant 0$ 时电容电压 $u_C$ 和电流 $i_C$ 的全响应。

**解** 三要素法求解。

（1）开关闭合前电路已达到稳态，电容相当于开路，有

$$\frac{u_1}{2}-1.5u_1=1$$

$$u_1=-1\text{V}$$

初始值：$u_C(0_+)=u_C(0_-)=1.5u_1\times 4+u_1=-7\text{V}$

（2）开关 S 闭合后，先求电容以外戴维南等效电路。求 $u_{\text{oc}}$ 电路如图 4-17(b)。

$$u_1=0.5\text{V}$$

$$u_{\text{oc}}=1.5u_1\times 4+u_1=3.5\text{V}$$

除源后外加 1A 电流源求 $R_{\text{eq}}$，如图 4-17(c)。

$$u_1=0$$

$$u_i=4\times(1+1.5u_1)=4\text{V}$$

$$R_{\text{eq}}=\frac{u_i}{1}=4\Omega$$

戴维南等效电路如图 4-17(d)。

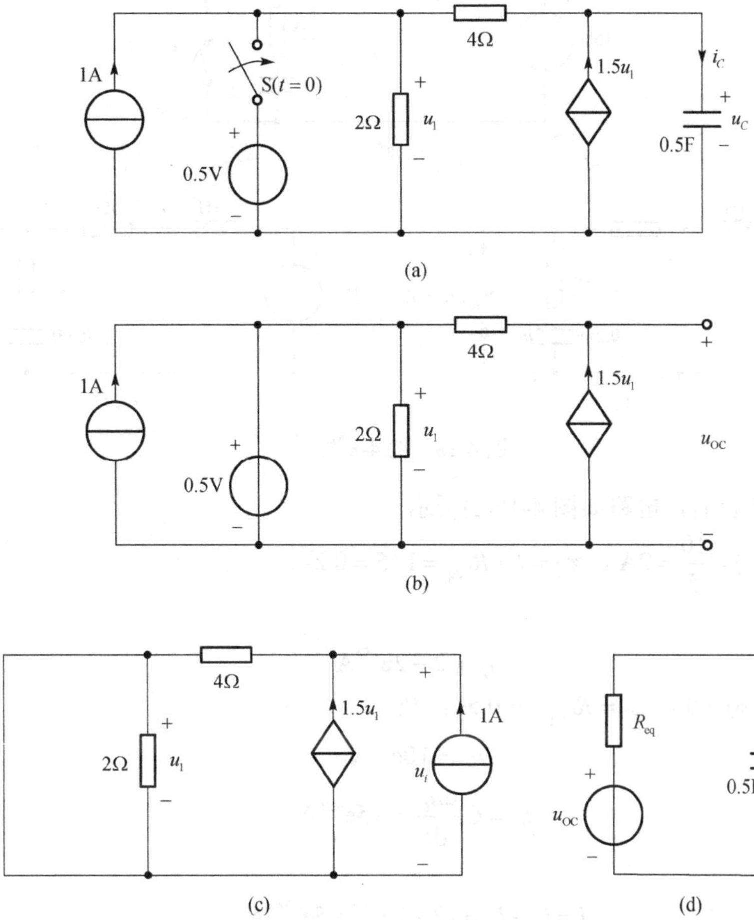


图 4-17　例 4-7 图

稳态值：$u_C(\infty)=u_{oc}=3.5\text{V}$；时间常数：$\tau=R_{eq}C=4\times0.5=2\text{s}$

（3）根据式（4-11）解得

$$u_C=u_C(\infty)+[u_C(0_+)-u_C(\infty)]e^{-\frac{t}{\tau}}=(3.5-10.5e^{-0.5t})\text{V}$$

$i_C$ 也可以用三要素法求得，也可以利用电容上电压电流关系直接求得

$$i_C=C\frac{du_C}{dt}=2.625e^{-0.5t}\text{A}$$

**例 4-8**　图 4-18(a)所示电路中，开关 S 闭合前电路已达稳定状态，$t=0$ 时 S 闭合，求 $t\geqslant0$ 时电流 $i$。

**解**　该电路虽然含有两个储能元件，但开关 S 闭合后，电容和电感可分别构成独立电路，因此仍属于一阶电路。

（1）开关 S 闭合前，电感和电容分别标注电流及电压参考方向，如图 4-18(b)所示。

$$i_L(0_+)=i_L(0_-)=0$$
$$u_C(0_+)=u_C(0_-)=10\text{V}$$

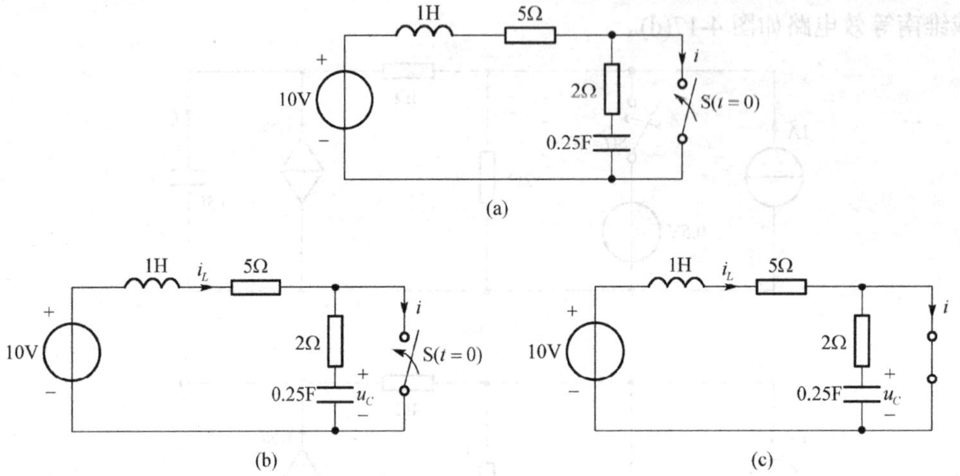


图 4-18　例 4-8 图

（2）开关 S 闭合后，电路如图 4-18(c)所示。

对电感：$i_L(\infty)=\dfrac{10}{5}=2\text{A}$，$\tau_L=L/R_{\text{Leq}}=1/5=0.2\text{s}$，

故

$$i_L=2-2\text{e}^{-5t}\text{A}$$

对电容：$u_C(\infty)=0$，$\tau_C=R_{\text{Ceq}}C=0.5\text{s}$，故

$$u_C=10\text{e}^{-2t}\text{V}$$

$$i_C=C\frac{\text{d}u_C}{\text{d}t}=-5\text{e}^{-2t}\text{A}$$

应用 KCL 知

$$i=i_L-i_C=(2-2\text{e}^{-5t}+5\text{e}^{-2t})\text{A}$$

**例 4-9**　图 4-19 所示电路中，电感无初始储能，$t=0$ 时合 $S_1$，$t=0.2\text{s}$ 时合 $S_2$，求两次换路后的电感电流 $i$。

**解**　该电路涉及到两次换路动作。

（1）$0<t<0.2\text{s}$ 时，即 $S_1$ 闭合、$S_2$ 断开状态。

$$i(0_+)=i(0_-)=0$$
$$\tau_1=L/R=1/5=0.2\text{s}$$
$$i(\infty)=10/5=2\text{A}$$

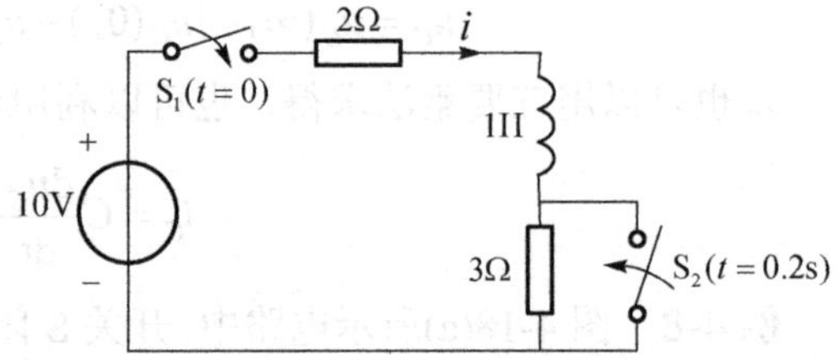


图 4-19　例 4-9 图

故

$$i(t)=2-2\text{e}^{-5t}\ \text{A}\qquad 0<t<0.2\text{s}$$

（2）$t>0.2\text{s}$ 时，即 $S_2$ 也闭合。

$$i(0.2_+)=i(0.2_-)=2-2\text{e}^{-5\times0.2}=1.26\text{A}$$
$$\tau_2=L/R=1/2=0.5\text{s}$$
$$i(\infty)=10/2=5\text{A}$$

故

$$i(t)=5-3.74\text{e}^{-2(t-0.2)}\ \text{A}\qquad t>0.2\text{s}$$

# 4.5　一阶电路的阶跃响应

## 1．单位阶跃函数

在数学中，**单位阶跃函数**（unit step function）的定义为

$$\varepsilon(t)=\begin{cases}0 & (t<0)\\1 & (t>0)\end{cases}$$

在 $t=0$ 处，$\varepsilon(t)$ 发生了跃变。如果这一跃变出现在 $t=t_0$ 时，便是**延迟单位阶跃函数**（delayed unit step function），即

$$\varepsilon(t-t_0)=\begin{cases}0 & (t<t_0)\\1 & (t>t_0)\end{cases}$$

它们的波形分别示于图 4-20 中。

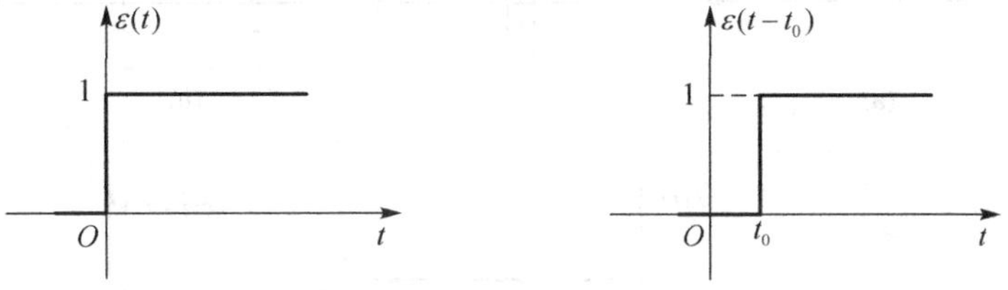


(a) 单位阶跃函数　　(b) 延迟单位阶跃函数

图 4-20

直流电压在 $t=0$ 时施加于电路，可以用开关来表示，如图 4-21(a)所示。引入阶跃函数后，同一问题可用图 4-21(b)来表示。

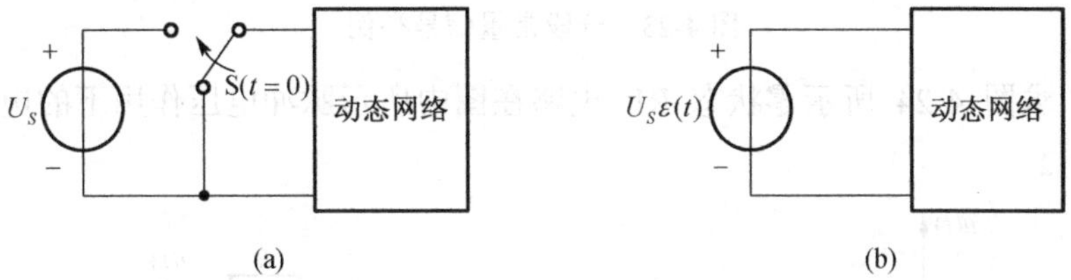


图 4-21　用单位阶跃函数表示电压源接入电路

同理，电流源用单位阶跃函数表示接入电路的过程如图 4-22 所示。

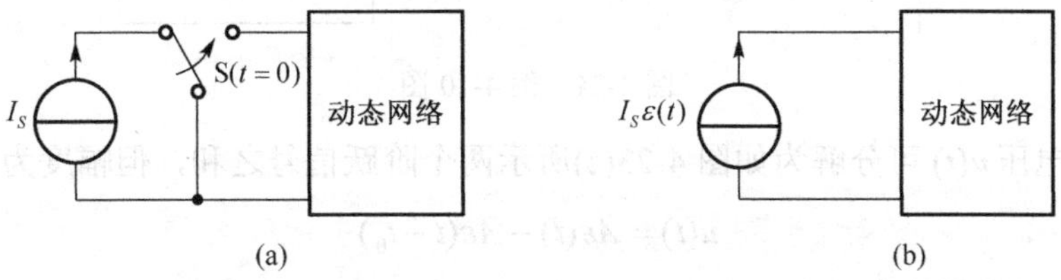


图 4-22　用单位阶跃函数表示电流源接入电路

根据前面零输入响应和零状态响应的概念，显然，单位阶跃输入作用下的响应属于零状

态响应，定义为**单位阶跃响应**。如果电路的输入是幅度为 $A$ 的阶跃信号，则根据齐次性定理可知阶跃响应将变为 $A$ 倍。

**2．矩形脉冲信号**

在信号处理时，常遇到图 4-23 所示信号作用于电路的问题，这类信号称为分段常量信号，其中图(a)所示波形又称为矩形脉冲，简称脉冲（pulse），图(b)所示波形又称为脉冲串。运用阶跃函数和延时阶跃函数，分段常量信号可表示为一系列阶跃信号之和。例如，图 4-23(a)所示脉冲信号可分解为两个阶跃信号之和，其一是在 $t=0$ 时作用的正单位阶跃信号，另一是在 $t=t_0$ 时作用的负单位延时阶跃信号，如图(c)所示。分段常量信号作用下的一阶电路分析问题，在将这类信号分解为阶跃信号后，即可按直流一阶电路处理，运用叠加性可求得其零状态响应。

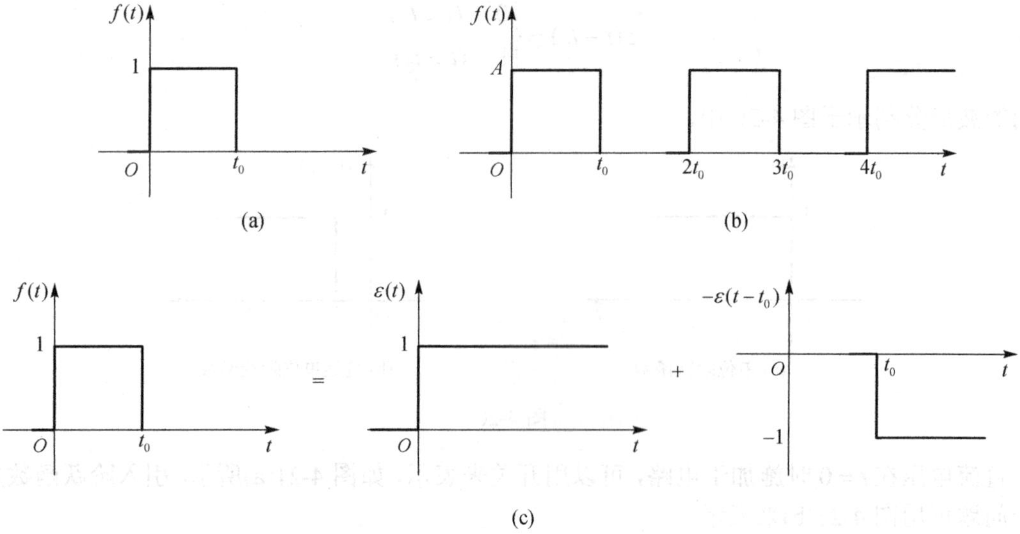


图 4-23　分段常量信号举例

**例 4-10**　求图 4-24 所示零状态 RL 电路在图中所示脉冲电压作用下的电流 $i(t)$。已知 $L=1\text{H}$， $R=1\Omega$。

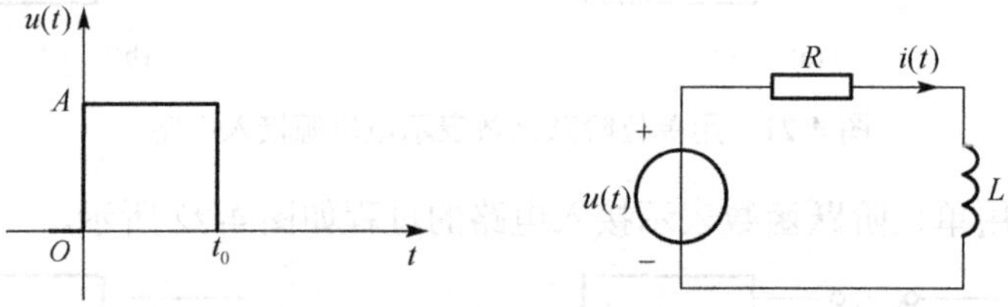


图 4-24　例 4-10 图

**解**　脉冲电压 $u(t)$ 可分解为如图 4-23(c)所示两个阶跃信号之和，但幅度为 $A$，即

$$u(t)=A\varepsilon(t)-A\varepsilon(t-t_0)$$

$A\varepsilon(t)$ 作用下的零状态响应为

$$i'(t)=\frac{A}{R}(1-\mathrm{e}^{-\frac{t}{\tau}})\varepsilon(t)=A(1-\mathrm{e}^{-t})\varepsilon(t)$$

式中的因子 $\varepsilon(t)$ 表明该式实际上仅适用于 $t \geqslant 0$ 。

$-A\varepsilon(t-t_0)$ 作用下的零状态响应为

$$i''(t)=-\frac{A}{R}(1-\mathrm{e}^{-\frac{t-t_0}{\tau}})\varepsilon(t-t_0)=-A(1-\mathrm{e}^{-(t-t_0)})\varepsilon(t-t_0)$$

根据零状态响应的叠加性可得

$$i(t)=i'(t)+i''(t)=A(1-\mathrm{e}^{-t})\varepsilon(t)-A(1-\mathrm{e}^{-(t-t_0)})\varepsilon(t-t_0) \qquad \text{对所有} t \text{。}$$

## 4.6 二阶电路的暂态过程

用二阶微分方程描述的电路称为**二阶电路**（second order circuit）。由于二阶线性微分方程的特征方程有两个特征根，对于不同的二阶电路，这两个特征根可能是实数、虚数或共轭复数。因此电路的暂态过程将呈现不同的变化规律。下面以 RLC 串联电路的零输入响应为例加以讨论。

图 4-25 所示电路，设 $u_C(0_-)=U_{C0}>0$ ，$t=0$ 时开关突然接通，则 $t>0$ 时电路的 KVL 方程为

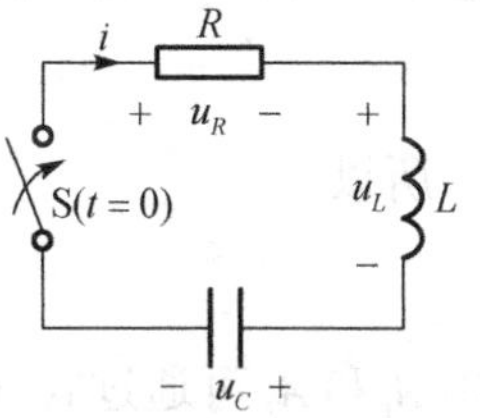

图 4-25 RLC 串联电路

$$u_R+u_L+u_C=0$$

并且 $u_R=Ri$ ，$u_L=L\dfrac{\mathrm{d}i}{\mathrm{d}t}$ ，$i=C\dfrac{\mathrm{d}u_C}{\mathrm{d}t}$

通过以上各式求得 $u_C$ 满足的微分方程是

$$\frac{\mathrm{d}^2u_C}{\mathrm{d}t^2}+\frac{R}{L}\frac{\mathrm{d}u_C}{\mathrm{d}t}+\frac{1}{LC}u_C=0 \qquad (4\text{-}12)$$

且微分方程的两个初始条件为

$$\begin{cases} u_C(0_+)=u_C(0_-)=U_{C0} \\ \left.\dfrac{\mathrm{d}u_C}{\mathrm{d}t}\right|_{t=0_+}=\dfrac{1}{C}i(0_+)=\dfrac{1}{C}i(0_-)=0 \end{cases} \qquad (4\text{-}13)$$

采用经典法求出式（4-12）在满足上述初始条件下的定解。

方程（4-12）为齐次方程，因此 $u_C$ 的强制分量为零，即

$$u_{Cp}=0$$

方程（4-12）式的特征方程及其根为

$$p^2+\frac{R}{L}p+\frac{1}{LC}=0$$

$$p_1=-\frac{R}{2L}+\sqrt{\left(\frac{R}{2L}\right)^2-\frac{1}{LC}}$$

$$p_2=-\frac{R}{2L}-\sqrt{\left(\frac{R}{2L}\right)^2-\frac{1}{LC}}$$

令

$$\alpha=\frac{R}{2L},\omega_0=\frac{1}{\sqrt{LC}} \tag{4-14}$$

则得

$$p_1=-\alpha+\sqrt{\alpha^2-\omega_0^2} \tag{4-15}$$

$$p_2=-\alpha-\sqrt{\alpha^2-\omega_0^2} \tag{4-16}$$

显然 $p_1$ 和 $p_2$ 是由电路参数决定的。根据 $p_1$、 $p_2$ 的不同取值，式（4-12）的通解，或者说 $u_C$ 的自由分量将具有不同的函数形式。下面按不同情况进行讨论。

**1. $\alpha>\omega_0$，即电路参数满足 $R>2\sqrt{\frac{L}{C}}$**

此时由式（4-15）和式（4-16）可知，$p_1$、$p_2$ 为两个不相等的负实根（设 $R$、$L$、$C$ 均为正值）。式（4-12）的通解为

$$u_{Ch}=A_1\mathrm{e}^{p_1t}+A_2\mathrm{e}^{p_2t}$$

所以

$$u_C=u_{Cp}+u_{Ch}=u_{Ch}=A_1\mathrm{e}^{p_1t}+A_2\mathrm{e}^{p_2t} \tag{4-17}$$

其中 $A_1$ 和 $A_2$ 可通过式（4-13）确定如下：

$$\begin{cases}u_C(0_+)=A_1+A_2=U_{C0}\\ \left.\dfrac{\mathrm{d}u_C}{\mathrm{d}t}\right|_{t=0_+}=A_1p_1+A_2p_2=0\end{cases}$$

解得

$$A_1=\frac{p_2}{p_2-p_1}U_{C0} \tag{4-18}$$

$$A_2=-\frac{p_1}{p_2-p_1}U_{C0} \tag{4-19}$$

将 $A_1$、 $A_2$ 代入式（4-17）得响应 $u_C$ 为

$$u_C=\frac{U_{C0}}{p_2-p_1}(p_2\mathrm{e}^{p_1t}-p_1\mathrm{e}^{p_2t})\quad(t>0) \tag{4-20}$$

继而又求得

$$i=C\frac{\mathrm{d}u_C}{\mathrm{d}t}=\frac{U_{C0}}{L(p_2-p_1)}(\mathrm{e}^{p_1t}-\mathrm{e}^{p_2t})\quad(t>0) \tag{4-21}$$

$$u_L=L\frac{\mathrm{d}i}{\mathrm{d}t}=\frac{U_{C0}}{p_2-p_1}(p_1\mathrm{e}^{p_1t}-p_2\mathrm{e}^{p_2t})\quad(t>0) \tag{4-22}$$

在以上推导中利用了关系 $p_1p_2=1/(LC)$。

为了作图方便，需讨论几个关系。由式（4-15）和式（4-16）得

$$p_1<0,\quad p_2<0,\quad |p_1|<|p_2| \tag{4-23}$$

再由式（4-18）和式（4-19）得

$$A_1 > 0\,,\quad A_2 < 0\,,\quad |A_1| > |A_2| \tag{4-24}$$

根据上述关系，便可画出各响应的波形，如图 4-26(a)、(b)所示。

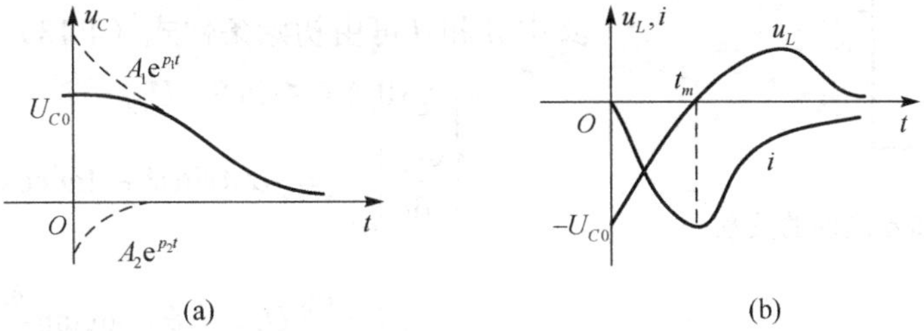


图 4-26　$\alpha > \omega_0$ 时 RLC 串联电路波形图

由式（4-23）和式（4-24）可见，$u_C$ 的前一项 $A_1\mathrm{e}^{p_1t}$ 的绝对值较大，且衰减较慢；而后一项 $A_2\mathrm{e}^{p_2t}$ 的绝对值较小，且衰减得较快。有时二者相差可能很大，此时 $A_1\mathrm{e}^{p_1t}$ 便起主要作用。由图 4-25 得 $i = C\mathrm{d}u_C / \mathrm{d}t$，而 $i$ 是连续的，所以 $u_C$ 及其一阶导数也是连续的，即 $u_C$ 的波形曲线是处处光滑的。又由图 4-26(b)可见，电流 $i$ 恒为负值（$t>0$ 时），在整个暂态过程中，电容一直处于放电状态。放电电流从零开始，经过负的极小值，然后又变为零（$t\to\infty$ 时）。该极值点可通过令 $u_L(t_m)=0$ 求得，即

$$\frac{U_{C0}}{p_2 - p_1}(p_1\mathrm{e}^{p_1t_m} - p_2\mathrm{e}^{p_2t_m}) = 0$$

解得

$$t_m = \frac{1}{p_1 - p_2}\ln\frac{p_2}{p_1}$$

下面讨论 $u_L$ 的变化规律。开关突然接通时，由于 $i(0_+) = i(0_-) = 0$，电感相当于开路，故 $u_L(0_+) = -U_{C0}$。之后电流 $|i|$ 将要增大，根据楞次定律，电感产生的感应电动势要阻止 $|i|$ 的增加，所以 $u_L < 0$。当电流 $i$ 经过极值点以后，$|i|$ 开始减小，$u_L > 0$。所以 $u_L$ 的变化规律是从负到正再变为零。

上述电流、电压没有出现交替变化，所以这种情况也称为非振荡过程或阻尼过程。

### 2. $\alpha < \omega_0$，即电路参数满足 $R < 2\sqrt{\dfrac{L}{C}}$

此时由式（4-15）和式（4-16）可知，$p_1$、$p_2$ 为两个共轭复数。把它们分别写成

$$p_1 = -\alpha + \sqrt{\alpha^2 - \omega_0^2} = -\alpha + \mathrm{j}\omega'$$

$$p_2 = -\alpha - \sqrt{\alpha^2 - \omega_0^2} = -\alpha - \mathrm{j}\omega'$$

其中

$$\omega' = \sqrt{\omega_0^2 - \alpha^2}$$

$\omega'$、$\omega_0$ 和 $\alpha$ 之间的关系可用直角三角形表示，如图 4-27 所示。

当 $p_1$、$p_2$ 为共轭复数时，由数学中微分方程理论得方程式（4-12）的通解为

$$\begin{aligned} u_C &= u_{Cp} + u_{Ch} = u_{Ch} = A_1 e^{-\alpha t}\sin\omega' t + A_2 e^{-\alpha t}\cos\omega' t \\ &= A e^{-\alpha t}\sin(\omega' t + \theta) \end{aligned}$$

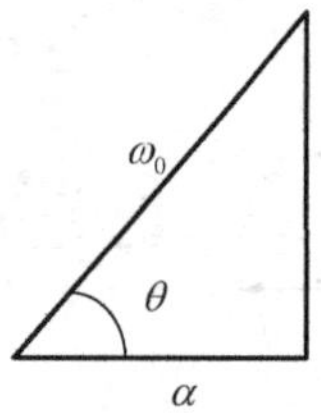


图 4-27 $\omega'$、$\omega_0$ 和 $\alpha$ 之间的关系

其中 $A$ 和 $\theta$ 可由初始条件式（4-13）确定如下：

$$\begin{cases} u_C(0_+) = A\sin\theta = U_{C0} \\ \left.\dfrac{\mathrm{d}u_C}{\mathrm{d}t}\right|_{t=0_+} = -\alpha A\sin\theta + A\omega'\cos\theta = 0 \end{cases}$$

$$A = \frac{\omega_0}{\omega'}U_{C0}\text{；}\quad \theta = \arctan\frac{\omega'}{\alpha}$$

所以响应 $u_C$ 为

$$u_C = \frac{\omega_0}{\omega'}U_{C0}e^{-\alpha t}\sin(\omega' t + \theta) \tag{4-25}$$

进一步又求得

$$\begin{aligned} i = C\frac{\mathrm{d}u_C}{\mathrm{d}t} &= C\frac{\omega_0}{\omega'}U_{C0}\,e^{-\alpha t}[-\alpha\sin(\omega' t+\theta) + \omega'\cos(\omega' t+\theta)] \\ &= -C\frac{\omega_0}{\omega'}U_{C0}\,e^{-\alpha t}[\omega_0\cos\theta\sin(\omega' t+\theta) - \omega_0\sin\theta\cos(\omega' t+\theta)] \\ &= -C\frac{\omega_0^2}{\omega'}U_{C0}\,e^{-\alpha t}\sin\omega' t \\ &= -\frac{U_{C0}}{\omega' L}e^{-\alpha t}\sin\omega' t \end{aligned} \tag{4-26}$$

$$u_L = L\frac{\mathrm{d}i}{\mathrm{d}t} = \frac{\omega_0}{\omega'}U_{C0}\,e^{-\alpha t}\sin(\omega' t - \theta) \tag{4-27}$$

图 4-28 画出了 $\alpha < \omega_0$ 时 $u_C$、$i$ 及 $u_L$ 的波形图。

由图 4-28 可见，此时电压及电流都是振幅按指数规律衰减的正弦波，它们按着相同的周期正负交替变化。这种现象称为**自由振荡**（free oscillation）。振荡角频率为

$$\omega' = \sqrt{\omega_0^2 - \alpha^2} = \sqrt{\frac{1}{LC} - \frac{R^2}{4L^2}}$$

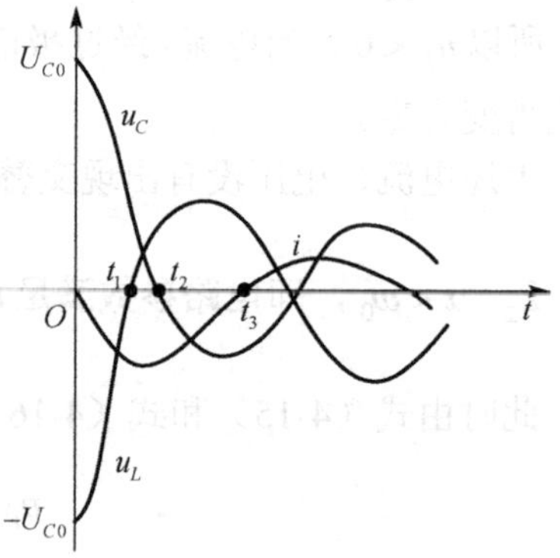


图 4-28 $\alpha < \omega_0$ 时 RLC 串联电路波形图

由于电阻不断消耗能量振荡幅度逐渐减小，最终变为零，所以这种振荡也称为**衰减振荡**（attenuate oscillation）或**阻尼振荡**（damped oscillation），其中 $\alpha = \dfrac{R}{2L}$ 称为**衰减系数**（attenuation constant）。此时电路的暂态过程称为振荡过程或欠阻尼过程。

振荡的物理过程如下：在 $0 < t < t_1$ 时间内，$u_C > 0$，$i < 0$，$u_L < 0$，功率 $p_C = u_C i < 0$，$p_R = i^2 R > 0, p_L = u_L i > 0$，即电容释放能量，电阻和电感吸收能量，电感把吸收的能量转变

为磁场能，如图 4-29(a)所示。在$t_1<t<t_2$时间内，$u_C>0$，$i<0$，$u_L>0$，功率$p_C=u_Ci<0$，$p_R=i^2R>0$，$p_L=u_Li<0$，即电容和电感为释放能量，只有电阻在吸收能量。电感所释放的能量来自前段时间所存储的磁场能量，如图 4-29(b)所示。当$t=t_2$时，$u_C=0$电场能量被全部释放，而磁场能量尚未放完，过渡过程仍要继续。在$t_2<t<t_3$时间内，$u_C<0$，$i<0$，$u_L>0$，功率$p_C=u_Ci>0$，$p_R=i^2R>0$，$p_L=u_Li<0$，即此时电感为释放能量，电容和电阻为吸收能量，如图 4-29(c)所示。因为$u_C<0$，所以电容被反向充电。当$t=t_3$时，$i=0$，磁场能量被全部释放，而电容却又存储了一定的电场能。$t>t_3$时，电容开始反向放电，重复上述过程。周而复始，形成了振荡放电的物理现象。由于回路中存在电阻，存储在电路中的能量被逐渐消耗，因此振荡的幅度越来越小，直至为零。

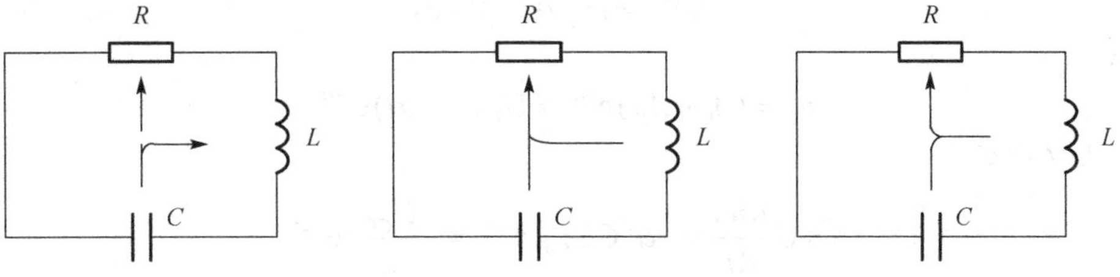


(a) $0<t<t_1$　　(b) $t_1<t<t_2$　　(c) $t_2<t<t_3$

图 4-29　振荡过程中能量转换关系

作为一种特殊情况，令$R=0$，则有关变量为

$$\alpha=\frac{R}{2L}=0$$

$$\omega'=\sqrt{\omega_0^2-\alpha^2}=\omega_0=\sqrt{\frac{1}{LC}}$$

$$p_1=-\alpha+\mathrm{j}\omega'=\mathrm{j}\omega_0\text{；}\quad p_2=-\alpha-\mathrm{j}\omega'=-\mathrm{j}\omega_0$$

$$A=\frac{\omega_0}{\omega'}U_{C0}=U_{C0}\text{；}\quad \theta=\arctan\frac{\omega'}{\alpha}=\frac{\pi}{2}$$

将上述各式代入式（4-25）~式（4-27）得

$$u_C=U_{C0}\cos\omega_0 t$$

$$i=-C\omega_0U_{C0}\sin\omega_0 t=-\frac{U_{C0}}{\omega_0 L}\sin\omega_0 t$$

$$i=-U_{C0}\cos\omega_0 t=-u_C$$

由此可见，电压与电流均为不衰减的正弦量，称为不衰减的自由振荡或**无阻尼自由振荡**（no damped free oscillation）。振荡的角频率为$\omega_0$，它与电路的谐振角频率相同。其物理过程是：$t>0$时，电容与电感不断地进行着电场与磁场能量的转换，由于回路中无电阻，因此在转换过程中总能量不会减少，即出现等幅振荡。这种电路也是一种正弦稳态电路。

### 3. $\alpha=\omega_0$，即电路参数满足$R<2\sqrt{\frac{L}{C}}$

此时由式（4-15）和式（4-16）可知，$p_1$和$p_2$为两个相等实根，即特征方程存在二重根：

$$p_1 = p_2 = p = -\alpha$$

方程式（4-12）的通解为

$$u_C = u_{Cp} + u_{Ch} = u_{Ch} = (A_1 + A_2 t)\mathrm{e}^{-\alpha t}$$

其中 $A_1$、$A_2$ 可由初始条件（4-13）式确定如下：

$$\begin{cases} u_C(0_+) = A_1 = U_{C0} \\ \left.\dfrac{\mathrm{d}u_C}{\mathrm{d}t}\right|_{t=0_+} = A_2 - \alpha A_1 = 0 \end{cases}$$

解得

$$A_1 = U_{C0}, \quad A_2 = \alpha U_{C0}$$

所以

$$u_C = (A_1 + A_2 t)\mathrm{e}^{-\alpha t} = U_{C0}(1 + \alpha t)\mathrm{e}^{-\alpha t}$$

进一步又求得

$$i = C\frac{\mathrm{d}u_C}{\mathrm{d}t} = -\alpha^2 C U_{C0} t\,\mathrm{e}^{-\alpha t} = -\frac{U_{C0}}{L} t\,\mathrm{e}^{-\alpha t}$$

$$u_L = L\frac{\mathrm{d}i}{\mathrm{d}t} = U_{C0}(\alpha t - 1)\mathrm{e}^{-\alpha t}$$

由于 $\alpha = \omega_0$（或 $R = 2\sqrt{\dfrac{L}{C}}$）刚好介于振荡与非振荡之间，所以称之为**临界状态**（critical state），此时回路电阻 $R$ 称为临界电阻。当回路中电阻小于临界电阻时是振荡情形，否则就是非振荡情形。临界情形仍属非振荡情形。

前面讨论了 RLC 串联电路的零输入响应，这种响应只需计算自由分量。如果要求计算在外加电源作用下的零状态响应或全响应，则既要计算强制分量，又要计算自由分量。强制分量仍是由外加电源决定的，自由分量仍取决于电路的结构参数。

**例 4-11** 在图 4-30 所示的电路中，已知 $U_S = 10\,\text{V}$，$C = 1\,\mu\text{F}$，$R = 4\,\text{k}\Omega$，$L = 1\,\text{H}$，开关 S 原来闭合在位置 1 处，在 $t = 0$ 时，开关 S 由位置 1 接至位置 2 处。求：（1）$u_C$、$u_R$、$i$ 和 $u_L$；（2）$i_{\max}$。

**解** （1）今已知 $R = 4\,\text{k}\Omega$，而 $2\sqrt{\dfrac{L}{C}} = 2\sqrt{\dfrac{1}{10^{-6}}}\Omega = 2\,\text{k}\Omega$，所以 $R > 2\sqrt{\dfrac{L}{C}}$，放电过程是非振荡的，且 $u_C(0_+) = U_{C0} = U_S$。

特征根

$$p_1 = -\frac{R}{2L} + \sqrt{\left(\frac{R}{2L}\right)^2 - \frac{1}{LC}} = -268$$

$$p_2 = -\frac{R}{2L} - \sqrt{\left(\frac{R}{2L}\right)^2 - \frac{1}{LC}} = -3732$$

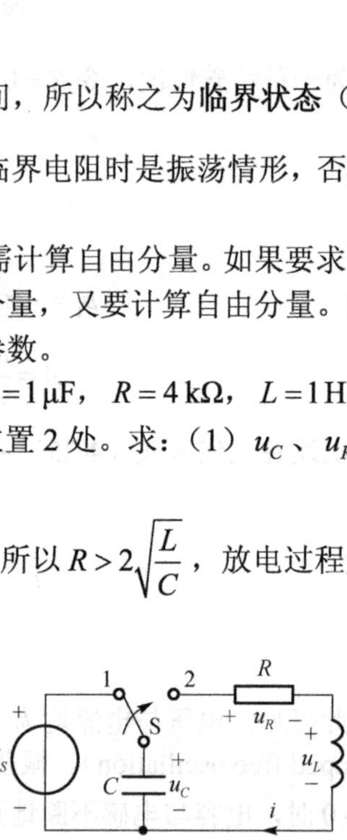

图 4-30 例 4-11 图

根据式（4-20）、式（4-21）和式（4-22），可得电容电压

$$u_C = (10.77\,\mathrm{e}^{-268t} - 0.733\,\mathrm{e}^{-3732t})\,\text{V}$$

电流

$$i = 2.89(\mathrm{e}^{-268t} - \mathrm{e}^{-3732t})\ \mathrm{mA}$$

电阻电压

$$u_R = Ri = 11.56(\mathrm{e}^{-268t} - \mathrm{e}^{-3732t})\ \mathrm{V}$$

电感电压

$$u_L = L\frac{\mathrm{d}i}{\mathrm{d}t}(10.77\,\mathrm{e}^{-3732t} - 0.733\,\mathrm{e}^{-268t})\ \mathrm{V}$$

（2）电流最大值发生在 $t_{\mathrm{m}}$ 时刻，即

$$t_{\mathrm{m}} = \frac{\ln\left(\dfrac{p_2}{p_1}\right)}{p_1 - p_2} = 7.60\times10^{-4}\ \mathrm{s} = 760\ \mu\mathrm{s}$$

$$i_{\max} = 2.89(\mathrm{e}^{-268\times7.60\times10^{-4}} - \mathrm{e}^{-3732\times7.60\times10^{-4}})\ \mathrm{A} = 21.9\times10^{-4}\ \mathrm{A} = 2.19\ \mathrm{mA}$$

**例 4-12** 在受控热核研究中，需要强大的脉冲磁场，它是靠强大的脉冲电流产生的。这种强大的脉冲电流可以由 RLC 放电电路产生。若已知 $U_0 = 15\mathrm{kV}$，$C = 1\,700\ \mu\mathrm{F}$，$R = 6\times10^{-4}\ \Omega$，$L = 6\times10^{-9}\ \mathrm{H}$。试问：

（1）$i(t)$为多少？

（2）$i(t)$在何时达到极大值？求出 $i_{\max}$。

**解** 根据已知参数有

$$\delta = \frac{R}{2L} = 5\times10^4\ \mathrm{s}^{-1}$$

$$\omega = \sqrt{\left(\frac{R}{2L}\right)^2 - \frac{1}{LC}} = \mathrm{j}3.09\times10^5\ \mathrm{rad/s}$$

$$\beta = \arctan\left(\frac{\omega}{\delta}\right) = 1.41\ \mathrm{rad}$$

即特征根为共轭复数，属于振荡放电情况。所以有

（1）电流 $i$ 为

$$i = \frac{U_0}{\omega L}\mathrm{e}^{-\delta t}\sin(\omega t) = 8.09\times10^6\ \mathrm{e}^{-5\times10^4 t}\sin(3.09\times10^5 t)\ \mathrm{A}$$

（2）当 $\omega t=\beta$，即当 $t = \dfrac{\beta}{\omega} = 4.56\ \mu\mathrm{s}$ 时，电流 $i$ 达到极大值

$$i_{\max} = 8.09\times10^6\ \mathrm{e}^{-5\times10^4\times4.56\times10^{-6}}\sin(3.09\times10^5\times4.56\times10^{-6})\ \mathrm{A} = 6.36\times10^6\ \mathrm{A}$$

可见，最大放电电流可达 $6.36\times10^6\ \mathrm{A}$，这是一个比较可观的数值。

在 $R = 0$ 时，$\delta = 0$ 则 $\omega = \omega_0 = \dfrac{1}{\sqrt{LC}}$，$\beta = \dfrac{\pi}{2}$，所以这时 $u_C$、$i$ 和 $u_L$ 的表达式为

$$u_C = U_0\sin\left(\omega_0 t + \frac{\pi}{2}\right)$$

$$i = \frac{U_0}{\omega_0 L}\sin(\omega_0 t) = \frac{U_0}{\sqrt{\dfrac{L}{C}}}\sin(\omega_0 t)$$

$$u_L = -U_0\sin\left(\omega_0 t - \frac{\pi}{2}\right) = U_0\sin\left(\omega_0 t + \frac{\pi}{2}\right) = u_C$$

这时 $u_C$、$i$ 和 $u_L$ 各量都是正弦函数，它们的振幅并不衰减，是一种等幅振荡的放电过程。

尽管实际的振荡电路都是有损耗的，但若仅关心在很短的时间间隔内发生的过程时，则按等幅振荡处理不会带来显著的误差。

# 习　题　4

## 4.1　动态电路的暂态过程及初始值

4-1　题 4-1 图所示电路中开关 S 在 $t$=0 时动作，试求电路在 $t=0_+$ 时刻电压、电流的初始值。

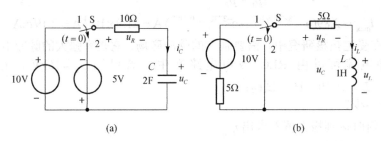

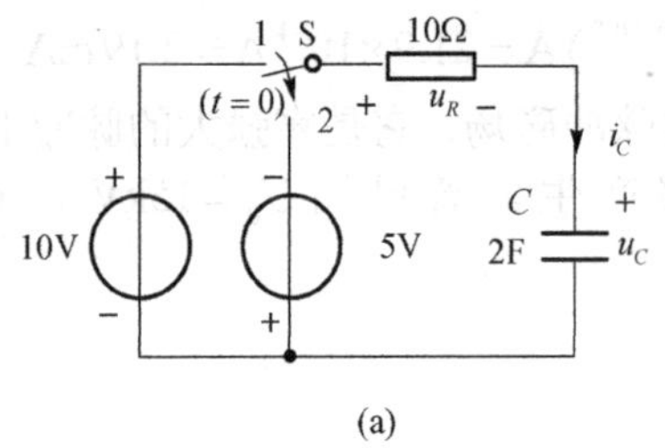


题 4-1 图

4-2　题 4-2 图所示电路中开关 S 在 $t$=0 时动作，试求电路在 $t=0_+$ 时刻电压、电流。已知题 4-2 图(d)中的 $e(t)=100\sin\left(\omega t+\dfrac{\pi}{3}\right)\text{V}$，$u_C(0_-)=20\text{V}$。

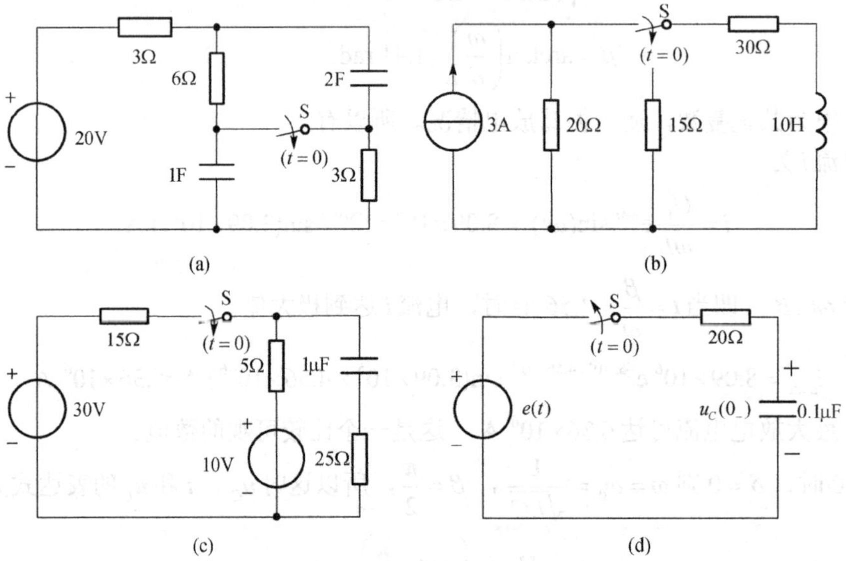


题 4-2 图

## 4.2　一阶电路的零输入响应

4-3　题 4-3 图电路，开关原已闭合很长时间了，$t=0$ 时开关断开，求 $t\geqslant 0$ 时的 $i_L(t)$。

4-4　电路如题 4-4 图所示，$t=0$ 时开关闭合，求 $t\geqslant 0$ 时的 $u_C(t)$。

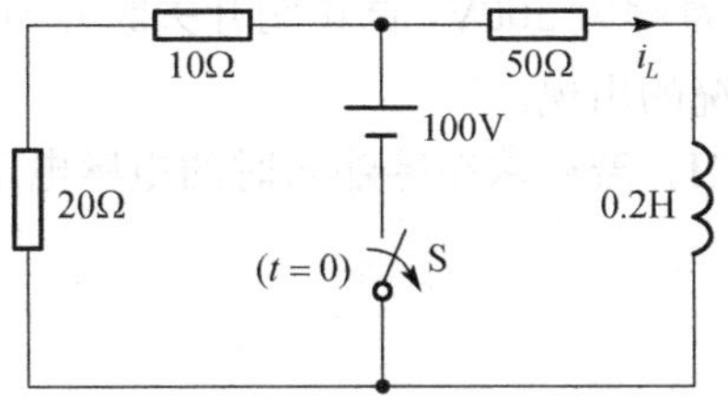


题 4-3 图

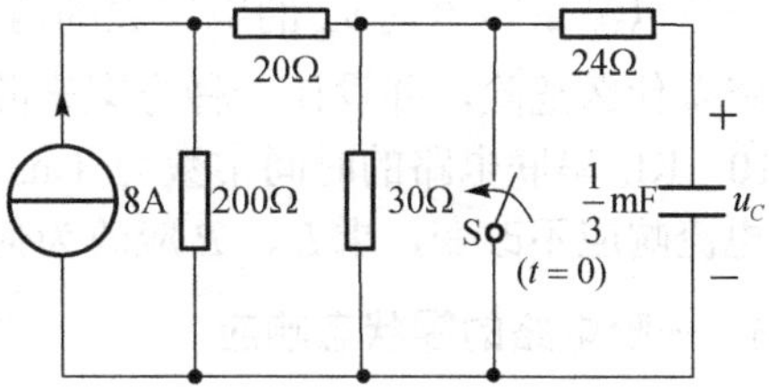


题 4-4 图

4-5　电路如题 4-5 图(a)所示，对所有 $t$，电压源 $u_s$ 波形如(b)所示，求 $u_C(t)$、$i(t)$，$t\geqslant 0$。

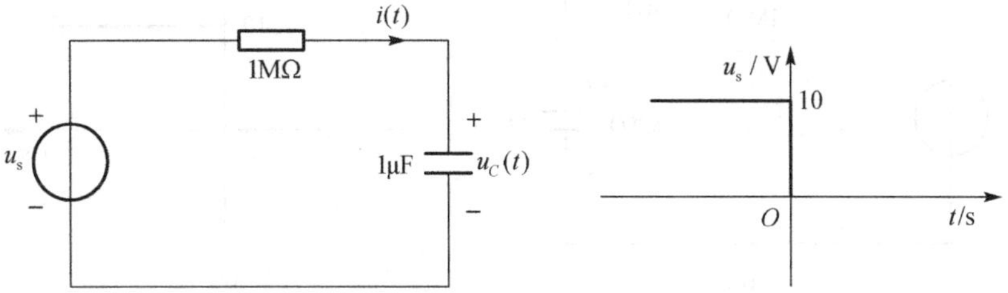


(a)　　(b)

题 4-5 图

4-6　电路如题 4-6 图所示，已知 $u_C(0)=-2\text{V}$，求 $u_C(t)$ 及 $u_R(t)$，$t\geqslant 0$。

4-7　电路如题 4-7 图所示，在 $t=0$ 时开关闭合。已知在 $t=1\text{s}$ 及 $t=2\text{s}$ 时，$u_R(1)=10\text{V}$，$u_R(2)=5.25\text{V}$；$C=20\mu\text{F}$。试求电路的时间常数 $\tau$ 以及 $R$、$u_R(0^+)$。

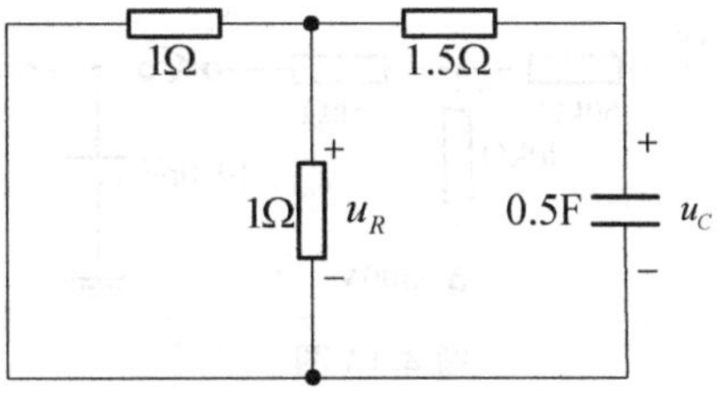


题 4-6 图

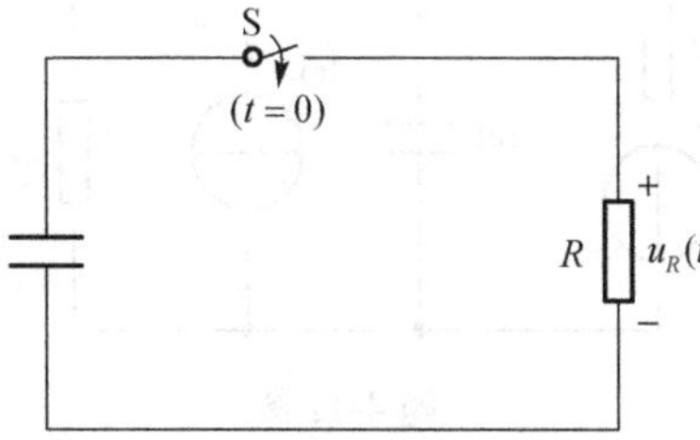


题 4-7 图

4-8　题 4-8 图所示电路中，已知电感电压 $u_{cd}(0^+)=18\text{V}$，求 $u_{ab}(t)$，$t\geqslant 0$。

4-9　（1）如题 4-9 图(a)所示 $RL$ 电路，开关断开切断电源瞬间开关将出现电弧，试加以解释。

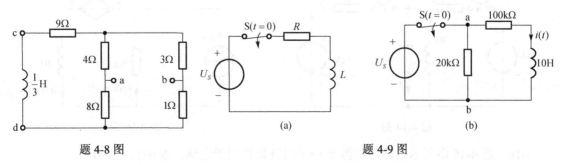

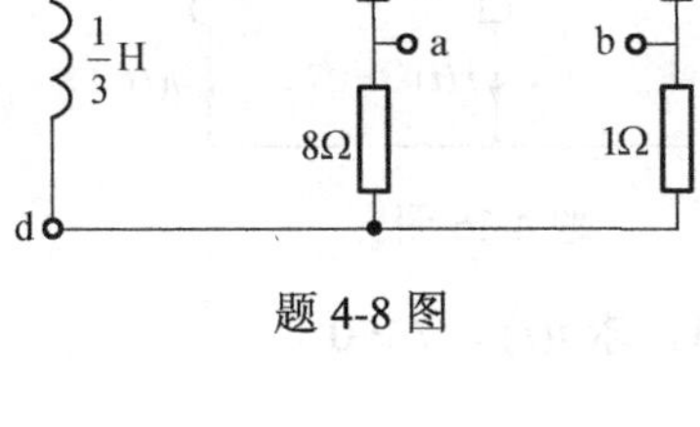


题 4-8 图

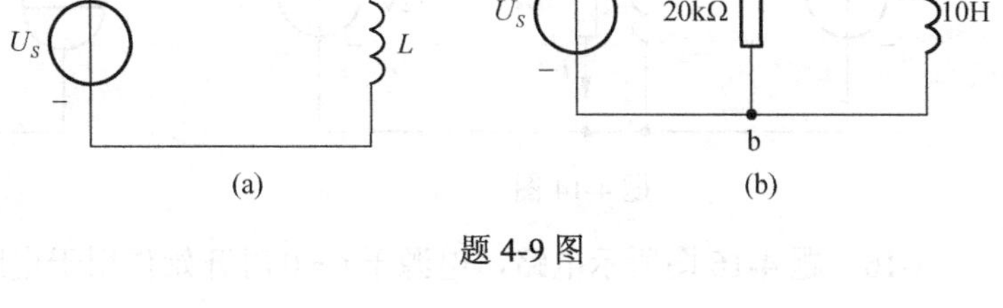


(a)　　(b)

题 4-9 图

（2）题 4-9 图(b)所示电路，在 $t=0$ 时开关断开，试求 $u_{ab}(t)$，$t>0$，$i(0)=2A$；若图中 20kΩ 电阻系一用以测量 $t<0$ 时 $u_{ab}$ 的电压表的内阻，电压表量程为 300V，试说明开关断开的瞬间，电压表将有什么危险，并设计一种方案来防止这种情况的出现。

4-10　RL 串联电路的时间常数为 1ms，电感为 1H。若要求在零输入时的电感电压响应减半而电流响应不改变，求 $L$、$R$ 应改为何值？

### 4.3　一阶电路的零状态响应

4-11　电路如题 4-11 图(a)所示，对所有 $t$，电压源 $u_s$ 波形如题 4-11 图(b)所示，求 $u_C(t)$、$i(t)$，$t\geqslant 0$。

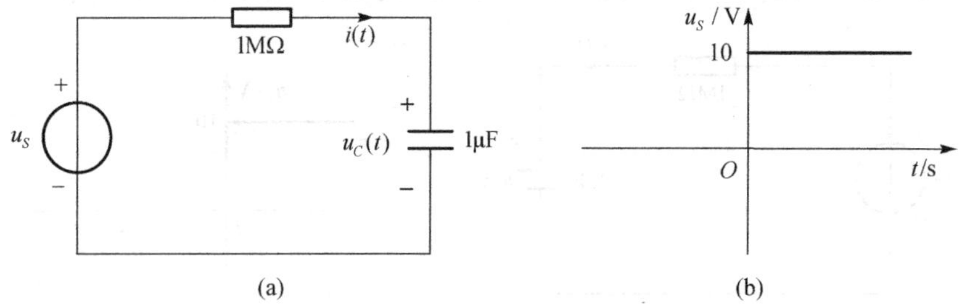


题 4-11 图

4-12　已知题 4-12 图电路中电容电压初始值为零，各电源均在 $t=0$ 时开始作用于电路，求 $i(t)$。

4-13　电路如题 4-13 所示，开关在 $t=0$ 时闭合，求 $t=15\mu s$ 时 $u_a$ 及各支路电流。

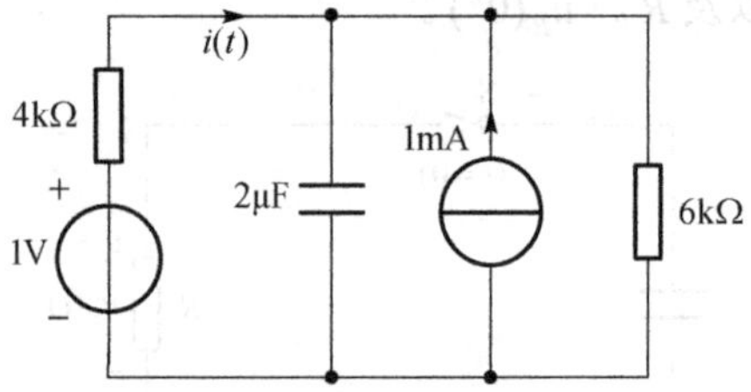


题 4-12 图

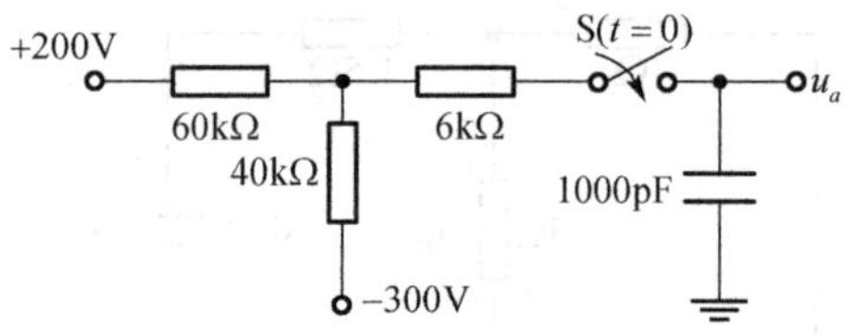


题 4-13 图

4-14　电路如题 4-14 图所示。（1）$t=0$ 时 $S_1$ 闭合（$S_2$ 不闭合），求 $i$，$t\geqslant 0$；（2）若 $t=0$ 时 $S_2$ 闭合（$S_1$ 不闭合），求 $i$，$t\geqslant 0$。

4-15　题 4-14 图所示电路 $t=0$ 时，$S_1$、$S_2$ 同时闭合，求 $i_1$ 和 $i_2$，$t\geqslant 0$。

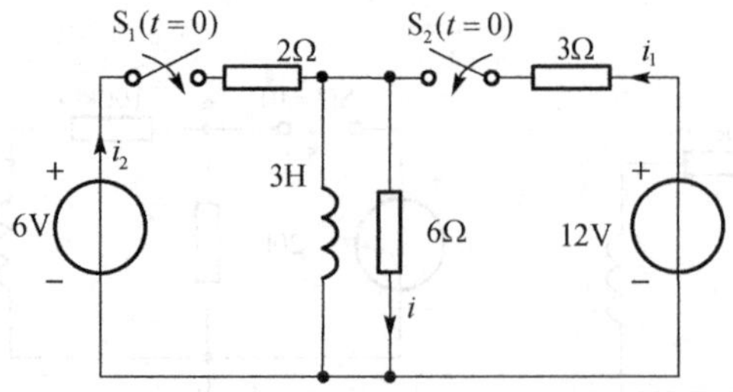


题 4-14 图

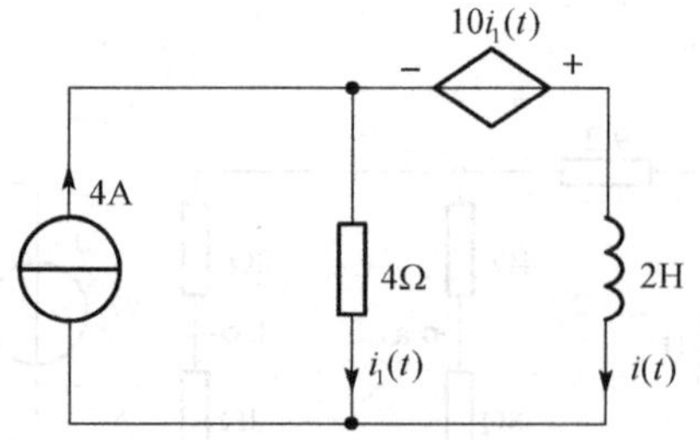


题 4-16 图

4-16　题 4-16 图所示电路，电源于 $t=0$ 时开始作用于电路，求 $i(t)$，$t\geqslant 0$。

## 4.4　一阶电路的全响应

4-17　电路如题 4-17 图所示，开关 S 原在位置 1 已久，$t=0$ 时合向位置 2，求 $u_C(t)$ 和 $i(t)$。

4-18　电路如题 4-18 图所示，开关 S 原在位置 1 已久，$t=0$ 时合向位置 2，求换路后的 $i(t)$ 和 $u_L(t)$。

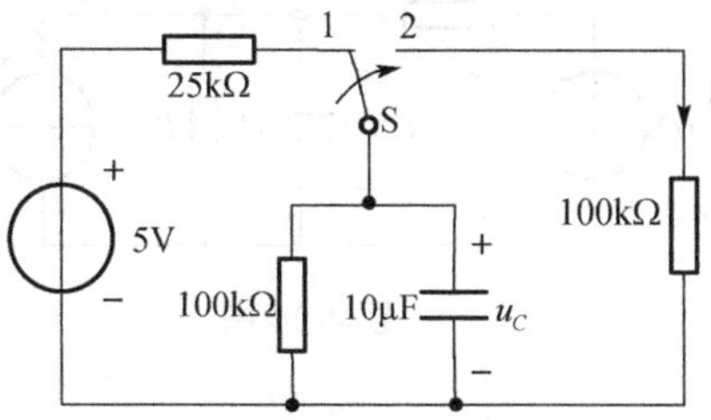


题 4-17 图

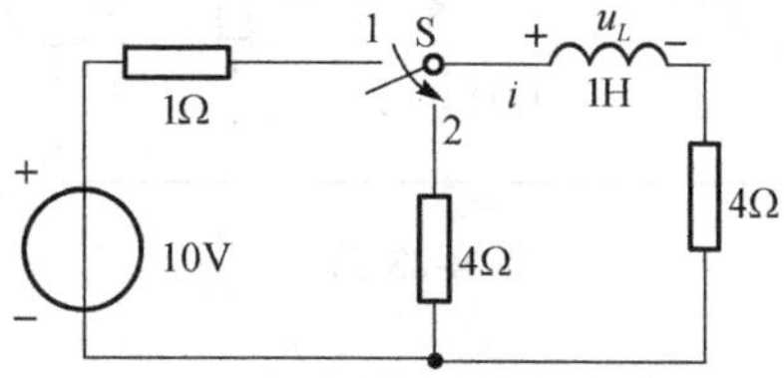


题 4-18 图

4-19　如题 4-19 图所示电路中，若 $t=0$ 时开关闭合，求电流 $i(t)$。

4-20　如题 4-20 图所示电路中，已知电容电压 $u_C(0_-)=10\text{V}$，$t=0$ 时开关 S 闭合，求 $t \geqslant 0$ 时电流 $i(t)$。

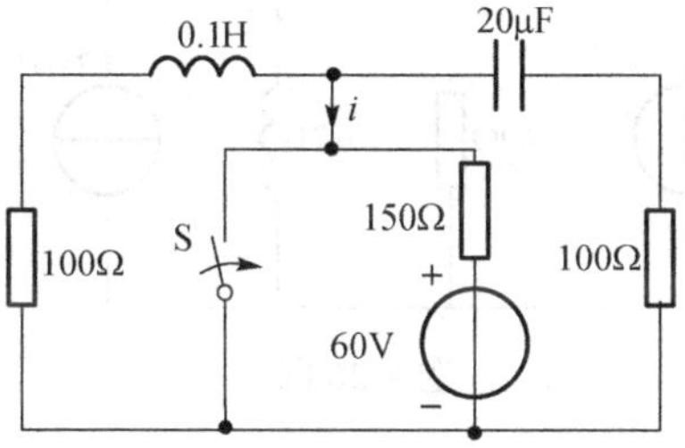


题 4-19 图

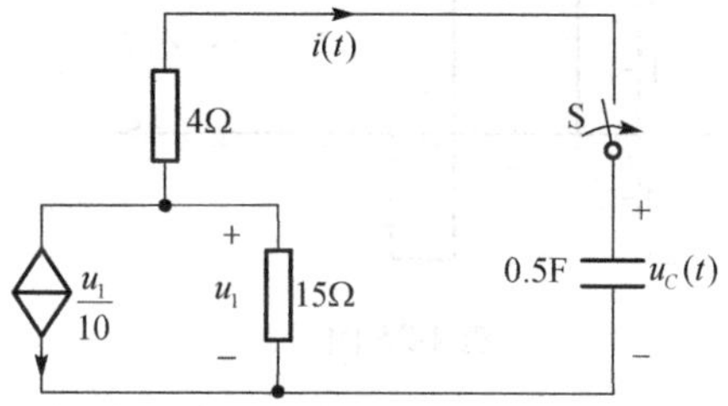


题 4-20 图

4-21　题 4-21 图所示电路开关原合在位置 1，$t=0$ 时开关由位置 1 合向位置 2，求 $t \geqslant 0$ 时电感电压 $u_L(t)$。

4-22　电路如题 4-22 图所示，电压源于 $t=0$ 时开始作用于电路，试求 $i_1(t)$，$t \geqslant 0$。已知受控源参数 $r=2\Omega$。

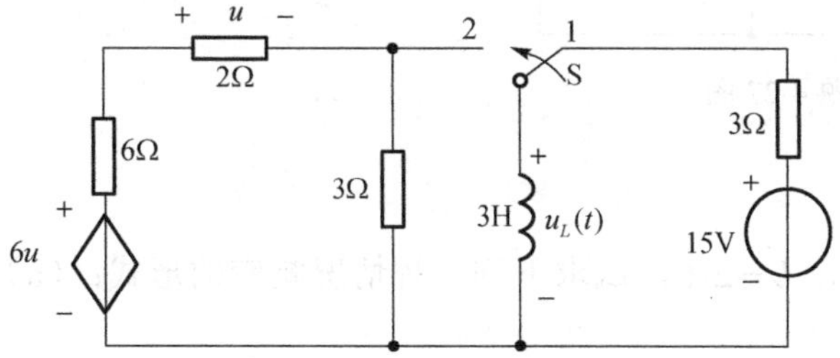


题 4-21 图

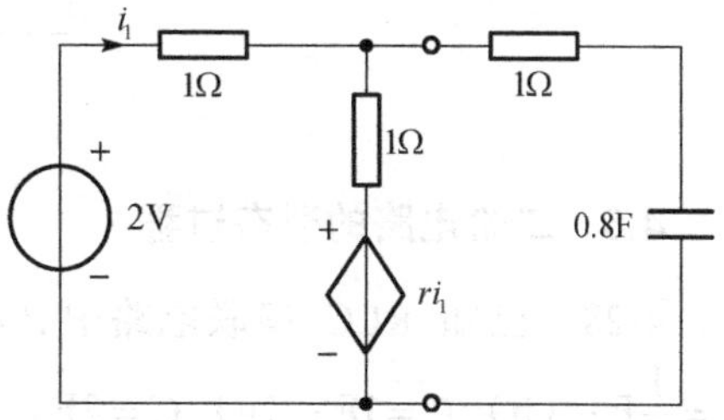


题 4-22 图

4-23　求解题 4-23 图所示电路中，流过 1kΩ 电阻的电流，$t \geqslant 0$。

4-24　题 4-24 图所示电路中，已知当 $u_S(t)=1\text{V}$，$i_S(t)=0$ 时，$u_C(t)=(-2\text{e}^{-2t}+\frac{1}{2})\text{V}$，$t \geqslant 0$；当 $i_S(t)=1\text{A}$，$u_S(t)=0$ 时，$u_C(t)=-\left(\frac{1}{2}\text{e}^{-2t}+2\right)\text{V}$，$t \geqslant 0$。电源在 $t=0$ 时开始作用于电路。

（1）求 $R_1$、$R_2$ 和 $C$；

（2）求电路的全响应。

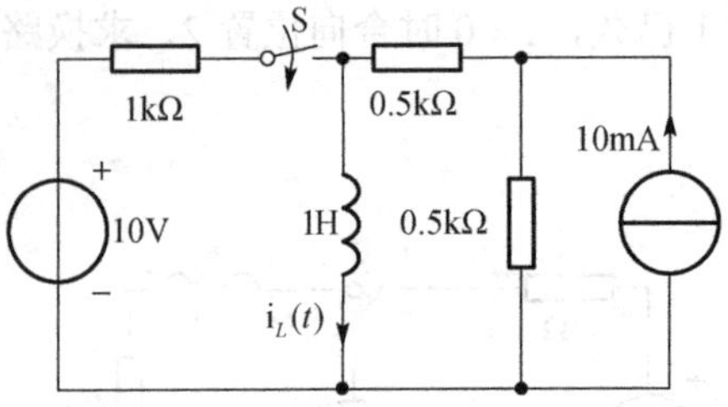


题 4-23 图

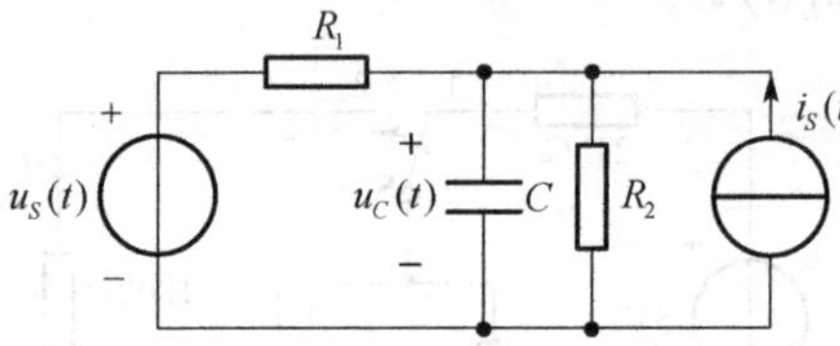


题 4-24 图

## 4.5 一阶电路的阶跃响应

4-25 试用阶跃函数表示题 4-25 图所示波形。

4-26 试求题 4-26 所示电路中阶跃响应 $i(t)$ 和 $i_L(t)$。

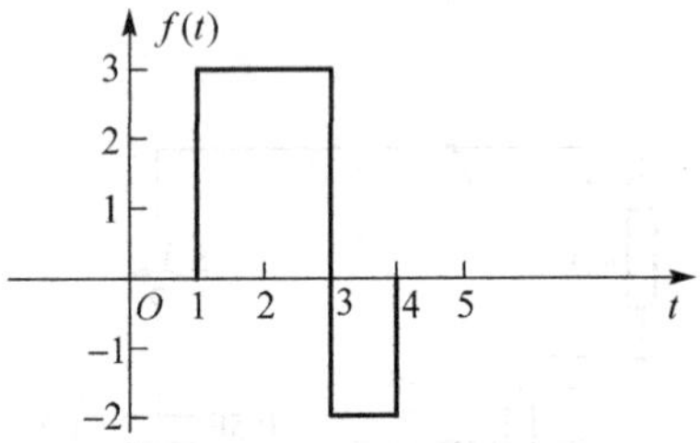


题 4-25 图

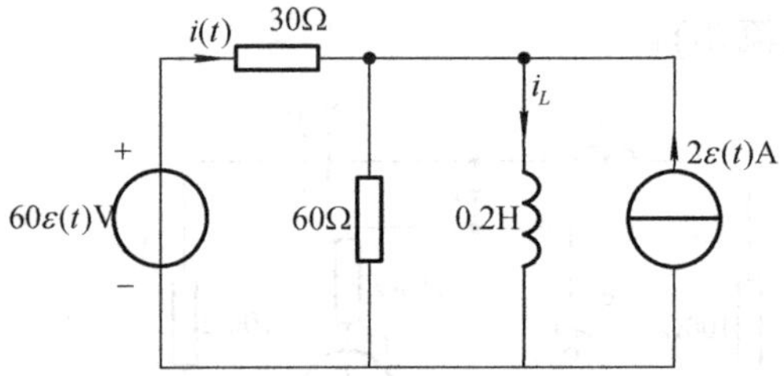


题 4-26 图

4-27 试求题 4-27 图所示电路的阶跃响应 $u_C(t)$、$i_1(t)$。

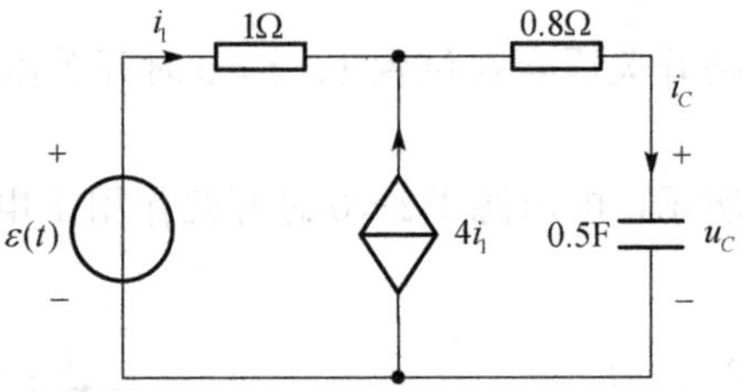


题 4-27 图

## 4.6 二阶电路的暂态过程

4-28 已知 RLC 串联电路中 $R=2\Omega$，$L=2\text{H}$，试求下列三种情况响应的形式：（a）$C=\frac{1}{2}\text{F}$；（b）$C=1\text{F}$；（c）$C=2\text{F}$。

# 第 5 章　相量法和正弦稳态电路分析

通过第 4 章学习我们了解到，含有动态元件的电路其响应包括暂态分量和稳态分量。而稳态分量的形式仅由外施激励决定。如果外施激励为正弦形式，那么稳态分量的形式也将是正弦形式的。

本章将研究在正弦激励下线性电路的稳态特性。首先需要指出，对本章所研究的含有正弦激励的电路而言，暂态过程已经结束，或者说，经过了足够长时间，电路中的响应（电压、电流、电荷、磁链等）均是与正弦激励以相同规律变化的正弦量。这样的电路状态称之为正弦稳态，对应的电路称为正弦稳态电路。

不论是理论分析还是实际应用，或是对后续课程的学习，正弦稳态电路分析都具有极其重要的意义。正弦信号是通信、信号分析与处理中应用得最多的信号形式。许多电子电气设备的设计、性能指标就是按照正弦稳态来考虑的，而且大多数问题都可以用正弦稳态分析的方法来解决。这一章将从正弦量与相量法开始，把前面章节学到的有关直流电路的方法和理论推广到正弦稳态电路。“相量法”是分析正弦稳态电路的基本方法和有力工具，它使正弦稳态电路的分析变得简单和直观，需要熟练掌握。

## 5.1 正　弦　量

随时间按正弦规律变化的电压或电流称为正弦量。对正弦量进行数学描述可以使用 sine 函数，也可以使用 cosine 函数，本书统一采用 cosine 函数。下面以正弦电压为例，说明正弦量的表示方式和各个要素。如图 5-1 所示的正弦电压，其瞬时值可以表示为

$$u = U_m \cos(\omega t + \varphi_u) \tag{5-1}$$

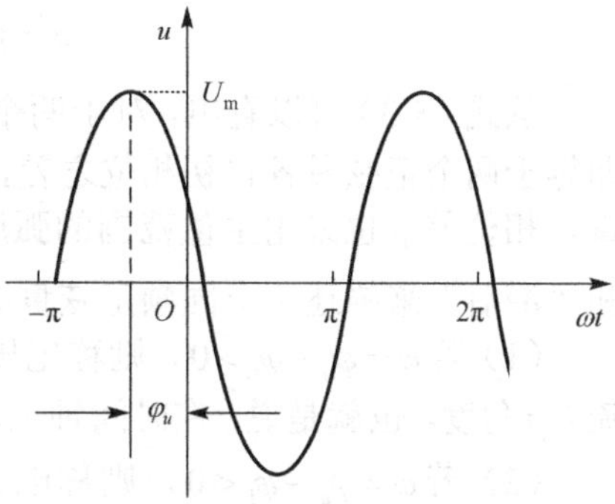


图 5-1　正弦量

### 5.1.1　正弦量的三要素

由式（5-1）可以看出，正弦电压 $u$ 可以由 $U_m$、$\omega$ 和 $\varphi_u$ 来确定，故称这三个为正弦量的三要素。利用正弦量的三要素，可以对不同正弦量进行区分和比较。

（1）$U_m$：电压的最大值或振幅。

$U_m$ 是正弦量在整个振荡过程中所能够达到的最大幅度，即当 $\cos(\omega t + \varphi_u) = 1$ 时，有 $u_{max} = U_m$。

（2）$\omega$：角频率。

设电压变化一个周期所需时间为 $T$，则正弦函数变化一个周期则变化 $2\pi$ 弧度，则

$$\omega = \frac{2\pi}{T} = 2\pi f \tag{5-2}$$

角频率 $\omega$ 的单位是弧度/秒(rad/s)；周期 $T$ 的单位是秒(s)；频率 $f$ 的单位是 1/秒，即赫兹(Hz)。工程上通常以频率来区分电路，如低频电路、高频电路、甚高频电路和微波电路等，均在后续课程中学习。

（3）$\varphi_u$：初相或初相角

$\varphi_u$ 是该正弦量在 $t=0$ 时的相角，即 $(\omega t+\varphi_u)\big|_{t=0}=\varphi_u$。

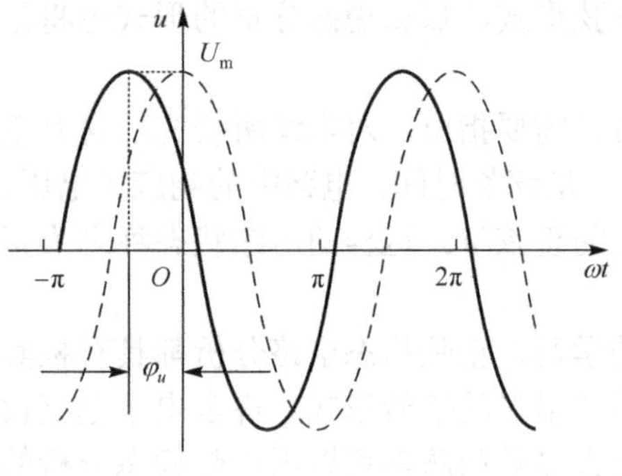


图 5-2　正弦量的初相

式（5-1）所示正弦量用实线画于图 5-2 中，而图 5-2 中虚线所示的正弦量是令式（5-1）中初相为零时的正弦量。显然，式（5-1）所示的正弦量是将虚线所示正弦量向左平移了 $\varphi_u$ 弧度，初相角的单位可以用弧度（rad）或者角度（°）来表示。电路理论中，初相通常在**主值范围**内取值，即 $|\varphi_u|\leqslant 180^\circ$。

初相角 $\varphi_u$ 与计时起点的选择有关。对于一个正弦量，其初相可以任意指定。在正弦稳态电路的计算中，往往有多个相关的正弦量，通常可以指定其中某一个正弦量的初相为零，其他正弦量根据这个指定的计时零点来确定各自的相位。

## 5.1.2　正弦量的相位差

在正弦交流电路的分析过程中，常常需要比较两个相同频率正弦量的相位关系。设任意两个相同频率的正弦电压和电流分别为 $u=U_{\mathrm{m}}\cos(\omega t+\varphi_u)$ 和 $i=I_{\mathrm{m}}\cos(\omega t+\varphi_i)$，它们之间的相位角的差值称为相位差，用 $\varphi$ 表示，则有

$$\varphi=(\omega t+\varphi_u)-(\omega t+\varphi_i)=\varphi_u-\varphi_i \tag{5-3}$$

从式（5-3）可以看出，对于两个同频率的正弦量来说，相位差在任意时刻都是一个常量，即等于两个正弦量各自初相位之差，且与时间无关。相位差是区分两个同频正弦量的重要参量。相位差 $\varphi$ 也采用主值范围的弧度或者角度来表示，即 $|\varphi|\leqslant 180^\circ$。电路中通常使用“超前”和“滞后”来描述两个同频正弦量的相位关系。

（1）若 $\varphi=\varphi_u-\varphi_i>0$，则称电压 $u$ 在相位上超前于电流 $i$ 一个角度 $\varphi$，简称电压 $u$ **超前**电流 $i$ $\varphi$ 角度，也就是说，在时间轴上，电压 $u$ 比电流 $i$ 先达到最大值（或零点），如图 5-3 所示。

（2）若 $\varphi=\varphi_u-\varphi_i<0$，则称电压 $u$ **滞后**电流 $i$。

（3）若 $\varphi=\varphi_u-\varphi_i=0$，即相位差为 0，则称电压 $u$ 与电流 $i$ **同相**。同相的两个正弦量同时达到最大值或同时通过零点，如图 5-4 所示。

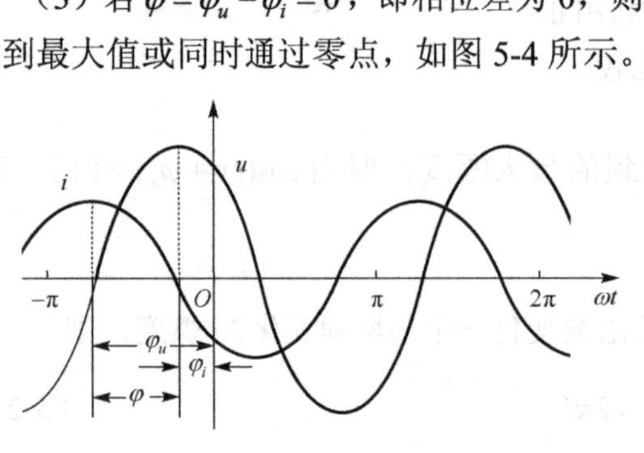


图 5-3　两个同频率正弦量的相位差

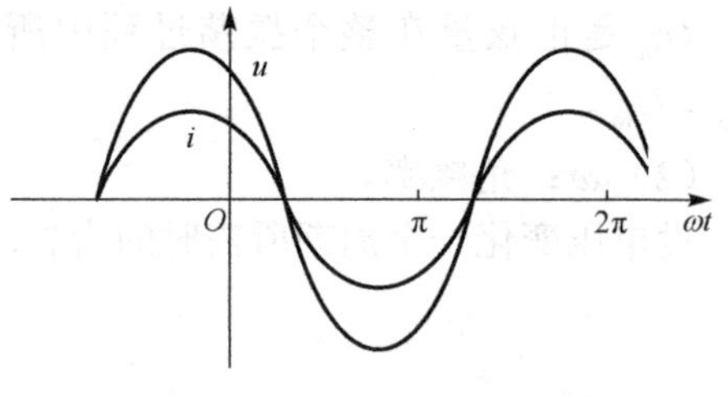


图 5-4　同相的两个正弦量

（4）若$|\varphi|=|\varphi_u-\varphi_i|=\pi/2$，则称电压$u$与电流$i$彼此**正交**，如图5-5所示是$\varphi=-\pi/2$的情况。正交在通信与信号处理中是非常重要的概念，其数学含义是：在一个周期内两个信号积分为0。利用信号的正交性可以实现通信抗干扰和提高网络容量。

（5）若$|\varphi|=|\varphi_u-\varphi_i|=\pi$，则称电压$u$与电流$i$彼此**反相**，如图5-6所示。

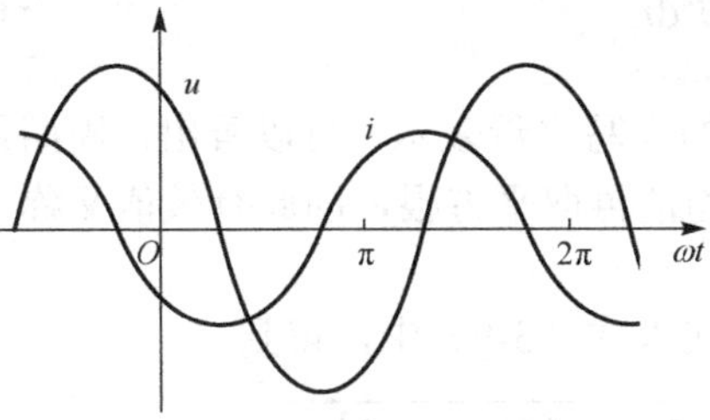


图5-5　正交的两个正弦量

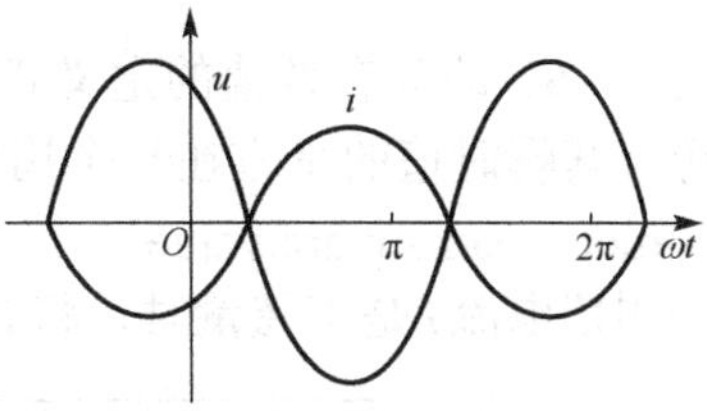


图5-6　反相的两个正弦量

应当注意：

（1）不同频率的两个正弦量之间的相位差不再是一个常数，而是随着时间变化的。今后所讨论的相位差都是指同频率正弦量之间的相位差。

（2）两个正弦量的初相随计时起点的改变而改变，而相位差保持不变；初相和相位差均在主值范围内取值。

（3）比较两个同频率正弦量的相位时，首先应将两者都化为同名函数，且幅值前应为“+”号，再进行比较。

**例5-1**　求下列每组两个正弦量的相位差：

（1）$i_1(t)=10\cos(100\pi t+3\pi/4)$
　　$i_2(t)=5\cos(100\pi t-\pi/2)$

（2）$i_1(t)=5\cos(100\pi t+60^\circ)$
　　$i_2(t)=10\sin(100\pi t-15^\circ)$

（3）$u_1(t)=10\cos(100\pi t+30^\circ)$
　　$u_2(t)=5\cos(200\pi t+45^\circ)$

（4）$i_1(t)=15\cos(100\pi t-30^\circ)$
　　$i_2(t)=-3\cos(100\pi t+30^\circ)$

**解**　对两个正弦量比较相位差时，应满足同频率、同函数、同符号，且在主值范围比较。因此，对于（1），$\varphi=3\pi/4-(-\pi/2)=5\pi/4>\pi$，化到主值区间，有$\varphi_1=5\pi/4-2\pi=-3\pi/4$。对于（2），$i_2(t)=10\cos(100\pi t-105^\circ)$，因此$\varphi_2=60^\circ-(-105^\circ)=165^\circ$。对于（3），注意到$u_1(t)$和$u_2(t)$频率不同，因而不能比较二者的相位差。对于（4），$i_2(t)=3\cos(100\pi t+30^\circ-180^\circ)$ $=3\cos(100\pi t-150^\circ)$，因此$\varphi_4=-30^\circ-(-150^\circ)=120^\circ$。

### 5.1.3　正弦量的有效值

周期电压、电流的瞬时值都随着时间的变化而改变。为了衡量其作用效果，通常引入有效值的概念。以周期电流$i$为例，有效值是指对于同一个电阻$R$，在相同周期内该周期电流$i$通过时产生的焦耳热与某一个直流电流$I$产生的焦耳热相等，即二者热效应相当，则该直流电流$I$即为该周期电流$i$的有效值。

周期电流$i$对电阻$R$提供的平均功率为

$$P=\frac{1}{T}\int_0^T i^2R\mathrm{d}t=\frac{R}{T}\int_0^T i^2\mathrm{d}t \tag{5-4}$$

式中，$T$是周期电流$i$的周期。

而相同周期内，直流电流 $I$ 提供的功率为

$$P = I^2 R \tag{5-5}$$

令式（5-4）和式（5-5）相等，可以解出直流电流 $I$ 为

$$I = \sqrt{\frac{1}{T}\int_0^T i^2 \mathrm{d}t} \tag{5-6}$$

式（5-6）即为有效值的定义式；有效值用对应的大写字母表示。可以看出，周期量的有效值等于其瞬时值的平方在一个周期内的积分的平均值再取平方根，因此有效值又称为均方根值（root-mean-square value）。

当周期电流 $i$ 是正弦量时，将 $i = I_{\mathrm{m}}\cos(\omega t + \varphi_i)$ 代入式（5-9）中，得到

$$I = \sqrt{\frac{1}{T}\int_0^T I_{\mathrm{m}}^2 \cos^2(\omega t + \varphi_i)\mathrm{d}t} = \sqrt{\frac{1}{T}\int_0^T I_{\mathrm{m}}^2 \cdot \frac{1+\cos[2(\omega t + \varphi_i)]}{2}\mathrm{d}t} = \frac{I_{\mathrm{m}}}{\sqrt{2}}$$

于是

$$I = \frac{I_{\mathrm{m}}}{\sqrt{2}} = 0.707 I_{\mathrm{m}} \text{ 或 } I_{\mathrm{m}} = \sqrt{2} I$$

同理，对电压 $u$，有 $U = \frac{1}{\sqrt{2}}U_{\mathrm{m}} = 0.707U_{\mathrm{m}}$ 或者 $U_{\mathrm{m}} = \sqrt{2}U$。

由于正弦量的最大值与有效值之间具有恒定的 $\sqrt{2}$ 倍的关系，因此有效值可以代替最大值作为正弦量的一个要素。正弦量的有效值与相位以及角频率无关。此外，这种 $\sqrt{2}$ 倍的关系只适用于正弦量，而一般不适用于其他形式的周期量。引入有效值的概念以后，可以把正弦量的表达式写成如下形式，如正弦电流 $i$ 可以写成

$$i = \sqrt{2} I \cos(\omega t + \varphi_i)$$

工程上，一般说的正弦电压和正弦电流都是指有效值。例如，交流电气设备上铭牌标示的额定电流、电压的数值，以及交流电压表、电流表的读数都是有效值。而各种电气设备的绝缘水平耐压值，则应该按照最大值考虑。

## 5.2 相量法的基本概念

5.1 节已经指出，一个正弦量是由有效值、（角）频率和初相三个要素决定的。在线性电路中，若激励是正弦量，则电路中的全部稳态响应是与激励相同频率的正弦量。所以，要求解这些稳态响应，只需确定它们的有效值和初相就可以了。

相量法由德国人 C.P. C.P.Shitaiyinmeici 于 1893 年提出，用复数来表示正弦量的有效值和初相，使描述正弦电流电路的微分方程转化为复数代数方程。从后面的分析将会看到，这些代数方程与线性直流电路方程在形式上十分相似，从而使正弦稳态电路的分析变得与线性直流电路分析一样容易。由于相量法将会涉及到复数的运算，因此，在介绍相量法以前，首先简要回顾一下有关复数的基本概念。

### 5.2.1 复数的表示方法

一个复数 $C$ 可以用多种形式表示。复数 $C$ 用代数形式表示为

$$C = a + \mathrm{j}b$$

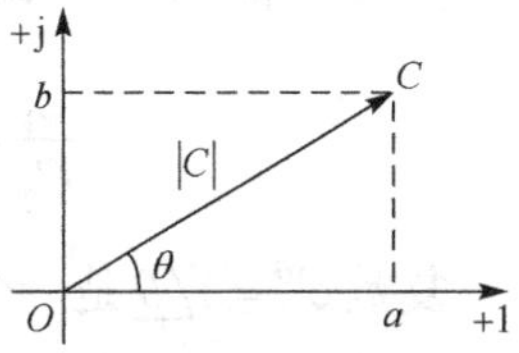


图 5-7 复数的矢量表示

式中，$\mathrm{j} = \sqrt{-1}$ 为虚单位；$a$ 称为复数 $C$ 的实部，$b$ 称为复数 $C$ 的虚部。复数 $C$ 在复平面上是一个坐标点，常使用从原点到该点的矢量表示，如图 5-7 所示。

根据图 5-7 还可以得到复数 $C$ 的三角形式，即

$$C = |C|\cos\theta + \mathrm{j}|C|\sin\theta = |C|(\cos\theta + \mathrm{j}\sin\theta)$$

式中，$|C| = \sqrt{a^2 + b^2}$ 是复数 $C$ 的模；$\theta = \arctan^{-1}(b/a)$ 是复数 $C$ 的辐角。

利用欧拉（Euler）公式

$$\mathrm{e}^{\mathrm{j}\theta} = \cos\theta + \mathrm{j}\sin\theta \qquad (5\text{-}7)$$

可以把复数 $C$ 的三角形式转化为指数形式，即

$$C = |C|\mathrm{e}^{\mathrm{j}\theta}$$

还可以把复数写成极坐标形式，即

$$C = |C|\underline{/\theta}$$

若 $C^*$ 表示复数 $C$ 的共轭复数，则

$$C^* = a - \mathrm{j}b \text{ 或 } C^* = |C|\underline{/-\theta}$$

### 5.2.2 复数的运算

复数的加减法运算可以用代数形式进行。若设 $C_1 = a_1 + \mathrm{j}b_1$，$C_2 = a_2 + \mathrm{j}b_2$，则

$$C_1 \pm C_2 = (a_1 + \mathrm{j}b_1) \pm (a_2 + \mathrm{j}b_2) = (a_1 \pm a_2) + \mathrm{j}(b_1 \pm b_2)$$

复数的加减运算也可以按**平行四边形法则**，在复平面上用矢量的相加和相减来求得，如图 5-8 和图 5-9 所示。

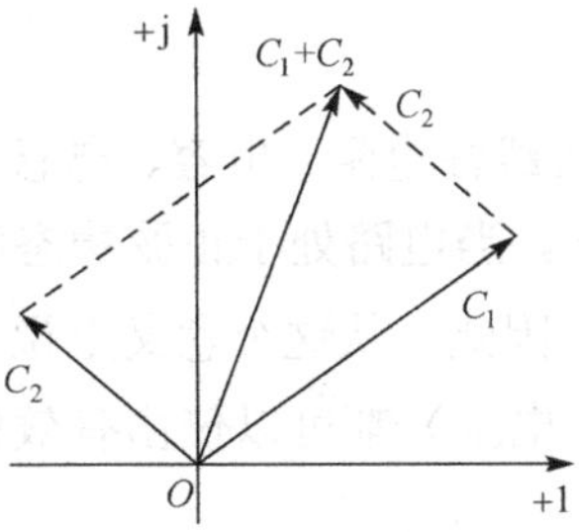


图 5-8 复数的加法

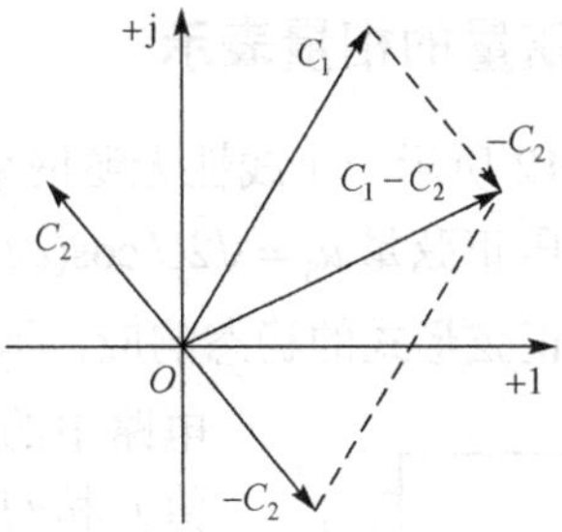


图 5-9 复数的减法

此外，复数的加减法还可以使用**三角形法则**。如图 5-8 所示，首先从原点画出矢量 $C_1$，然后以 $C_1$ 的末端为起点，画出第二个矢量 $C_2$，则和矢量 $C$ 就是从原点指向 $C_2$ 末端的矢量。如果多个复数求和，则和矢量是由第一个矢量始端指向最后一个矢量末端的矢量。图 5-9 还示出了两个矢量相减的情况。

复数的乘、除运算使用指数形式或极坐标形式较为方便，如复数 $C_1$ 乘以 $C_2$，即

$$C_1C_2 = |C_1|\mathrm{e}^{\mathrm{j}\theta_1}|C_2|\mathrm{e}^{\mathrm{j}\theta_2} = |C_1||C_2|\mathrm{e}^{\mathrm{j}(\theta_1+\theta_2)} \text{ 或 } C_1C_2 = |C_1|\underline{/\theta_1} \cdot |C_2|\underline{/\theta_2} = |C_1||C_2|\underline{/\theta_1 + \theta_2}$$

复数$C_1$除以$C_2$，即

$$\frac{C_1}{C_2}=\frac{|C_1|\mathrm{e}^{\mathrm{j}\theta_1}}{|C_2|\mathrm{e}^{\mathrm{j}\theta_2}}=\frac{|C_1|}{|C_2|}\mathrm{e}^{\mathrm{j}(\theta_1-\theta_2)} \text{ 或 } \frac{C_1}{C_2}=\frac{|C_1|\angle\theta_1}{|C_2|\angle\theta_2}=\frac{|C_1|}{|C_2|}\angle\theta_1-\theta_2$$

复数$\mathrm{e}^{\mathrm{j}\theta}=1\angle\theta$是一个模等于 1 而辐角为$\theta$的复数。任一复数$C=|C|\mathrm{e}^{\mathrm{j}\theta}$乘以$\mathrm{e}^{\mathrm{j}\theta}$相当于复数$C$的模不变，而把$C$逆时针旋转$\theta$角度，如图 5-10 所示。所以称$\mathrm{e}^{\mathrm{j}\theta}$为**旋转因子**。

由欧拉公式不难得出，$\mathrm{e}^{\mathrm{j}\pi/2}=\mathrm{j}$，$\mathrm{e}^{-\mathrm{j}\pi/2}=-\mathrm{j}$，$\mathrm{e}^{\pm\mathrm{j}\pi}=-1$。因此$\pm\mathrm{j}$和$-1$都可以视为旋转因子。例如一个复数$C$乘以 j，等于把该复数对应的矢量在复平面上逆时针旋转 90°，如图 5-11 所示。一个复数$C$除以 j（或者乘以$-$j），等于把它在复平面上顺时针旋转 90°。

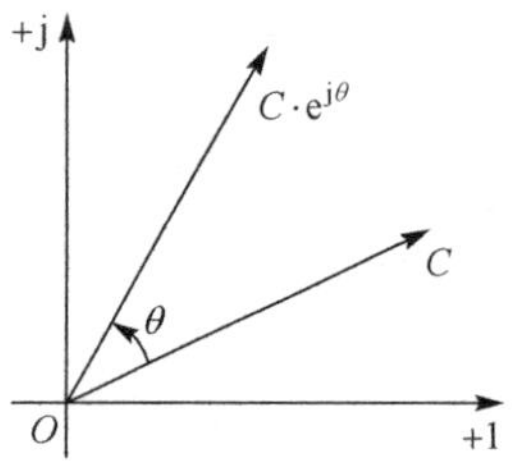


图 5-10 复数的旋转因子

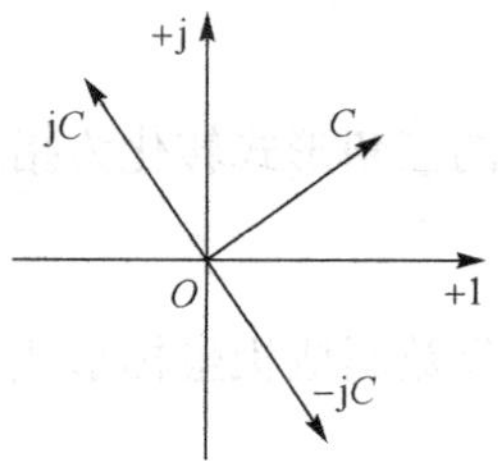


图 5-11 复数乘（除）以 j 的几何意义

**例 5-2** 设$C_1=4+\mathrm{j}3$，$C_2=6\angle 120^\circ$。求$C_1-C_2$和$C_1C_2$。

**解** 使用代数形式计算复数的加减法：

$C_2=6\angle 120^\circ=6(\cos 120^\circ+\mathrm{j}\sin 120^\circ)=-3+\mathrm{j}3\sqrt{3}$，于是$C_1-C_2=(4+\mathrm{j}3)-(-3+\mathrm{j}5.196)$
$=7-\mathrm{j}2.196$。

使用极坐标形式计算复数的乘除法：

$C_1=4+\mathrm{j}3=5\angle 36.9^\circ$，于是$C_1C_2=5\angle 36.9^\circ\cdot 6\angle 120^\circ=30\angle 156.9^\circ=30(\cos 156.9^\circ+\mathrm{j}\sin 156.9^\circ)$
$=-27.6+\mathrm{j}11.8$。

### 5.2.3 正弦量的相量表示

如图 5-12 所示一个线性无源网络 N（网络中可以包含线性电阻、电容、电感和受控源）。设激励为电压正弦量$u_{\mathrm{S}}=\sqrt{2}U\cos(\omega t+\varphi_u)$，响应是电流$i$。当电路处于正弦稳态时，正弦激励总是产生正弦形式的稳态响应，即$i=\sqrt{2}I\cos(\omega t+\varphi_i)$。因此，从这个意义上说，正弦稳态电路中的任何正弦量（电流、电压）都可以仅由有效值（或最大值）和初相来表征。

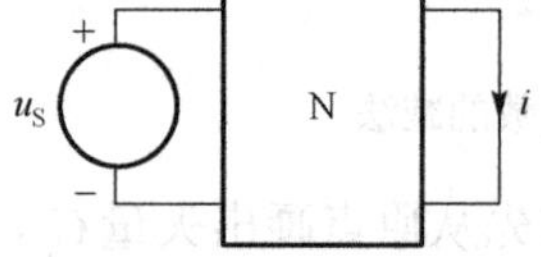


图 5-12 正弦电压激励产生正弦稳态响应电流

根据欧拉公式，令$\theta=\omega t+\varphi$，则

$$\mathrm{e}^{\mathrm{j}(\omega t+\varphi)}=\cos(\omega t+\varphi)+\mathrm{j}\sin(\omega t+\varphi)$$

于是有

$$\cos(\omega t+\varphi)=\mathrm{Re}\left[\mathrm{e}^{\mathrm{j}(\omega t+\varphi)}\right] \text{ 和 } \sin(\omega t+\varphi)=\mathrm{Im}\left[\mathrm{e}^{\mathrm{j}(\omega t+\varphi)}\right]$$

设$u_{\mathrm{S}}=\sqrt{2}U\cos(\omega t+\varphi_u)$，则$u_{\mathrm{S}}$可以写成

$$u_{\mathrm{S}}=\mathrm{Re}\left[\sqrt{2}U\mathrm{e}^{\mathrm{j}(\omega t+\varphi_u)}\right]=\mathrm{Re}\left[\sqrt{2}U\mathrm{e}^{\mathrm{j}\varphi_u}\mathrm{e}^{\mathrm{j}\omega t}\right]=\mathrm{Re}\left[\sqrt{2}\dot{U}\mathrm{e}^{\mathrm{j}\omega t}\right] \quad (5\text{-}8)$$

其中

$$\dot{U}=U\mathrm{e}^{\mathrm{j}\varphi_u}=U\angle\varphi_u \tag{5-9}$$

式（5-9）是与时间无关的复值常数，其模为该正弦电压的有效值，辐角为该正弦电压的初相。在电路理论中，如果一个复数的模等于正弦量的有效值，辐角等于该正弦量的初相角，则称此复数称为该正弦量的**相量**（phasor）。因此，式（5-9）$\dot{U}$ 称为正弦电压 $u_{\mathrm{S}}$ 的相量。同理，也有正弦电流相量 $\dot{I}=I\angle\varphi_i$。相量是复数，与一个正弦量对应，因此，为了与一般复数区别开来，在相量所表示的字母上端加一个点“·”。

由于正弦量的幅值 $U_{\mathrm{m}}$ 与有效值 $U$ 之间满足 $U_{\mathrm{m}}=\sqrt{2}U$，故式（5-8）还可以写作

$$u_{\mathrm{S}}=\mathrm{Re}\left[\sqrt{2}U\mathrm{e}^{\mathrm{j}\varphi_u}\mathrm{e}^{\mathrm{j}\omega t}\right]=\mathrm{Re}\left[\dot{U}_{\mathrm{m}}\mathrm{e}^{\mathrm{j}\omega t}\right]$$

其中

$$\dot{U}_{\mathrm{m}}=U_{\mathrm{m}}\mathrm{e}^{\mathrm{j}\varphi_u}=U_{\mathrm{m}}\angle\varphi_u \tag{5-10}$$

式中，$\dot{U}_{\mathrm{m}}$ 为正弦电压 $u_{\mathrm{S}}$ 的振幅相量（或幅值相量）；对应地，称 $\dot{U}$ 为有效值相量。振幅相量用下标“m”与有效值相量加以区分。同理，电流振幅相量用 $\dot{I}_{\mathrm{m}}=I_{\mathrm{m}}\angle\varphi_i$ 表示。

正弦量与相量之间的转换非常简单，如已知 $i=50\sqrt{2}\cos(314t+30^\circ)$ A，则该正弦电流对应的相量为 $\dot{I}=50\angle 30^\circ$ A 或 $\dot{I}_{\mathrm{m}}=50\sqrt{2}\angle 30^\circ$ A。

相量同复数一样，可以在复平面上以矢量来表示。这种把相量在复平面上表示出来的图形称为**相量图**。上述正弦电流 $i$ 对应的相量 $\dot{I}$ 的相量图如图 5-13 所示。

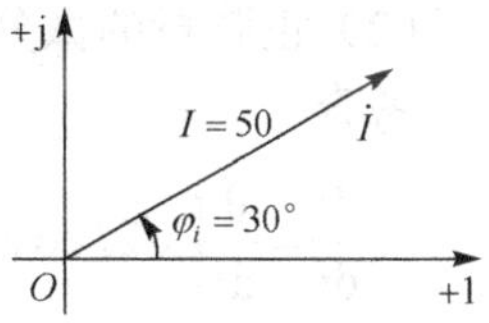

图 5-13　相量 $\dot{I}$ 的相量图

有关相量的概念，还应该注意：

（1）求解一个正弦量的相量，应使用 cosine 函数，并且幅值前应为“+”号；

（2）相量只是表示正弦量，二者之间是对应的关系，不能认为相量等于正弦量。如下面写法就是错误的：

$$i=I_m\sin(\omega t+\varphi_i)=I_m\angle\varphi_i \quad (\times)$$

（3）只有同频率的正弦量才能画在同一相量图上。

**网络资源** 欲了解更多关于相量的知识，参见书末“网络资源”。

**例 5-3**　已知 $i=141.4\cos(314t+30^\circ)\mathrm{A}$，$u=-311.1\sin(314t-60^\circ)\mathrm{V}$。试用相量表示 $i$ 和 $u$。

**解**　先将 $u$ 化成标准正弦形式

$$u=-311.1\cos(314t-60^\circ-90^\circ)=311.1\cos(314t-60^\circ-90^\circ+180^\circ)=311.1\cos(314t+30^\circ)\mathrm{V}$$

根据相量的定义直接写出 $\dot{I}=100\angle 30^\circ$ A，$\dot{U}=220\angle 30^\circ$ V。

**例 5-4**　已知 $\dot{I}=50\angle 15^\circ$ A，$f=50\mathrm{Hz}$。试写出正弦电流 $i$ 的瞬时表达式。

**解**　正弦电流 $i$ 的有效值为 50A，初相为 $15^\circ$，频率为 50Hz，则得 $\omega=2\pi f=314\mathrm{rad/s}$，可得正弦电流 $i$ 的瞬时值表达式为 $i=50\sqrt{2}\cos(314t+15^\circ)$ A。

需要注意的是，根据相量形式写出正弦量瞬时表达式时，需要知道角频率 $\omega$。

### 5.2.4 相量的运算规则

为了在运算规则证明中使用统一的变量符号，令 $i_k=\sqrt{2}I_k\cos(\omega t+\varphi_{i_k})$，$k=1,2,\cdots,n$，设 $i=\sqrt{2}I\cos(\omega t+\varphi_i)=\sum_{k=1}^{n}i_k$。

（1）同频率正弦量代数和仍是一个同频率的正弦量

因为

$$i=\sum_{k=1}^{n}i_k=\sum_{k=1}^{n}\mathrm{Re}\left[\sqrt{2}I_k\mathrm{e}^{\mathrm{j}(\omega t+\varphi_{i_k})}\right]=\sum_{k=1}^{n}\mathrm{Re}\left[\sqrt{2}\dot{I}_k\mathrm{e}^{\mathrm{j}\omega t}\right]=\mathrm{Re}\left[\sqrt{2}\left(\sum_{k=1}^{n}\dot{I}_k\right)\mathrm{e}^{\mathrm{j}\omega t}\right]$$

令 $i=\mathrm{Re}\left[\sqrt{2}\dot{I}\mathrm{e}^{\mathrm{j}\omega t}\right]$，则

$$i=\mathrm{Re}\left[\sqrt{2}\dot{I}\mathrm{e}^{\mathrm{j}\omega t}\right]=\mathrm{Re}\left[\sqrt{2}\left(\sum_{k=1}^{n}\dot{I}_k\right)\mathrm{e}^{\mathrm{j}\omega t}\right]$$

上式对任意 $t$ 都成立，故有

$$\dot{I}=\sum_{k=1}^{n}\dot{I}_k=I_1\underline{/\varphi_1}+I_2\underline{/\varphi_2}+\cdots+I_n\underline{/\varphi_n}$$

（2）正弦量的微分

考查

$$\frac{\mathrm{d}i}{\mathrm{d}t}=\frac{\mathrm{d}}{\mathrm{d}t}\left[\sqrt{2}I\cos(\omega t+\varphi_i)\right]=\frac{\mathrm{d}}{\mathrm{d}t}\left(\mathrm{Re}\left[\sqrt{2}\dot{I}\mathrm{e}^{\mathrm{j}\omega t}\right]\right)=\mathrm{Re}\left[\frac{\mathrm{d}}{\mathrm{d}t}\left(\sqrt{2}\dot{I}\mathrm{e}^{\mathrm{j}\omega t}\right)\right]=\mathrm{Re}\left[\sqrt{2}(\mathrm{j}\omega\dot{I})\mathrm{e}^{\mathrm{j}\omega t}\right]$$

上式结果表明：正弦量的微分仍是一个同频率的正弦量，该正弦量对应的相量等于原相量乘以因子 $\mathrm{j}\omega$，即 $\frac{\mathrm{d}i}{\mathrm{d}t}$ 对应的相量为

$$\mathrm{j}\omega\dot{I}=\mathrm{j}\omega I\underline{/\varphi_i}=\omega I\underline{/\varphi_i+90^\circ}$$

即所得相量的模是原相量的 $\omega$ 倍，相位超前于原相量 $90^\circ$。

（3）正弦量的积分

考查

$$\int i\mathrm{d}t=\int\sqrt{2}I\cos(\omega t+\varphi_i)\mathrm{d}t=\int\mathrm{Re}\left[\sqrt{2}\dot{I}\mathrm{e}^{\mathrm{j}\omega t}\right]\mathrm{d}t=\mathrm{Re}\left[\int\sqrt{2}\dot{I}\mathrm{e}^{\mathrm{j}\omega t}\mathrm{d}t\right]=\mathrm{Re}\left[\sqrt{2}\left(\frac{1}{\mathrm{j}\omega}\dot{I}\right)\mathrm{e}^{\mathrm{j}\omega t}\right]$$

上式结果表明：正弦量的积分仍是一个同频率的正弦量，该正弦量对应的相量等于原相量除以因子 $\mathrm{j}\omega$，即 $\int i\mathrm{d}t$ 对应的相量为

$$\frac{1}{\mathrm{j}\omega}\dot{I}=\frac{1}{\mathrm{j}\omega}I\underline{/\varphi_i}=\frac{I}{\omega}\underline{/\varphi_i-90^\circ}$$

即，所得相量的模是原相量的 $1/\omega$ 倍，相位滞后于原相量 $90^\circ$。

从上述运算规则可见，采用相量法表示正弦量，正弦量对时间的微分或积分运算可以转化为该正弦量对应的相量用乘以或除以因子 $\mathrm{j}\omega$ 来实现。这对正弦稳态电路的分析和求解带来极大方便。

**例 5-5** 已知正弦电压 $u_1 = 110\sqrt{2}\cos(314t + \frac{2}{3}\pi)\text{V}$，$u_2 = 220\sqrt{2}\cos(314t + \frac{\pi}{4})\text{V}$。求 $u_1 + u_2$。

**解** $u_1$ 和 $u_2$ 为两个同频正弦量，设和电压 $u$ 的表达式为 $u = \sqrt{2}U\cos(314t + \varphi_u)$ V，对应相量为 $\dot{U} = U\,\underline{/\varphi_u}$，则

$$\dot{U} = \dot{U}_1 + \dot{U}_2 = 110\,\underline{/2\pi/3} + 220\,\underline{/\pi/4} = (-55 + \text{j}55\sqrt{3}) + (110\sqrt{2} + \text{j}110\sqrt{2})$$
$$= 100.6 + \text{j}250.8 = 270.2\,\underline{/68.1^\circ}\ \text{V}$$

故 $u = u_1 + u_2 = 270.2\sqrt{2}\cos(314t + 68.1^\circ)\text{V}$。

上述结果也可以利用图 5-14 所示的相量图来求得，运算规则仍然符合矢量相加的平行四边形法则或三角形法则。

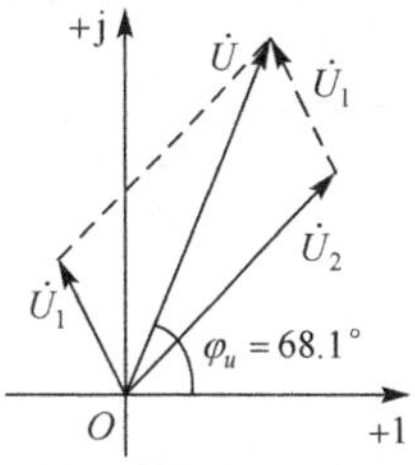


图 5-14 用相量图求解 $\dot{U}_1 + \dot{U}_2$

# 5.3 电路定律的相量形式

通过 5.2 节研究，我们得到了一个重要结论：线性电路在正弦激励下，电路中的全部稳态响应都是与激励同频率的正弦量。因此，对电路列写的 KCL、KVL 方程中各个电流和电压项也都是同一频率的正弦量。本节将给出电路基本定律的相量形式，包括欧姆定律和基尔霍夫定律的相量形式。这样，我们就可以直接利用相量法列写相量形式的电路方程。

## 5.3.1 欧姆定律的相量形式

在线性直流电路中，用欧姆定律描述电阻两端电压和电阻中电流的关系。在正弦稳态电路中，$R$、$L$、$C$ 的电压和电流都是同频率的正弦量，这些电路元件的 VCR 均可以用相量法来表示。这样，用相量表示正弦稳态电路中电路元件（$R$、$L$、$C$）的 VCR，就把欧姆定律推广到了相量形式。

（1）电阻元件

电阻元件是最简单的一种情况。如图 5-15(a)所示，按照图中电压和电流的参考方向，当有正弦电流 $i_R = \sqrt{2}I_R\cos(\omega t + \varphi_i)$ 通过电阻 $R$ 时，其端电压为 $u_R = \sqrt{2}U_R\cos(\omega t + \varphi_u)$，由欧姆定律得

$$u_R = \sqrt{2}U_R\cos(\omega t + \varphi_u) = \sqrt{2}RI_R\cos(\omega t + \varphi_i)$$

设电压相量为 $\dot{U}_R = U_R\,\underline{/\varphi_u}$，则

$$\dot{U}_R = RI_R\,\underline{/\varphi_i} = R\dot{I}_R$$

图 5-15 电阻元件上的电压和电流

或者

$$\begin{cases} U_R = RI_R \\ \varphi_u = \varphi_i \end{cases}$$

可见，电压和电流有效值的关系仍符合线性直流电路的欧姆定律；而辐角相等，说明电阻上的电压与电流同相。图 5-15(b)所示为电阻元件 $R$ 的相量模型，它与时域中电阻元件符号相同，并且参考方向标注方法也完全一致，区别仅在于将时域电压 $u_R$ 和电流 $i_R$ 分别写为相量电压 $\dot{U}_R$ 和相量电流 $\dot{I}_R$。电阻元件上电压 $u_R$、电流 $i_R$ 的时域波形和相量图分别示于图 5-16(a)和(b)中。

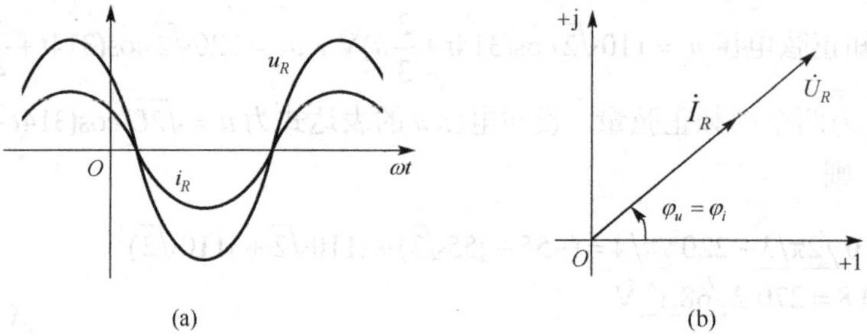


图 5-16　电阻元件上电压和电流的波形和相量图

（2）电感元件

当正弦电流通过电感 $L$ 时，电感两端将会产生感应电压，如图 5-17(a)所示，按照图中指定的电压和电流的参考方向，当有正弦电流 $i_L=\sqrt{2}I_L\cos(\omega t+\varphi_i)$ 通过电感 $L$ 时，设其电压为 $u_L=\sqrt{2}U_L\cos(\omega t+\varphi_u)$。根据电感的 VCR，有

$$u_L=L\frac{\mathrm{d}i_L}{\mathrm{d}t}=-\sqrt{2}\omega LI_L\sin(\omega t+\varphi_i)=\sqrt{2}\omega LI_L\cos(\omega t+\varphi_i+90^\circ)$$

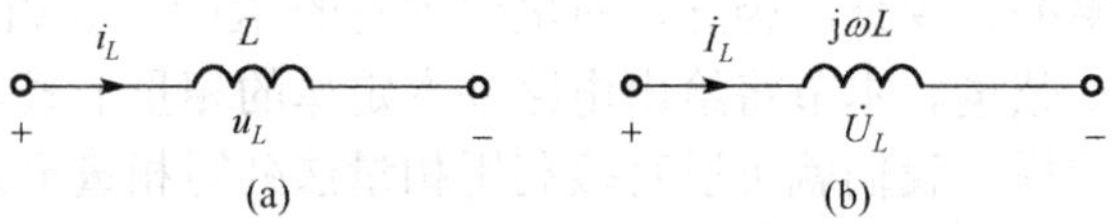


图 5-17　电感元件上的电压和电流

设电压相量为 $\dot{U}_L=U_L\underline{/\varphi_u}$，对比 $u_L$ 的表达式，可得

$$\dot{U}_L=\mathrm{j}\omega L\dot{I}_L$$

或者

$$\begin{cases}U_L=\omega LI_L\\ \varphi_u=\varphi_i+90^\circ\end{cases}$$

可见，在正弦稳态电路中，电感两端电压在相位上超前于电流 90°。而电感 $L$ 上电压和电流的有效值与角频率 $\omega$ 有关，形式上类似于欧姆定律。乘积 $\omega L$ 具有电阻的量纲[Ω]，这是因为

$$[\omega L]=[2\pi fL]=[fL]=\left[\frac{1}{\mathrm{s}}\cdot\frac{\mathrm{Wb}}{\mathrm{A}}\right]=\left[\frac{1}{\mathrm{s}}\cdot\frac{\mathrm{V\cdot s}}{\mathrm{A}}\right]=[\Omega]$$

定义 $X_L=\omega L$ 为**感抗**；$B_L=-1/\omega L$ 为**感纳**，其单位与电导相同，为 S。可以看出，电感两端电压有效值 $U_L$ 是随频率变化的：当 $\omega=0$ 时，感抗 $X_L=\omega L=0$，电感相当于短路，这与前面学过的直流电路中电感的性质一致；当 $\omega\to\infty$ 时，感抗 $X_L=\omega L\to\infty$，电感相当于开路。因此，可以说电感具有“通低频阻高频”的作用。电子设备中的扼流圈（镇流器）和滤波电路中的电感线圈，就是利用这一特点来限制交流和稳定直流的。

图 5-17(b)所示为电感元件的相量模型，它与时域中电感元件符号相同，并且参考方向标注方法也完全一致，区别除了将时域电压 $u_L$ 和电流 $i_L$ 分别写为相量电压 $\dot{U}_L$ 和相量电流 $\dot{I}_L$ 之外，还需要将电感元件参数写成 $\mathrm{j}\omega L$ 的形式。电感 $L$ 上电压 $u_L$、电流 $i_L$ 的时域波形和相量图分别示于图 5-18(a)和(b)中。

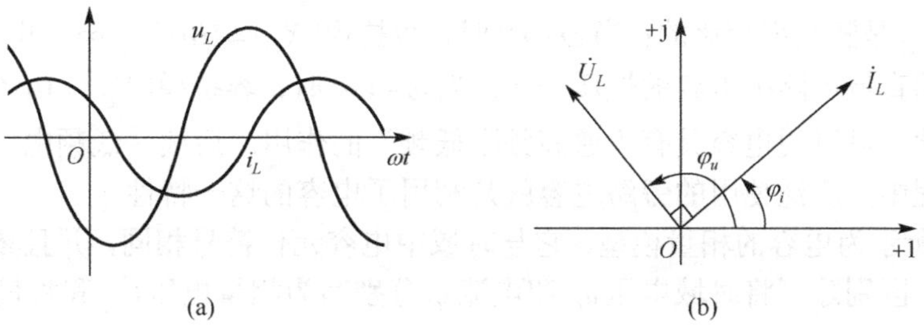


图 5-18　电感元件上电压和电流的波形和相量图

（3）电容元件

当正弦电压加在电容 $C$ 两端时，电容中将会产生电流，如图 5-19(a)所示，按照图中指定的电压和电流的参考方向，当有正弦电压 $u_C=\sqrt{2}U_C\cos(\omega t+\varphi_u)$ 加于电容 $C$ 时，设其电流为 $i_C=\sqrt{2}I_C\cos(\omega t+\varphi_i)$。根据电容的 VCR，有

$$i_C=C\frac{\mathrm{d}u_C}{\mathrm{d}t}=-\sqrt{2}\omega CU_C\sin(\omega t+\varphi_u)=\sqrt{2}\omega CU_C\cos(\omega t+\varphi_u+90°)$$

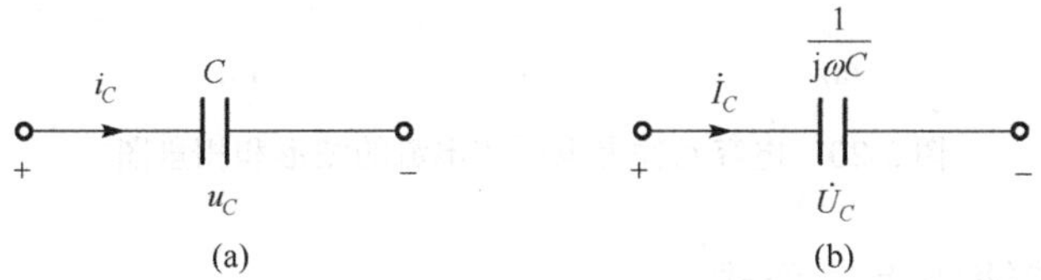


图 5-19　电容元件上的电压和电流

设电流相量为 $\dot{I}_C=I_C\underline{/\varphi_i}$，对比 $i_C$ 的表达式，可得

$$\dot{I}_C=\mathrm{j}\omega C\dot{U}_C$$

也即

$$\dot{U}_C=-\mathrm{j}\frac{1}{\omega C}\dot{I}_C$$

或者

$$\begin{cases}U_C=\dfrac{1}{\omega C}I_C\\ \varphi_u=\varphi_i-90°\end{cases}$$

可见，在正弦稳态电路中，电容电流在相位上超前于电压 90°。而电容 $C$ 上电压和电流的有效值与角频率 $\omega$ 有关，形式上亦类似于欧姆定律。乘积 $-\dfrac{1}{\omega C}$ 具有电阻的量纲[Ω]，这是因为

$$\left[\frac{1}{\omega C}\right]=\left[\frac{1}{fC}\right]=\left[\frac{T}{C}\right]=\left[\mathrm{s}\cdot\frac{\mathrm{V}}{\mathrm{C}}\right]=\left[\mathrm{s}\cdot\frac{\mathrm{V}}{\mathrm{A}\cdot\mathrm{s}}\right]=[\Omega]$$

注意：斜体的 $C$ 表示电容，非斜体的 C 表示电量的单位：库仑。

定义 $X_C=-\dfrac{1}{\omega C}$ 为**容抗**；$B_C=\omega C$ 为**容纳**，其单位与电导相同，为 S。可以看出，电容两

端电压有效值$U_C$是随频率变化的；当$\omega \to 0$时，容抗模$|X_C| = 1/\omega C \to \infty$，电容相当于开路，这与前面学过的直流电路中电容的性质一致；当$\omega \to \infty$时，容抗模$|X_C| = 1/\omega C \to 0$，电容相当于短路。因此，可以说电容具有“通高频阻低频”的作用。后续《低频电子线路》、《高频电子线路》课程中，广泛使用的旁路电容就是利用了电容的这一特性。

图 5-19(b)所示为电容的相量模型，它与时域中电容元件符号相同，并且参考方向标注方法也完全一致，区别除了将时域电压$u_C$和电流$i_C$分别写为相量电压$\dot{U}_C$和相量电流$\dot{I}_C$之外，还需要将电容元件参数写成$\dfrac{1}{\mathrm{j}\omega C}$或者$-\mathrm{j}\dfrac{1}{\omega C}$的形式。电容$C$上电压$u_C$、电流$i_C$的时域波形和相量图分别示于图 5-20(a)和(b)中。

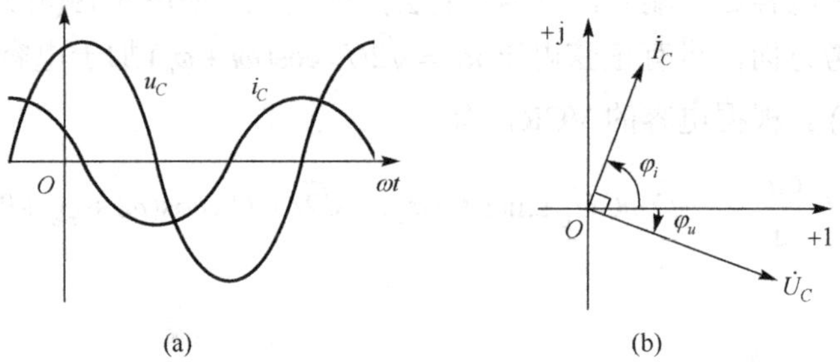


图 5-20　电容元件上电压和电流的波形和相量图

### 5.3.2　基尔霍夫定律的相量形式

下面讨论 KCL 和 KVL 的相量形式。

在集总电路中，在任意时刻，对任一结点，恒满足 KCL，即

$$\sum i_k(t) = 0 \tag{5-11}$$

其中$i_k(t) = \sqrt{2} I_k \cos(\omega t + \varphi_{i_k})$，即所有支路的电流都是同频正弦量。

注意到

$$\sum i_k(t) = \sum \mathrm{Re}\left[\sqrt{2}(\dot{I}_k)\mathrm{e}^{\mathrm{j}\omega t}\right] = \mathrm{Re}\left[\sqrt{2}(\sum \dot{I}_k)\mathrm{e}^{\mathrm{j}\omega t}\right] = 0$$

因此有

$$\sum \dot{I}_k = 0$$

上式表明，在任意时刻，对任一结点上同频正弦电流对应相量的代数和为 0。

同理，对于 KVL，有

$$\sum \dot{U}_k = 0 \tag{5-12}$$

上式表明，在任意时刻，对任一回路中同频正弦电压对应相量的代数和为 0。

此外，电路含有线性受控源时，如果受控源的控制量是正弦量时，则被控量也将是同频率的正弦量。这种情况同样可以用相量法来处理，以 VCVS 为例，设在时域中有$u_k = \mu u_j$，则其对应的相量形式为$\dot{U}_k = \mu \dot{U}_j$。其他形式的受控源处理方式与此类似。

利用 KCL 和 KVL 求解电路时，有时会对多个相量进行求和运算，可以用相量图求解。

多个相量求和按照多边形法则来进行。作为三角形法则的推广，多边形法则也使用“首尾相接”的方法。例如$\dot{U}_1 = 2\sqrt{3}\angle 0^\circ$ V，$\dot{U}_2 = 2\angle 60^\circ$ V，$\dot{U}_3 = 2\angle 120^\circ$ V，求$\dot{U} = \dot{U}_1 + \dot{U}_2 + \dot{U}_3$可以按照如下步骤：先以原点为起点，画出第一个相量$\dot{U}_1$，再以$\dot{U}_1$的尾端作为$\dot{U}_2$的起点，画出相量$\dot{U}_2$，然后以$\dot{U}_2$的尾端作为$\dot{U}_3$的起点，画出相量$\dot{U}_3$，和相量$\dot{U}$是从原点指向最后一个相量$\dot{U}_3$尾端，则$\dot{U} = 2\sqrt{6}\angle 45^\circ$ V，如图 5-21 所示。

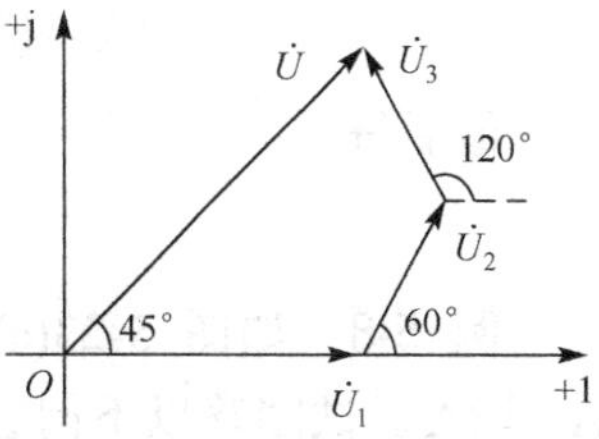


图 5-21　利用多边形法则求多个相量之和

**例 5-6**　判断下列表达式的正误。

（1）$u = \omega L i$；　（2）$i = 5\cos\omega t$ A $= 5\angle 0^\circ$ A；　（3）$\dot{I}_m = j\omega C U_m$；

（4）$X_L = \dfrac{\dot{U}_L}{\dot{I}_L}$；　（5）$\dfrac{\dot{U}_C}{\dot{I}_C} = j\omega C$；　（6）$\dot{U}_L = j\omega L \dot{I}_L$

**解**　本题对相量的基本概念以及电路元件上 VCR 的相量形式进行考查。

表达式（1）是错的。瞬时电压$u$和瞬时电流$i$之间是微分关系，且表达式（1）也不是相量形式；而与电流成$\omega L$倍关系的是电压$u$的有效值，可以改为$U = \omega L I$。

表达式（2）是错误的。相量与正弦量之间是对应关系，不能写成相等关系。

表达式（3）是错误的。应改为$\dot{I}_m = j\omega C \dot{U}_m$。

表达式（4）是错误的。根据电感上 VCR 的相量形式$\dot{U}_L = j\omega L \dot{I}_L$，感抗$X_L = \omega L = \dfrac{\dot{U}_L}{j\dot{I}_L} = \dfrac{U_L}{I_L} = \dfrac{U_{Lm}}{I_{Lm}}$。

表达式（5）是错误的，应改为$\dfrac{\dot{U}_C}{\dot{I}_C} = \dfrac{1}{j\omega C}$。

表达式（6）是正确的。

**例 5-7**　如图 5-22(a)所示，已知$i = 5\sqrt{2}\cos(10^6 t + 15^\circ)$A。求$u_S(t)$。

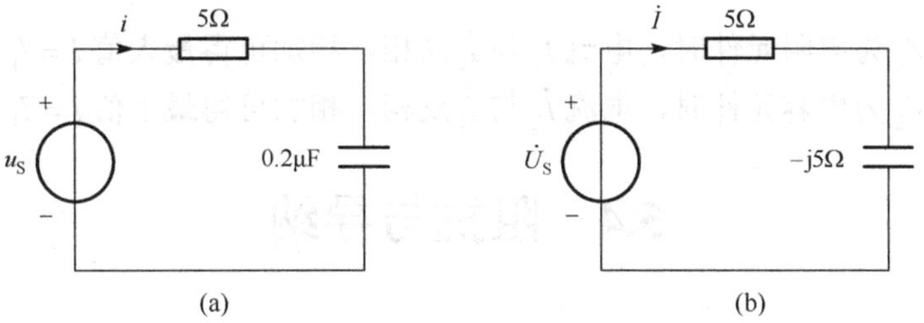


图 5-22　例 5-7 图

**解**　首先应根据时域电路图画出对应的相量形式的电路图，如图 5-22(b)所示。

电流相量为

$$\dot{I} = 5\angle 15^\circ \text{ A}，\quad jX_C = \frac{1}{j\omega C} = -j\frac{1}{10^6 \times 0.2 \times 10^{-6}} = -j5\Omega；$$

根据相量形式的 KVL，有

$$\dot{U}_S = \dot{U}_R + \dot{U}_C = (R + jX_C)\dot{I}$$

代入数据，得

$$\dot{U}_S=(5-j5)5\underline{/15^\circ}=5\sqrt{2}\underline{/-45^\circ}\times 5\underline{/15^\circ}=25\sqrt{2}\underline{/-30^\circ}\text{ V}$$

最后得

$$u_S(t)=50\cos(10^6 t-30^\circ)\text{V}$$

**例 5-8** 如图 5-23(a)所示电路，已知 A 、$A_1$ 和 $A_2$ 为交流电流表，其读数为 $A_1=4A$ ，$A_2=3A$ 。试回答以下问题：

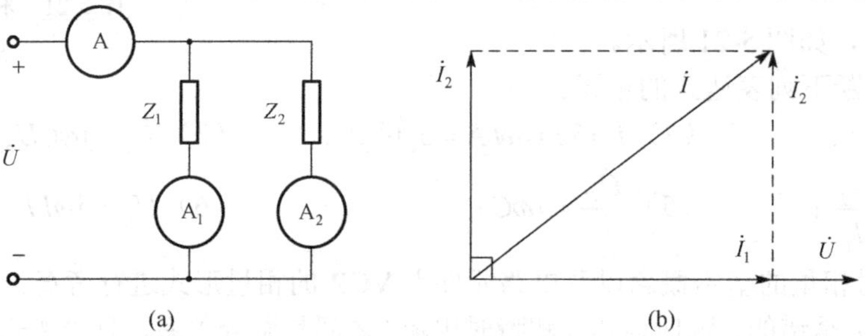


图 5-23 例 5-8 图

（1）若 $Z_1$ 为纯电阻，$Z_2$ 为电容，则电流表 A 的读数为多少？

（2）若 $Z_1$ 为纯电阻，当 $Z_2$ 为何元件时，电流表 A 有最大读数，这个最大读数为多少？

（3）若 $Z_1$ 为电感，当 $Z_2$ 为何元件时，电流表 A 有最小读数，这个最小读数为多少？

**解** 本题涉及电流与电压之间的相位关系，因而使用相量图求解往往较为便捷。

由于电路是并联电路，元件 $Z_1$ 和 $Z_2$ 电压相同，故可选取并联电压 $\dot{U}$ 为**参考相量**。所谓参考相量，可设其初相为 0，进而分析其他相量与参考相量之间的相位关系。

对（1），由于 $Z_1$ 为纯电阻，故电流 $\dot{I}_1$ 与参考电压 $\dot{U}$ 同相，如图 5-23(b)所示。而电容 $Z_2$ 中的电流 $\dot{I}_2$ 超前于电压 90°。根据相量形式 KCL，$\dot{I}=\dot{I}_1+\dot{I}_2$ ，则由平行四边形法则可得 $I=\sqrt{I_1^2+I_2^2}=5A$ 。

对（2），当 $Z_2$ 为电阻元件时，电流 $\dot{I}_2$ 与 $\dot{I}_1$ 同相，相加可得最大值 $I=I_1+I_2=7A$ 。

对（3），当 $Z_2$ 为电容元件时，电流 $\dot{I}_2$ 与 $\dot{I}_1$ 反相，相加可得最小值 $I=I_1-I_2=1A$ 。

## 5.4 阻抗与导纳

### 5.4.1 阻抗的定义

在第 1 章中，我们讨论过线性直流电路中无源一端口网络的等效电阻 $R_{eq}$ ，其值等于端口电压与电流的比值，用它可以描述该一端口的对外特性。在正弦稳态电路中，也有类似的概念。如图 5-24 所示为一个不含独立源的一端口网络 N，它在角频率为 $\omega$ 的正弦激励下处于稳态时，端口电压和电流都是同频率的正弦量，设其对应相量分别为 $\dot{U}=U\underline{/\varphi_u}$ 和 $\dot{I}=I\underline{/\varphi_i}$ 。定义端口电压相量 $\dot{U}$ 和电流相量 $\dot{I}$ 的比值为一端口 N 的（**复**）**阻抗**，即

$$Z=\frac{\dot{U}}{\dot{I}}=\frac{U\underline{/\varphi_u}}{I\underline{/\varphi_i}}=|Z|\underline{/\varphi_u-\varphi_i}=|Z|\underline{/\varphi_Z} \tag{5-13}$$

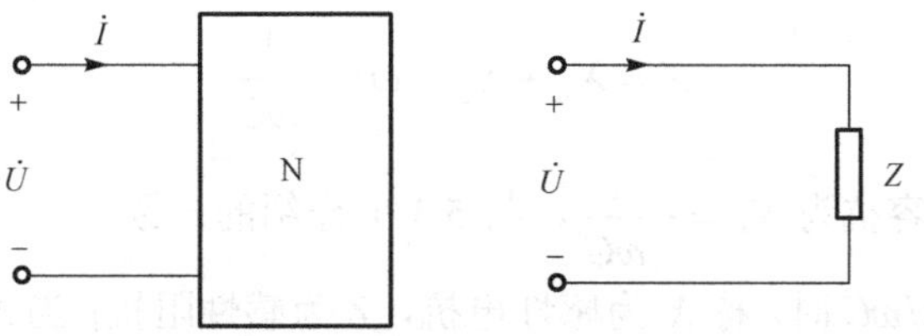


图 5-24　无源一端口的阻抗

式（5-13）可以写成

$$\dot{U} = Z\dot{I} \tag{5-14}$$

式（5-14）是用阻抗 $Z$ 表示的相量形式的欧姆定律。阻抗 $Z$ 的单位是欧姆（Ω），本身是一个复数，它不是相量，也没有对应的正弦量。阻抗的电路符号与电阻相同。其模 $|Z| = U/I$ 称为**阻抗模**（在不致混淆的情况下，$Z$ 和 $|Z|$ 均称为阻抗）。定义 $\varphi_Z = \varphi_u - \varphi_i$ 为**阻抗角**，它等于上述无源一端口电压与电流的相位差。

阻抗 $Z$ 还可以写成代数形式

$$Z = R + \mathrm{j}X$$

称实部 $R$ 为电阻分量，$X$ 为电抗分量。

## 5.4.2　RLC 串联电路的阻抗

采用阻抗的概念分析串联电路较为方便。如图 5-25(a)所示为 RLC 串联电路，设在 RLC 串联电路两端所加正弦电压为 $u = \sqrt{2}U\cos(\omega t + \varphi_u)$，则电路中的稳态电流以及各个元件两端的电压都是与激励同频率的正弦量。图 5-25(b)为对应的相量模型。根据相量形式的 KVL，可得

$$\dot{U} = \dot{U}_R + \dot{U}_L + \dot{U}_C$$

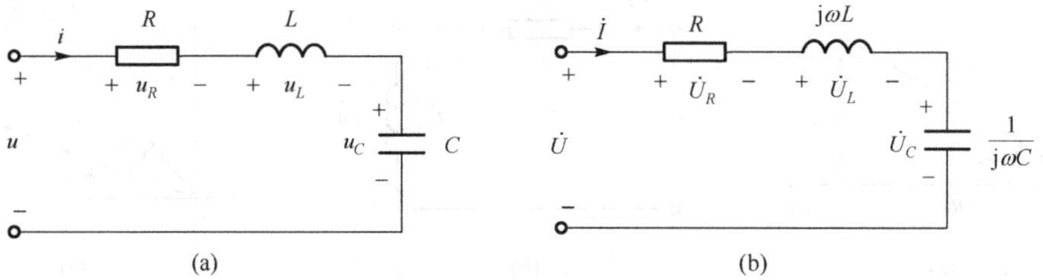


图 5-25　RLC 串联电路

利用元件上的电压和电流的相量关系，上式可以写成

$$\dot{U} = R\dot{I} + \mathrm{j}\omega L\dot{I} + \frac{1}{\mathrm{j}\omega C}\dot{I} = \left[R + \mathrm{j}\left(\omega L - \frac{1}{\omega C}\right)\right]\dot{I} = (R + \mathrm{j}X)\dot{I} = Z\dot{I}$$

根据式（5-14），得到

$$Z = \frac{\dot{U}}{\dot{I}} = R + \mathrm{j}X = R + \mathrm{j}\left(\omega L - \frac{1}{\omega C}\right)$$

上式为 RLC 串联电路的等效阻抗。其中，$R$ 为等效电阻分量；$X$ 为等效电抗分量，且

$$X = X_L + X_C = \omega L - \frac{1}{\omega C}$$

其中感抗为 $X_L = \omega L$，容抗为 $X_C = -\dfrac{1}{\omega C}$，与 5.3 节介绍的一致。

当 $X > 0$，即 $\omega L > 1/\omega C$ 时，称 $X$ 为感性电抗，$Z$ 为感性阻抗；当 $X < 0$，即 $\omega L < 1/\omega C$ 时，称 $X$ 为容性电抗，$Z$ 为容性阻抗；当 $X = 0$，即 $\omega L = 1/\omega C$ 时，$Z$ 为纯阻性，即 $Z = R$。

由于

$$Z = R + \mathrm{j}X = |Z| \underline{/\varphi_Z} = |Z|(\cos\varphi_Z + \mathrm{j}\sin\varphi_Z)$$

易得阻抗模 $|Z|$、阻抗角 $\varphi_Z$、电阻 $R$ 和电抗 $X$ 之间的关系为

$$\begin{cases} |Z| = \sqrt{R^2 + X^2} \\ \varphi_z = \arctan\dfrac{X}{R} \end{cases} \text{或} \begin{cases} R = |Z|\cos\varphi_Z \\ X = |Z|\sin\varphi_Z \end{cases}$$

在复平面上把阻抗 $Z$ 画出来，将是一个以 $Z$ 为斜边的直角三角形，如图 5-27(a)所示。这样的三角形，称之为**阻抗三角形**。图 5-26 中示出的是感性阻抗（$X > 0$）情况，即满足 $\omega L > 1/\omega C$。根据相量形式的欧姆定律，$\dot{U} = Z\dot{I} = (R + \mathrm{j}X)\dot{I}$，RLC 串联电路的等效电路可以用一个电阻 $R$ 与一个储能元件（$L$ 或者 $C$）串联表示。因为这里电抗 $X > 0$，为感性电抗，所以储能元件为电感，用 $L_{\mathrm{eq}}$ 表示，即

$$X = \omega L_{\mathrm{eq}} \text{ 或 } L_{\mathrm{eq}} = \frac{X}{\omega}$$

串联等效电路如图 5-26(b)所示。

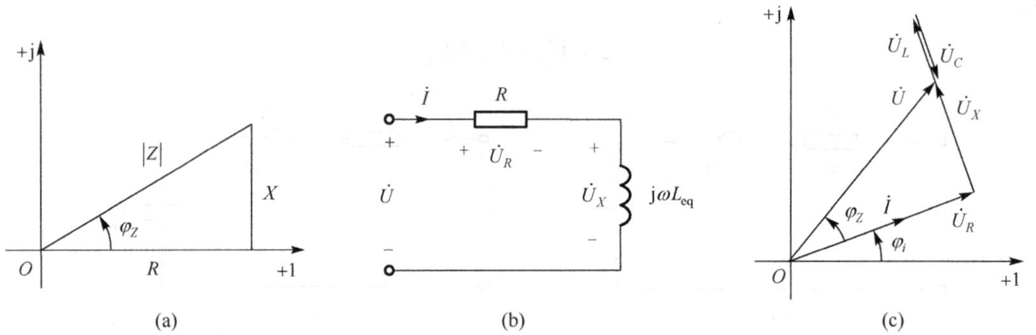


图 5-26　感性阻抗的阻抗三角形、等效电路和电压三角形

在图 5-26(b)中，通过 $R$、$L$ 和 $C$ 的为同一电流 $\dot{I}$，$\dot{U}_R$ 与 $\dot{I}$ 同相，$\dot{U}_L$ 超前 $\dot{I}$ 90°，$\dot{U}_C$ 滞后于 $\dot{I}$ 90°。注意到 $\omega L > 1/\omega C$，$|U_L| > |U_C|$，故 $\dot{U}_X = \dot{U}_L + \dot{U}_C$ 仍超前电流 $\dot{I}$ 90°。而 $\dot{U}_R$ 与 $\dot{U}_X$ 和端电压 $\dot{U}$ 在复平面上满足 $\dot{U} = \dot{U}_R + \dot{U}_X$，故可得到如图 5-26(c)所示的**电压三角形**，其中电流初相为 $\varphi_i$。

实际上，只需要将阻抗三角形乘以电流 $\dot{I}$，就可以得到电压三角形。因此，电压三角形与阻抗三角形是一对相似三角形，其对应边长（即模）是 $I$（电流有效值）倍的关系。

对于容性阻抗情况，即满足 $\omega L < 1/\omega C$，$X < 0$ 时，其等效电路是电阻 $R$ 和等效电容 $C_{\mathrm{eq}}$ 串联，其中

$$|X|=\frac{1}{\omega C_{eq}} 或 C_{eq}=\frac{1}{\omega|X|}$$

容性阻抗的电压三角形如图 5-27 所示，注意到阻抗角 $\varphi_Z<0$。

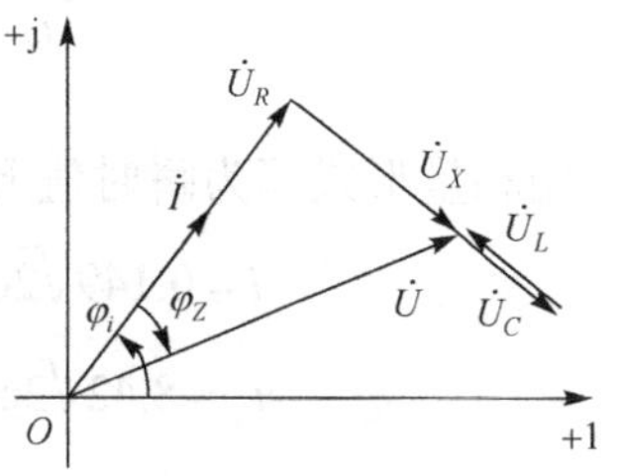

图 5-27　容性阻抗的电压三角形

### 5.4.3　阻抗的串联

阻抗的串联与电阻的串联类似，如果 $n$ 个阻抗 $Z_1,Z_2,\cdots,Z_n$ 串联，则总的阻抗 $Z$ 为

$$Z=Z_1+Z_2+\cdots+Z_n$$

如果 $Z_k=R_k+\mathrm{j}X_k$，$k=1,2,\cdots,n$，则总的阻抗 $Z$ 可以表示为

$$Z=\sum_{k=1}^{n}Z_i=\sum_{k=1}^{n}R_k+\mathrm{j}\sum_{k=1}^{n}X_k$$

如果串联电路总电压为 $\dot{U}$，则第 $k$ 个阻抗上的相量电压 $\dot{U}_k$ 可以表示为

$$\dot{U}_k=\frac{Z_k}{Z}\dot{U}$$

上式在形式上与线性直流电路的电阻分压公式相同。

**例 5-9**　如图 5-25(a)所示 RLC 串联电路，激励 $u=5\sqrt{2}\cos(\omega t+60°)\mathrm{V}$，$f=3\times10^4\mathrm{Hz}$，$R=15\Omega$，$L=0.3\mathrm{mH}$，$C=0.2\mu\mathrm{F}$。求 $i$、$u_R$、$u_L$ 和 $u_C$。

**解**　求解正弦稳态电路，应将时域电路图转化为相量形式电路图，即保持元件性质、电路结构以及电流电压的参考方向不变，然后将电流、电压和元件参数用相量形式表示，即

$$R\to R;\ L\to \mathrm{j}\omega L;\ C\to\frac{1}{\mathrm{j}\omega C};\ i\to\dot{I}$$

如图 5-25(b)所示。相量电压 $\dot{U}=5\underline{/60°}\ \mathrm{V}$，

$$\mathrm{j}\omega L=\mathrm{j}2\pi\times3\times10^4\times0.3\times10^{-3}=\mathrm{j}56.5\Omega，$$

$$\frac{1}{\mathrm{j}\omega C}=\frac{-\mathrm{j}}{2\pi\times3\times10^4\times0.2\times10^{-6}}=-\mathrm{j}26.5\Omega$$

阻抗

$$Z=R+\mathrm{j}\omega L+\frac{1}{\mathrm{j}\omega C}=15+\mathrm{j}56.5-\mathrm{j}26.5=33.54\underline{/63.4°}\ \Omega$$

则相量电流

$$\dot{I}=\frac{\dot{U}}{Z}=\frac{5\underline{/60°}}{33.54\underline{/63.4°}}=0.149\underline{/-3.4°}\ \mathrm{A}$$

进而有

$$\dot{U}_R=R\dot{I}=15\times0.149\underline{/-3.4°}=2.235\underline{/-3.4°}\ \mathrm{V}，$$

$$\dot{U}_L=\mathrm{j}\omega L\dot{I}=56.5\underline{/90°}\times0.149\underline{/-3.4°}=8.42\underline{/86.4°}\ \mathrm{V}$$

$$\dot{U}_C = \frac{1}{\mathrm{j}\omega C}\dot{I} = 26.5\angle -90^\circ \times 0.149\angle -3.4^\circ = 3.95\angle -93.4^\circ\ \mathrm{V}$$

由相量形式写为瞬时值形式，有

$$i = 0.149\sqrt{2}\cos(\omega t - 3.4^\circ)\ \mathrm{A}，\quad u_R = 2.235\sqrt{2}\cos(\omega t - 3.4^\circ)\ \mathrm{V}$$

$$u_L = 8.42\sqrt{2}\cos(\omega t + 86.4^\circ)\ \mathrm{V}；\quad u_C = 3.95\sqrt{2}\cos(\omega t - 93.4^\circ)\ \mathrm{V}$$

### 5.4.4 导纳的定义

如图 5-24 所示不含独立源的一端口网络 N，它在角频率为 $\omega$ 的正弦激励下处于稳态，定义端口电流相量 $\dot{I}$ 与电压相量 $\dot{U}$ 的比值为一端口 N 的（复）导纳，即

$$Y = \frac{\dot{I}}{\dot{U}} = \frac{I\angle\varphi_i}{U\angle\varphi_u} = |Y|\angle\varphi_i - \varphi_u = |Y|\angle\varphi_Y \tag{5-15}$$

式（5-15）可以写成

$$\dot{I} = Y\dot{U} \tag{5-16}$$

式（5-16）是用导纳 $Y$ 表示的相量形式的欧姆定律。导纳 $Y$ 的单位是西门子（S）。导纳是复数，但不是相量，也没有对应的正弦量。导纳的电路符号与电导相同。其模 $|Y| = I/U$ 称为**导纳模**。定义 $\varphi_Y = \varphi_i - \varphi_u$ 为**导纳角**，它等于上述无源一端口电流与电压的相位差。

### 5.4.5 RLC 并联电路的导纳

采用导纳的概念分析并联电路较为方便。如图 5-28(a)为 RLC 并联电路，设在 RLC 并联电路两端所加正弦电压为 $u = \sqrt{2}U\cos(\omega t + \varphi_u)$，则电路各条支路中的稳态电流都是与激励同频率的正弦量。图 5-28(b)为对应的相量模型。根据相量形式的 KCL，可得

$$\dot{I} = \dot{I}_R + \dot{I}_L + \dot{I}_C$$

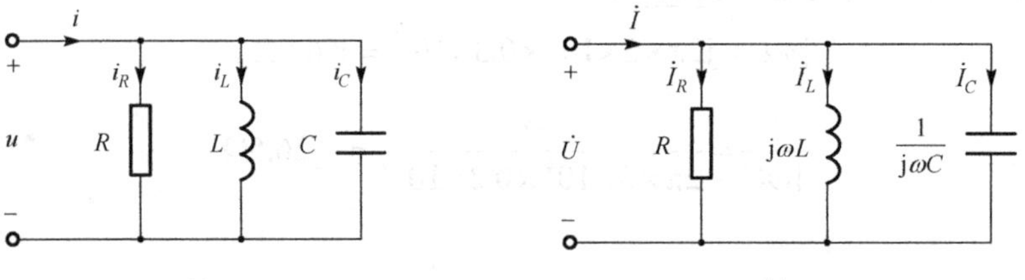


图 5-28　RLC 并联电路

利用相量形式的欧姆定律，上式可以写成

$$\dot{I} = G\dot{U} + \mathrm{j}\omega C\dot{U} + \frac{1}{\mathrm{j}\omega L}\dot{U} = \left[G + \mathrm{j}\left(\omega C - \frac{1}{\omega L}\right)\right]\dot{U} = (G + \mathrm{j}B)\dot{U} = Y\dot{U}$$

根据式（5-16），得到

$$Y = G + \mathrm{j}B = G + \mathrm{j}\left(\omega C - \frac{1}{\omega L}\right)$$

上式为 RLC 并联电路的等效导纳。其中，$G$ 为等效电导分量；$B$ 为等效电纳分量，且

$$B = B_C + B_L = \omega C - \frac{1}{\omega L}$$

其中容纳为 $B_C = \omega C$，感纳为 $B_L = -1/\omega L$，与 5.3 节介绍的一致。

当 $B>0$，即 $\omega C > 1/\omega L$ 时，称 $B$ 为容性电纳，$Y$ 为容性导纳；当 $B<0$，即 $\omega C < 1/\omega L$ 时，称 $B$ 为感性电纳，$Y$ 为感性导纳；当 $B=0$，即 $\omega C = 1/\omega L$ 时，这时 $Y$ 为纯阻性，即 $Y=G$。

导纳也可以用极坐标来表示，即

$$Y = G + \mathrm{j}B = |Y| \underline{/\varphi_Y} = |Y|(\cos\varphi_Y + \mathrm{j}\sin\varphi_Y)$$

易得导纳模 $|Y|$、导纳角 $\varphi_Y$、电导 $G$ 和电纳 $B$ 之间的关系为

$$\begin{cases} |Y| = \sqrt{G^2 + B^2} \\ \varphi_Y = \arctan\dfrac{B}{G} \end{cases} \text{或} \begin{cases} G = |Y|\cos\varphi_Y \\ B = |Y|\sin\varphi_Y \end{cases}$$

在复平面上把导纳 $Y$ 画出来，将是一个以 $Y$ 为斜边的直角三角形，如图 5-29(a)所示。这样的三角形，称之为**导纳三角形**。图 5-29(a)中示出的是感性阻抗（$B<0$）情况，即满足 $\omega C < 1/\omega L$。等效电路可以用电导与等效电感 $L_{\mathrm{eq}}$ 并联表示，如图 5-29(b)所示。其中，

$$|B| = \frac{1}{\omega L_{\mathrm{eq}}} \text{ 或 } L_{\mathrm{eq}} = \frac{1}{\omega |B|}$$

在图 5-28(b)中，$R$、$L$ 和 $C$ 有共同端口电压 $\dot{U}$，根据电压 $\dot{U}$ 和各支路电流的相量关系，可以得出**电流三角形**，如图 5-29(c)所示，其中电压初相为 $\varphi_u$。实际上，只需要将导纳三角形乘以相量电压 $\dot{U}$，就可以得到电流三角形。因此，电流三角形与导纳三角形也是一对相似三角形，其对应边长（即模）是 $U$（电压有效值）倍的关系。

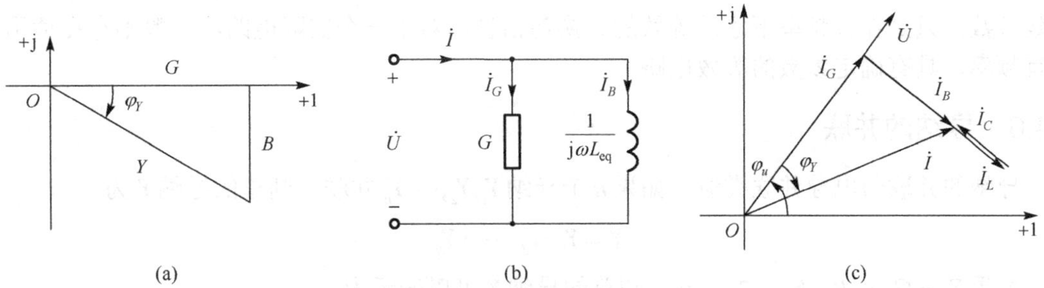


图 5-29　感性阻抗的导纳三角形、等效电路和电流三角形

对于容性导纳情况，即满足 $\omega C > 1/\omega L$，$B>0$ 时，其等效电路是电导 $G$ 和等效电容 $C_{\mathrm{eq}}$ 并联，其中

$$B = \omega C_{\mathrm{eq}} \text{ 或 } C_{\mathrm{eq}} = \frac{B}{\omega}$$

此外，阻抗和导纳的串并联、Δ 型和 Y 型转换方法，与线性直流电路完全相同。

对比阻抗和导纳的定义式（5-13）和式（5-15）可知，$Z$ 和 $Y$ 具有相同效用，二者关系为

$$ZY = 1$$

即 $Z$ 与 $Y$ 互为倒数。它们的模满足 $|Z||Y| = 1$，而阻抗角与导纳角的关系是 $\varphi_Z = -\varphi_Y$。因此，如果已知一个阻抗的极坐标形式为 $Z = |Z| \underline{/\varphi_Z}$，则其导纳为 $Y = \dfrac{1}{|Z|} \underline{/-\varphi_Z}$。

例如，一个具有电阻 $R$ 和电感 $L$ 的线圈，其电路模型为 RL 串联电路，如图 5-30(a)所示，其阻抗为

$$Z = R + \mathrm{j}\omega L$$

则与此阻抗等效的导纳为

$$Y = \frac{1}{Z} = \frac{1}{R+\mathrm{j}\omega L} = \frac{R}{R^2+\omega^2 L^2} - \mathrm{j}\frac{\omega L}{R^2+\omega^2 L^2} = G - \mathrm{j}B_L$$

其中

$$G = \frac{R}{R^2+\omega^2 L^2},\ B_L = \frac{\omega L}{R^2+\omega^2 L^2} \tag{5-17}$$

对应的等效电路为 $G$ 和 $B_L$ 并联的电路，如图 5-30(b)所示。

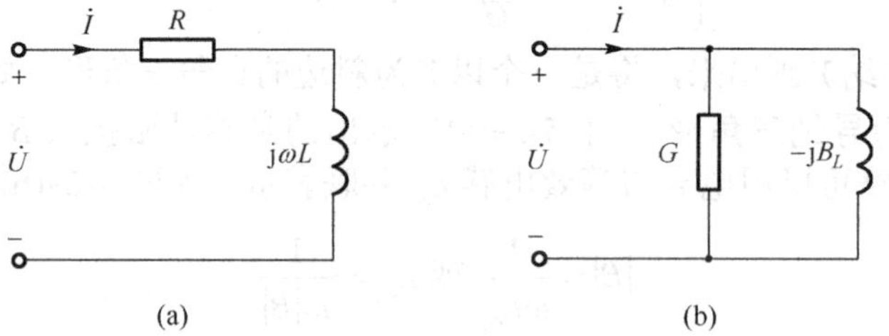


图 5-30　线圈的串并联转换

这里需要注意的是，如果把一个电阻和一个电感串联的电路转化为等效的电导和感纳的并联，其等效电导 $G$ 不是原串联电阻的倒数。从式（5-17）可以看出，$G$ 与原串联电路中各参数和角频率 $\omega$ 均有关；而等效感纳也不是原感抗的倒数。由此可见，在某一频率下求出的等效参数，只是在该频率下才是等效的。换句话说，对于一个实际电路，一般不存在适用于所有频率、具有确定参数的等效电路。

## 5.4.6　导纳的并联

导纳的并联与电导并联类似。如果 $n$ 个导纳 $Y_1, Y_2, \cdots, Y_n$ 并联，则总的导纳 $Y$ 为

$$Y = Y_1 + Y_2 + \cdots + Y_n$$

如果 $Y_k = G_k + \mathrm{j}B_k, k = 1,2,\cdots,n$，则总的导纳 $Y$ 可以表示为

$$Y = \sum_{k=1}^{n} Y_i = \sum_{k=1}^{n} G_k + \mathrm{j}\sum_{k=1}^{n} B_k$$

如果并联电路总的电流为 $\dot{I}$，则第 $k$ 个导纳上的相量电流 $\dot{I}_k$ 可以表示为

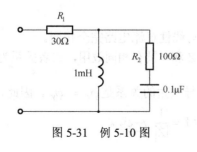

$$\dot{I}_k = \frac{Y_k}{Y}\dot{I}$$

可以看出，导纳的分流公式与线性直流电路的分流公式具有相同的形式。

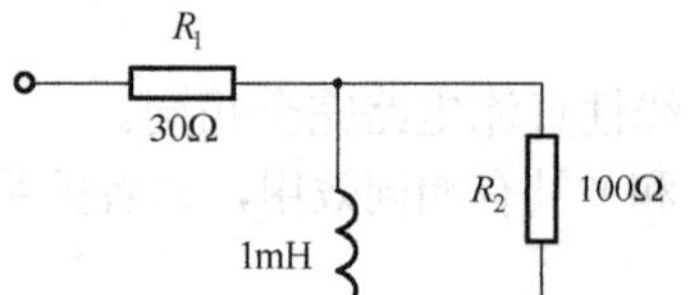


图 5-31　例 5-10 图

**例 5-10**　求图 5-31 所示电路的等效阻抗，其中 $\omega = 10^5$ rad/s。

**解**　根据阻抗串联和导纳并联公式求解。

感抗和容抗分别为

$$X_L = \omega L = 10^5 \times 1 \times 10^{-3} = 100\Omega,$$

$$X_C = -\frac{1}{\omega C} = -\frac{1}{10^5 \times 0.1 \times 10^{-6}} = -100\Omega$$

等效阻抗为

$$Z = R_1 + \frac{\mathrm{j}X_L(R_2 + \mathrm{j}X_C)}{\mathrm{j}X_L + R_2 + \mathrm{j}X_C} = 30 + \frac{\mathrm{j}100 \times (100 - \mathrm{j}100)}{100} = 130 + \mathrm{j}100\Omega$$

由于 $X > 0$，故等效阻抗为感性阻抗。

**例 5-11** 如图 5-32(a)所示电路，阻抗 $Z = (10 + \mathrm{j}157)\Omega$，$Z_1 = 1000\Omega$，$Z_2 = -\mathrm{j}318.47\Omega$，$U_S = 100\text{V}$，$\omega = 314\text{rad/s}$。求：（1）各支路电流和电压 $\dot{U}$；（2）该电路的并联等效电路。

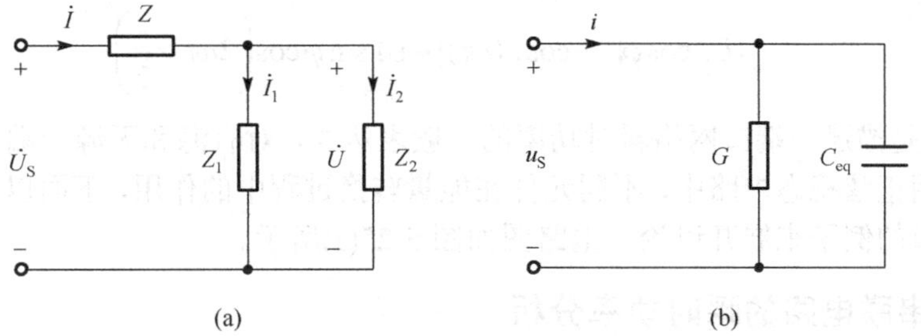


图 5-32 例 5-11 图

**解** （1）设 $\dot{U}_S = 100\angle 0^\circ$ V，各支路电路如图 5-32(a)所示，则一端口网络的等效阻抗为

$$Z_{eq} = Z + \frac{Z_1 Z_2}{Z_1 + Z_2} = (10 + \mathrm{j}157) + \frac{1000 \times (-\mathrm{j}318.47)}{1000 - \mathrm{j}318.47} = 166.99\angle -52.30^\circ\ \Omega$$

可见，等效阻抗为容性。各支路电流和电压 $\dot{U}$ 计算如下：

$$\dot{I} = \frac{\dot{U}_S}{Z_{eq}} = 0.60\angle 52.30^\circ\ \text{A},\quad \dot{U} = \dot{I} \cdot \frac{Z_1 Z_2}{Z_1 + Z_2} = 182.07\angle -20.03^\circ\ \text{V}$$

$$\dot{I}_1 = \frac{\dot{U}}{Z_1} = 0.18\angle -20.03^\circ\ \text{A},\quad \dot{I}_2 = \frac{\dot{U}}{Z_2} = 0.57\angle 69.96^\circ\ \text{A}$$

（2）电路的等效导纳

$$Y_{eq} = Z_{eq}^{-1} = 5.99 \times 10^{-3}\angle 52.30^\circ = (3.66 \times 10^{-3} + \mathrm{j}4.74 \times 10^{-3})\text{S}$$

其并联等效电路的等效导纳为 $G = 3.66 \times 10^{-3}\text{S}$，等效电容为 $C_{eq} = \dfrac{4.74 \times 10^{-3}}{314} = 15.09\mu\text{F}$ 等效电路如图 5-32(b)所示。

## 5.5 正弦稳态电路的功率

如图 5-33 所示一端口网络 N[①]，设端口电压和电流分别为 $u = \sqrt{2}U\cos(\omega t + \varphi_u)$ 和 $i = \sqrt{2}I\cos(\omega t + \varphi_i)$。

---

① 这里的一端口网络 N 具有一般性，即既可以是有源的，也可以是无源的。下面推导的瞬时功率 $p$ 也同样具有一般性。

则该一端口网络吸收的瞬时功率为

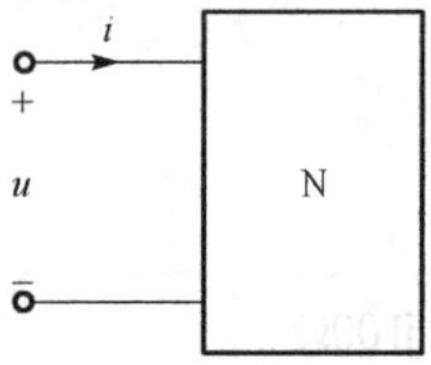

图 5-33　一端口网络的功率

$$p = ui = 2UI\cos(\omega t + \varphi_u)\cos(\omega t + \varphi_i)$$

为方便起见，设 $\varphi_i = 0$，$\varphi_u - \varphi_i = \varphi$；则由积化和差公式，上式可以写成

$$p = UI\cos(\varphi) + UI\cos(2\omega t + \varphi) \tag{5-18}$$

上式中等号右端第二项中余弦函数

$$\cos(2\omega t + \varphi) = \cos 2(\omega t)\cos(\varphi) - \sin 2(\omega t)\sin(\varphi)$$

将上式代入式（5-18）中，可得

$$\begin{aligned} p &= UI\cos\varphi[1+\cos 2(\omega t)] - UI\sin\varphi\sin 2(\omega t) \\ &= UI\cos\varphi[1+\cos 2(\omega t)] + UI\sin\varphi\cos\left(2\omega t + \frac{\pi}{2}\right) \end{aligned} \tag{5-19}$$

式（5-19）是描述一端口网络瞬时功率的一般表达式，对有源和无源一端口网络均成立。为了清晰地说明正弦稳态电路中，不同元件在能量转换过程中的作用，下面以 RLC 串联电路作为无源一端口的例子来展开讨论，电路图如图 5-25(a)所示。

### 5.5.1　RLC 串联电路的瞬时功率分析

设 $i(t) = \sqrt{2}I\cos\omega t$，$p_R$ 表示电阻 $R$ 吸收的瞬时功率，则

$$p_R = i^2(t)R = (\sqrt{2}I)^2\cos^2(\omega t)R = I^2R[1+\cos 2(\omega t)] \tag{5-20}$$

图 5-34 画出了电压 $u_R$、电流 $i$ 和瞬时功率 $p_R$ 的时域波形。从图 5-35 以及式（5-20）都可以看出，$p_R$ 是一个频率为正弦电流（或电压）频率 2 倍的非正弦周期量，且始终满足 $p_R \geqslant 0$，说明电阻是耗能元件。

设 $P_L$ 表示电感 $L$ 吸收的瞬时功率，则

$$p_L = iu_L = iL\frac{\mathrm{d}i_L}{\mathrm{d}t} = -\omega L(\sqrt{2}I)^2\cos(\omega t)\sin(\omega t) = -\omega LI^2\sin 2(\omega t) = \omega LI^2\cos\left(2\omega t + \frac{\pi}{2}\right) \tag{5-21}$$

图 5-35 画出了电压 $u_L$、电流 $i$ 和瞬时功率 $P_L$ 的波形。注意到电感上电压 $u_L$ 超前电流 $i$ 90°。从图 5-35 可以看出，$P_L$ 是一个频率为正弦电流（或电压）频率 2 倍的正弦量；在正弦电流的一个周期内，$P_L$ 正负交替两次，即存储和释放能量两次。

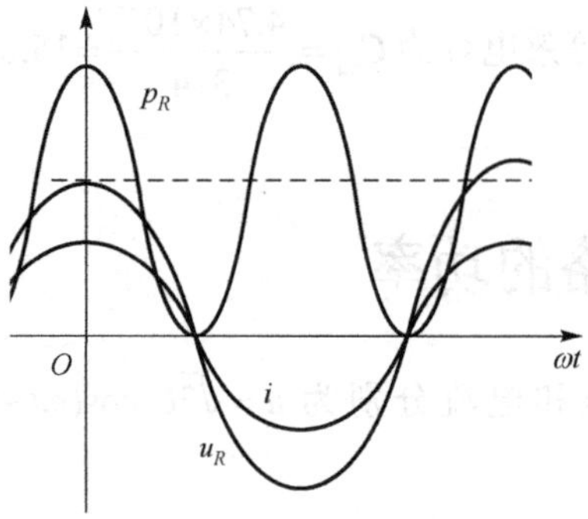

图 5-34　电阻上的电压、电流和瞬时功率

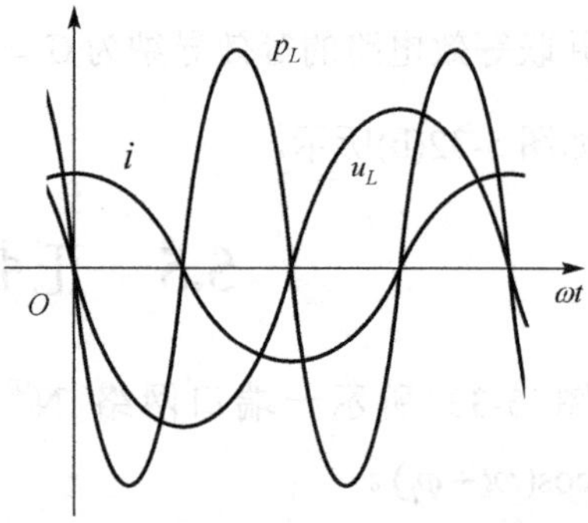

图 5-35　电感上的电压、电流和瞬时功率

电容 $C$ 吸收的瞬时功率 $p_C$ 为

$$p_C = iu_C = i\frac{1}{C}\int i\mathrm{d}t = \frac{1}{\omega C}(\sqrt{2}I)^2\cos(\omega t)\sin(\omega t) = \frac{1}{\omega C}I^2\sin 2(\omega t) = -\frac{1}{\omega C}I^2\cos\left(2\omega t+\frac{\pi}{2}\right) \quad (5\text{-}22)$$

图 5-36 画出了电压 $u_C$、电流 $i$ 和瞬时功率 $p_C$ 的波形。注意到电容上电压 $u_C$ 滞后于电流 $i$ $90°$。从图 5-36 可以看出，$p_C$ 是一个频率为正弦电流（或电压）频率 2 倍的正弦量；在正弦电流的一个周期内，$p_C$ 正负交替两次，即存储和释放能量两次。

整个 RLC 串联电路总的瞬时吸收功率 $p$ 是上述功率 $p_R$、$p_L$ 和 $p_C$ 之和，即

$$\begin{aligned} p &= p_R + p_L + p_C = I^2R[1+\cos 2(\omega t)] - \omega LI^2\sin 2(\omega t) + \frac{1}{\omega C}I^2\sin 2(\omega t) \\ &= I^2R[1+\cos 2(\omega t)] + \left(\omega L - \frac{1}{\omega C}\right)I^2\cos\left(2\omega t+\frac{\pi}{2}\right) \end{aligned} \quad (5\text{-}23)$$

式（5-23）表明，电路总的瞬时吸收功率 $p$ 是正弦电流（或电压）频率 2 倍的非正弦周期量。右边第一项是电阻吸收的瞬时功率，始终满足非负，是瞬时功率 $p$ 的不可逆部分；第二项是电路中储能元件（电感和电容）吸收功率的代数和，即 $(p_L + p_C)$。

将图 5-35 和图 5-36 中的瞬时功率 $p_L$ 和 $p_C$ 重画于图 5-37，如虚线所示；实线所绘曲线即二者的代数和 $(p_L + p_C) = p$。无论参照图 5-37，还是对比式（5-21）和式（5-22），都可以看出，电感的瞬时功率 $p_L$ 与电容的瞬时功率 $p_C$ 在任意时刻都是反相的，即电感在吸收（或释放）功率时，电容正好发出（或吸收）功率。而 $(p_L + p_C)$ 是二者互消后多余的部分，即剩余的瞬时功率做 2 倍于正弦电流（或电压）频率的正弦振荡。当功率 $p>0$ 时，电路中所有储能元件（电感和电容）整体上吸收功率，这部分功率由电源提供；当 $p<0$ 时，电路中所有储能元件（电感和电容）整体上发出功率；而无论是电感还是电容，它们都不消耗功率，因而发出的功率将返回给电源。所以，$p$ 表示电路中储能元件与电源交换的功率。因此，式（5-23）右边第二项是瞬时功率 $p$ 的可逆部分。此外，$p$ 的幅值越大，表明储能元件与电源交换的功率就越大，或者说储能元件与电源交换的能量的速率就越大。

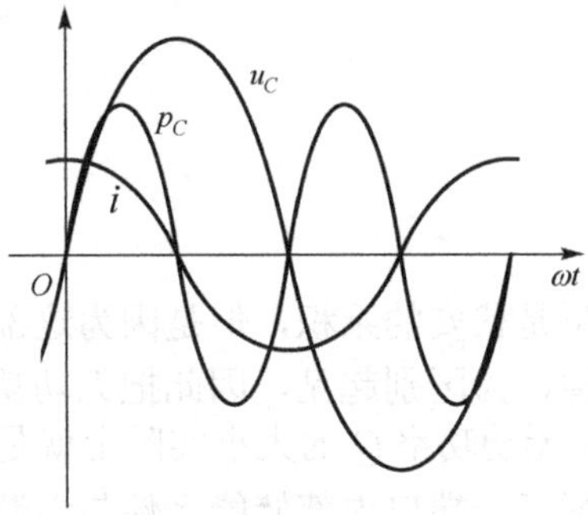

图 5-36　电容上的电压、电流和瞬时功率

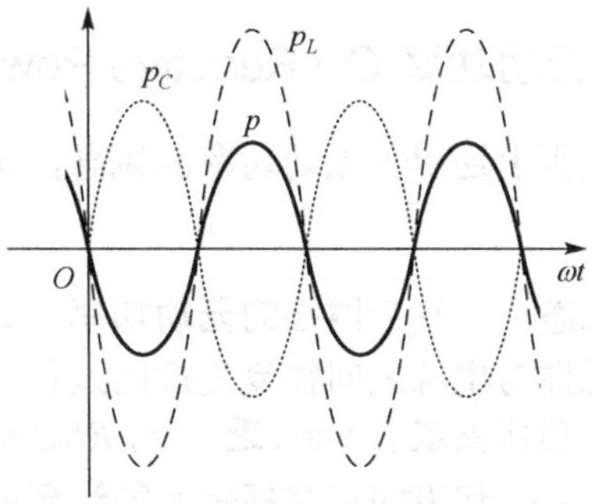

图 5-37　储能元件上的瞬时功率

由 5.4 节知，在 RLC 串联电路中，其阻抗模 $|Z|$、电阻 $R$ 和电抗 $X$ 满足阻抗三角形关系，且注意到

$$X = X_L + X_C = |Z|\sin\varphi_Z = \left(\omega L - \frac{1}{\omega C}\right),$$

$$R = |Z|\cos\varphi_Z,\ U = |Z|I$$

代入到式（5-23）中，则

$$p=UI\cos\varphi_Z\left[1+\cos 2(\omega t)\right]+UI\sin\varphi_Z\cos\left(2\omega t+\frac{\pi}{2}\right) \tag{5-24}$$

由于$\varphi=\varphi_u-\varphi_i$和$\varphi_i=0$，且阻抗角定义为$\varphi_Z=\varphi_u-\varphi_i$，故$\varphi=\varphi_Z$，于是式（5-24）取得与式（5-19）一致的形式。这样，利用$U$、$I$和$\varphi_Z$就可以描述一端口网络在正弦稳态下的功率状态。

### 5.5.2 有功功率 *P*（Active Power）

瞬时功率的应用意义并不大。通常所说的交流电路的功率是指瞬时功率在一个周期内的平均值，即**平均功率**，又称为**有功功率**。对式（5-23）或式（5-24）一个周期内取平均值，有

$$P=\frac{1}{T}\int_0^T p\mathrm{d}t=I^2R=UI\cos\varphi \tag{5-25}$$

有功功率表示一端口网络实际吸收的平均功率。有功功率的**单位是** W（瓦）。式（5-25）表明，有功功率就是式（5-23）或式（5-24）中的恒定分量，它不仅与电压和电流的有效值有关，还与它们之间的相位差有关。对于无源一端口网络，该相位差等于阻抗角$\varphi_Z$。由于只有阻抗中的电阻部分吸收功率，因而在计算元件的有功功率时，可以直接利用$P=I^2R$进行计算。还可以证明，一个电路的有功功率等于网络中各元件（包括受控源）吸收的平均功率之和。

电感吸收的平均功率$P_L$为

$$P_L=\frac{1}{T}\int_0^T p_L\mathrm{d}t=\frac{1}{T}\int_0^T \omega LI^2\cos\left(2\omega t+\frac{\pi}{2}\right)\mathrm{d}t=0$$

电容吸收的平均功率$P_C$为

$$P_C=\frac{1}{T}\int_0^T p_C\mathrm{d}t=\frac{1}{T}\int_0^T \frac{1}{\omega C}I^2\sin(2\omega t)\mathrm{d}t=0$$

可以看出，电感和电容在一个周期内吸收的平均功率均为 0，这表明，他们不是耗能元件，而是储能元件。

### 5.5.3 无功功率 *Q*（Reactive Power）

在工程上还引入无功功率的概念，定义

$$Q=UI\sin\varphi \tag{5-26}$$

为正弦稳态下一端口网络的**无功功率**。无功功率的单位是伏安的乘积，但是因为这部分功率在储能元件与电源之间往复交换的过程中并没有消耗掉，为区别起见，因此把无功功率的单位称作无功伏安或者 var（乏）。对 *RLC* 串联电路来说，无功功率$Q$的大小实际上就是图 5-38 中$p=p_L+p_C$代表的正弦振荡所能达到的幅值。它表征了一端口内部储能元件与电源交换能量的最大速率。由于无功功率是阻抗中电抗部分产生的，因而在计算元件的无功功率时，可以直接利用$P=I^2X$进行计算。

### 5.5.4 视在功率 *S*（Apparent Power）

工程上，电气设备容量是由其额定电压和额定电流的乘积来确定的，因此引入视在功率的概念。定义

$$S = UI \tag{5-27}$$

为正弦稳态下一端口网络的**视在功率**。为了与平均功率区别开来，视在功率的单位不用瓦，而直接使用 VA（**伏安**）作单位。一般电气设备都要规定额定电压和额定电流，因而视在功率表明了电气设备的最大负荷能力（或容量）。

可以看出，视在功率与有功功率、无功功率之间满足直角三角形关系，称之为**功率三角形**，如图 5-38(a)所示。

### 5.5.5 功率因数$\lambda$（Power Factor）

定义

$$\lambda = \frac{P}{S} = \cos\varphi \tag{5-28}$$

为正弦稳态下一端口网络的**功率因数**。显然，$\lambda$满足 $0 \leqslant \lambda \leqslant 1$。$\varphi$为功率因数角。更一般地，在式（5-29）中，功率因数角$\varphi = \varphi_u - \varphi_i$。当一端口网络不含独立源时，功率因数角就等于一端口网络的阻抗角，即$\varphi = \varphi_Z$；当一端口内部含有独立源时，上述三个功率的定义（5-25）～式（5-27）仍成立，但功率因数将失去实际意义。

功率因数是衡量电能传输效果的一个重要指标，表示传输系统中有功功率占系统容量的比例。我们不希望电能在网络与外电路之间往复交换，因为这会浪费系统容量。因此，在容量一定的时候，应该设法提高负载的功率因数。

### 5.5.6 复功率$\overline{S}$（Complex Power）

计算交流电路一般采用相量法，电路中的电压、电流均用相量表示。如果能使用相量电压和相量电流直接计算有功功率、无功功率和视在功率将使电路功率的计算得到简化。考虑将一端口网络吸收的有功功率$P$和无功功率$Q$分别作为一个实部和虚部来构成一个复数$\overline{S}$，即

$$\overline{S} = P + \mathrm{j}Q = UI\cos\varphi + \mathrm{j}UI\sin\varphi = UI\mathrm{e}^{\mathrm{j}\varphi} = UI\mathrm{e}^{\mathrm{j}(\varphi_u - \varphi_i)} = U\mathrm{e}^{\mathrm{j}\varphi_u} \cdot I\mathrm{e}^{-\mathrm{j}\varphi_i} = \dot{U}\dot{I}^*$$

称复数$\overline{S}$为一端口的**复功率**。它只是计算用的量，不是正弦量，因而不是相量。上式中$\dot{I}^*$是电流相量$\dot{I}$的共轭。因此复功率等于电压相量与电流相量共轭的乘积。显然，电流相量取共轭，再与电压相量相乘，将使电压初相减去电流初相，即为功率因数角。复功率的概念既适用于单个元件，也适用于任何一端口网络。

对于不含独立源的一端口，可以用等效阻抗$Z$或者是等效导纳$Y$来计算复功率，即

$$\overline{S} = \dot{U}\dot{I}^* = (Z\dot{I})\dot{I}^* = ZI^2 \text{ 或 } \overline{S} = \dot{U}\dot{I}^* = \dot{U}(\dot{U}Y)^* = U^2Y^*$$

可以证明，对任意电路均满足复功率守恒，即在正弦稳态下，任一电路的所有支路吸收的复功率之和为零，即

$$\sum_{k=1}^{b}\overline{S}_k = \sum_{k=1}^{b}(P_k + \mathrm{j}Q_k) = 0$$

或者写成

$$\begin{cases} \sum\limits_{k=1}^{b} P_k = 0 \\ \sum\limits_{k=1}^{b} Q_k = 0 \end{cases}$$

其中，$b$为电路支路总数。实部代数和等于零，表示所有电源发出的平均功率的代数和和等于所有负载吸收的平均功率的代数和；虚部代数和等于零，表示所有电源发出的无功功率的代数和等于所有储能元件吸收的无功功率的代数和。

### 5.5.7 功率、电压和阻抗三角形的关系

通过对有功功率、无功功率、视在功率和复功率的讨论，可以看出，复功率的模就是视在功率，即

$$|\overline{S}|=\sqrt{P^2+Q^2}=S=UI=I^2|Z| \tag{5-29}$$

对于等效阻抗$Z=R+\mathrm{j}X=|Z|\underline{/\varphi_Z}$的无源一端口网络，其有功功率$P$和无功功率$Q$还可以写成

$$P=UI\cos\varphi_Z=IU_R=I^2R \tag{5-30}$$

$$Q=UI\sin\varphi_Z=IU_X=I^2X \tag{5-31}$$

从式（5-29）、式（5-30）和式（5-31）可以看出，$S$与$U$、$P$与$U_R$、$Q$与$U_X$均是$I$倍关系，所以功率三角形与电压三角形是相似三角形，如图 5-38(b)所示。注意到$U=I|Z|$、$U_R=IR$和$U_X=IX$，所以$U$与$|Z|$、$U_R$与$R$、$U_X$与$X$也是$I$倍关系。因此，阻抗三角形、电压三角形和功率三角形都是相似关系，如图 5-38(c)所示。

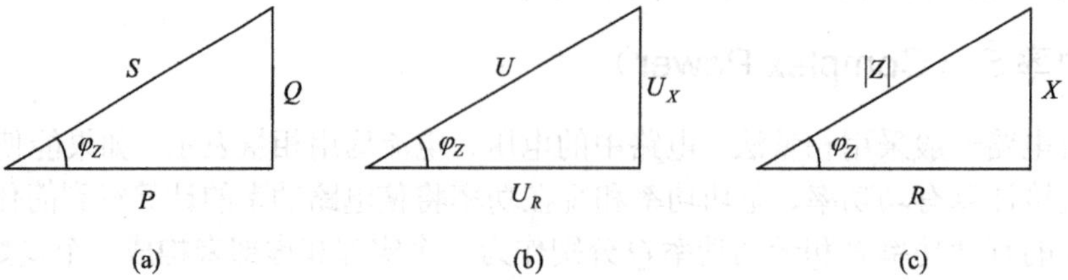


图 5-38 功率三角形、电压三角形和阻抗三角形

**例 5-12** 求图 5-39 所示电路各支路的复功率和 10Ω 电阻的有功功率。

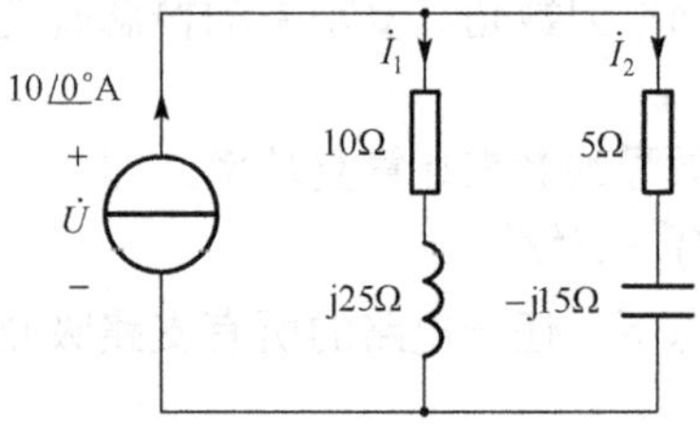


图 5-39 例 5-11 图

**解** 阻抗

$$Z=\frac{(10+\mathrm{j}25)(5-\mathrm{j}15)}{(10+\mathrm{j}25)+(5-\mathrm{j}15)}=23.59\underline{/-37.06^\circ}$$

$$\dot{U}=\dot{I}\times Z=10\underline{/0^\circ}\times 23.59\underline{/-37.06^\circ}=236\underline{/-37.1^\circ}\ \mathrm{V}$$

电流源发出的复功率

$$\overline{S}_{发}=236\underline{/-37.1^\circ}\times 10\underline{/0^\circ}=(1882-\mathrm{j}1422)\ \mathrm{VA}$$

支路 1 吸收的复功率

$$\overline{S}_{1吸}=\dot{U}\dot{I}^*=U^2Y_1^*=236^2\left(\frac{1}{10+\mathrm{j}25}\right)^*=(768+\mathrm{j}1920)\ \mathrm{VA}$$

支路 2 吸收的复功率

$$\overline{S}_{2吸}=U^2Y_2^*=(1114-\mathrm{j}3342)\ \mathrm{VA}$$

10Ω 电阻的有功功率即$\overline{S}_{1吸}$的实部，即 768W。

验证可得，$\overline{S}_{1吸}+\overline{S}_{2吸}=\overline{S}_{发}$，即电源发出的复功率等于所有元件吸收的复功率。电源发出的复功率中，有功功率为1882W，等于支路1中电阻吸收的功率768W与支路2中电阻吸收的功率1114W之和。另外，对于有功功率的计算，可以直接使用$P=I^2R$，即

$$P_1=I_1^2R_1=\left(\frac{236}{\sqrt{25^2+10^2}}\right)^2\times10=768\text{W}$$

**例 5-13** 在工频下，用三表法测量线圈等效参数。如图5-40所示电路，交流电压表读数$U$=50V，交流电流表读数$I=1$A，功率表读数为30W。

**解** 电感线圈的电路模型可以用电阻$R$与电感$L_{eq}$串联来表示。交流电表测结果均为有效值。功率表测量电感线圈的有功功率，实际上就是电阻$R$消耗的功率。本题可以有多种方法求解。

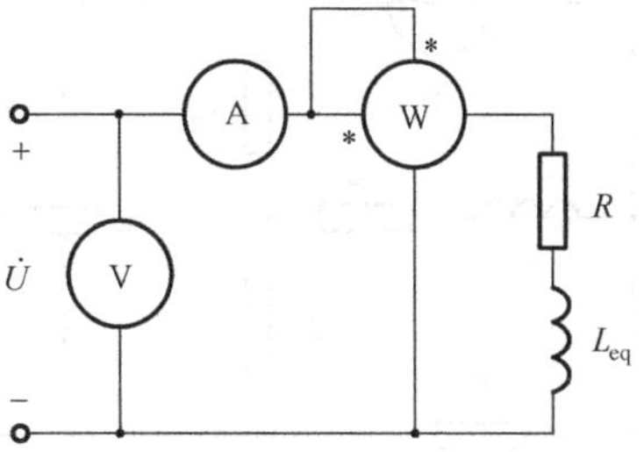


图5-40 例5-12图

解法一：

根据$P=I^2R$，可得$R=\dfrac{P}{I^2}=\dfrac{30}{1}=30\Omega$

视在功率$S=UI=50\times1=50\text{VA}$，根据功率三角形可得无功功率

$$Q=\sqrt{S^2-P^2}=\sqrt{50^2-30^2}=40\,\text{var}$$

根据$Q=I^2X_L$，则$X_L=Q/I^2=40\Omega$，得$L=X_L/\omega=40/100\pi=0.127\text{H}$

解法二：

根据$P=UI\cos\varphi$，有$\cos\varphi=P/UI=30/50\times1=0.6$

因为$|Z|=U/I=50\Omega$，根据阻抗三角形，有

$R=|Z|\cos\varphi=50\times0.6=30\Omega$，$X_L=|Z|\sin\varphi=50\times0.8=40\Omega$，下同解法一。

## 5.6 正弦稳态电路分析

正弦稳态电路分析，无论是在理论还是在实际应用中都十分重要。通信系统与电力系统中很多问题都可以按照正弦稳态电路来分析和解决。

在前面几节中我们详细地介绍了相量法的概念和简单应用。由于基尔霍夫定律和欧姆定律在形式上与线性电阻电路相同，因此在第2章中针对线性电阻电路提出的各种分析方法、定理和公式，如回路电流法、结点电压法、替代定理、齐次性定理和叠加定理等均可推广到正弦稳态电路分析中。也就是说，只需将之前的公式和方程中的电阻推广为复阻抗，将电导推广为复导纳，将直流电压、电流推广为相量电压、相量电流，实数运算变为复数运算，就可以按照直流电路的分析方法来分析和求解正弦稳态电路。

一般地，对于正弦稳态电路的分析，通常采用以下步骤：

（1）保持电路连接结构不变，将正弦量和时域元件参数转化为对应的相量形式，即

$$u\to\dot{U}，i\to\dot{I}，R\to R，L\to \text{j}\omega L，C\to\frac{1}{\text{j}\omega C}$$

（2）根据相量形式的电路定律，选择合适的方法列出相量形式的电路方程；

（3）进行复数运算，得到所求相量电压、相量电流或功率；

（4）把所得相量电压或相量电流转化为正弦量形式。

### 5.6.1 相量法求解正弦稳态电路

**例 5-14** 如图 5-41 所示电路，列写电路的回路电流方程和结点电压方程。

**解** （1）回路电流法

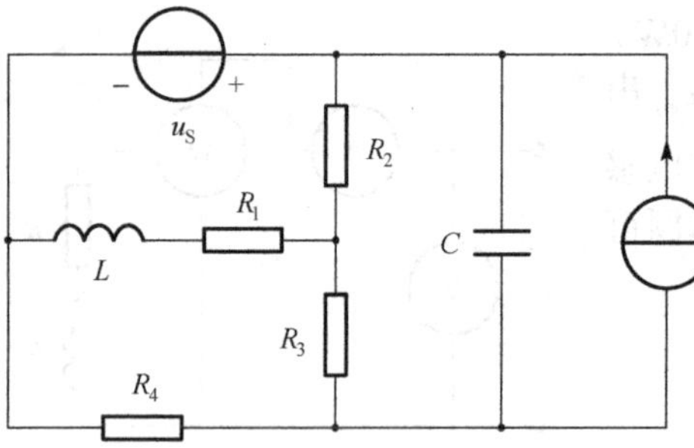


图 5-41 例 5-13 图

先将原电路转化为相量形式，如图 5-42(a)所示；再选定四个顺时针方向的相量电流，按照线性直流电路中回路电流法列写方程，注意如下转化：自阻→自阻抗，互阻→互阻抗，$u \to \dot{U}$ 以及$i \to \dot{I}$，可得如下方程：

$$\begin{cases}(R_1+R_2+\mathrm{j}\omega L)\dot{I}_1-(R_1+\mathrm{j}\omega L)\dot{I}_2-R_2\dot{I}_3=\dot{U}_S\\-(R_1+\mathrm{j}\omega L)\dot{I}_1+(R_1+R_3+R_4+\mathrm{j}\omega L)\dot{I}_2-R_3\dot{I}_3=0\\-R_2\dot{I}_1-R_3\dot{I}_2+\left(R_2+R_3+\dfrac{1}{\mathrm{j}\omega C}\right)\dot{I}_3-\dfrac{1}{\mathrm{j}\omega C}\dot{I}_4=0\\\dot{I}_4=-\dot{I}_S\end{cases}$$

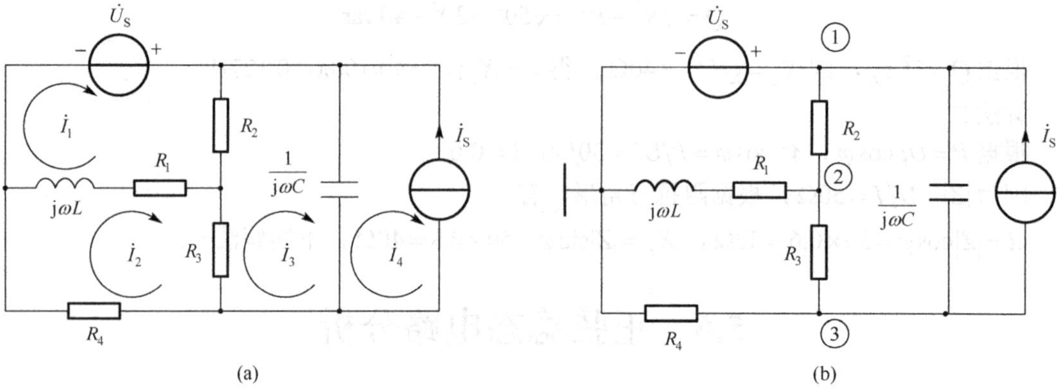


图 5-42 回路电流法和结点电压法

（2）结点电压法

仍需先将原电路转化为相量形式。因为含有无伴电压源，因此，选取参考结点如图 5-42(b)所示，这样结点电压$\dot{U}_1=\dot{U}_S$。按照线性直流电路中结点电压法列写方程，注意如下转化：自导→自导纳，互导→互导纳，$u \to \dot{U}$ 以及 $i \to \dot{I}$，可得如下方程：

$$\begin{cases}-\dfrac{1}{R_2}\dot{U}_1+\left(\dfrac{1}{R_1+\mathrm{j}\omega L}+\dfrac{1}{R_2}+\dfrac{1}{R_3}\right)\dot{U}_2-\dfrac{1}{R_3}\dot{U}_3=0\\-\mathrm{j}\omega C\dot{U}_1-\dfrac{1}{R_3}\dot{U}_2+\left(\dfrac{1}{R_3}+\dfrac{1}{R_4}+\mathrm{j}\omega C\right)\dot{U}_3=-\dot{I}_S\end{cases}$$

附加方程

$$\dot{U}_1=\dot{U}_S$$

**例 5-15** 如图 5-43(a)所示正弦稳态电路，$u_S = 10\sqrt{2}\cos 10^3 t\,\text{V}$，$R = 3\Omega$，$L = 4\text{mH}$，$C = 500\mu\text{F}$。求电流 $i_1$ 和 $i_2$。

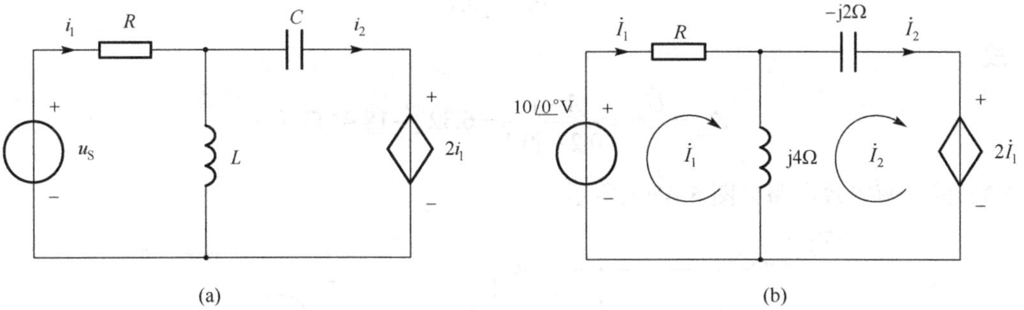


图 5-43 例 5-14 图

**解** 根据电源的频率，计算出感抗和容抗，画出相应的频域电路如图 5-43(b)所示，标明回路电流 $\dot{I}_1$ 和 $\dot{I}_2$，列出回路电流方程，有

$$\begin{cases}(3+\text{j}4)\dot{I}_1 - \text{j}4\dot{I}_2 = 10 \\ -\text{j}4\dot{I}_1 + (-\text{j}2+\text{j}4)\dot{I}_2 = -2\dot{I}_1\end{cases}$$

解得

$$\dot{I}_1 = 1.24\underline{/29.7^\circ}\ \text{A}，\quad \dot{I}_1 = 2.77\underline{/56.3^\circ}\ \text{A}$$

写成正弦量形式，有

$$i_1 = 1.24\sqrt{2}\cos(1000t + 29.7^\circ)\text{A}，\quad i_2 = 2.77\sqrt{2}\cos(1000t + 56.3^\circ)\text{A}$$

**例 5-16** 求图 5-44 所示一端口的戴维南等效电路。

**解** 求出开路相量电压 $\dot{U}_{oc}$ 和等效阻抗 $Z_{eq}$，画出戴维南等效电路。

（1）求开路相量电压 $\dot{U}_{oc}$。列写结点电压方程较为方便，独立结点如图所示，即

$$\begin{cases}\left(\dfrac{1}{10}+\dfrac{1}{\text{j}10}\right)\dot{U}_1 - \dfrac{1}{\text{j}10}\dot{U}_2 = 1\underline{/0^\circ} \\ -\dfrac{1}{\text{j}10}\dot{U}_1 + \left(\dfrac{1}{5}+\dfrac{1}{\text{j}10}\right)\dot{U}_2 = 0.2\dot{U}_1\end{cases}$$

解得：

$$\dot{U}_{oc} = \dot{U}_2 = 10\underline{/0^\circ}\ \text{V}$$

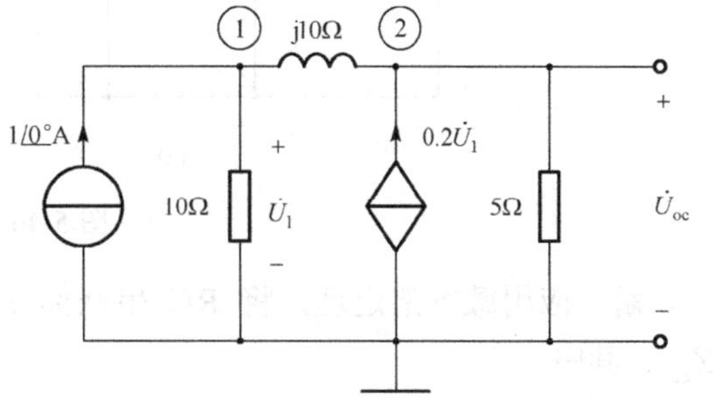


图 5-44 例 5-16 图

（2）求等效阻抗 $Z_{eq}$。原一端口网络内部除源，采用外施电流源法，得图 5-45(a)所示电路，列写结点电压方程求电压 $\dot{U}_2$，即

$$\begin{cases}\left(\dfrac{1}{10}+\dfrac{1}{\text{j}10}\right)\dot{U}_1 - \dfrac{1}{\text{j}10}\dot{U}_2 = 0 \\ -\dfrac{1}{\text{j}10}\dot{U}_1 + \left(\dfrac{1}{5}+\dfrac{1}{\text{j}10}\right)\dot{U}_2 = \dot{I}_S + 0.2\dot{U}_1\end{cases}$$

解得

$$\dot{U}_2 = \frac{1-\mathrm{j}}{0.2-\mathrm{j}0.1}\dot{I}_{\mathrm{S}}$$

故

$$Z_{\mathrm{eq}} = \frac{\dot{U}_2}{\dot{I}_{\mathrm{S}}} = \frac{1-\mathrm{j}}{0.2-\mathrm{j}0.1} = 6.32\angle -18.4^\circ\ \Omega$$

（3）戴维南等效电路如图 5-45(b)所示。

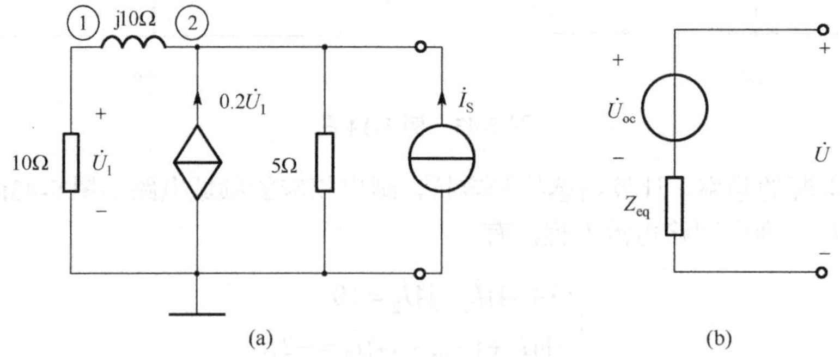


图 5-45　求戴维南等效电路

**例 5-17**　如图 5-46(a)所示电路，$u_{\mathrm{S}}$ 为正弦电压源，$\omega = 2000\,\mathrm{rad/s}$，$R_1 = R_2 = 8\Omega$，$L = 2\mathrm{mH}$。问电容 $C$ 等于多少，才能使电流 $i$ 的有效值达到最大？

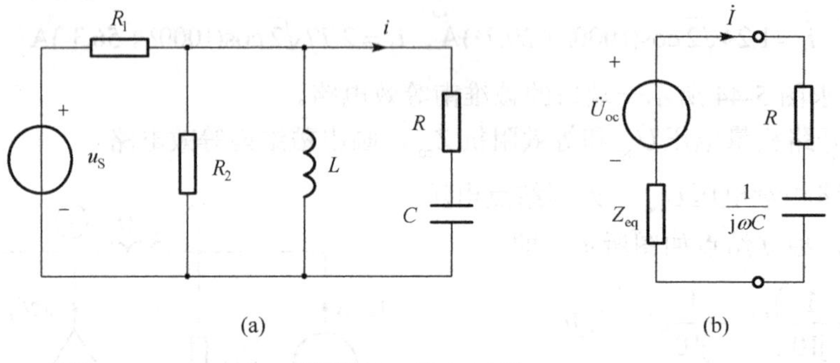


图 5-46　例 5-17 图

**解**　应用戴维南定理，将 RC 串联部分作为外电路，求其开路电压相量 $\dot{U}_{\mathrm{oc}}$ 和等效阻抗 $Z_{\mathrm{eq}}$。其中

$$\dot{U}_{\mathrm{oc}} = \frac{R_2 // \mathrm{j}\omega L}{R_1 + (R_2 // \mathrm{j}\omega L)}\dot{U}_{\mathrm{S}} = \frac{1+\mathrm{j}}{4}\dot{U}_{\mathrm{S}},$$

$$Z_{\mathrm{eq}} = R_1 // R_2 // \mathrm{j}\omega L = 2(1+\mathrm{j})\Omega$$

戴维南等效电路如图 5-46(b)所示。

当回路中阻抗最小时，电流 $i$ 的有效值达到最大。因此，当整个电路阻抗的虚部为零时，阻抗最小，于是有

$$\mathrm{Im}\left[Z_{\mathrm{eq}}\right] - \frac{1}{\omega C} = 2 - \frac{1}{\omega C} = 0$$

解得：

$$C=\frac{1}{2\omega}=250\mu F$$

## 5.6.2 利用相量图辅助求解正弦稳态电路

在 5.3 节介绍相量形式欧姆定律的时候，我们利用相量图示出了电阻、电感和电容上电压和电流的相位关系，还介绍了相量求和的"多边形"法则。在 5.4 节中，我们还通过画相量图给出了 RLC 串、并联电路中的电压三角形和电流三角形。可以看出，相量图采用几何图形直观地表示出了各相量的相位和幅值关系。因此在分析正弦稳态电路时，借助相量图可以辅助并简化电路的分析和计算。

在相量图上，各相量之间的相位关系（或相位差）十分重要。由于相量彼此间的相位差与计时起点无关，所以在作相量图时，可以根据电路特点，选择其中一个相量作为参考相量，即设该相量的初相为零，画在实轴上；然后根据其他相量与参考相量的相位关系，画出其他待研究相量。参考相量的选取一般可以按照以下三个原则进行：

（1）对于串联电路，一般选择串联电流作为参考相量；各个元件上的电压满足 KVL，画出反映 KVL 关系的相量图。

（2）对于并联电路，一般选取并联电压作为参考向量；各个元件上的电流满足 KCL，画出反映 KCL 关系的相量图。

（3）对于混联电路，按照连接关系，以先局部后整体为原则，以局部连接关系来确定是选取电流作为参考相量，还是电压作为参考相量。

还有一个问题需要确定，那就是如何判断哪类题型适合用向量图辅助求解呢？一般来说，当题目仅给出元件参数、电流（电压）有效值，而没有给出相位信息时，可以考虑采用向量图辅助求解。

下面，以例 5-18 和例 5-19 两个例题说明如何利用相量图辅助求解正弦稳态电路。

**例 5-18** 如图 5-47(a)所示电路，已知 $U_{AB}=50V$，$U_{AC}=78V$。求 $U_{BC}=?$

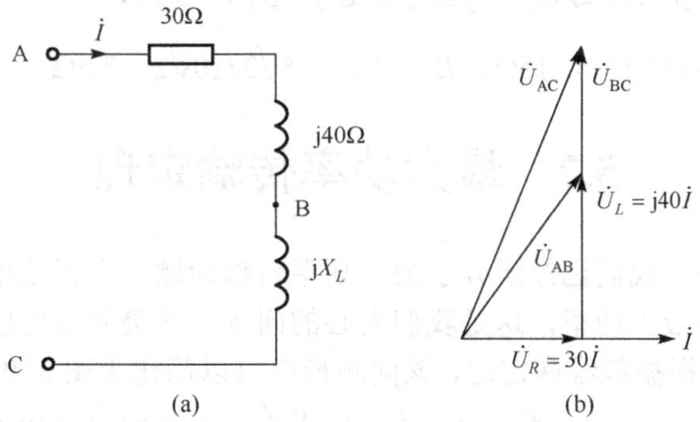


图 5-47 例 5-18 图

**解** 串联电路选取电流 $\dot{I}$ 作为参考相量，如图 5-47(b)所示，电阻两端电压 $\dot{U}_R$ 与电流 $\dot{I}$ 同相，其有效值为 $30I$；j40Ω 电感上的电压 $\dot{U}_L$ 超前于电流 90°，其有效值为 $40I$。则相量电压 $\dot{U}_{AB}$ 应是以 $\dot{U}_R$ 和 $\dot{U}_L$ 为直角边的三角形的斜边，其有效值为 $U_{AB}=\sqrt{(30I)^2+(40I)^2}=50I$。所以

$$I=1A，\ U_R=30V，\ U_L=40V$$

由于$\dot{U}_{BC}$与$\dot{U}_L$同相，所以$U_{AC}=78=\sqrt{(30)^2+(40+U_{BC})^2}$，解得

$$U_{BC}=\sqrt{78^2-30^2}-40=32V$$

注意：熟练时，可以不必画出实轴和虚轴。

**例 5-19** 如图 5-48(a)所示电路处于正弦稳态，已知$I_2=10A$，$I_3=10\sqrt{2}A$，$U=200V$，$R_1=5\Omega$，$R_2=X_L$。求$I_1$、$X_C$、$X_L$和$R_2$。

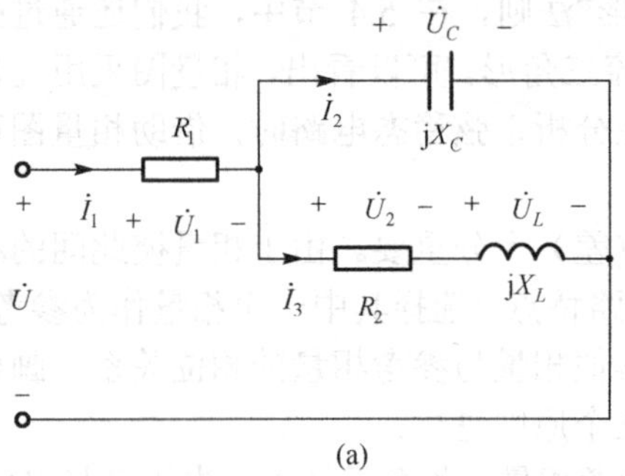


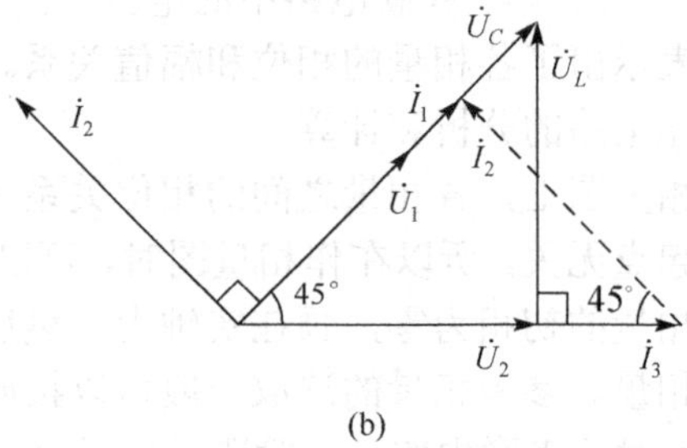


图 5-48　例 5-19 图

**解**　画相量图求解。注意到该电路联接结构为：$R_2$与$jX_L$串联，再与$jX_C$并联，最后与$R_1$串联。从局部入手，以电流$\dot{I}_3$为参考相量，如图 5-48(a)所示，电阻$R_2$两端电压$\dot{U}_2$与$\dot{I}_3$同相，电感电压$\dot{U}_L$超前$\dot{I}_3$ 90°，因为$\dot{U}_C=\dot{U}_2+\dot{U}_L$，且$R_2=X_L$，所以$U_C=\sqrt{2}U_2=\sqrt{2}U_L$。由于电容中电流$\dot{I}_2$超前$\dot{U}_C$ 90°，而$\dot{I}_1=\dot{I}_2+\dot{I}_3$，所以$\dot{I}_1$与$\dot{U}_C$同相，进而$\dot{U}_1$也与$\dot{U}_C$同相，且初相均为45°。

由上分析，可得

$$\dot{I}_1=\dot{I}_2+\dot{I}_3=10\sqrt{2}+10\angle 135^\circ=10\angle 45^\circ \Rightarrow I_1=10A$$

$$\dot{U}=\dot{U}_1+\dot{U}_C \Rightarrow U=U_1+U_C=200=5\times 10+U_C \Rightarrow U_C=150V$$

$$\dot{U}_C=\dot{U}_R+\dot{U}_L \Rightarrow U_C=\sqrt{2U_R^2} \Rightarrow U_R=U_L=75\sqrt{2}V$$

$$X_C=-150/10=-15\Omega,\ R_2=X_L=75\sqrt{2}/10\sqrt{2}=7.5\Omega$$

# 5.7　最大功率传输定理

在线性电阻电路中，我们已经研究了最大功率传输问题。在正弦电流电路情况下，负载在什么条件下才能获得最大功率，这是我们关心的问题。这类问题可以归结为一个一端口向负载输送功率的问题。根据戴维南定理，该问题最终可以简化为图 5-49 所示的电路来分析研究。图中$\dot{U}_{oc}$是等效电压源的电压相量（即一端口的开路电压），$Z_{eq}=R_{eq}+jX_{eq}$是戴维南等效阻抗，$Z_L=R_L+jX_L$为负载的等效阻抗。

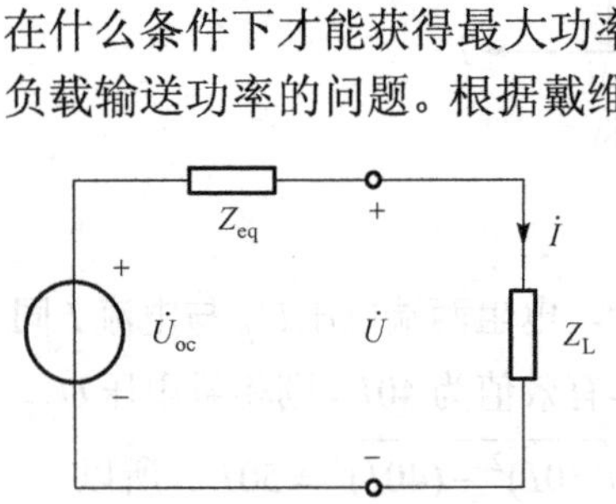


图 5-49　最大功率传输问题

负载$Z_L$吸收的平均功率（有功功率）可以表示为

$$P=I^2R=\frac{U_{oc}^2R_L}{(R_L+R_{eq})^2+(X_L+X_{eq})^2}$$

从上式可以看出，负载获得的功率与戴维南等效参数和负载的参数均有关。在$\dot{U}_{oc}$（且$\dot{U}_{oc} \neq 0$）不变的条件下，负载需要根据$Z_{eq}$来配置。这里讨论两种情况：一是负载$Z_L$中$R_L$和$X_L$均是可变的；二是负载是纯阻性的，即$Z_L = R_L$。

首先考虑第一种情况。这时负载获得最大功率的条件是

$$\begin{cases} X_L + X_{eq} = 0 \\ \dfrac{dP}{dR_L} = \dfrac{d}{dR_L}\left[\dfrac{U_{oc}^2 R_L}{(R_L + R_{eq})^2}\right] = 0 \end{cases}$$

可得

$$\begin{cases} R_L = R_{eq} \\ X_L = -X_{eq} \end{cases}$$

即

$$Z_L = R_{eq} - jX_{eq} = Z_{eq}^* \tag{5-32}$$

式（5-32）称为共轭匹配。此时负载吸收的最大功率为

$$P_{max} = \frac{U_{oc}^2}{4R_{eq}}$$

再考虑第二种情况。这时负载获得的功率可以表示为

$$P = \frac{U_{oc}^2 R_L}{(R_L + R_{eq})^2 + X_{eq}^2} \tag{5-33}$$

令$\dfrac{dP}{dR_L} = 0$，有

$$\frac{U_{oc}^2 \cdot \left[(R_{eq} + R_L)^2 + X_{eq}^2\right] - 2(R_{eq} + R_L) \cdot R_L U_{oc}^2}{\left[(R_{eq} + R_L)^2 + X_{eq}^2\right]^2} = 0$$

解得

$$R_L = \sqrt{R_{eq}^2 + X_{eq}^2} = |Z_{eq}| \tag{5-34}$$

式（5-34）称为模匹配。将此条件代入式（5-33），此时负载吸收的最大功率为

$$P_{max} = \frac{U_{oc}^2}{2\left(R_i + \sqrt{R_i^2 + X_i^2}\right)}$$

**例 5-20** 如图 5-50(a)所示电路，电压源电压$u_S = 2\cos\omega t$ V，$\omega = 10^6$ rad/s，$r = 1\Omega$。问负载在什么条件下可以获得最大功率？并求此功率。

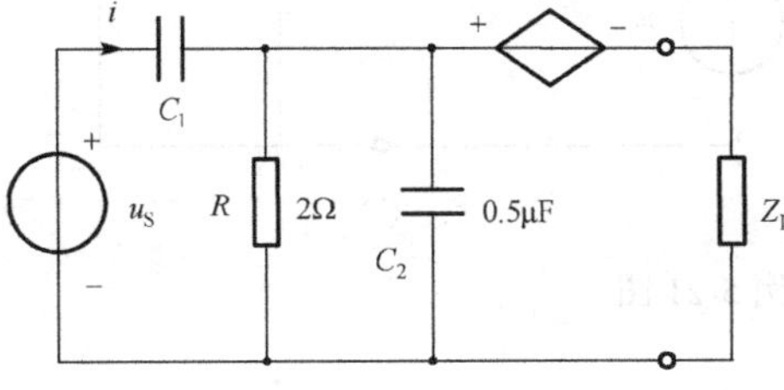


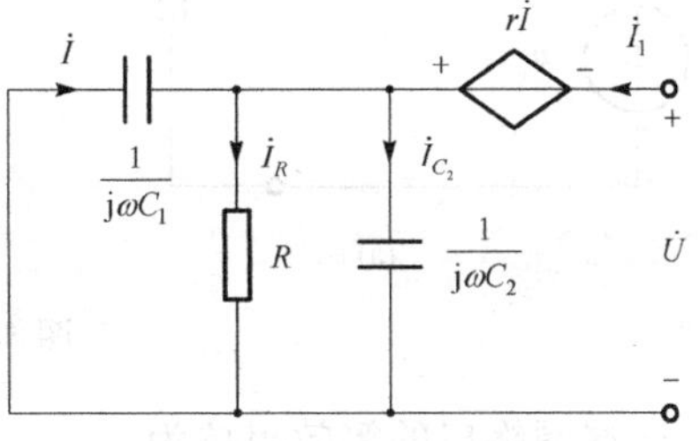


图 5-50 例 5-20 图

**解** 求 $Z_L$ 以外电路的戴维南等效电路，先求 $\dot{U}_{oc}$。

$$\dot{U}_{oc}=-r\dot{I}+\frac{R//\frac{1}{j\omega C_2}}{\frac{1}{j\omega C_1}+R//\frac{1}{j\omega C_2}}\dot{U}_S$$

$$=-r\frac{\dot{U}_S}{\frac{1}{j\omega C_1}+R//\frac{1}{j\omega C_2}}+\frac{R//\frac{1}{j\omega C_2}}{\frac{1}{j\omega C_1}+R//\frac{1}{j\omega C_2}}\dot{U}_S=\frac{\sqrt{10}}{5}\angle -26.6^\circ$$

再求 $Z_{eq}$。如图 5-51(b)所示，采用外施电压源法求 $Z_{eq}$，有

$$\begin{cases}\dot{U}=-r\dot{I}-\frac{1}{j\omega C_1}\dot{I}\\ \dot{I}_1=-\dot{I}+\dot{I}_R+\dot{I}_{C_2}=-\left[\frac{1}{j\omega C_1}\left(\frac{1}{R}+j\omega C_2\right)\dot{I}+\dot{I}\right]\end{cases}$$

解得

$$Z_{eq}=\frac{\dot{U}}{\dot{I}_1}=0.8-j0.4\Omega$$

故当负载 $Z_L=Z_{eq}^*=0.8+j0.4\Omega$ 时，可获得最大功率。最大功率为

$$P_{max}=\frac{U_{oc}^2}{4R_{eq}}=\frac{\left(\sqrt{10}/5\right)^2}{4\times 0.8}=0.125\text{W}$$

**例 5-21** 如图 5-51(a)所示电路，电压源电压 $u_S=10\cos\omega t$ V，$\omega=10^5$ rad/s。求：

（1）$R_L=5\Omega$ 时其消耗的功率；

（2）$R_L$ 为多少时能获得最大功率，并求最大功率；

（3）在 $R_L$ 两端并联一个电容 $C$，如图 5-52(b)所示。问 $R_L$ 和 $C$ 为多大时能与内阻抗最佳匹配，并求最大功率。

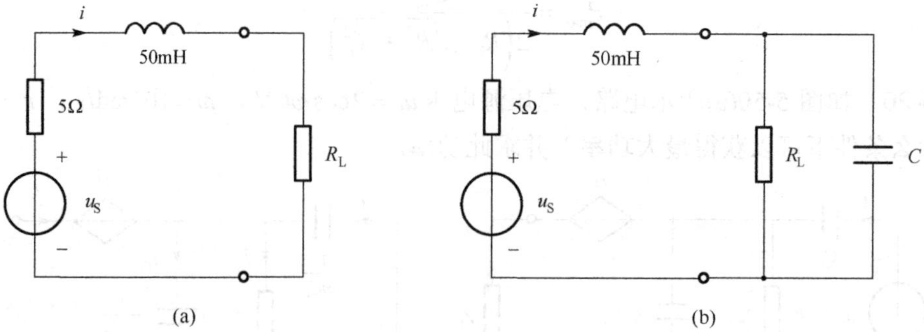


图 5-51 例 5-21 图

**解** 一端网络口的等效阻抗为

$$Z_{eq}=R+jX_L=5+j10^5\times 50\times 10^{-6}=5+j5\Omega$$

（1）$\dot{I}=\dfrac{10\angle 0^\circ}{5+\mathrm{j}5+5}=0.89\angle -26.6^\circ\ \mathrm{A}$，$P_{\mathrm{L}}=I^2R_{\mathrm{L}}=0.89^2\times 5=4\mathrm{W}$

（2）当 $R_{\mathrm{L}}=\sqrt{R_{\mathrm{eq}}^2+X_{\mathrm{eq}}^2}=\sqrt{5^2+5^2}=7.07\Omega$ 时，$R_{\mathrm{L}}$ 可获得最大功率为

$$P_{\max}=\frac{10^2}{2(5+\sqrt{5^2+5^2})}=4.14\mathrm{W}$$

（3）并联电容后，负载端阻抗可以表示为

$$Z_{\mathrm{L}}=\frac{\dfrac{1}{\mathrm{j}\omega C}\cdot R_{\mathrm{L}}}{\dfrac{1}{\mathrm{j}\omega C}+R_{\mathrm{L}}}=\frac{R_{\mathrm{L}}}{1+\mathrm{j}\omega CR_{\mathrm{L}}}=\frac{R_{\mathrm{L}}}{1+(\omega CR_{\mathrm{L}})^2}-\mathrm{j}\frac{\omega CR_{\mathrm{L}}^2}{1+(\omega CR_{\mathrm{L}})^2}$$

当 $Z_{\mathrm{L}}=Z_{\mathrm{eq}}^*=5-\mathrm{j}5\Omega$ 时，即

$$\begin{cases}\dfrac{R_L}{1+(\omega CR_{\mathrm{L}})^2}=5\\[2ex]\dfrac{\omega CR_{\mathrm{L}}^2}{1+(\omega CR_{\mathrm{L}})^2}=5\end{cases}$$

可得 $R_{\mathrm{L}}=10\Omega$，$C=1\mu\mathrm{F}$ 时，获得最大功率为

$$P_{\max}=\frac{U_{\mathrm{oc}}^2}{4R_{\mathrm{eq}}}=\frac{10^2}{4\times 5}=5\mathrm{W}$$

# 习　题　5

## 5.2　相量法的基本概念

5-1　计算下列各式

（1）$6\angle 15^\circ-4\angle 40^\circ+7\angle -60^\circ$；　　（2）$\mathrm{j}+2\mathrm{e}^{\mathrm{j}1}$

（3）$(2+3\angle 60^\circ)(3\angle 150^\circ+3\angle 30^\circ)$；　　（4）$\dfrac{-\mathrm{j}17+\dfrac{4}{\mathrm{j}}+5\angle 90^\circ}{2.5\angle 45^\circ+2.1\angle -30^\circ}$

5-2　已知 $\mathrm{A}=3+\mathrm{j}4$，$B=10\angle 60^\circ$。求 A+B、$\mathrm{A}\times\mathrm{B}$ 和 $\mathrm{A}\div\mathrm{B}$。

5-3　写出下列振幅相量对应的正弦量，设角频率为 $\omega$。

（1）$\dot{I}_{\mathrm{m}}=6-\mathrm{j}8\mathrm{A}$；　　（2）$\dot{U}_{\mathrm{m}}=-\mathrm{j}10\mathrm{V}$

5-4　写出下列正弦量的有效值相量。

（1）$u=311.13\cos(100\pi t-38^\circ)\mathrm{V}$；　　（2）$i=-10\sin(\omega t-40^\circ)\mathrm{A}$

## 5.3　电路定律的相量形式

5-5　如题 5-5 图所示电路，各电压表读数均为有效值，其中电压表 $\mathrm{V}_1=60\mathrm{V}$，$\mathrm{V}_3=100\mathrm{V}$。试求电压表 $\mathrm{V}_2$ 的读数。

5-6　如题 5-6 图所示电路，各电压表读数均为有效值，其中电压表 $\mathrm{V}_1=15\mathrm{V}$，$\mathrm{V}_2=80\mathrm{V}$，$\mathrm{V}_3=100\mathrm{V}$。求图中电压源 $u_{\mathrm{S}}$ 的有效值 $U_{\mathrm{S}}$。

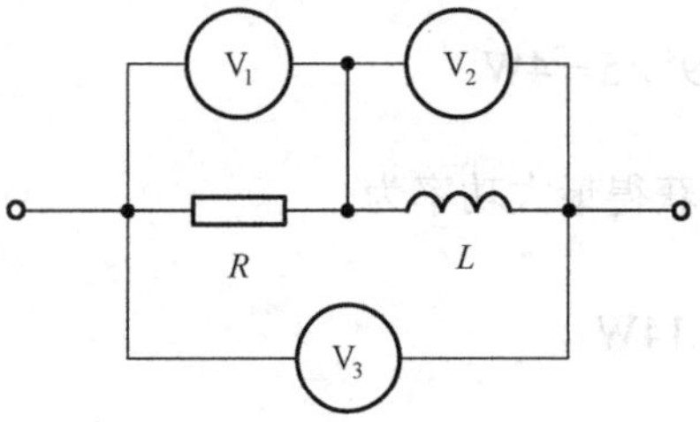


题 5-5 图

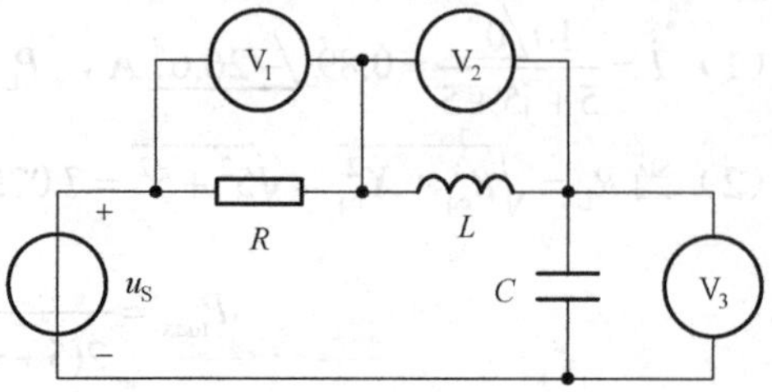


题 5-6 图

5-7　如题 5-7 图所示电路，已知 $R=1\Omega$，$\omega L=1\Omega$，$1/\omega C=0.5\Omega$，$\dot{I}_S=2\angle 0^\circ$ A。求端口电压 $\dot{U}$。

5-8　对 RC 并联电路作如下两次测量：

（1）端口加 120V 直流电压（$\omega=0$）时，输入电流是 4A；

（2）端口加频率为 50Hz、有效值为 120V 的正弦电压时，输入电流的有效值为 5A。求 $R$ 和 $C$ 的值。

5-9　如题 5-9 图所示电路中，已知 $\omega=500$ rad/s，$\dot{I}_L=2.5\angle 40^\circ$ A。求 $u_S(t)$。

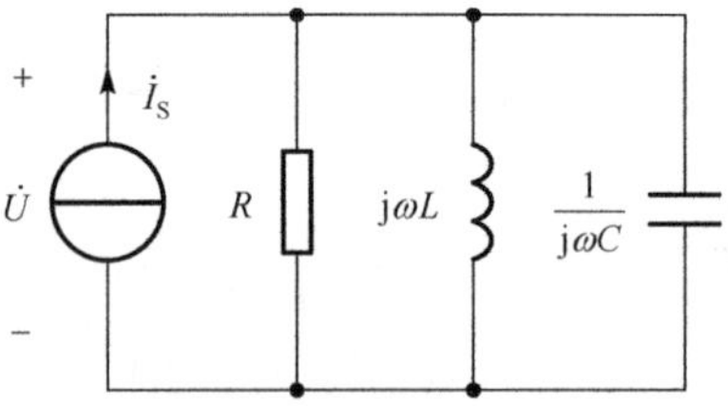


题 5-7 图

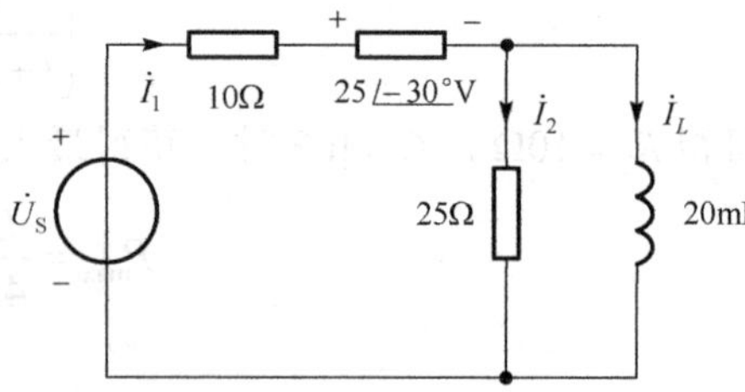


题 5-9 图

## 5.4　阻抗与导纳

5-10　求题 5-10 图中各电路的输入阻抗 $Z$ 和导纳 $Y$。

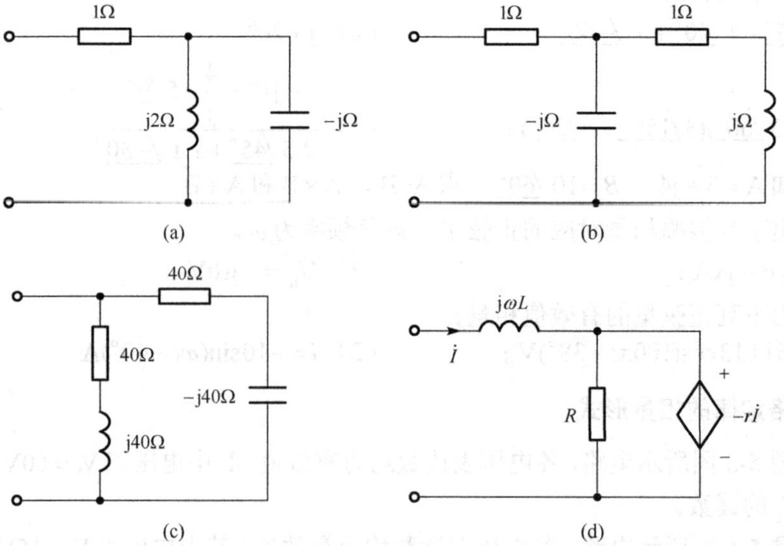


题 5-10 图

5-11　如题 5-11 图所示电路，$u_S = \sqrt{2}U\cos t$ V。求电容电压 $u_C$。

5-12　如题 5-12 图所示电路，已知 $\dot{U}_S = 20\underline{/0^\circ}$ V。试求振幅相量 $\dot{U}_{abm}$ 以及各支路电流的振幅相量。

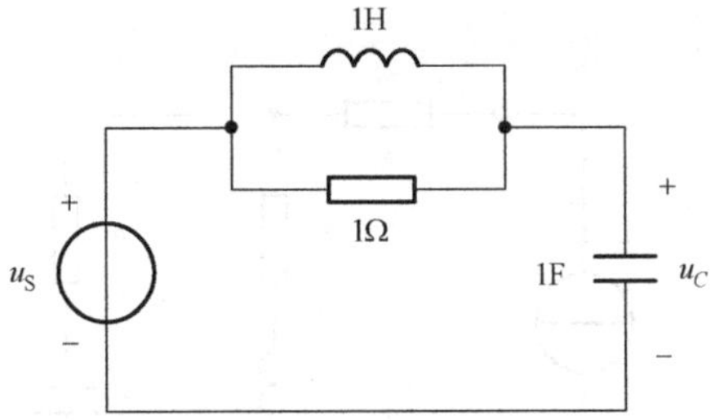


题 5-11 图

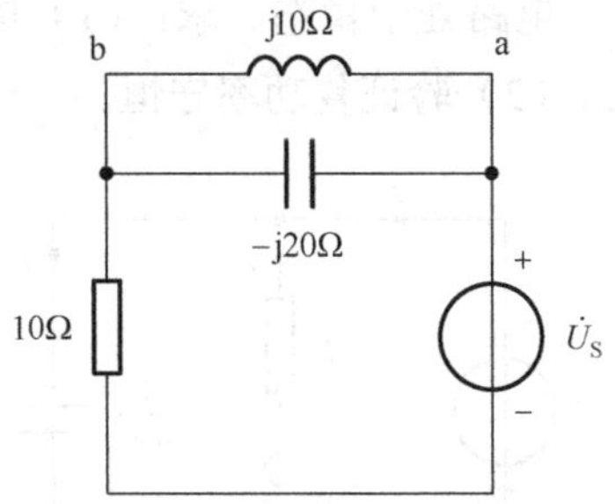


题 5-12 图

5-13　如题 5-13 图所示电路，已知 $u_S = 40\cos(3000t)$V。求 $i(t)$、$i_C(t)$ 和 $i_L(t)$。

5-14　如题 5-14 图所示电路，已知 $i_S = 3\sqrt{2}\cos(400t)$A，$i_2 = 2\sqrt{2}\cos(400t + 40^\circ)$A，$L$ = 10mH，$C$ = 1mF。求电压 $u_{ab}$。

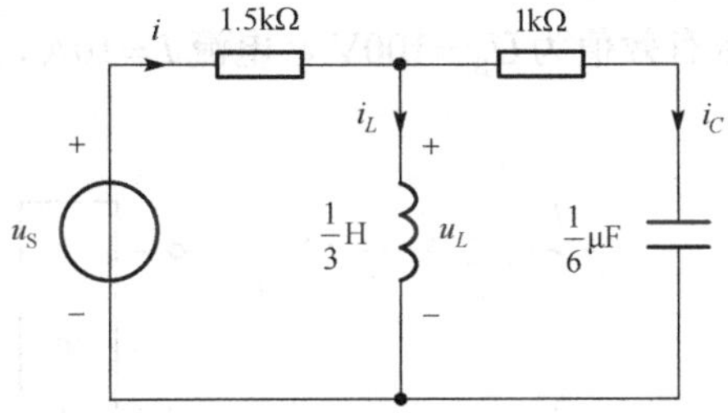


题 5-13 图

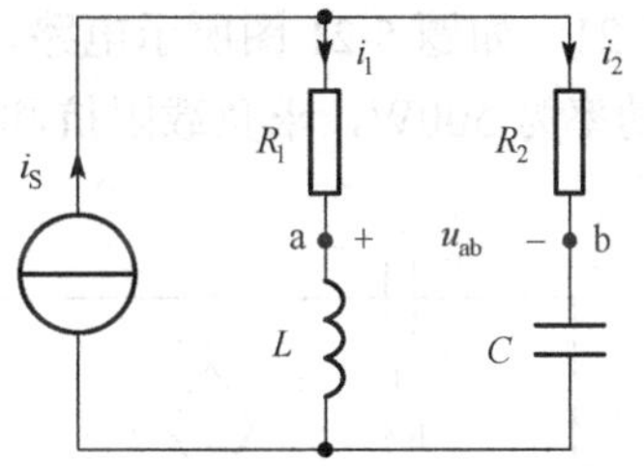


题 5-14 图

## 5.5　正弦稳态电路的功率

5-15　已知某一端口网络端口电压为 $u = 300\sqrt{2}\cos(314t + 10^\circ)$V，电流为 $i = 5\sqrt{2}\cos(314t - 45^\circ)$A，电压和电流为关联参考方向。问：（1）该一端口网络等效阻抗呈何性质？（2）该一端口网络吸收的功率。

5-16　如题 5-16 图所示电路，$i_S = 10\cos(10^3 t)$mA，$R_1 = R_2 = 1$kΩ，$C = 1$μF。求电阻 $R_1$、$R_2$、电容 $C$ 和电源吸收的平均功率。

5-17　如题 5-17 图所示电路，$R_1 = 20\Omega$，$R_2 = 10\Omega$，$L = 0.1$H，电流 $i$ 的有效值为 $I = 10$A，角频率 $\omega = 10^3$ rad/s。试求电路的平均功率、无功功率和视在功率。

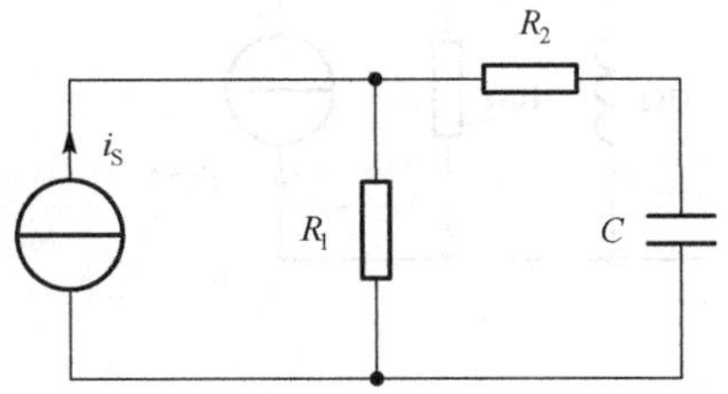


题 5-16 图

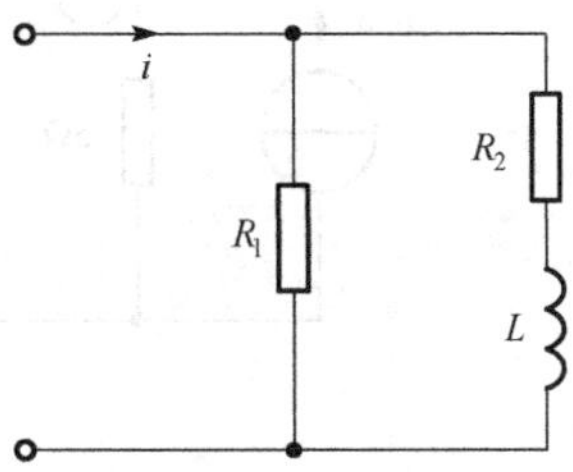


题 5-17 图

5-18　如题 5-18 图所示电路，$\dot{U}_S = 100\underline{/0^\circ}$ V，$R = 3\Omega$，$\omega L = 1\Omega$，$1/\omega C = 2\Omega$。求电路的有功功率 $P$、视在功率 $S$ 和功率因数 $\lambda$。

5-19　如题 5-19 图所示电路，$R_1 = R_3 = 2\Omega$，$R_2 = 1\Omega$，$L = 0.5\text{H}$，$C = 0.5\text{F}$，$i_S = 5\sqrt{2}\cos(2t)\text{A}$，电路处于稳态。求：（1）电源提供的有功功率 $P$、无功功率 $Q$、视在功率 $S$ 和功率因数 $\lambda$；（2）验证复功率守恒。

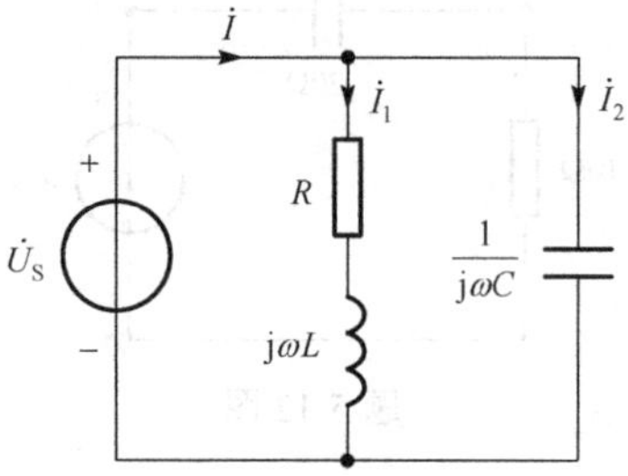


题 5-18 图

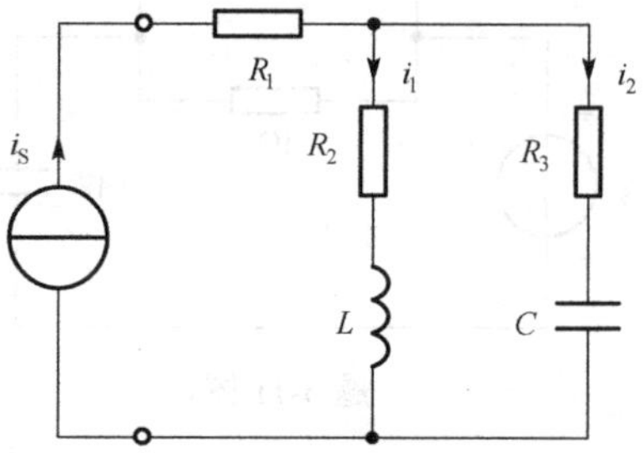


题 5-19 图

5-20　如题 5-20 图所示电路，$I_S = 10\text{A}$，$\omega = 5 \times 10^3 \text{rad/s}$，$R_1 = R_2 = 10\Omega$，$C = 10\mu\text{F}$，$\mu = 0.5$。求：（1）电源发出的复功率；（2）验证复功率守恒。

5-21　如题 5-21 图所示电路，已知电压源电压有效值为 $U_S = 100\text{V}$，电流 $I = 10\text{A}$，电源输出功率为 500W，求负载阻抗和端口电压 $U_1$。

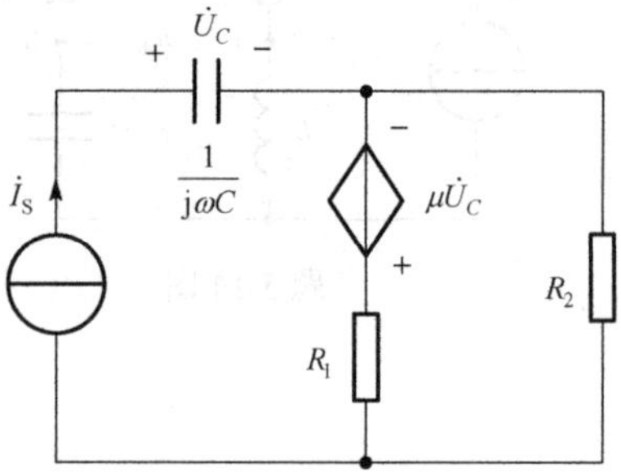


题 5-20 图

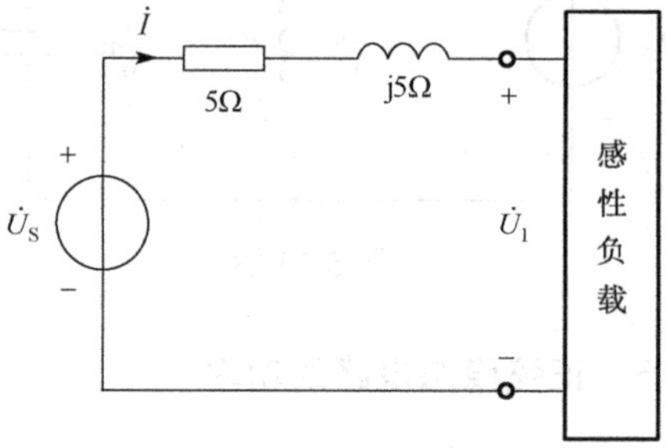


题 5-21 图

## 5.6　正弦稳态电路分析

5-22　如题 5-22 图所示电路，试列出相量形式的结点电压方程。

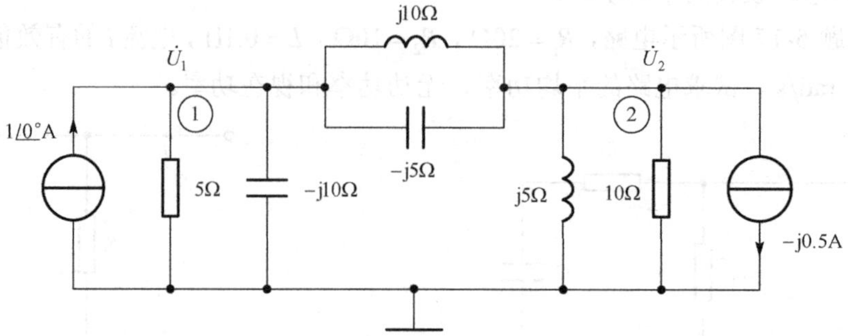


题 5-22 图

5-23　如题 5-23 图所示电路，$\dot{U}_{S1}=100\angle 0^\circ$ V，$\dot{U}_{S2}=100\angle 53.1^\circ$ V。试用回路电流法求电流 $\dot{I}_1$。

5-24　如题 5-24 图所示电路，已知 $\dot{I}_{S1}=5\angle 90^\circ$ A，$\dot{I}_{S2}=10\angle 0^\circ$ A。试用：（1）结点电压法求电压 $\dot{U}_2$；（2）回路电流法求电流 $\dot{I}_2$。

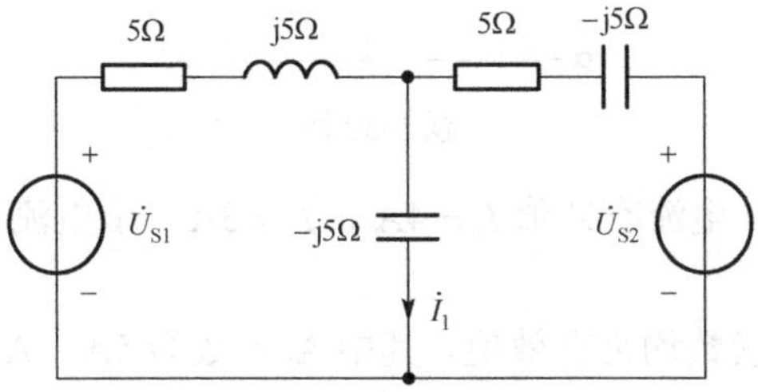


题 5-23 图

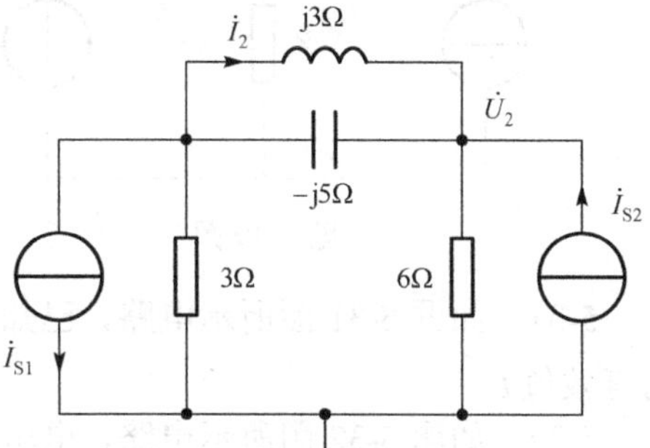


题 5-24 图

5-25　如题 5-25 图所示电路，$u_S=200\sqrt{2}\cos(\omega t)$V，$\omega=10^3$ rad/s。求其戴维南等效电路。

5-26　如题 5-26 图所示电路，$\dot{I}_S=2\angle 0^\circ$ A。求其戴维南等效电路。

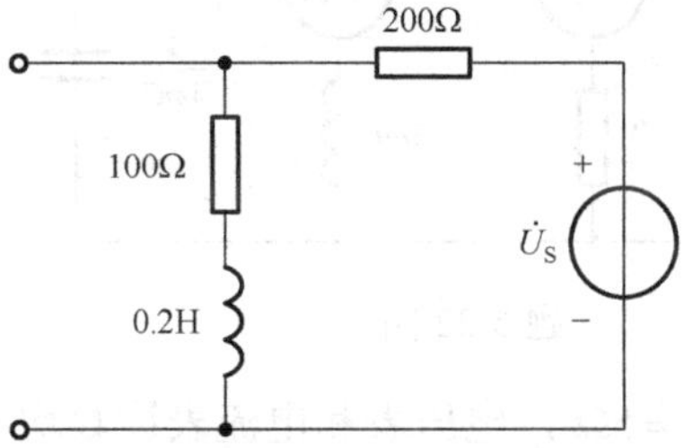


题 5-25 图

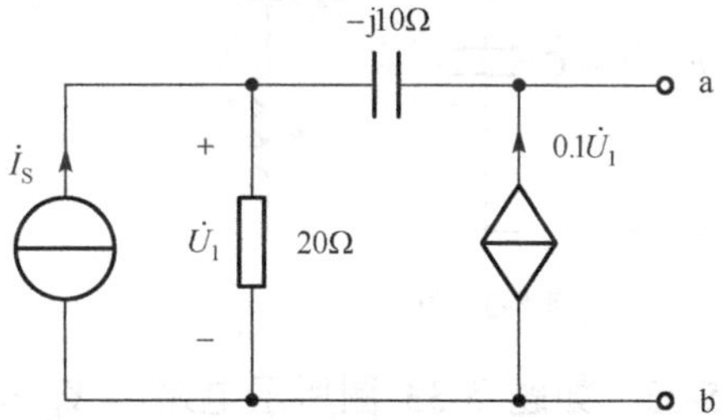


题 5-26 图

5-27　如题 5-27 图所示电路，$\dot{U}_S=100\angle 0^\circ$ V。求其戴维南等效电路。

5-28　如题 5-28 图所示正弦稳态电路，$i_S=10\cos(120\pi t)$mA。

（1）试求自 a-b 端向左看进去的戴维南等效电路；

（2）如果电源的频率加倍，上述所得戴维南等效电路是否还有效？为什么？

（3）如果负载 A 是一个1μF 的电容，试求其两端电压 $u(t)$。

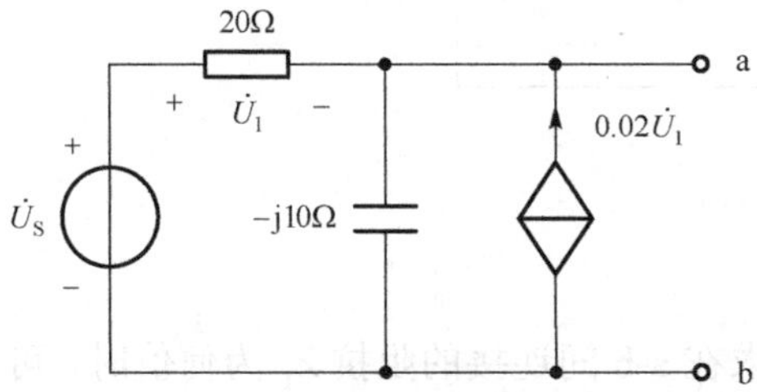


题 5-27 图

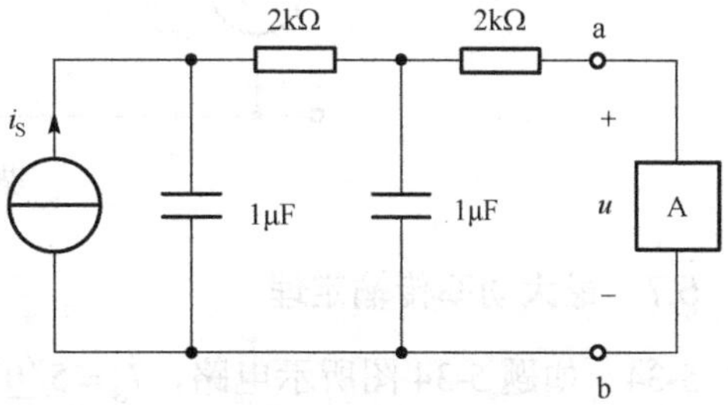


题 5-28 图

5-29　如题 5-29 图所示电路，已知 $\dot{U}_S=100\angle 45^\circ$ V，$\dot{I}_S=4\angle 0^\circ$ A，$Z_1=Z_3=50\angle 30^\circ$ Ω，$Z_2=50\angle -30^\circ$ Ω。试用叠加定理计算电流 $\dot{I}_2$。

5-30　如题 5-30 图所示电路，已知电容所在支路电流有效值$I_C = 8\text{A}$，电感电阻串联支路电流有效值$I_L = 10\text{A}$，且端口电压$u$与电流$i$同相。求电流$i$的有效值$I$。

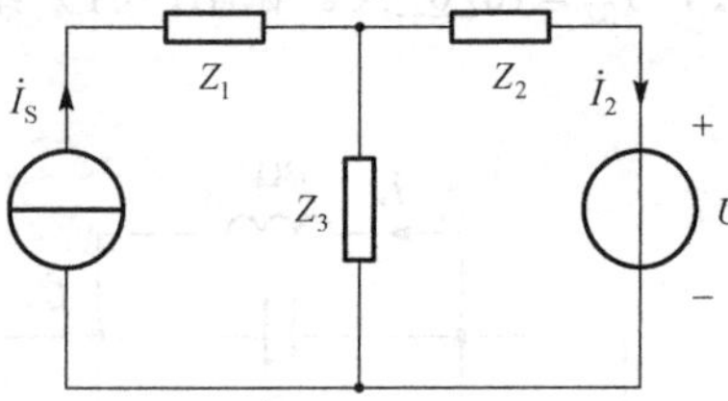


题 5-29 图

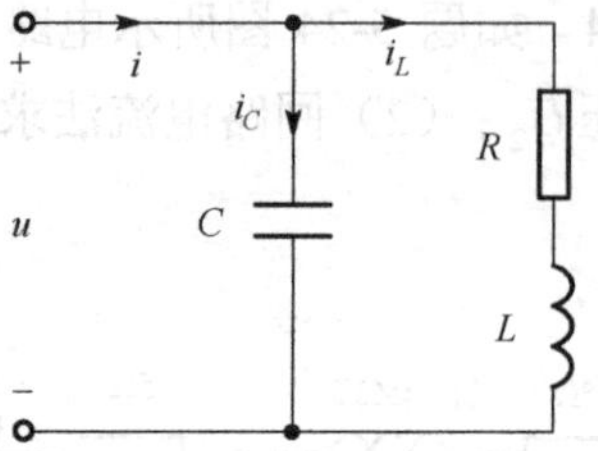


题 5-30 图

5-31　如题 5-31 图所示电路，已知$\omega L > 1/\omega C_2$，电流有效值$I_1 = 4\text{A}$，$I_2 = 3\text{A}$。求电流$i$的有效值$I$。

5-32　如题 5-32 图所示电路，电压表和电流表读数均为有效值，其中$A_1$示数为 5A，$A_2$示数为 20A，$A_3$示数为 25A。求电流表 A 和$A_4$的示数。

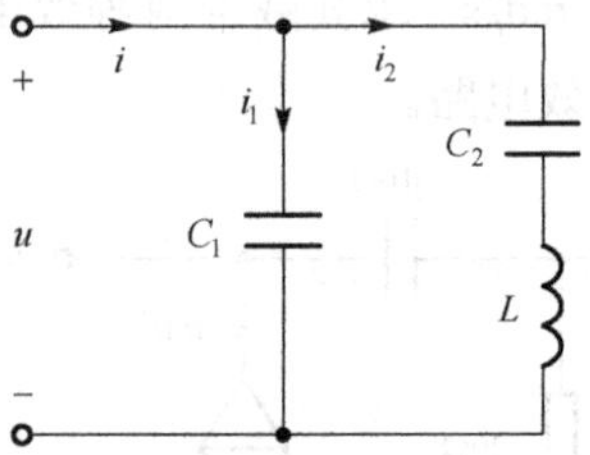


题 5-31 图

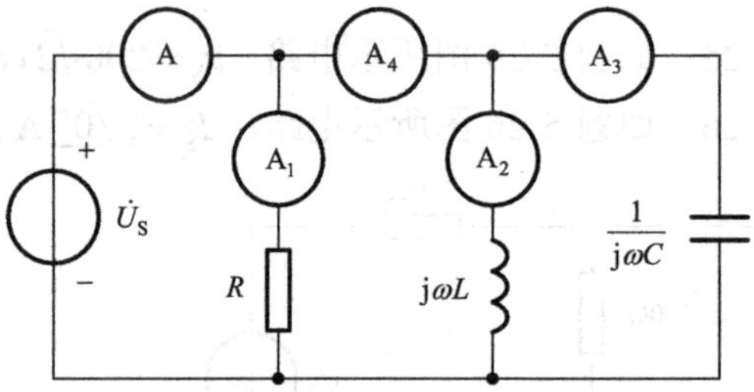


题 5-32 图

5-33　如题 5-33 图所示电路，$X_C = -10\Omega$，$R = X_L = 5\Omega$，电压表和电流表读数均为有效值，其中$A_1$示数为 10A，$V_1$示数为 100V。试求$A_0$和$V_0$的读数。

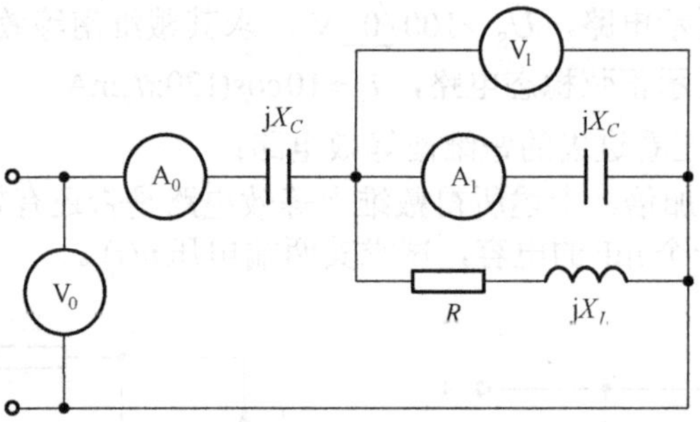


题 5-33 图

## 5.7　最大功率传输定理

5-34　如题 5-34 图所示电路，$\dot{I}_S = 5\angle 0^\circ\ \text{A}$。试求在 a-b 间连接的阻抗$Z_L$为何值时，可获得最大功率？并求此最大功率。

5-35　如题 5-35 图所示电路，$\dot{I}_S = 212\angle 0^\circ\ \text{mA}$。试求（1）$Z_L$为何值时，可获得最大功率？并求此最大功率；（2）若$Z_L$为纯电阻，求此时可获得的最大功率。

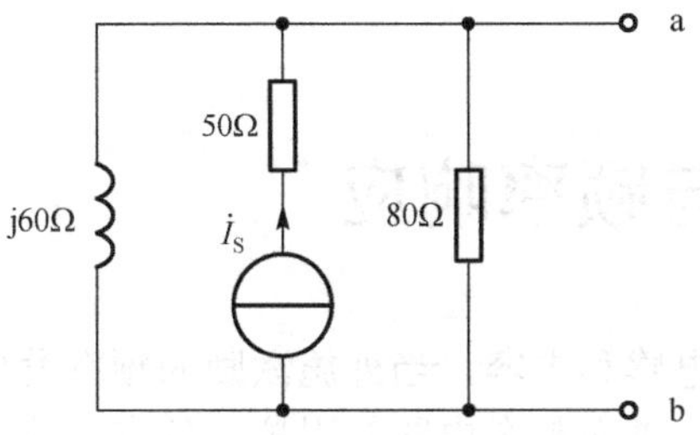


题 5-34 图

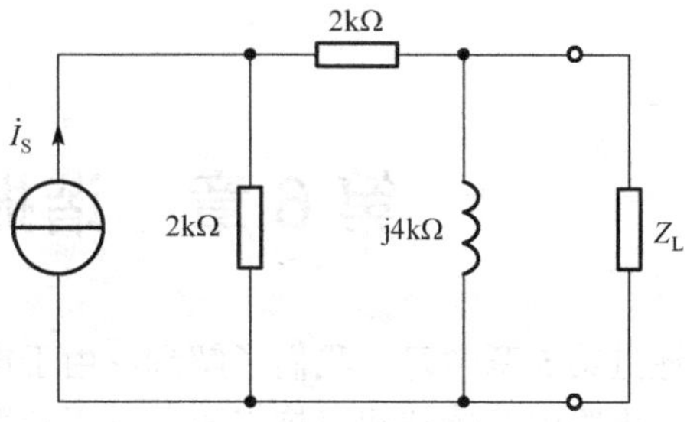


题 5-35 图

5-36　如题 5-36 图所示电路，$\dot{U}_S = 12\angle 0^\circ$ V，$\dot{I}_S = \text{j}4\text{A}$。求阻抗 $Z_L$ 为何值时，可获得最大功率？并求此最大功率。

5-37　如题 5-37 图所示电路，$\dot{U}_S = 10\angle -45^\circ$ V，$g = 0.5\text{S}$，负载 $Z_L$ 可以任意改变。求 $Z_L$ 为何值时，可获得最大功率？并求此最大功率。

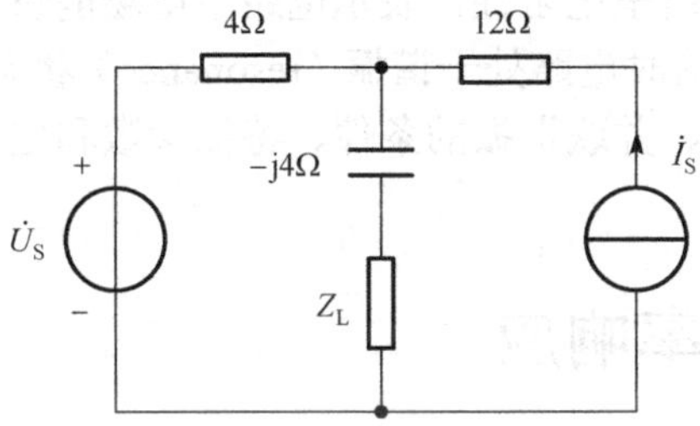


题 5-36 图

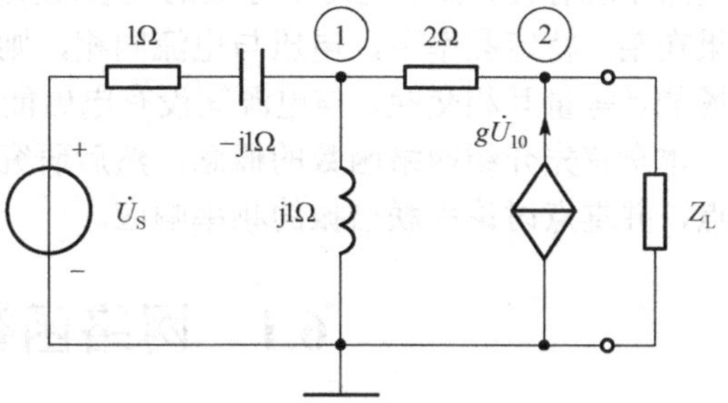


题 5-37 图

5-38　如题 5-38 图所示电路，$\dot{I}_S = 0.5\angle 0^\circ$ A，$\omega = 2\times10^3$ rad/s。对该电路应用戴维南定理，并选择合适的 $R$ 和 $L$ 值，使得 $R$ 获得最大平均功率，并求此最大功率。

5-39* 　如题 5-39 图所示电路，已知 $I_S = 0.6\text{A}$，$R = 1\text{k}\Omega$，$C = 1\mu\text{F}$；若电源的频率可变，试求当电源频率为多少时，RC 串联部分可获得最大功率？

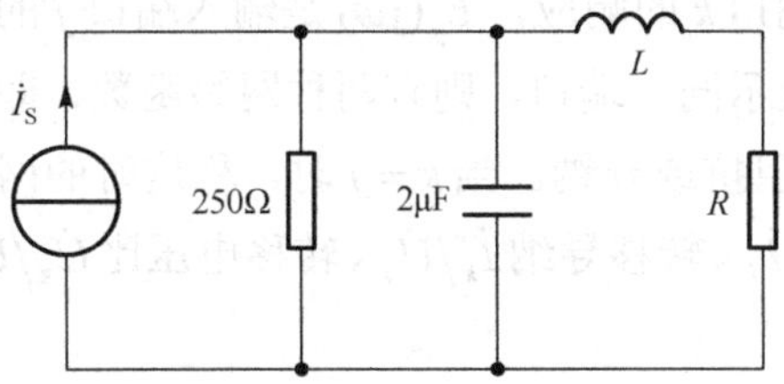


题 5-38 图

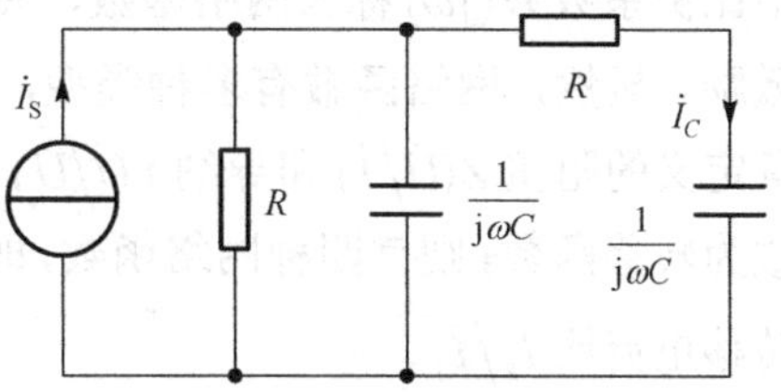


题 5-39 图

# 第 6 章　谐振现象与频率响应

通过第 5 章学习，我们了解到，由于电路中存在电感和电容，当外施激励的频率发生变化时，电路中的感抗和容抗将随着频率的变化而变化，进而整个电路的阻抗、各支路的电压和电流也将随之变化。电路工作状态随频率变化的现象称为电路的**频率响应**，又称频率特性。响应的幅值与频率的关系称为**幅频响应**，响应的相位与频率的关系称为**相频响应**。

在含有 $L$ 和 $C$ 的无源一端口网络中，设端口电压和端口电流满足关联参考方向。如果在一定的频率范围内，电压相位超前电流，则电路呈感性，表示电路中存储的磁场能量大于电场能量，负载与电源交换的是磁场能量；如果在一定的频率范围内，电压相位滞后于电流，则电路呈现容性，表示电路中存储的电场能量大于磁场能量，负载与电源交换的是电场能量；如果在某一特定频率下，电压与电流同相，则一端口网络呈电阻性，表示电路中电场能量与磁场能量等量互相交换，与电源间没有电磁能量交换，这时电路处于**谐振**（resonance）状态。

本章首先介绍网络函数的概念，然后研究串联谐振、并联谐振的条件、特征参数和电路特点，并重点讨论串联谐振的频率响应。

## 6.1　网络函数和频率响应

2.5 节针对线性直流电路的齐次性定理指出：如果线性电路中只存在一个电源，则各处电压或电流与此电源的电压或电流成正比。5.6 节中我们指出，对于正弦稳态电路的相量模型，齐次性定理也是适用的。如果将我们所关心的网络中某一电压或电流作为响应，将电源电压或电源电流作为激励，根据齐次性定理，响应相量与激励相量成正比，即

$$R_k(\mathrm{j}\omega)=H(\mathrm{j}\omega)\times E_j(\mathrm{j}\omega)$$

式中比例系数 $H(\mathrm{j}\omega)$ 称为网络函数，$R_k(\mathrm{j}\omega)$ 是输出端口 $k$ 的响应，$E_j(\mathrm{j}\omega)$ 是输入端口 $j$ 的正弦激励。显然，网络函数有多种类型，当 $k=j$ 时，表示同一端口，则有两种网络函数，即第 5 章定义的阻抗 $Z(\dot{U}/\dot{I})$ 和导纳 $Y(\dot{I}/\dot{U})$，称为驱动点阻抗或导纳。当 $k\neq j$ 时，称这时的网络函数为转移函数，则有四种网络函数，即转移阻抗 $\dot{U}_k/\dot{I}_j$、转移导纳 $\dot{I}_k/\dot{U}_j$、转移电压比 $\dot{U}_k/\dot{U}_j$ 和转移电流比 $\dot{I}_k/\dot{I}_j$。

集总参数正弦电流电路的网络函数 $H(\mathrm{j}\omega)$ 一般是角频率 $\omega$ 的复数有理分式，它的频率特性分为两部分。它的模 $|H(\mathrm{j}\omega)|$ 是两个正弦量有效值（或振幅）的比值，它与频率的关系 $|H(\mathrm{j}\omega)|-\omega$ 称为幅频响应，将其在坐标系里绘出的曲线称为幅频响应曲线。它的辐角 $\varphi(\mathrm{j}\omega)=\arg[H(\mathrm{j}\omega)]$ 是两个同频正弦量的相位差，它与频率的关系 $\varphi(\mathrm{j}\omega)-\omega$ 称为相频响应，将其在坐标系里绘出的曲线称为相频响应曲线。在不致引起歧义时，也将幅频响应曲线称为频率特性曲线。

需要注意的是，有关频率响应的概念在后续《信号与系统》课程中还将深入学习。

**例 6-1**　如图 5-25 所示 RLC 串联电路，求转移电压比 $\dot{U}_R/\dot{U}$。

**解**　网络函数为转移电压比

$$H_R(\mathrm{j}\omega)=\frac{\dot{U}_R}{\dot{U}}=\frac{R}{R+\mathrm{j}\left(\omega L-\dfrac{1}{\omega C}\right)} \tag{6-1}$$

幅频响应为

$$|H_R(\mathrm{j}\omega)|=\frac{R}{\sqrt{R^2+\left(\omega L-\dfrac{1}{\omega C}\right)^2}} \tag{6-2}$$

相频响应为

$$\varphi(\mathrm{j}\omega)=-\arctan\left[\frac{\omega L-1/(\omega C)}{R}\right] \tag{6-3}$$

从例 6-1 可以看出，网络函数不仅与电路的结构和元件参数值有关，还与输入、输出变量的类型有关。从后面分析将看到，利用网络函数研究电路网络的频率特性，可以找出电路工作的最佳频率范围，这对电路系统分析和设计具有非常重要的意义。

## 6.2 RLC 串联电路的谐振

如图 6-1 所示 RLC 串联电路，在正弦电压激励下，其端口等效阻抗为

$$Z=R+\mathrm{j}\left(\omega L-\frac{1}{\omega C}\right)=R+\mathrm{j}(X_L+X_C)=R+\mathrm{j}X=|Z|\underline{/\varphi_Z}$$

上式的虚部，即电抗 $X=X_L+X_C=\omega L-\dfrac{1}{\omega C}$ 是角频率 $\omega$ 的函数。在某一特定频率下，电抗将为零，即

$$X(\omega_0)=\omega_0 L-\frac{1}{\omega_0 C}=0 \tag{6-4}$$

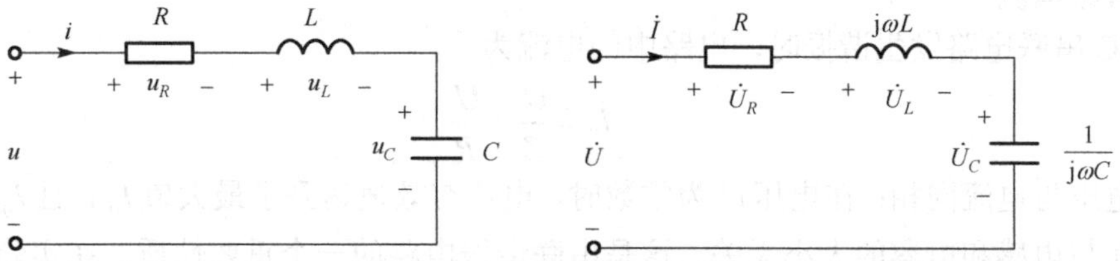


图 6-1　RLC 串联电路

此时 $\varphi_Z=\arctan(X/R)=0$，即电压与电流同相。在特定频率下，出现端口电压、电流同相位的现象时，称电路发生了谐振。式（6-4）是 RLC 串联电路发生谐振的条件，$\omega_0$ 称为**谐振角频率**，则

$$\omega_0=\frac{1}{\sqrt{LC}} \tag{6-5a}$$

由于 $\omega_0=2\pi f_0$，则谐振频率为

$$f_0=\frac{1}{2\pi\sqrt{LC}} \tag{6-5b}$$

由式（6-5a）或式（6-5b）可知，串联电路谐振频率 $f_0$ 与电阻无关，而仅由电感 $L$ 和电容 $C$ 确定。这反映了串联电路的一种固有性质，即对每一个 RLC 串联电路，总有一个对应的谐振频率 $f_0$。由式（6-4）可以看出，无论是改变激励的角频率 $\omega$，还是改变参数 $L$ 或 $C$ 的值，都可以使电路发生谐振或消除谐振。

下面讨论串联谐振电路的几个重要特性。

### 6.2.1 谐振参数

（1）谐振阻抗

由于 RLC 串联电路发生谐振时 $\omega=\omega_0$，其电抗 $X(\omega_0)=0$，所以端口等效阻抗为 $Z=R$，这表明端口呈现纯阻性，且阻抗为最小值，阻抗角 $\varphi_Z=0$。当 $\omega>\omega_0$ 时，电抗 $X=X_L+X_C=\omega L-1/\omega C>0$，电压相位超前电流，端口呈现感性，阻抗模 $|Z|>R$。当 $\omega<\omega_0$ 时，电抗 $X=X_L+X_C=\omega L-1/\omega C<0$，电压相位滞后于电流，端口呈现容性，阻抗模 $|Z|>R$。

（2）特性阻抗

定义 RLC 串联谐振时的感抗为特性阻抗，用 $\rho$ 表示，即

$$\rho=\omega_0 L=\frac{1}{\omega_0 C}=\frac{1}{\sqrt{LC}}\cdot L=\sqrt{\frac{L}{C}}$$

特性阻抗的单位是 Ω（欧姆）。它是一个由参数 $L$ 和 $C$ 决定的量，与谐振频率和电阻 $R$ 无关。

（3）品质因数

将谐振时的特性阻抗 $\rho$ 与谐振阻抗 $R$ 的比值称为 RLC 串联谐振电路的**品质因数**（quality factor），用大写字母 $Q$ 表示，即

$$Q=\frac{\rho}{R}=\frac{1}{R}\cdot\sqrt{\frac{L}{C}}=\frac{\omega_0 L}{R}=\frac{1}{R\omega_0 C} \tag{6-6}$$

### 6.2.2 谐振时电流和电压的特点

（1）谐振电流

当 RLC 串联电路发生谐振时，电路中的电流为

$$\dot{I}_0=\frac{\dot{U}}{Z}=\frac{\dot{U}}{R}$$

这时电压与电流同相；在电压 $U$ 为常数时，电流有效值达到了最大值 $I_0$，且 $I_0$ 仅取决于电阻 $R$，而与电感和电容的大小无关。这是串联谐振电路的一个重要性质。在实验中，根据串联电流是否达到最大值，就可以判断电路是否发生了谐振。

请思考，实际 RLC 串联电路中谐振电流是否能够达到 $I_0$？

（2）谐振时各元件两端电压

当 RLC 串联电路发生谐振时，电阻上的电压为

$$\dot{U}_R=R\dot{I}_0=\dot{U}$$

可见，RLC 串联电路发生谐振时，电阻上电压达到最大，即电压源电压全部加在电阻 $R$ 上。

而电感和电容两端电压分别为

$$\dot{U}_L=\mathrm{j}\omega_0 L\dot{I}_0=\mathrm{j}\omega_0 L\frac{\dot{U}}{R}=\mathrm{j}\frac{\omega_0 L}{R}\dot{U}=\mathrm{j}Q\dot{U} \tag{6-7}$$

$$\dot{U}_C = -\mathrm{j}\frac{1}{\omega_0 C}\dot{I}_0 = -\mathrm{j}\frac{1}{R\omega_0 C}\dot{U} = -\mathrm{j}Q\dot{U} \quad (6\text{-}8)$$

容易得出，电感和电容两端电压之和为零，即

$$\dot{U}_X = \dot{U}_L + \dot{U}_C = \mathrm{j}Q\dot{U} - \mathrm{j}Q\dot{U} = 0$$

这是由于电感两端电压和电容两端电压有效值相等，均为$QU$，且时刻反相，相互抵消。根据这一特点，串联谐振又称为**电压谐振**。图 6-2 示出了 RLC 串联电路谐振时的电压相量图。这时 LC 串联的效果相当于短路，如图 6-3 所示。

由于电感和电容两端电压的有效值$U_L$和$U_C$是外施电源电压有效值$U$的$Q$倍，因此可以通过测量谐振时电感或电容两端电压的办法，来获得 RLC 串联电路的品质因数$Q$，即

$$Q = \frac{U_L(\omega_0)}{U} = \frac{U_C(\omega_0)}{U}$$

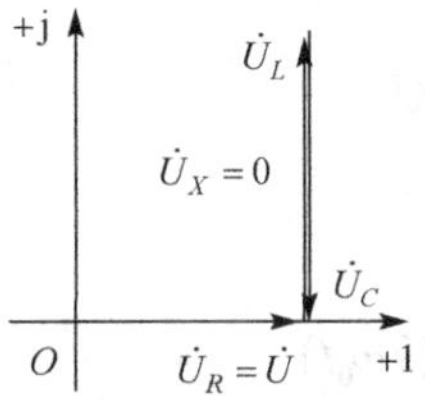


图 6-2　RLC 串联谐振时的电压相量图

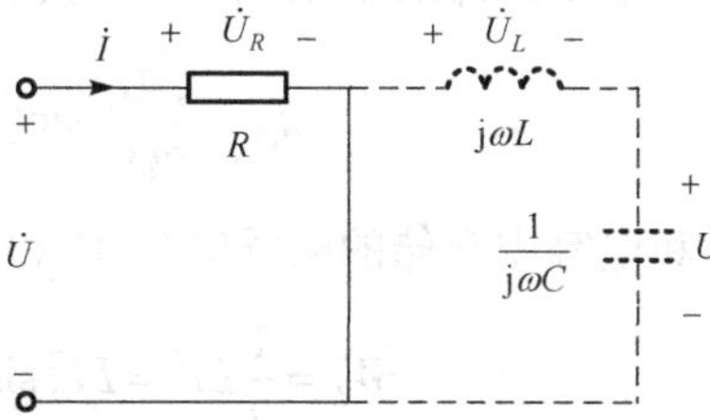


图 6-3　谐振时 LC 串联的效果相当于短路

显然，当$Q \gg 1$时，$U_L(\omega_0)$和$U_C(\omega_0)$均为电源电压$U$的$Q$倍，称这时电感和电容两端电压为“**过电压**”。在强电系统中，如电力系统，过电压非常高，可能会对系统本身和操作人员产生危险，因此需要采取必要的防范措施。而在弱电系统中，如无线通信接收设备，接收信号强度往往非常微弱，这时可以利用谐振时出现的过电压来获得较大的有用输入信号。

**例 6-2**　某收音机输入回路是 RLC 串联电路，参数为$L = 0.3\text{mH}$，$R = 10\Omega$。为收到中央人民广播电台 560kHz 的信号，求：

（1）调谐电容$C$值；

（2）如输入电压为 1.5μV，求谐振电流和此时的电容电压的有效值。

**解**　（1）由$f_0 = \dfrac{1}{2\pi\sqrt{LC}}$，得$C = \dfrac{1}{(2\pi f)^2 L} = 269\ \text{pF}$

（2）谐振电流$I_0 = \dfrac{U}{R} = \dfrac{1.5}{10} = 0.15\ \mu\text{A}$，

有效值$U_C = I_0 X_C = \dfrac{I_0}{2\pi f_0 C} = 158.5\ \mu\text{V} \gg 1.5\ \mu\text{V}$。

## 6.2.3　谐振时的功率和能量

（1）谐振时的功率

谐振时，电压与电流同相，功率因数角$\varphi = 0$，故一端口网络的有功功率$P$和无功功率$Q$分别为

$$P = UI\cos\varphi = UI = I_0^2 R = \frac{U^2}{R}$$

$$Q = UI\sin\varphi = 0$$

此时，电源发出的功率等于电阻吸收的功率，电阻功率达到最大；而电源不向电路输送无功功率，也就是说电感与电容功率大小相等，时刻反相，即

$$Q_L = \omega_0 L I_0^2, \quad Q_C = -\frac{1}{\omega_0 C} I_0^2 = -\omega_0 L I_0^2$$

二者完全互补，即一端口网络内部储能元件不与电源发生功率交换。

（2）谐振时的能量

设图 6-1 中电压源电压为 $u = \sqrt{2}U\sin\omega_0 t$，谐振发生时，瞬时电流为

$$i = \frac{\sqrt{2}U}{R}\sin\omega_0 t = \sqrt{2}I_0\sin\omega_0 t$$

电容两端电压滞后于电流 90°，其有效值为 $I_0/\omega_0 C$，则电容两端电压可表示为

$$u_C = \frac{\sqrt{2}I_0}{\omega_0 C}\sin(\omega_0 t - 90°) = -\sqrt{\frac{2L}{C}}I_0\cos\omega_0 t$$

电感和电容中存储的磁场能量 $W_L$ 和电场能量 $W_C$ 分别为

$$W_L = \frac{1}{2}Li^2 = LI_0^2\sin^2\omega_0 t = \frac{1}{2}LI_0^2 - \frac{1}{2}LI_0^2\cos(2\omega_0 t)$$

$$W_C = \frac{1}{2}Cu_C^2 = LI_0^2\cos^2\omega_0 t = \frac{1}{2}LI_0^2 + \frac{1}{2}LI_0^2\cos(2\omega_0 t)$$

上式表明，电感和电容能量按周期规律变化，其频率为电压或电流频率的 2 倍。电场能量和磁场能量作周期振荡性的交换，而不与电源进行能量交换。它们各自能够存储的能量的最大值相等，均为 $LI_0^2$。设二者存储的总的电磁场能量为 $W_{\text{total}}$，则

$$W_{\text{total}} = W_{\text{L}} + W_{\text{C}} = LI_0^2 = CU_C^2 = C(QU)^2 = CQ^2U^2 \tag{6-9}$$

可见，$W_{\text{total}}$ 是一个不随时间变化的定值。

下面从能量角度分析品质因数的物理意义。品质因数为

$$Q = \frac{\omega_0 L}{R} = \omega_0 \cdot \frac{L}{R} \cdot \frac{I_0^2}{I_0^2} = \omega_0 \cdot \frac{LI_0^2}{RI_0^2} = 2\pi \cdot \frac{LI_0^2}{RI_0^2 \cdot T_0} = 2\pi \cdot \frac{W_{\text{total}}}{P \cdot T_0}$$

式中，$T_0 = 1/f_0$。注意到上式的分子是谐振时电路中存储的电磁场能量的总和 $W_{\text{total}}$，分母是电阻在一个周期（$T_0$）内消耗的能量。上式表明，$Q$ 越大，电路中存储的总的电磁场能量 $W_{\text{total}}$ 就越大，见式（6-9），相对而言，维持振荡所消耗的能量愈小。因此，品质因数 $Q$ 反映了谐振回路中电磁振荡的剧烈程度；$Q$ 越大，振荡程度越剧烈，振荡电路的“品质”越好。一般在要求发生谐振的回路中希望尽可能提高 $Q$ 值。在无线电通信中，常使用 RLC 回路接收微弱的无线信号，将回路调谐到谐振频率时，利用电源提供的能量，便可将有用信号功率放大，然后送到其他电路中进行处理。

### 6.2.4 RLC 串联电路的频率响应

以电阻电压 $\dot{U}_R$ 为响应，考查转移电压比 $H_R(\text{j}\omega) = \dot{U}_R/\dot{U}$。在例 6-1 中已经给出了网络函数 $H_R(\text{j}\omega)$、幅频响应 $|H_R(\text{j}\omega)|$ 和相频响应 $\varphi(\text{j}\omega)$ 的表达式，见式（6-1）～式（6-3）。

为了便于比较不同参数 RLC 串联回路的频率响应性能上的差异，横、纵坐标采用相对坐标，即真实横、纵坐标与谐振点处横、纵坐标的比值。由于 $\dot{U}_R(\mathrm{j}\omega_0)=\dot{U}$ ，所以 $|H_R(\mathrm{j}\omega)|$ 的纵坐标已经是相对坐标。设 $\eta=\omega/\omega_0$ ，称为归一化频率，则 $\omega=\eta\omega_0$ ，代入式(6-2)，并注意 $H_R(\mathrm{j}\omega)$ 变为 $H_R(\mathrm{j}\eta)$，有

$$|H_R(\mathrm{j}\eta)|=\frac{R}{\sqrt{R^2+\left(\eta\omega_0L-\dfrac{1}{\eta\omega_0C}\right)^2}}=\frac{R}{\sqrt{R^2+\rho^2\left(\eta-\dfrac{1}{\eta}\right)^2}}=\frac{1}{\sqrt{1+Q^2\left(\eta-\dfrac{1}{\eta}\right)^2}}$$

上式中利用了 $\rho=\omega_0L$ 和 $Q=\rho/R$ 。上式称为归一化幅频响应，绘出的曲线称为归一化频率响应曲线，此时的谐振点为 $\eta=1$。

对于相频响应，有

$$\varphi_R(\mathrm{j}\eta)=-\arctan\frac{\eta\omega_0L-\dfrac{1}{\eta\omega_0C}}{R}=-\arctan\left[Q\left(\eta-\frac{1}{\eta}\right)\right]$$

利用上式绘出的曲线称为相频响应曲线。

图 6-4(a)和(b)分别绘出了 RLC 串联电路的幅频和相频响应曲线，图中 $Q_1>Q_2$。

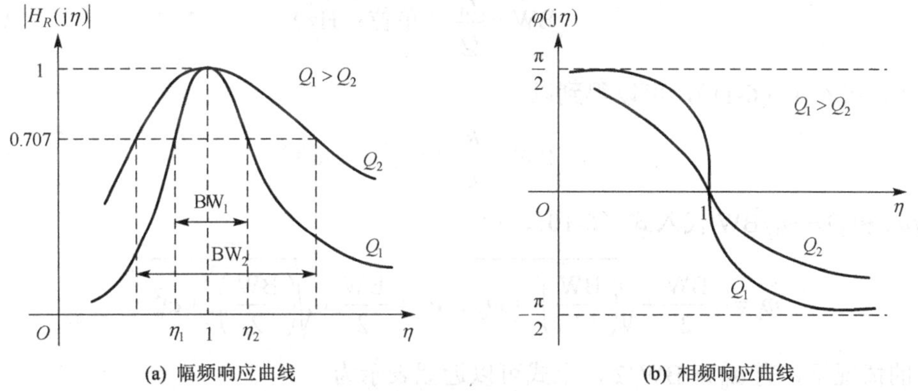


图 6-4　RLC 串联电路的幅频响应曲线和相频响应曲线

从图 6-4(a)可以看出，不同品质因数的幅频响应曲线均在 $\eta=1$（即 $\omega=\omega_0$）处出现峰值，在其邻域 $\eta=1+\Delta\eta$ 内都有较大幅度的输出信号。这表明 RLC 串联电路具有在所有频率上选择各自谐振信号的性能，工程上称这一性能称为“频率选择性”。

此外，当信号频率偏离谐振频率时，输出信号的幅度均下降，也就是说，电路对非谐振频率信号具有抑制能力，简称抑非能力。从图 6-4(a)可以看出，不同品质因数对应的电路对信号的抑非能力不同。品质因数越高（如图 6-4 中 $Q_1$），当频率偏离谐振频率时，相同频率下输出信号幅度越小，表明电路对非谐振频率信号的抑制能力越强，对应到曲线上，表现为 $Q_1$ 对应曲线在谐振频率两侧（$\eta\neq1$）急速下降，曲线陡峭。而 $Q_2$ 对应曲线下降较慢，顶部相对平缓。

RLC 串联电路在全频域内均有信号输出，但是仅在谐振频率附近输出幅度较大。工程上，通常设定一个输出幅度或者功率指标来界定输出信号的范围，以此划分电路的通频带（通带）和阻带。为此引入“**半功率点**”的概念。半功率点是指电路消耗功率恰好是谐振时最大功率

一半时对应的频率点；对应的频率称为**截止频率**。由功率与电压的关系知，此时信号幅度为最大幅度的$1/\sqrt{2}\approx 0.707$倍。通带限定的频率范围称为**带宽**（Band Width），记为BW。通带，带宽按照下式确定

$$|H_R(\mathrm{j}\eta)|=\frac{1}{\sqrt{1+Q^2\left(\eta-\dfrac{1}{\eta}\right)^2}}\geqslant\frac{1}{\sqrt{2}}$$

上面不等式等号成立时得到两个相对截止频率分别为

$$\eta_1=-\frac{1}{2Q}+\sqrt{\left(\frac{1}{2Q}\right)^2+1}，\ \eta_2=\frac{1}{2Q}+\sqrt{\left(\frac{1}{2Q}\right)^2+1} \tag{6-10}$$

其中，$\eta_1$和$\eta_2$分别位于谐振点左侧和右侧，对应的$\omega_1$和$\omega_2$分别成为下截止角频率和上截止角频率，则带宽为

$$\mathrm{BW}=\omega_2-\omega_1=(\eta_2-\eta_1)\omega_0=\frac{\omega_0}{Q}\ （单位：rad/s） \tag{6-11}$$

或者

$$\mathrm{BW}=\frac{f_0}{Q}\ （单位：Hz） \tag{6-12}$$

将式（6-6）代入式（6-11），可以得到以

$$\mathrm{BW}=\frac{R}{L}\ （单位：rad/s） \tag{6-13}$$

将$\eta=\omega/\omega_0$和$Q=\omega_0/\mathrm{BW}$代入式（6-10），得

$$\omega_1=-\frac{\mathrm{BW}}{2}+\sqrt{\left(\frac{\mathrm{BW}}{2}\right)^2+\omega_0^2}，\ \omega_2=\frac{\mathrm{BW}}{2}+\sqrt{\left(\frac{\mathrm{BW}}{2}\right)^2+\omega_0^2}$$

在$Q\gg 1$的情况下，有$\omega_0\gg \mathrm{BW}/2$，上式可以近似表示为

$$\omega_1=\omega_0-\frac{BW}{2}，\ \omega_2=\omega_0+\frac{BW}{2}$$

因此，在高品质因数RLC回路中，每一个半功率点和谐振频率的距离近似等于带宽的一半。上述通带位于全部频率范围中部，呈现带状，因此网络函数$H_R(\mathrm{j}\eta)$或$H_R(\mathrm{j}\omega)$为带通函数，对应的网络称为**带通网络**，频率$\omega_0$被称为中心频率。

通过上面讨论可以看出，带宽BW与品质因数$Q$成反比，$Q$越大，带宽越窄（如图中$BW_1$），频率选择性越好，抑非能力越强，但是带宽内包含的信号成分少，信号失真程度大；$Q$越小，带宽越宽（如图中$BW_2$），频率选择性越差，抑非能力越弱，但是带宽内包含的信号成分多，信号失真程度小。在通信与信号处理中，往往需要在带宽和信号失真方面做出权衡。

**例 6-3** 求例6-2中心频率$\omega_0$，品质因数$Q$，下截止频率、上截至频率、带宽$BW$（Hz）。

**解** 中心频率即谐振角频率为$\omega_0=2\pi f_0=3.52\times10^6\ \mathrm{rad/s}$；

品质因数$Q=2\pi f_0 L/R=105.6$，满足$Q\gg1$；

带宽$BW=f_0/Q=5305.2\mathrm{Hz}$；

下截止频率 $f_1 = f_0 - BW/2 = 560\times10^3 - 5305.2/2 = 557.3\text{kHz}$；

上截止频率 $f_2 = f_0 + BW/2 = 560\times10^3 + 5305.2/2 = 562.7\text{kHz}$。

下面分别以电容电压 $\dot{U}_C$ 和电感电压 $\dot{U}_L$ 为响应，考查转移电压比 $H_C(\text{j}\omega)=\dot{U}_C/\dot{U}$ 和 $H_L(\text{j}\omega)=\dot{U}_L/\dot{U}$，则

$$H_C(\text{j}\omega)=\frac{1/\text{j}\omega C}{R+\text{j}(\omega L-1/\omega C)},\quad H_L(\text{j}\omega)=\frac{\text{j}\omega L}{R+\text{j}(\omega L-1/\omega C)}$$

将 $\eta=\omega/\omega_0$ 代入上式，可得

$$H_C(\text{j}\eta)=\frac{1}{(1-\eta^2)+\text{j}\eta\dfrac{1}{Q}},\quad H_L(\text{j}\eta)=\frac{1}{\left(1-\dfrac{1}{\eta^2}\right)-\text{j}\dfrac{1}{\eta Q}}$$

由 $\omega=\eta\omega_0$，进而可得幅频特性为

$$|H_C(\text{j}\eta)|=\frac{1}{\sqrt{(1-\eta^2)^2+\left(\dfrac{\eta}{Q}\right)^2}},\quad |H_L(\text{j}\eta)|=\frac{1}{\sqrt{\left(1-\dfrac{1}{\eta^2}\right)^2+\left(\dfrac{1}{Q\eta}\right)^2}}$$

对于相频特性，由于 $\dot{U}_C$ 滞后于 $\dot{U}_R$ 90°，$\dot{U}_L$ 超前 $\dot{U}_R$ 90°，情况较为简单，这里不再赘述。图 6-5 和图 6-6 分别给出了 $Q=0.7$、1 和 2 时，$H_C(\text{j}\eta)$ 和 $H_L(\text{j}\eta)$ 的幅频响应曲线。

从图 6-5 和图 6-6 可以看出，当品质因数较高时，$|H_C(\text{j}\eta)|$ 和 $|H_L(\text{j}\eta)|$ 才存在极大值。令 $\text{d}|H_C(\text{j}\eta)|/\text{d}\eta=0$ 可得，当 $\eta=\sqrt{1-1/2Q^2}$ 时，幅频响应 $|H_C(\text{j}\eta)|$ 出现极大值。因为角频率 $\omega$ 是实数，只有当 $Q>1/\sqrt{2}$ 时，$|H_C(\text{j}\eta)|$ 存在极大值，且极大值对应的相对角频率 $\eta<1$（即 $\omega<\omega_0$）；$Q$ 值越高，极大值对应的角频率越接近 $\omega_0$。$|H_L(\text{j}\eta)|$ 也是在 $Q>1/\sqrt{2}$ 时，存在极大值，而极大值对应的频率 $\eta>1$（即 $\omega>\omega_0$）；$Q$ 值越高，极大值对应的角频率越接近 $\omega_0$。

从图 6-5 和图 6-6 还可以看出，网络函数 $H_C(\text{j}\eta)$ 在低频部分允许信号通过，而在高频部分使信号产生较大衰减，因此当以 $\dot{U}_C$ 为响应时，RLC 串联电路称为**低通网络**，图 6-5 中虚线示出了理想低通特性，当 $Q\approx1$ 时，其幅频特性接近理想低通特性。相应地，当以 $\dot{U}_L$ 为响应时，RLC 串联电路称为**高通网络**，图 6-6 中虚线示出了理想高通特性，当 $Q\approx1$ 时，其幅频特性接近理想高通特性。

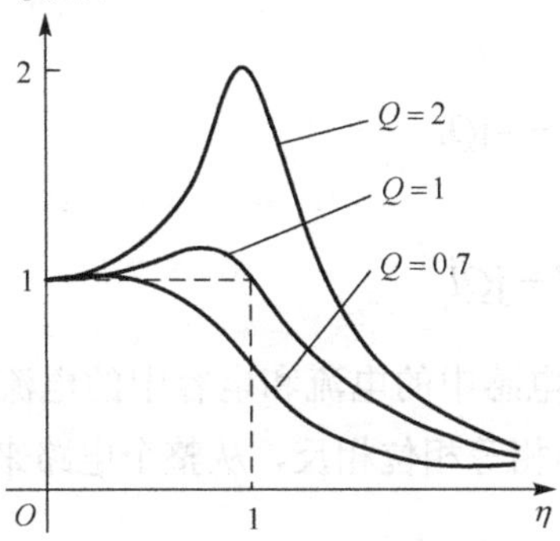


图 6-5　$H_C(\text{j}\eta)$ 的幅频特性

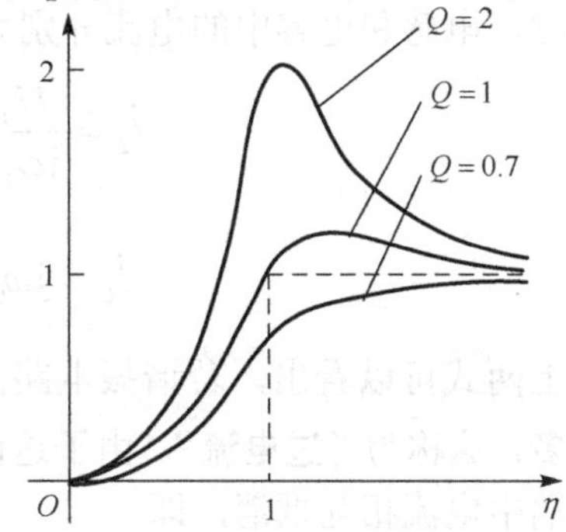


图 6-6　$H_L(\text{j}\eta)$ 的幅频特性

## 6.3 RLC 并联电路的谐振

如图 6-7 所示 RLC 并联电路，在正弦电压激励下，其端口等效导纳为

$$Y=\frac{1}{R}+\mathrm{j}\omega C+\frac{1}{\mathrm{j}\omega L}=G+\mathrm{j}\left(\omega C-\frac{1}{\omega L}\right)$$

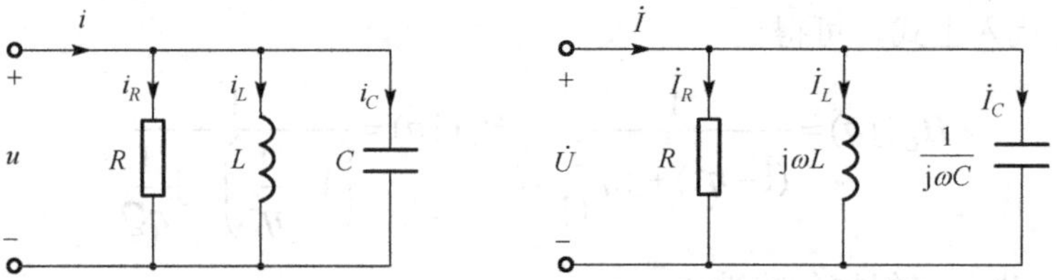


图 6-7　RLC 并联电路

从上式可以看到，在某个频率 $\omega_0$ 下，导纳 $Y$ 的虚部为零，即

$$\omega_0 C-\frac{1}{\omega_0 L}=0$$

所以有

$$\omega_0=\frac{1}{\sqrt{LC}}$$

这时，端口电压 $\dot{U}$ 和电流 $\dot{I}$ 同相，电路的这一工作状态称为并联谐振。称 $\omega_0$ 为谐振角频率。谐振时，导纳模 $|Y|$ 达到最小值，端口电压 $U$ 达到最大值 $U_0$，即

$$U_0=\frac{I}{|Y|}=\frac{I}{G}=IR$$

在电流有效值 $I$ 为常数时，$U_0$ 仅取决于电阻，而与电感和电容的大小无关。这是并联谐振一个重要性质。在实验中，根据并联电压是否达到最大值，就可以判断谐振是否发生。

并联电路的品质因数 $Q$ 定义为

$$Q=\frac{1}{\omega_0 LG}=\frac{\omega_0 C}{G}=\frac{1}{G}\sqrt{\frac{C}{L}} \tag{6-14}$$

谐振时，电感和电容中的电流分别为

$$\dot{I}_L=\frac{\dot{U}_0}{\mathrm{j}\omega_0 L}=-\mathrm{j}\frac{1}{\omega_0 LG}\dot{I}=-\mathrm{j}Q\dot{I}$$

$$\dot{I}_C=\mathrm{j}\omega_0 C\dot{U}_0=\mathrm{j}\frac{\omega_0 C}{G}\dot{I}=\mathrm{j}Q\dot{I}$$

观察上两式可以看出，若谐振电路满足 $Q\gg 1$，电感中的电流和电容中的电流要比电源电流大得多，这称为**“过电流”**。由于这两个电流大小相等相位相反，从整个电路来看，电感和电容两端中电流相互抵消，即

$$\dot{I}_X=\dot{I}_L+\dot{I}_C=-\mathrm{j}Q\dot{I}+\mathrm{j}Q\dot{I}=0$$

因此并联谐振又称为**电流谐振**。这时从 $LC$ 两端看进去的导纳为零，即阻抗为无穷大，因此 $LC$ 并联部分呈现开路特性。

谐振时的无功功率 $Q_L = U_0^2/(\omega_0 L)$，$Q_C = -\omega_0 C U_0^2$，因此 $Q = Q_L + Q_C = 0$，表明在谐振时电感的磁场能量和电容的磁场能量彼此交换，完全补偿，不与电源发生能量交换。

像 RLC 串联电路一样，我们可以得出 RLC 并联电路的频带宽度为

$$\mathrm{BW} = \frac{\omega_0}{Q} \quad \text{（单位：rad/s）}$$

将式（6-14）代入上式，得

$$\mathrm{BW} = \frac{1}{RC}$$

同样，当满足 $Q \gg 1$ 时，上、下截止频率分别为

$$\omega_1 = \omega_0 - \frac{BW}{2}，\quad \omega_2 = \omega_0 + \frac{BW}{2}$$

在实际应用中常用电感线圈和电容器并联组成并联谐振电路。电感线圈是实际元件，可用电阻和电感串联作为电路模型，而实际电容器损耗很小，一般可以忽略不计。这样可得到图 6-8 所示并联电路的等效复导纳为

$$Y = \frac{1}{R + \mathrm{j}\omega L} + \mathrm{j}\omega C = \frac{R}{R^2 + (\omega L)^2} + \mathrm{j}\left(\omega C - \frac{\omega L}{R^2 + (\omega L)^2}\right) \tag{6-15}$$

产生谐振的条件是复导纳的虚部为零。因此谐振电容为

$$C = \frac{L}{R^2 + (\omega L)^2} \tag{6-16}$$

由上式解出谐振角频率

$$\omega_0 = \sqrt{\frac{1}{LC} - \frac{R^2}{L^2}}$$

在电路参数一定的条件下，改变电源频率能否谐振，要看 $\omega_0$ 表达式中根号下的值是否为正。当 $R < \sqrt{L/C}$，根号下为正值，存在谐振角频率 $\omega_0$；当 $R \geqslant \sqrt{L/C}$ 时，式（6-15）虚部恒为正，阻抗始终为容性，不存在谐振频率。

改变电感实现谐振的条件更复杂。由式（6-16）解得谐振电感

$$L = \frac{1 \pm \sqrt{1 - 4\omega^2 C^2 R^2}}{2\omega^2 C}$$

当 $R > 1/(2\omega C)$ 时，根号下为负值，无论怎样改变电感都不能达到谐振；当 $R < 1/(2\omega C)$ 时，从上式可得两个解，将电感调节到其中任何一个都能发生谐振。

如果电感 $L$ 和电阻 $R$ 串联组成的支路具有很高的品质因数，这时称此线圈为“高 $Q$ 线圈”，在高频下满足

$$X_L/R_L \gg 1 \text{或} \omega_L/R_L \gg 1$$

根据式（6-12）将导纳写为

$$Y=\frac{1}{R+\mathrm{j}\omega L}+\mathrm{j}\omega C=\frac{R}{R^2+(\omega L)^2}+\mathrm{j}\omega C-\mathrm{j}\frac{\omega L}{R^2+(\omega L)^2}$$

根据上式可以将图 6-8 等效转换为图 6-9 所示的 RLC 并联电路。其中，等效电阻为 $R_{\mathrm{eq}}=(R^2+\omega^2L^2)/R$，等效电感为 $L_{\mathrm{eq}}=(R^2+\omega^2L^2)/\omega^2L$。当电路发生谐振，且 $Q\gg 1$ 时，有 $\omega_0=1/\sqrt{LC}$ 和 $\omega_0 L\gg R$，电阻 $R_{\mathrm{eq}}\approx L/(RC)$，电感 $L_{\mathrm{eq}}\approx L$，而电容 $C$ 不变。这时电路输入端的导纳近似为

$$Y=\frac{RC}{L}+\mathrm{j}\omega C-\mathrm{j}\frac{1}{\omega L}$$

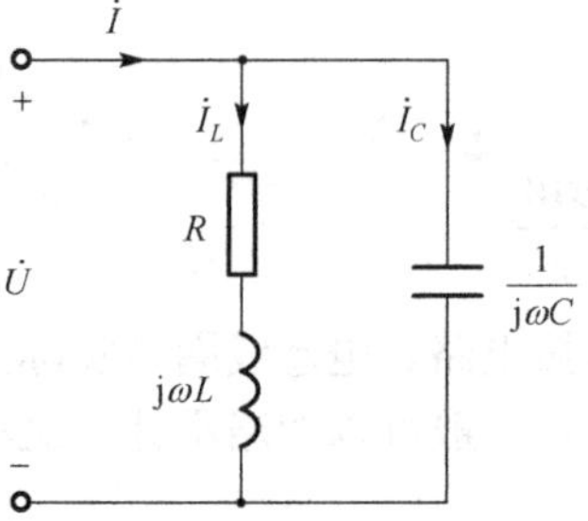


图 6-8　线圈与电容器并联电路

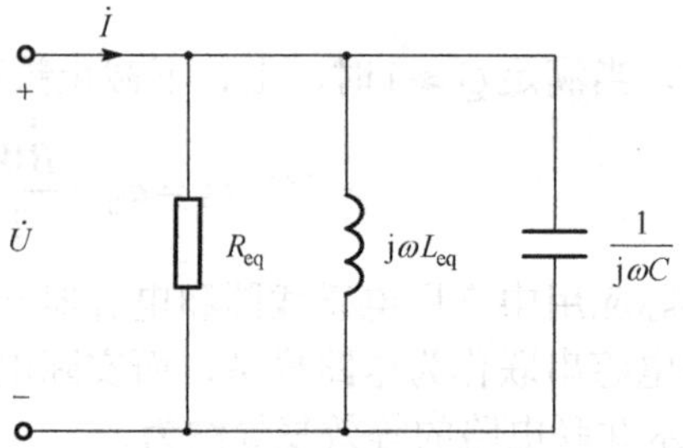


图 6-9　高 $Q$ 线圈谐振电路的等效电路

从以上分析可得，并联电路在谐振频率附近呈现很高的阻抗值，因此如果使用电流源供电时，电路两端将会出现高电压，且与电流 $\dot{I}$ 同相。从图 6-9 可得，谐振时的电压 $\dot{U}_0$ 为

$$\dot{U}_0=\frac{L}{RC}\dot{I}$$

而电容支路、电阻与电感串联支路的电流分别为

$$\dot{I}_C=\mathrm{j}\omega_0 C\dot{U}_0=\mathrm{j}\omega_0 C\frac{L}{RC}\dot{I}=\mathrm{j}\frac{\omega_0 L}{R}\dot{I}$$

$$\dot{I}_L=\frac{\dot{U}_0}{R+\mathrm{j}\omega_0 L}=\frac{1}{\sqrt{R^2+\omega_0^2L^2}}\cdot\frac{L}{RC}\dot{I}\ \underline{/-\arctan(\omega_0 L)/R}$$

若令 $\dot{I}$ 的初相为零，则得如图 6-10 所示的相量图。从图中可以看出，谐振时各支路电路在数值上可能比总电流大得多，所以谐振时，电路两端会出现高电压。反之，如果使用电压源供电，则在谐振频率时总电流将比较小。

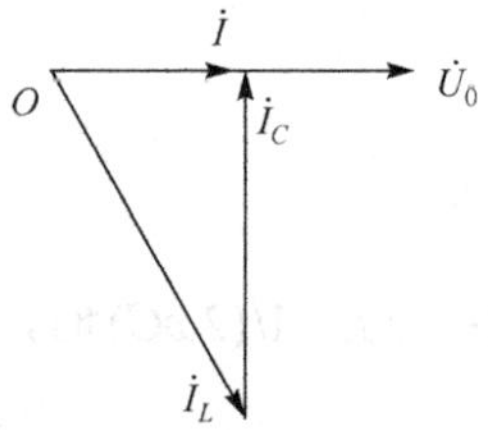


图 6-10　电压和电流相量图

还可以根据图 6-9 所示等效电路，计算原电路的品质因数。由 RLC 并联电路品质因数的定义可得

$$Q=\frac{L}{RC}\sqrt{\frac{C}{L}}=\frac{1}{R}\sqrt{\frac{L}{C}}$$

必须指出，与串联谐振电路一样，以上的讨论都是基于调节电源的频率。如果调节电路参数 $L$ 或 $C$，则电路的导纳（或阻抗）以及电流（或电压）随 $L$ 或 $C$ 变化规律需另作讨论。

**例 6-4**　一个电感为 0.25mH，电阻为 25 Ω 的线圈与 85pF 的电容器组成并联电路。试求该电路的谐振角频率、谐振时的阻抗以及电路的品质因数。

**解** 电路谐振的角频率为

$$\omega_0=\sqrt{\frac{1}{LC}-\frac{R^2}{L^2}}=\sqrt{\frac{1}{0.25\times10^{-3}\times85\times10^{-12}}-\frac{25^2}{(0.25\times10^{-3})^2}}=6.83\times10^6\ \text{rad/s}$$

由于$\omega_0 L=6.83\times10^6\times0.25\times10^{-3}=1.7\text{k}\Omega\gg25\Omega$，所以由图 6-9 可以求得谐振时的阻抗为

$$Z_0=\frac{L}{RC}=\frac{0.25\times10^{-3}}{25\times85\times10^{-12}}=117\text{k}\Omega$$

电路的品质因数为

$$Q=\frac{1}{R}\sqrt{\frac{L}{C}}=\frac{1}{25}\sqrt{\frac{0.25\times10^{-3}}{85\times10^{-12}}}=68$$

**例 6-5** 如图 6-11 所示电路，$R_1=R_2=50\Omega$，$L_1=0.2\text{H}$，$L_2=0.1\text{H}$，$C_1=5\mu\text{F}$，$C_2=10\mu\text{F}$，已知交流电压表读书为 200V，电流表 $A_2$ 读数为 0。求电流表 $A_1$ 的读数。

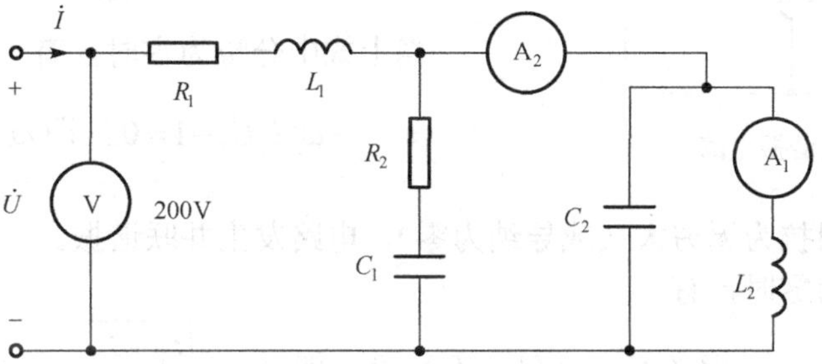


图 6-11 例 6-5 图

**解** 电流表 $A_2$ 读数为 0，表明由 $C_2$ 和 $L_2$ 组成的并联电路发生谐振。于是谐振频率为

$$\omega_0=\frac{1}{\sqrt{L_2C_2}}=\frac{1}{\sqrt{0.1\times10\times10^{-6}}}=1000\text{rad/s}$$

$\omega_0$ 亦即电路的工作角频率。

设电压初相为零，于是左侧单回路电路中电流为

$$\dot{I}=\frac{\dot{U}}{Z}=\frac{200\angle0^\circ}{100+\text{j}200+\frac{1}{\text{j}}200}=2\angle0^\circ\ \text{A}$$

$L_2$ 两端电压为

$$\dot{U}_{L_2}=\left(R_2+\frac{1}{\text{j}\omega C}\right)\dot{I}=(50-\text{j}200)2\angle0^\circ=100-\text{j}400\text{V}$$

电流

$$\dot{I}_1=\frac{\dot{I}(50-\text{j}200)}{\text{j}100}=-4-\text{j}$$

所以 $A_1$ 读数为 $\sqrt{4^2+1^2}=\sqrt{17}\text{A}$。

## 6.4 其他谐振电路

这一节我们将简要地讨论由电感和电容组成的简单串并联电路的谐振问题。如图 6-12 所示电路，不难看出，由 $L_2$ 和 $C_3$ 组成的并联电路发生谐振时，其导纳为零，阻抗为无穷大，进而整个电路的阻抗也为无穷大，设其谐振角频率为 $\omega_1$。当 $\omega > \omega_1$ 时，并联电路部分的阻抗为容性，这样，存在某一个大于 $\omega_1$ 的角频率 $\omega_2$，可以使并联部分与电感 $L_1$ 发生串联谐振，而此时整个电路的阻抗将为零。因为这种电路具有两个谐振角频率，所以称为双谐电路。

按照图 6-12 所示电路可以写出整个电路的等效阻抗，有

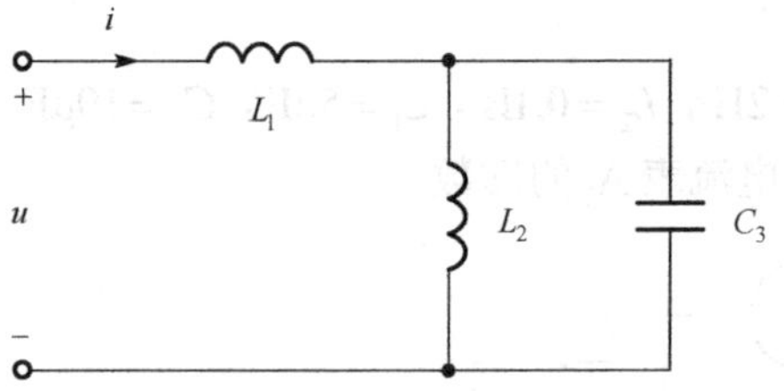

图 6-12　双谐振电路

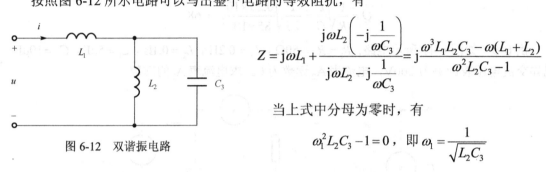

$$Z = \mathrm{j}\omega L_1 + \frac{\mathrm{j}\omega L_2\left(-\mathrm{j}\dfrac{1}{\omega C_3}\right)}{\mathrm{j}\omega L_2 - \mathrm{j}\dfrac{1}{\omega C_3}} = \mathrm{j}\frac{\omega^3 L_1 L_2 C_3 - \omega(L_1 + L_2)}{\omega^2 L_2 C_3 - 1}$$

当上式中分母为零时，有

$$\omega_1^2 L_2 C_3 - 1 = 0\text{，即 } \omega_1 = \frac{1}{\sqrt{L_2 C_3}}$$

这时整个电路等效阻抗为无穷大（或导纳为零），电路发生并联谐振。

当上式中分子为零时，有

$$\omega_2^3 L_1 L_2 C_3 - \omega_2(L_1 + L_2) = 0\text{，即 } \omega_2 = \sqrt{\frac{L_1 + L_2}{L_1 L_2 C_3}}$$

这时整个电路等效阻抗为零（或导纳为无穷大），电路发生串联谐振。

**例 6-6**　求图 6-13 所示电路的谐振角频率。

**解**　如果 $L_1$ 和 $C_1$ 并联部分发生谐振，那么整个电路也将发生并联谐振，则谐振角频率为

$$\omega_1 = \frac{1}{\sqrt{L_1 C_1}}$$

同理，$L_2$ 和 $C_2$ 并联部分发生谐振，则谐振角频率为

$$\omega_2 = \frac{1}{\sqrt{L_2 C_2}}$$

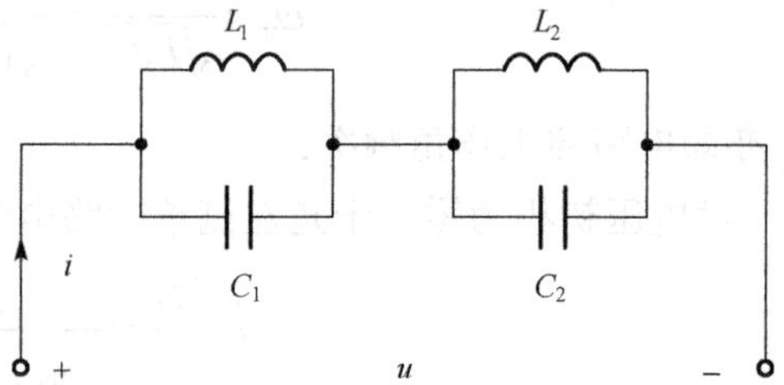

图 6-13　例 6-6 图

而整个电路的等效阻抗可以表示如下

$$Z = \frac{\mathrm{j}\omega L_1 \cdot \dfrac{1}{\mathrm{j}\omega C_1}}{\mathrm{j}\omega L_1 - \dfrac{1}{\mathrm{j}\omega C_1}} + \frac{\mathrm{j}\omega L_2 \cdot \dfrac{1}{\mathrm{j}\omega C_2}}{\mathrm{j}\omega L_2 - \dfrac{1}{\mathrm{j}\omega C_2}} = \frac{\mathrm{j}\omega L_1}{1 - \omega^2 L_1 C_1} + \frac{\mathrm{j}\omega L_2}{1 - \omega^2 L_2 C_2}$$

$$= \mathrm{j}\frac{\omega(L_1 + L_2) - \omega^3 L_1 L_2 (C_1 + C_2)}{(1 - \omega^2 L_1 C_1)(1 - \omega^2 L_2 C_2)}$$

注意到，从上式的分母中也可以解出上述 $\omega_1$ 和 $\omega_2$。若上式中分子为零时，则有

$$\omega_3=\sqrt{\frac{L_1+L_2}{L_1L_2(C_1+C_2)}}$$

这时电路发生串联谐振。

## 6.5 滤波器简介

在通信与信号处理中，往往需要将有用信息“放在”某一频率上发送和传输。在接收端，接收到的信号会叠加噪声和干扰，形成含有不同频率成分的混合信号，如混有杂音的广播信号。此外，有用信号往往占用一定的频段，形成通信频带，与其他信号的通信频带叠加在一起。这些情况都需要从接收信号中选取出我们所需要的频率或频带的信号。工程上根据输出端口对信号频率范围的要求，设计专门的电路网络使信号从网络输入端口进入，从网络输出端口输出，使我们需要的频率分量顺利通过，抑制不需要的频率分量，这种具有频率选择功能的电路网络称为**滤波器**（Filter）。由于这类滤波器是对连续时间信号进行滤波，因此称为**模拟滤波器**。滤波器的作用实际上是“选频”，在无线电通信、自动测量和控制系统中，常常用滤波器进行模拟信号处理，用于抑制干扰、传送数据等。

将希望保留的频率范围称为**通（频）带**，通带的范围称为带宽。这在讲 RLC 串联谐振频率特性的时候已经介绍过。将希望被抑制的频率范围称为阻带。根据通带和阻带在频率轴上的相对位置，可以将滤波器分为低通（Low Pass）滤波器、高通（High Pass）滤波器、带通（Band Pass）滤波器和带阻（Band Stop）滤波器。

在 6.2 节中，通过对 RLC 串联电路频率特性的分析，我们知道电阻输出具有带通特性，电容输出具有低通特性，电感输出具有高通特性。这些就是最简单的滤波器。工程上利用电感 $L$ 和电容 $C$ 彼此相反而又互补的频率特性，设计具有一定滤波功能的基本滤波单元，通过一定的连接方式形成各种滤波器。下面介绍图 6-14 所示另一种 RLC 低通滤波器。

图 6-14 所示低通滤波器的网络函数为转移电压比，即

$$H(\mathrm{j}\omega)=\frac{\dot{U}_2(\mathrm{j}\omega)}{\dot{U}_1(\mathrm{j}\omega)}=\frac{\dfrac{1}{\dfrac{1}{R}+\mathrm{j}\omega C}}{\mathrm{j}\omega L+\dfrac{1}{\dfrac{1}{R}+\mathrm{j}\omega C}}=\frac{1}{1-\omega^2LC+\mathrm{j}\omega\dfrac{L}{R}}$$

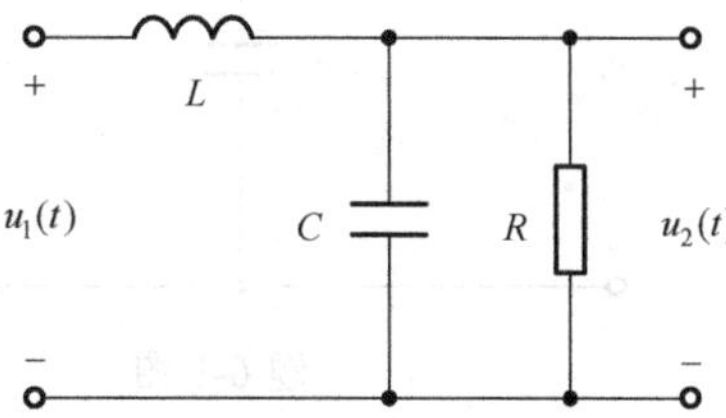

图 6-14　RLC 低通滤波器

为便于讨论，取 $R=\sqrt{\dfrac{L}{C}}$，并定义 $\omega_c=\dfrac{1}{\sqrt{LC}}$，则上式可以写成

$$H(\mathrm{j}\omega)=\frac{1}{1-\left(\dfrac{\omega}{\omega_c}\right)^2+\mathrm{j}\dfrac{\omega}{\omega_c}}=|H(\mathrm{j}\omega)|\,\mathrm{e}^{\mathrm{j}\varphi(\mathrm{j}\omega)}$$

其中

$$|H(\mathrm{j}\omega)|=\frac{1}{\sqrt{\left(1-\left(\dfrac{\omega}{\omega_c}\right)^2\right)^2+\left(\dfrac{\omega}{\omega_c}\right)^2}}$$

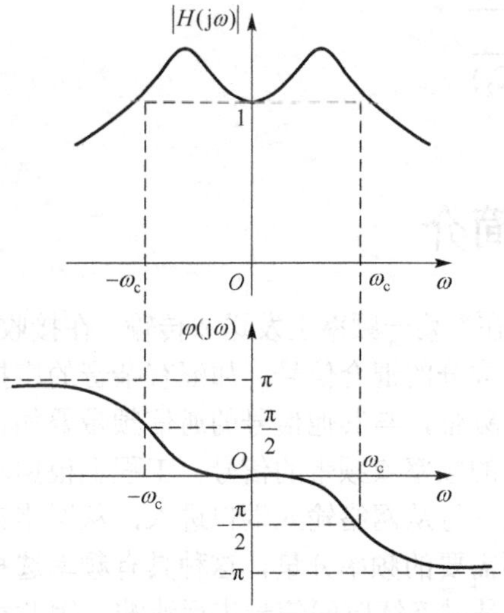

图 6-15　RLC 低通滤波器幅频响应和相频响应

$$\varphi(\mathrm{j}\omega)=-\arctan\left(\frac{\dfrac{\omega}{\omega_c}}{1-\left(\dfrac{\omega}{\omega_c}\right)^2}\right)$$

幅频响应$|H(\mathrm{j}\omega)|$和相频响应$\varphi(\mathrm{j}\omega)$分别如图 6-15 所示。

从图 6-15 可以看出，输出电压信号在低频范围内在低频范围内有较高幅值，而高频范围内幅度被抑制。在后续《低频电子线路》、《信号与系统》、《数字信号处理》等课程中，还将更深入地学习有关滤波器的知识，这里就不做详细论述。总之，滤波器在电子通信中具有重要的作用和地位，希望同学们要熟练掌握相关知识。

# 习　题　6

## 6.1　网络函数和频率响应

6-1　如题 6-1 图所示电路。求转移电压比$\dot{U}_2/\dot{U}_1$和驱动点导纳$\dot{I}_1/\dot{U}_1$。

6-2　如题 6-2 图所示电路，激励角频率为$\omega$。求网络函数$H(\mathrm{j}\omega)=\dot{U}_2/\dot{U}_\mathrm{S}$。

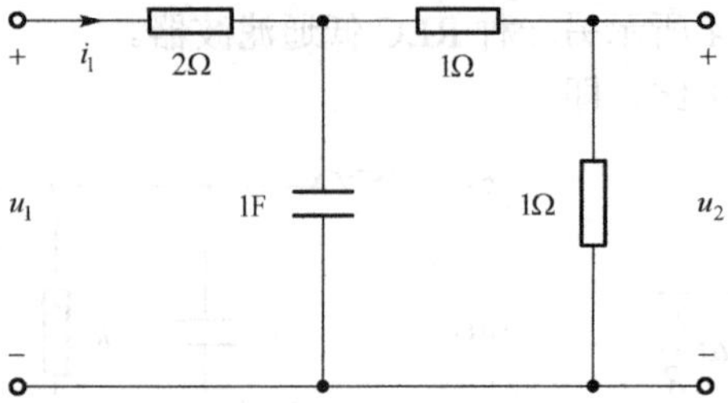

题 6-1 图

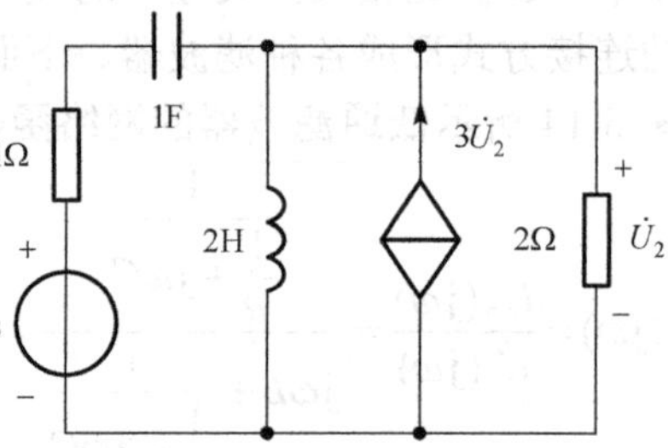

题 6-2 图

## 6.2　RLC 串联电路的谐振

6-3　设计一个 RLC 串联电路，谐振频率为$10^4$ Hz，通频带为 100Hz，串联电阻$R=10\Omega$，所接负载为$R_\mathrm{L}=15\Omega$。试求通频带起止频率。

6-4　在 RLC 串联电路中，$R=10\Omega$，$L=0.2\mathrm{mH}$，$C=5\mathrm{nF}$。试求：（1）$\omega_0$、$Q$、BW；（2）电流为其谐振时电流大小的 80%时的频率值。

6-5　某 RLC 串联电路的谐振频率为$1000/2\pi$ Hz，通频带为$100/2\pi$ Hz，谐振时阻抗为$100\Omega$。试求$R$、$L$和$C$的数值。

6-6　某 RLC 串联电路的谐振频率为 876Hz，通频带从 0.75kHz 到 1kHz，已知$L=0.32\mathrm{H}$。

（1）求$R$、$C$和$Q$的数值；

（2）若电源电压$U_1 = 23.2\text{V}$且其数值保持不变，试求在$f = f_0$以及在通频带两端的频率（即0.75kHz和1kHz）处电路的平均功率；

（3）试求谐振时电感及电容两端电压的有效值。

6-7　在RLC串联电路中，$L = 50\mu\text{H}$，$C = 100\text{pF}$，$Q = 50\sqrt{2}$，电源电压$U_S = 1\text{mV}$。求：（1）电路的谐振频率$f_0$；（2）谐振时的电容电压$U_C$；（3）通带BW。

6-8　某RLC串联电路发生谐振时，$\text{BW} = 6.4\text{kHz}$，电阻消耗功率为2μW，$C = 400\text{pF}$，$u_S = \sqrt{2}\cos(\omega_0 t)\text{mV}$。求电感$L$、谐振频率$f_0$和谐振时电感电压$U_L$。

6-9　某RLC串联电路的端口电压$u_S = 10\sqrt{2}\cos(2500t + 15^\circ)\text{V}$，当电容$C = 8\mu\text{F}$时，电路吸收功率最大，且$P_{max} = 100\text{W}$。（1）求电感$L$和回路的品质因数$Q$；（2）作出电路的相量图。

6-10　当$\omega_0 = 5000\text{rad/s}$时，RLC串联电路发生谐振，已知$R = 5\Omega$、$L = 400\text{mH}$，端口电压$U = 1\text{V}$。求：（1）电容$C$；（2）电路中电流和各元件电压的瞬时表达式。

### 6.3　RLC并联电路的谐振

6-11　如题6-11图所示电路，求它们分别在哪些频率时短路或者开路？

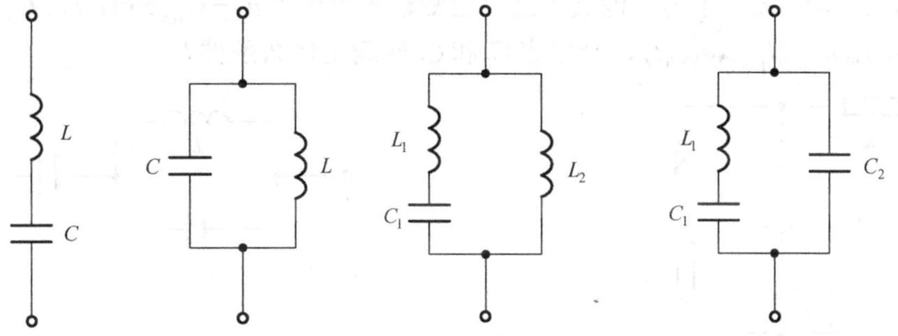


题6-11图

6-12　RLC并联谐振时，$f_0 = 1\text{kHz}$，$Z(\text{j}\omega_0) = 100\text{k}\Omega$，$\text{BW} = 100\text{Hz}$。求$R$、$L$和$C$。

6-13　某RLC并联电路的谐振频率为$1000/2\pi$ Hz，通频带为$100/2\pi$ Hz，谐振时阻抗为$10^5\Omega$。试求$R$、$L$和$C$的数值。

### 6.4　其他谐振电路

6-14　如题6-14图所示一端口网络，$R = 100\text{k}\Omega$，$L = 400\mu\text{H}$，$C = 100\text{pF}$。求谐振角频率和谐振时的等效阻抗。

6-15　如题6-15图所示一端口网络，$R = 10\text{k}\Omega$，$L = 4\text{mH}$，$C = 10\text{nF}$，$r = 100\text{k}\Omega$。求：（1）该一端口网络导纳的表达式；（2）谐振角频率$\omega_0$和品质因数$Q$。

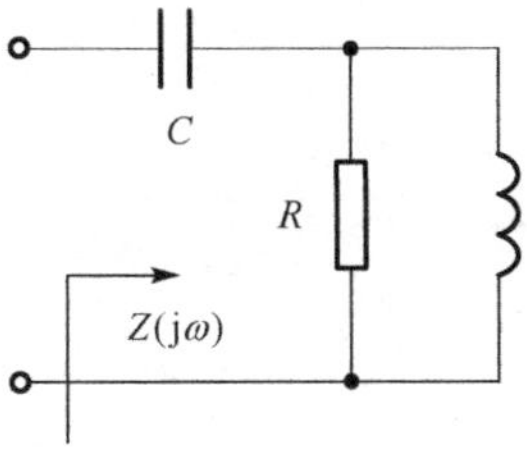


题6-14图

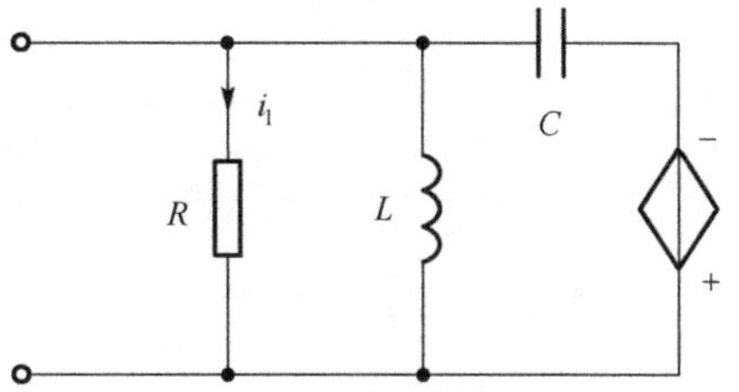


题6-15图

6-16　如题 6-16 图所示一端口，$R_1 = R_2 = 100\Omega$，$L = 0.2\text{H}$；若用电流源供电，且 $I_S = 1\text{A}$，当 $\omega_0 = 10^3\ \text{rad/s}$ 时，电路发生谐振。求：（1）电容 $C$ 的值；（2）电流源的端电压。

6-17　如题 6-17 图所示一端口，$R = 20\Omega$，$L = 0.1\text{H}$，$C = 0.1\mu\text{F}$，$g = 0.04\text{S}$。求谐振角频率 $\omega_0$ 和品质因数 $Q$。

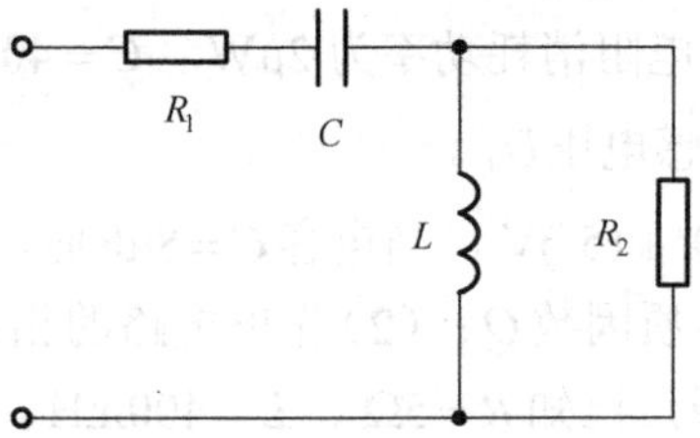


题 6-16 图

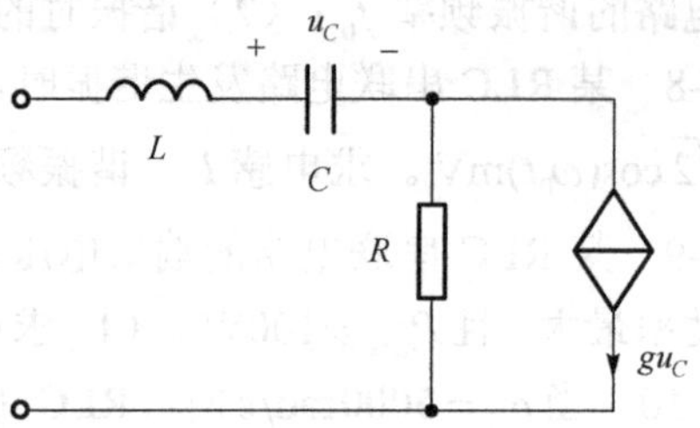


题 6-17 图

6-18　如题 6-18 图所示电路，$R_1 = 50\Omega$，$1/\omega C = 15\Omega$，电压有效值 $U = 210\text{V}$，电流有效值 $I = 3\text{A}$，且 $\dot{U}$ 与 $\dot{I}$ 同相。求 $R_2$ 和 $X_L$。

6-19　如题 6-19 图所示为一滤波电路，已知输入电压为 $u_S = U_{1m}\cos(\omega_1 t) + U_{3m}\cos(3\omega_1 t)$。若要使输出电压 $u_1 = U_{1m}\cos(\omega_1 t)$，则电容 $C_1$ 和 $C_2$ 应满足什么条件？

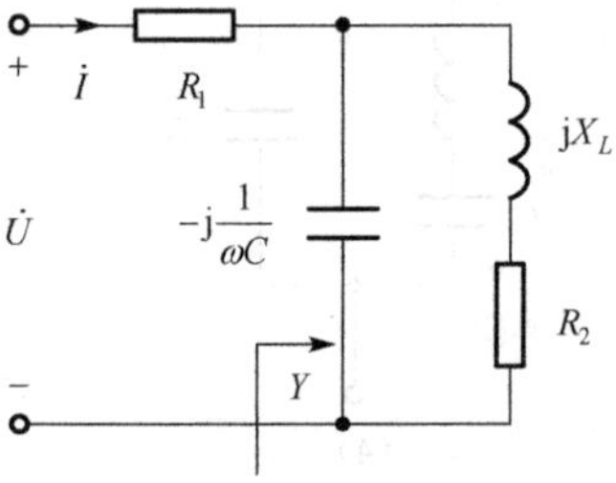


题 6-18 图

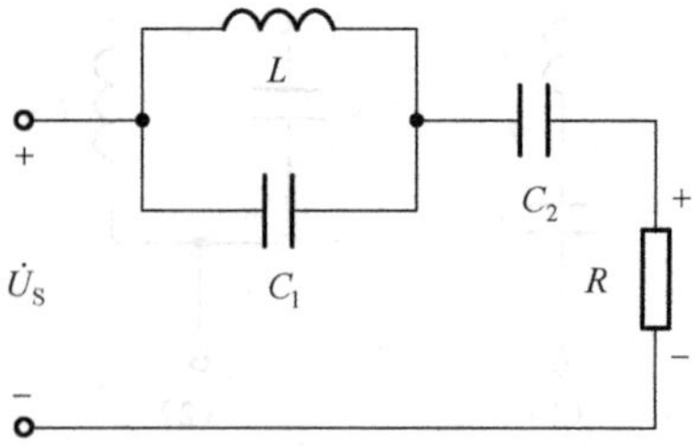


题 6-19 图

# 第 7 章　含有耦合电感的电路

在第 5 章所讲正弦稳态电路中，电路中电感元件的能量是以磁场形式存储的，并没有考虑不同电感元件之间磁场的相互作用。实际电路中，不同电感元件可以通过磁场相互作用，即电感元件之间存在磁耦合，这样的电感元件称为耦合电感。耦合电感在电力、电子通信系统中有着广泛的应用。

本章首先介绍耦合电感中的磁耦合现象、互感的概念、耦合因数、耦合电感同名端以及互感电压与电流的关系，然后介绍具有耦合电感电路的分析方法，最后介绍互感应用的实例——空心变压器和理想变压器。

## 7.1　互感和互感电压

### 7.1.1　磁耦合现象

载流线圈之间通过彼此的磁场相互联系的物理现象称为**磁耦合**（magnetic coupling）。

如图 7-1 所示为两个有磁耦合的载流线圈（以 $L_1$ 和 $L_2$ 表示），其中的电流 $i_1$ 和 $i_2$ 称为施感电流，设两个线圈的匝数分别是 $N_1$ 和 $N_2$。电流 $i_1$ 从线圈 1 的端子 1′ 流入，其产生的磁通为 $\Phi_{11}$；由于 $\Phi_{11}$ 与产生该量的施感电流 $i_1$ 同在一个线圈（即线圈 1）上，故称 $\Phi_{11}$ 为自感磁通。按照右手螺旋定则，$\Phi_{11}$ 的方向如图 7-1 所示；在交链自身线圈时产生的磁通链为 $\Psi_{11}=N_1\Phi_{11}$，称为自感磁通链。$\Phi_{11}$ 不仅穿过线圈 1，还有一部分磁通 $\Phi_{21}$ 穿过线圈 2，这部分磁通不是由线圈 2 自身电流产生的，而是由其他线圈（这里是线圈 1）中的电流产生的，故称 $\Phi_{21}$ 为互感磁通，交链线圈 2 产生的磁通链为 $\Psi_{21}=N_2\Phi_{21}$。

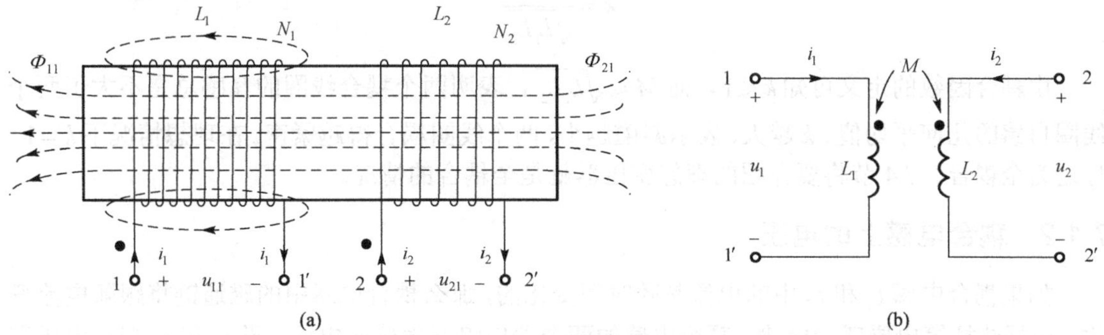


图 7-1　具有磁耦合的两个线圈

当周围空间都是各向同性的线性磁介质时，自感磁通链和互感磁通链都产生它的施感电流成正比，即自感磁通链

$$\Psi_{11}=L_1i_1,\ \Psi_{22}=L_2i_2$$

互感磁通链

$$\Psi_{12} = M_{12}i_2,\ \Psi_{21} = M_{21}i_1$$

上式中 $M_{12}$ 和 $M_{21}$ 称为**互感系数**，简称**互感**，单位为 H（亨）。互感的大小取决于两线圈的匝数、空间的相对位置和空间媒质，与线圈中的电流无关。可以证明，$M_{12} = M_{21}$，因此当只有两个线圈彼此耦合时，可以略去各自的下标，即 $M = M_{12} = M_{21}$。耦合电感中的磁通链等于自感磁通链与互感磁通链两部分的代数和。如在图 7-1 所示的线圈 1 和线圈 2 的磁通链分别设为 $\Psi_1$（设与 $\Psi_{11}$ 同向）和 $\Psi_2$（设与 $\Psi_{22}$ 同向），则

$$\begin{aligned} \Psi_1 &= \Psi_{11} \pm \Psi_{12} = L_1 i_1 \pm M i_2 \\ \Psi_2 &= \Psi_{21} \pm \Psi_{22} = \pm M i_1 + L_2 i_2 \end{aligned} \tag{7-1}$$

式（7-1）表明，耦合电感中的磁通链是各施感电流独立产生的磁通链叠加的结果。如果互感磁通链与自感磁通链方向一致，则自感方向上的磁场得到加强，称为同向耦合；如果互感磁通链与自感磁通链方向不一致，则自感方向上的磁场就被削弱，称为反向耦合。

耦合电感上的磁通链 $\Psi_1$ 和 $\Psi_2$，不仅与施感电流 $i_1$ 和 $i_2$ 有关，还与线圈的结构、相互位置和磁介质所决定的线圈的耦合程度有关。工程上使用耦合因数 $k$ 表示两个耦合线圈的耦合程度。以图 7-1 所示的两个线圈为例，$\Phi_{11}$ 为 $i_1$ 在线圈 1 中产生的全部磁通，$\Phi_{21}$ 是由 $i_1$ 产生的、且穿过线圈 2 的那一部分磁通，未穿过的那部分称为漏磁通，显然 $\Phi_{21} \leqslant \Phi_{11}$。同理，$\Phi_{12} \leqslant \Phi_{22}$，将**耦合因数**定义为

$$k = \sqrt{\frac{\Phi_{21}}{\Phi_{11}} \cdot \frac{\Phi_{12}}{\Phi_{22}}}$$

因为

$$\frac{\Phi_{21}}{\Phi_{11}} \cdot \frac{\Phi_{12}}{\Phi_{22}} = \frac{\Phi_{21} \cdot N_2}{\Phi_{11} \cdot N_2} \cdot \frac{\Phi_{12} \cdot N_1}{\Phi_{22} \cdot N_1} = \frac{\Psi_{21}}{\Psi_{11}} \cdot \frac{\Psi_{12}}{\Psi_{22}} = \frac{M i_1}{L_1 i_1} \cdot \frac{M i_2}{L_2 i_2} = \frac{M^2}{L_1 L_2}$$

所以

$$k = \frac{M}{\sqrt{L_1 L_2}}$$

由耦合因数的定义可知 $k \leqslant 1$，而 $M \leqslant \sqrt{L_1 L_2}$，表明两个耦合线圈的互感总是不大于两个线圈自感的几何平均值。$k$ 越大，表示漏磁越少，两个线圈耦合得越紧密。在理想情况下 $k = 1$，称之为全耦合。7.4 节将要介绍的理想变压器就是全耦合的情况。

### 7.1.2 耦合电感上的电压

如果耦合电感 $L_1$ 和 $L_2$ 中的电流是随时间变化的，那么耦合电感中的磁通链将跟随电流变化。根据法拉第电磁感应定律，耦合电感的两个端口将产生感应电压。设 $L_1$ 和 $L_2$ 端口电压和电流分别为 $u_1$、$i_1$ 和 $u_2$、$i_2$，且都取关联参考方向，互感为 $M$，则由式（7-1）可得

$$\begin{aligned} u_1 &= \frac{\mathrm{d}\Psi_1}{\mathrm{d}t} = L_1 \frac{\mathrm{d}i_1}{\mathrm{d}t} \pm M \frac{\mathrm{d}i_2}{\mathrm{d}t} \\ u_2 &= \frac{\mathrm{d}\Psi_2}{\mathrm{d}t} = \pm M \frac{\mathrm{d}i_1}{\mathrm{d}t} + L_2 \frac{\mathrm{d}i_2}{\mathrm{d}t} \end{aligned} \tag{7-2}$$

式（7-2）表示耦合电感的电压和电流关系。令 $u_{11}=L_1\dfrac{\mathrm{d}i_1}{\mathrm{d}t}$， $u_{22}=L_2\dfrac{\mathrm{d}i_2}{\mathrm{d}t}$， $u_{11}$ 和 $u_{22}$ 即为自感电压，是施感电流 $i_1$ 和 $i_2$ 在各自所在线圈上产生的感应电压。令 $u_{12}=M\dfrac{\mathrm{d}i_2}{\mathrm{d}t}$，$u_{21}=M\dfrac{\mathrm{d}i_1}{\mathrm{d}t}$，称 $u_{12}$ 和 $u_{21}$ 为互感电压，是施感电流 $i_1$ 和 $i_2$ 在对方线圈上产生的感应电压。

### 7.1.3 自感电压与互感电压方向的确定

从式（7-2）可以看出，耦合电感上的电压是自感电压和互感电压的叠加。对于自感电压（以 $u_{11}$ 为例），在 $u_{11}$ 和 $i_1$ 取关联参考方向的情况下，且 $u_{11}$、$i_1$ 与自感磁通符合右螺旋定则，则其表达式为

$$u_{11}=\frac{\mathrm{d}\Psi_{11}}{\mathrm{d}t}=N_1\frac{\mathrm{d}\Phi_{11}}{\mathrm{d}t}=L_1\frac{\mathrm{d}i_1}{\mathrm{d}t}$$

上式说明，对于自感电压，由于电压和电流在同一线圈上，只要参考方向确定了，自感电压便可容易地写出，可不用考虑线圈绕向。

对互感电压，因产生该电压的电流在另一线圈上。因此，要确定互感电压的符号，就必须知道两个耦合线圈的绕向。这不仅在画电路图的时候十分麻烦，而且工程中许多实际线圈都是封闭在绝缘层内，其绕向无法知道。鉴于此，我们希望在不画出线圈绕向的情况下，通过其他方法来确定互感电压的方向。为解决这个问题，工程中通常引入同名端的概念。

两个电流分别从两个线圈的某两个端子同时流入或流出，若所产生的磁通相互加强时，则这两个对应端子称为两个耦合线圈的**同名端**。换句话说，当两个线圈中电流同时由同名端流入（或流出）时，两个电流产生的磁场相互增强。同名端的标注方法是：分别在两个耦合线圈上的一端标上相同的符号，如“*”、“·”和“△”等。

如图 7-2 所示，图(a)中端子 1 和 2 为同名端。图(b)中有三组线圈，如果考虑线圈 1 与 2 耦合，则端子 1 和 2′ 互为同名端，用“*”标注；如果考虑线圈 1 与 3 耦合，则端子 1 和 3′ 互为同名端，用“·”标注；如果考虑线圈 2 与 3 耦合，则端子 2 和 3′ 互为同名端，用“△”标注。注意：线圈的同名端必须两两标注。引入同名端的概念以后，可以用带有互感 $M$ 和同名端标记的电感元件 $L_1$ 和 $L_2$ 表示耦合电感，图 7-1(b)即可表示图 7-1(a)，式（7-2）中 $M$ 前取“+”号，表示同向耦合。

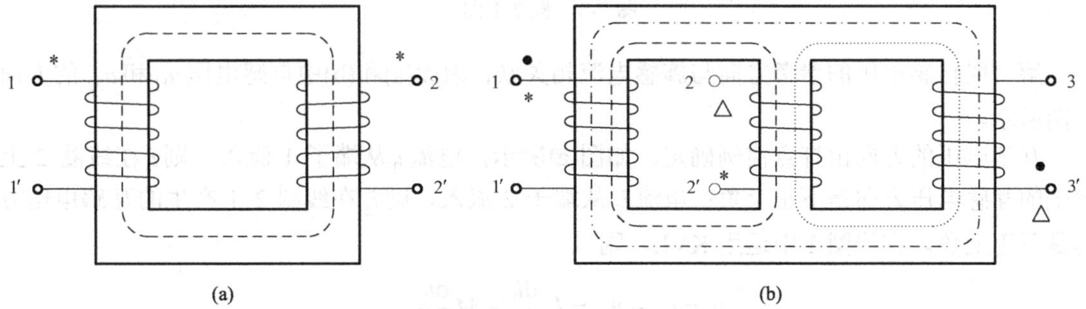


图 7-2 同名端的标注

可以通过实验方法确定线圈的同名端。如图 7-3 所示，端子 1 和 2 互为同名端。当闭合开关 S 时，电流 $i_1$ 从零开始增加，在铁心中产生顺时针的磁通量；根据楞次定律，线圈 2 中的感应电流将阻碍这个顺时针磁通量的增加，因而感应电流 $i_2$ 应从端子 2 流出，使得电压表

正偏，即端子 2 的电位高于 2′ 的电位。当两组线圈装在黑盒里，只引出两个端对时，要确定其同名端，就可以利用上面的结论来判断。

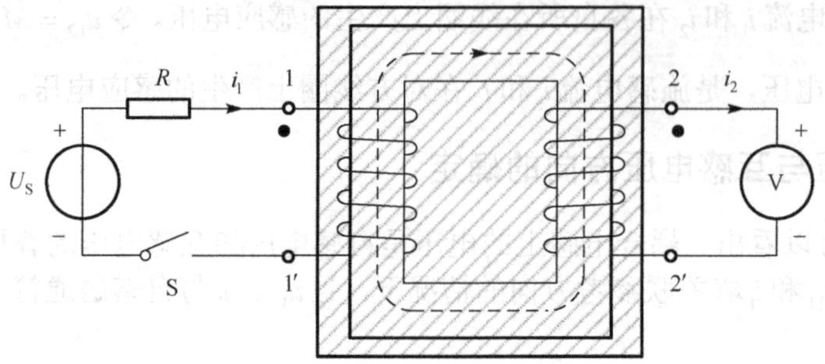

图 7-3　用实验方法测定同名端

从上面实验可以得出如下结论：如果施感电流从耦合线圈的一个同名端流入，则该施感电流在另一线圈上的互感电压的“+”极性端一定为同名端，这称为打点惯例。

综上所述，在分析耦合线圈两端的电压时，可以按照如下步骤进行：

（1）耦合线圈两端的电压由自感电压和互感电压两项叠加而成，每项的符号取决于电感的电压、电流的参考方向以及同名端的位置；

（2）自感电压方向总是与施感电流相关联；

（3）互感电压的方向由打点惯例确定；

（4）利用 KVL 确定耦合线圈两端最终总的电压。

**例 7-1**　如图 7-4 所示电路，试写出耦合线圈端口电压 $u_1$ 和 $u_2$ 的表达式。

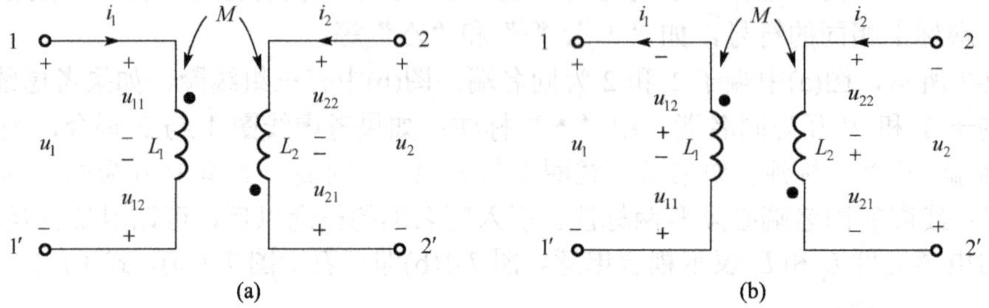

图 7-4　例 7-1 图

**解**　取自感电压的参考方向与施感电流相关联，因此(a)和(b)中自感电压 $u_{11}$ 和 $u_{22}$ 的方向如图所示。

互感电压的方向由打点惯例确定，如图(a)所示，电流 $i_1$ 从端子 1 流入，则 $i_1$ 在线圈 2 上产生的互感电压方向是下正上负；电流 $i_2$ 从端子 2 流入，则 $i_2$ 在线圈 2 上产生的互感电压方向是下正上负。在线圈 1 中运用 KVL，则

$$u_1 = u_{11} - u_{12} = L_1\frac{\mathrm{d}i_1}{\mathrm{d}t} - M\frac{\mathrm{d}i_2}{\mathrm{d}t},$$

$$u_2 = -u_{21} + u_{22} = -M\frac{\mathrm{d}i_1}{\mathrm{d}t} + L_2\frac{\mathrm{d}i_2}{\mathrm{d}t}$$

同理可得图(b)中

$$u_1=-u_{11}-u_{12}=-L_1\frac{\mathrm{d}i_1}{\mathrm{d}t}-M\frac{\mathrm{d}i_2}{\mathrm{d}t},$$

$$u_2=-u_{21}-u_{22}=-M\frac{\mathrm{d}i_1}{\mathrm{d}t}-L_2\frac{\mathrm{d}i_2}{\mathrm{d}t}$$

在正弦稳态条件下，类似于自感电压的相量表示，互感电压也可以用相量来表示，即

$$\dot{U}_{12}=\mathrm{j}\omega M\dot{I}_2,\ \dot{U}_{21}=\mathrm{j}\omega M\dot{I}_1$$

上式中，令 $Z_M=\mathrm{j}\omega M$ ，称 $\omega M$ 为互感抗，则例 7-1(a)和(b)中的电压 $u_1$ 和 $u_2$ 的相量形式可以写成

$$\begin{cases}\dot{U}_1=\mathrm{j}\omega L_1\dot{I}_1-\mathrm{j}\omega M\dot{I}_2\\ \dot{U}_2=-\mathrm{j}\omega M\dot{I}_1+\mathrm{j}\omega L_2\dot{I}_2\end{cases} \text{和} \begin{cases}\dot{U}_1=-\mathrm{j}\omega L_1\dot{I}_1-\mathrm{j}\omega M\dot{I}_2\\ \dot{U}_2=-\mathrm{j}\omega M\dot{I}_1-\mathrm{j}\omega L_2\dot{I}_2\end{cases}$$

**例 7-2** 如图 7-5 所示耦合电感电路中，$\dot{I}_1=0.5\angle 0^\circ$ A， $M=0.04\mathrm{H}$ ，在工频情况下，求电压表读数。

**解** $\dot{I}_2=0$ ，电压表所测电压即为互感电压 $\dot{U}_{21}$ 的有效值，即

$$\dot{U}_{21}=\mathrm{j}\omega M\dot{I}_1=\mathrm{j}314\times 0.04\times 0.5\angle 0^\circ=6.28\angle 90^\circ\ \mathrm{V}$$

故电压表的读数为 6.28V。

**例 7-3** 如图 7-6 所示电路已处于稳态，$t=0$ 时开关打开。求 $t>0^+$ 时电压 $u_2(t)$ 。

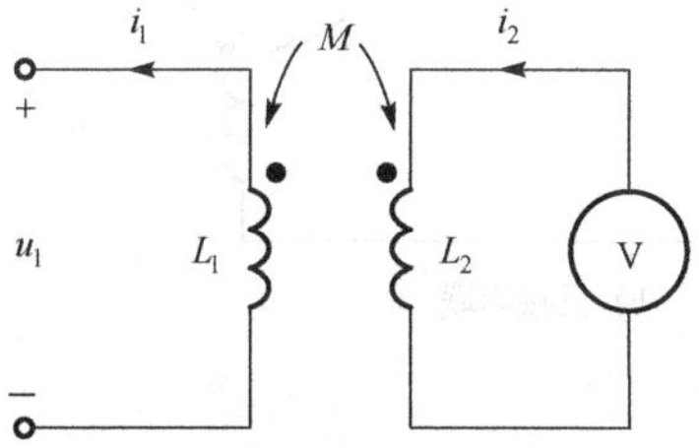


图 7-5 例 7-2 图

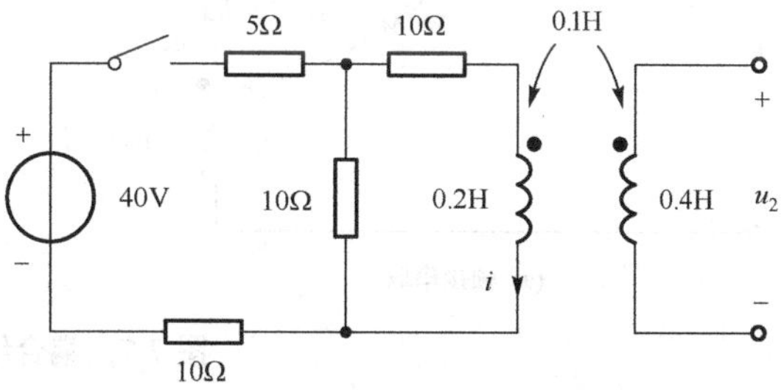


图 7-6 例 7-3 图

**解** 右边开路，对左边回路无影响，开路电压 $u_2$ 中没有自感电压，只有 $i$ 产生的互感电压。先应用三要素法求电流 $i$ 。

$$i(0^+)=i(0^-)=\frac{40}{\frac{10\times 10}{10+10}+15}\times\frac{1}{2}=1\mathrm{A}$$

$t\geqslant 0$ 时，

$$\tau=\frac{0.2}{10+10}=0.01\mathrm{s}$$

$t\to\infty$ 时，

$$i(\infty)=0$$

于是

$$i(t)=i(\infty)+\left[i(0^+)-i(\infty)\right]\mathrm{e}^{-\frac{t}{\tau}}=\mathrm{e}^{-100t}\mathrm{A}$$

故

$$u_2(t)=M\frac{\mathrm{d}i}{\mathrm{d}t}=0.1\times\frac{\mathrm{d}}{\mathrm{d}t}(\mathrm{e}^{-100t})=-10\mathrm{e}^{-100t}\mathrm{V}\ (t\geqslant 0)$$

# 7.2 具有耦合电感电路的计算

分析和计算正弦稳态下含有互感的电路时，依然可使用相量法，根据 KCL 和 KVL 列写电路方程。需要注意的是，在列写 KVL 方程时，耦合电感上的电压应同时包含自感电压和互感电压，这在 7.1 节中已经介绍过。特别需要注意的是，耦合电感支路的电压不仅与本支路电流有关，还同与其耦合的其他支路的电流有关。

## 7.2.1 耦合线圈的串联

具有互感的两个线圈相串联如图 7-7 所示。在图 7-7(a)中，电流都是流入线圈的两同名端，是同向耦合，称为**顺接串联**，或同向串联；在图 7-7(b)中，电流在一个线圈中是流入同名端，在另一个线圈中是流出同名端，是反向耦合，称为**反接串联**，或反向串联。

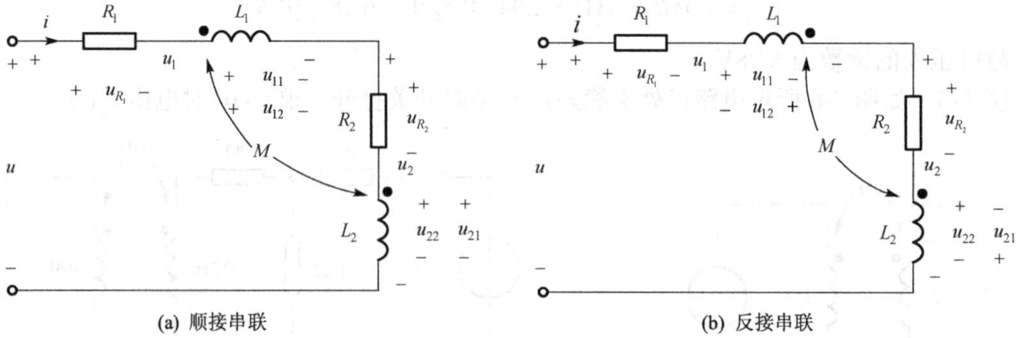


图 7-7 耦合线圈的串联

首先分析图 7-7(a)所示的顺接串联情况。串联电流 $i$ 流过两个线圈时，线圈两端的电压分别是 $u_1$ 和 $u_2$。$u_1$ 和 $u_2$ 中除了在电阻和电感上分别产生电压降 $u_{R_1}$、$u_{11}$ 和 $u_{R_2}$、$u_{22}$ 之外（它们都与 $i$ 的方向相关联），当它流过线圈 1 时，由于互感作用，它在线圈 2 中产生互感电压 $u_{21}$，按照打点惯例，$u_{21}$ 的方向与 $i$ 的方向相关联。同理，电流 $i$ 流过线圈 2 时，也在线圈 1 中产生互感电压 $u_{12}$，其方向与 $i$ 的方向也相关联。按图示参考方向，KVL 方程为

$$u_1=R_1i+L_1\frac{\mathrm{d}i}{\mathrm{d}t}+M\frac{\mathrm{d}i}{\mathrm{d}t}=R_1i+(L_1+M)\frac{\mathrm{d}i}{\mathrm{d}t} \tag{7-3}$$

$$u_2=R_2i+L_2\frac{\mathrm{d}i}{\mathrm{d}t}+M\frac{\mathrm{d}i}{\mathrm{d}t}=R_2i+(L_2+M)\frac{\mathrm{d}i}{\mathrm{d}t} \tag{7-4}$$

根据式（7-3）和式（7-4）得到一个无耦合等效电路，如图 7-8(a)所示。请注意图 7-7 与图 7-8 中电压 $u_1$ 和 $u_2$ 位置的对应关系。

根据 KVL，有

$$u=u_1+u_2=(R_1+R_2)i+(L_1+L_2+2M)\frac{\mathrm{d}i}{\mathrm{d}t}=R_{\mathrm{eq}}i+L_{\mathrm{eq}}\frac{\mathrm{d}i}{\mathrm{d}t} \tag{7-5}$$

其中，$R_{\mathrm{eq}}=R_1+R_2$，$L_{\mathrm{eq}}=L_1+L_2+2M$。

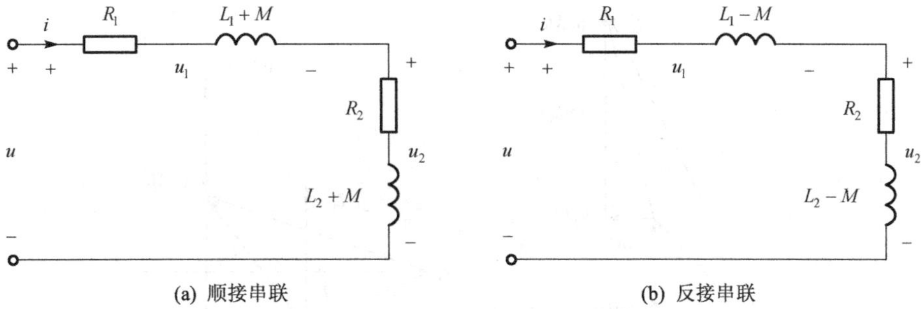


图 7-8　耦合线圈串联的无耦合等效电路

对正弦稳态电路，可将式（7-3）～式（7-5）写成相量形式，即

$$\dot{U}_1=\left[R_1 i+\mathrm{j}\omega(L_1+M)\right]\dot{I}\,,$$

$$\dot{U}_2=\left[R_2 i+\mathrm{j}\omega(L_2+M)\right]\dot{I}\,,$$

$$\dot{U}=\left[R_1+R_2+\mathrm{j}\omega(L_1+L_2+2M)\right]\dot{I}=(R_{\mathrm{eq}}+\mathrm{j}\omega L_{\mathrm{eq}})\dot{I}$$

进而得到两个线圈和电路输入阻抗分别为

$$Z_1=R_1+\mathrm{j}\omega(L_1+M)\,,$$

$$Z_2=R_2+\mathrm{j}\omega(L_2+M)\,,$$

$$Z=(R_1+R_2)+\mathrm{j}\omega(L_1+L_2+2M)=R_{\mathrm{eq}}+\mathrm{j}\omega L_{\mathrm{eq}}$$

可见，顺接串联的时候，每一线圈的阻抗以及电路输入阻抗都比不存在互感时的阻抗大，这是因为顺接时具有同向耦合作用，故两线圈中磁通相互增强，使两线圈中总磁通链增加。

对于图 7-7(b)所示的反接串联情况，可以采用类似的分析过程，最后可以得到

$$Z_1=R_1+\mathrm{j}\omega(L_1-M)\,,$$

$$Z_2=R_2+\mathrm{j}\omega(L_2-M)\,,$$

$$Z=(R_1+R_2)+\mathrm{j}\omega(L_1+L_2-2M)=R_{\mathrm{eq}}+\mathrm{j}\omega L_{\mathrm{eq}}$$

其中，$R_{\mathrm{eq}}=R_1+R_2$，$L_{\mathrm{eq}}=L_1+L_2-2M$。其无耦合等效电路如图 7-8(b)所示。

可见，反接串联的时候，每一线圈的阻抗以及电路输入阻抗都比不存在互感时的阻抗小，这是由于互感的向耦合作用，使两线圈中磁通相互削弱。这种削弱作用称为互感的“容性效应”。如图 7-8(b)所示，两个耦合线圈的等效电感分别为$(L_1-M)$和$(L_2-M)$，在一定条件下，可能其中一个为负值，呈现容性，但是不可能都为负值；而整个电路仍呈感性。

线圈串联顺接和串联反接时的相量图如图 7-9 所示。

**例 7-4**　如图 7-7(b)所示电路中，正弦电压$U=50\mathrm{V}$，$R_1=3\Omega$，$\omega L_1=7.5\Omega$，$R_2=5\Omega$，$\omega L_2=12.5\Omega$，$\omega M=8\Omega$。求：（1）该耦合线圈的耦合因数；（2）该电路中各线圈吸收的复功率$\overline{S}_1$和$\overline{S}_2$。

**解**　耦合因数$k=\dfrac{M}{\sqrt{L_1L_2}}=\dfrac{\omega M}{\sqrt{\omega L_1\times\omega L_2}}=\dfrac{8}{\sqrt{7.5\times 12.5}}=0.826$；

线圈 1 的等效阻抗为$Z_1=R_1+\mathrm{j}\omega(L_1-M)=3-\mathrm{j}0.5=3.04\underline{/-9.46^\circ}\ \Omega$，容性；

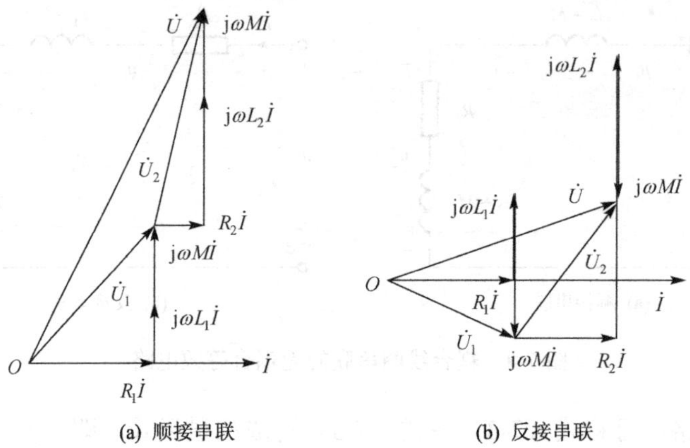


图 7-9　耦合线圈串联电路的相量图

线圈 2 的等效阻抗为 $Z_2 = R_2 + j\omega(L_2 - M) = 5 + j4.5 = 6.73\angle 41.99^\circ\ \Omega$，感性；

等效阻抗 $Z = Z_1 + Z_2 = 8 + j4 = 8.94\angle 26.57^\circ\ \Omega$，感性；

令 $\dot{U} = 50\angle 0^\circ\ \text{V}$，则电流 $\dot{I} = \dfrac{\dot{U}}{Z} = \dfrac{50\angle 0^\circ}{8.94\angle 26.57^\circ} = 5.59\angle -26.57^\circ\ \text{A}$

线圈 1 吸收的复功率为 $\overline{S}_1 = I^2 Z_1 = 5.59^2(3 - j0.5) = 93.75 - j15.63\text{VA}$

线圈 2 吸收的复功率为 $\overline{S}_2 = I^2 Z_2 = 5.59^2(5 + j4.5) = 156.25 + j140.63\text{VA}$

电源发出的功率 $\overline{S} = \dot{U}\dot{I}^* = 50\angle 0^\circ \times 5.59\angle 26.57^\circ = 250 + j125\text{VA}$

或者 $\overline{S} = I^2 Z = 5.59^2(8 + j4) = 250 + j125\text{VA}$

易验证满足复功率守恒：$\overline{S} = \overline{S}_1 + \overline{S}_2$。

### 7.2.2　耦合线圈的并联

如图 7-10 所示为耦合线圈的并联电路。对于图(a)，由于同名端连接在同一个结点上，称为**同侧并联**；对于图(b)，由于非同名端连接在同一个结点上，称为**异侧并联**。

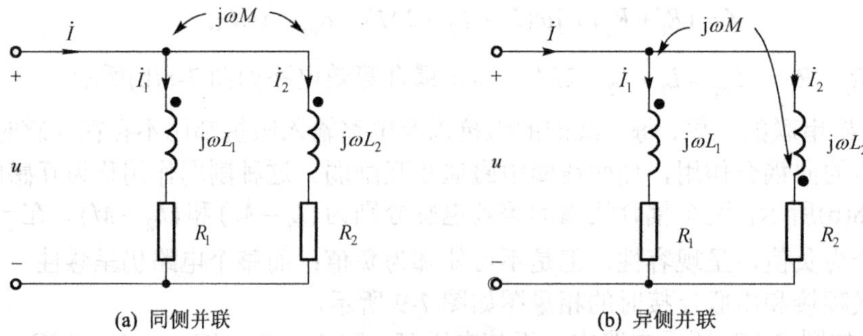


图 7-10　耦合线圈的并联

首先分析同侧并联电路。在正弦稳态情况下，由 KCL 和 KVL 可得如下方程

$$\dot{I}_1 + \dot{I}_2 = \dot{I} \tag{7-6}$$

$$(R_1 + j\omega L_1)\dot{I}_1 + j\omega M\dot{I}_2 = \dot{U} \tag{7-7}$$

$$(R_2 + j\omega L_2)\dot{I}_2 + j\omega M\dot{I}_1 = \dot{U} \tag{7-8}$$

可见，在电压$\dot{U}$和电路元件参数已知的情况下，根据方程（7-6）～式（7-8）可以解出电流$\dot{I}_1$、$\dot{I}_2$和$\dot{I}$。

下面介绍另一种处理方法，称为**去耦法**，即把具有互感的电路转化为等效的无耦合电感的电路以便于分析和计算。将式（7-6）代入式（7-7），消去电流$\dot{I}_2$；将式（7-6）代入式（7-8），消去电流$\dot{I}_1$。则两式变为如下形式

$$R_1\dot{I}_1 + \mathrm{j}\omega(L_1 - M)\dot{I}_1 + \mathrm{j}\omega M\dot{I} = \dot{U} \tag{7-9}$$

$$R_2\dot{I}_2 + \mathrm{j}\omega(L_2 - M)\dot{I}_2 + \mathrm{j}\omega M\dot{I} = \dot{U} \tag{7-10}$$

式（7-9）可以理解为总电压$\dot{U}$是总电流$\dot{I}$经过电抗$\omega M$所产生的电压与支路电路$\dot{I}_1$经过电抗$\omega(L_1 - M)$和电阻$R_1$所产生的电压之和。同理可分析式（7-10）。根据式（7-9）和式（7-10），可以画出与图 7-10(a)等效的无耦合等效电路，称为**等效去耦电路**，如图 7-11(a)所示。对于图 7-10(b)所示的异侧并联情况，采用相同的分析过程，可以得到类似的等效去耦电路，只不过互感$M$前的符号正好相反，如图 7-11(b)所示。

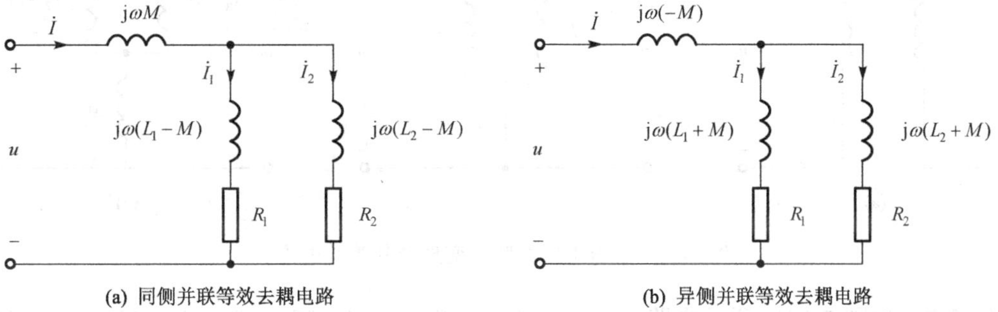


图 7-11　耦合线圈并联的等效去耦电路

可以归纳出对耦合电感电路的等效去耦方法：如果耦合电感的两条支路各有一端与第三条支路形成一个仅含 3 条支路的共同结点，则可用 3 条无耦合的电感支路等效替代，3 条支路的等效电感分别为：

（支路 3）$L_3 = \pm M$（同侧取“+”，异侧取“−”）

（支路 1）$L_1' = L_1 \mp M$（同侧取“−”，异侧取“+”）

（支路 2）$L_2' = L_2 \mp M$（同侧取“−”，异侧取“+”）

需要注意的是，等效去耦法仅对外电路等效，对变换之后的内电路是不等效的，这与前面章节所讲相同。

若图 7-10 中两线圈电阻均为 0，即$R_1 = R_2 = 0$，可用图 7-11 所示的等效去耦电路，通过串并联关系求得并联电路的等效电感$L_{\mathrm{eq}}$为

$$L_{\mathrm{eq}} = \frac{L_1L_2 - M^2}{L_1 + L_2 \mp 2M} \geqslant 0$$

“−”对应同侧并联情况，“+”对应异侧并联情况。

上述去耦法也适用于非并联情形：即只要两个耦合线圈所在的支路有一个公共点即可。如图 7-12(a)所示电路，可以用图 7-12(b)所示去耦电路等效，其中，互感$M$前的符号：当两耦合线圈的同名端连接在同一个结点时取“+”，当非同名端连接在同一个结点时取“−”。

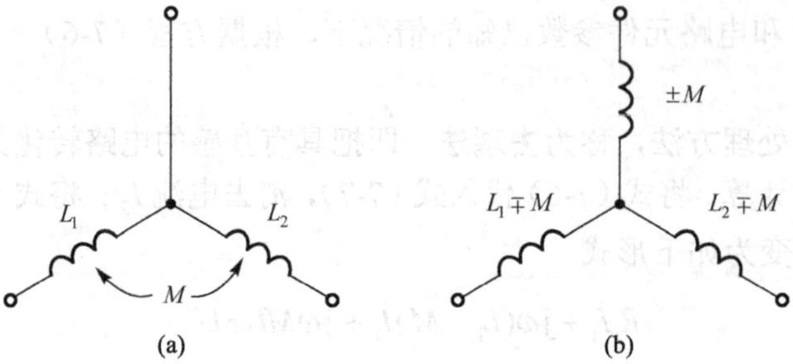


图 7-12　具有一个公共点的耦合电感及其等效去耦电路

此外，耦合电感并联的变形情况亦可以使用上述结果。如图 7-13(a)所示耦合电感，其等效电路如图 7-13(b)所示和图 7-13(c)所示，这是同侧并联的情况。异侧并联同理可得。

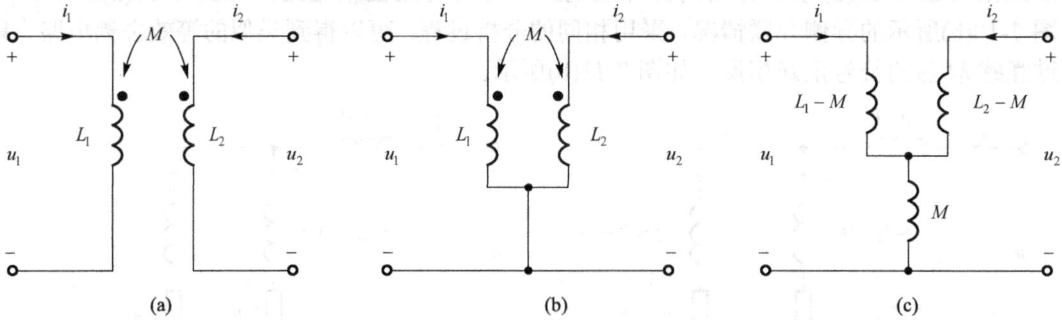


图 7-13　耦合电感并联的变形及其等效电路

**例 7-5**　如图 7-14(a)所示电路，$\omega L_1 = \omega L_2 = 10\Omega$，$\omega M = 5\Omega$，$R_1 = R_2 = 6\Omega$，$U_S = 12V$。求阻抗 $Z_L$ 的最佳匹配值和所获得的最大功率 $P_{max}$。

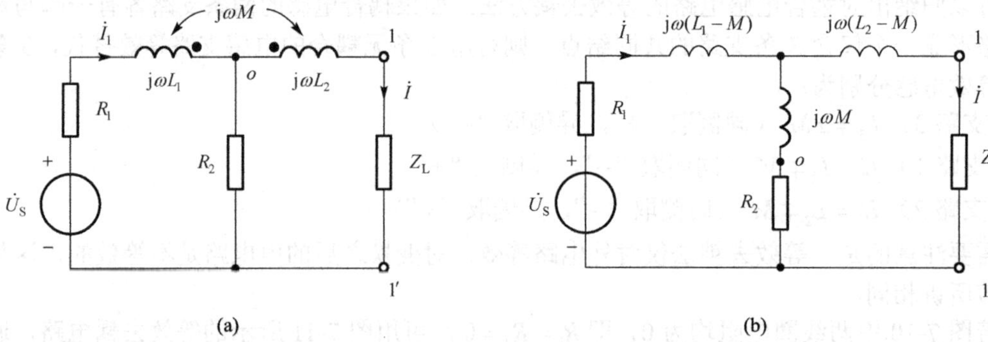


图 7-14　例 7-5 图

**解**　解法一：设阻抗 $Z_L$ 中电流为 $\dot{I}$，方向如图 7-14(a)所示。按照 $\dot{I}_1$ 和 $\dot{I}$ 的参考方向列写回路电流方程

$$\begin{cases}(R_1 + j\omega L_1 + R_2)\dot{I}_1 - (R_2 + j\omega M)\dot{I} = \dot{U}_S \\ -(R_2 + j\omega M)\dot{I}_1 + (R_2 + j\omega L_2)\dot{I} + \dot{U}_{11'} = 0\end{cases}$$

代入已知数值，解得端口 1-1′ 电压 $\dot{U}_{11'}$ 与端口电流 $\dot{I}$ 的关系为

$$\dot{U}_{11'}=\frac{1}{2}\dot{U}_S-(3+j7.5)\dot{I}$$

则戴维南等效电路参数为

当$\dot{I}=0$（即端口 1-1′开路）时，$\dot{U}_{oc}=\frac{1}{2}\dot{U}_S=6\underline{/0^\circ}\text{ V}$；

当$\dot{U}_S=0$（网络内部除源）时，$Z_{eq}=\frac{\dot{U}_{11'}}{\dot{I}}=3+j7.5\Omega$；

最佳匹配时，$Z_L=Z_{eq}^*=3-j7.5\Omega$时，获得最大功率$P_{max}=\frac{U_{oc}^2}{4R_{eq}}=\frac{36}{4\times3}=3\text{W}$。

解法二：原电路的等效去耦电路如图 7-14(b)所示，易得开路电压为

$$\dot{U}_{oc}=\frac{R_2+j\omega M}{R_1+j\omega(L_1-M)+R_2+j\omega M}\dot{U}_S=\frac{6+j5}{6+j5+6+j5}=6\underline{/0^\circ}\text{ V}$$

等效阻抗

$$Z_{eq}=j\omega(L_2-M)+\frac{(R_2+j\omega M)\left[R_1+j\omega(L_1-M)\right]}{R_2+j\omega M+R_1+j\omega(L_1-M)}=j5+\frac{6+j5}{2}=3+j7.5\Omega$$

下同解法一。

根据互感电压的特性，可以用电流控制电压源表示互感的作用。如图 7-15(a)所示耦合电感，在图示的电压和电流参考方向下，用 CCVS 表示的等效电路如图 7-15(b)所示。这样，就可以采用前面处理受控源电路的方法来分析和解决含有互感的电路。

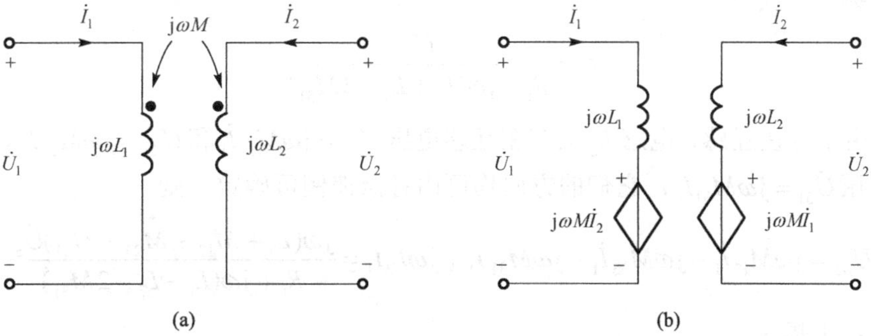


图 7-15　耦合电感及其等效受控源电路

综上所述，分析含有互感的电路需要注意以下问题：

（1）在正弦稳态情况下，对含有互感电路的分析和计算仍使用相量法；

（2）注意耦合电感上的电压除自感电压外，还应包含互感电压；正确分析互感电压的作用是分析和解决含有互感电路的前提和关键；

（3）可以使用去耦法解决戴维南、最大功率传输问题。

**例 7-6**　如图 7-16(a)所示电路。求开路电压$\dot{U}_{oc}$。

**解**　解法一：直接法。

此电路是单回路电路，回路电流$\dot{I}_1$方向如图 7-16(a)所示。有互感存在的情况下，电感$L_1$和$L_3$上除了有自感电压$\dot{U}_{11}=j\omega L_1\dot{I}_1$和$\dot{U}_{33}=j\omega L_3\dot{I}_1$，还有互感电压$\dot{U}_{13}=j\omega M_{13}\dot{I}_1$和$\dot{U}_{31}=j\omega M_{31}\dot{I}_1$，其方向均与电流$\dot{I}_1$非关联。故对回路列写 KVL 方程，注意到$M_{13}=M_{31}$，有

$$(R_1+j\omega L_1+j\omega L_3)\dot{I}_1-2j\omega M_{31}\dot{I}_1=\dot{U}_S$$

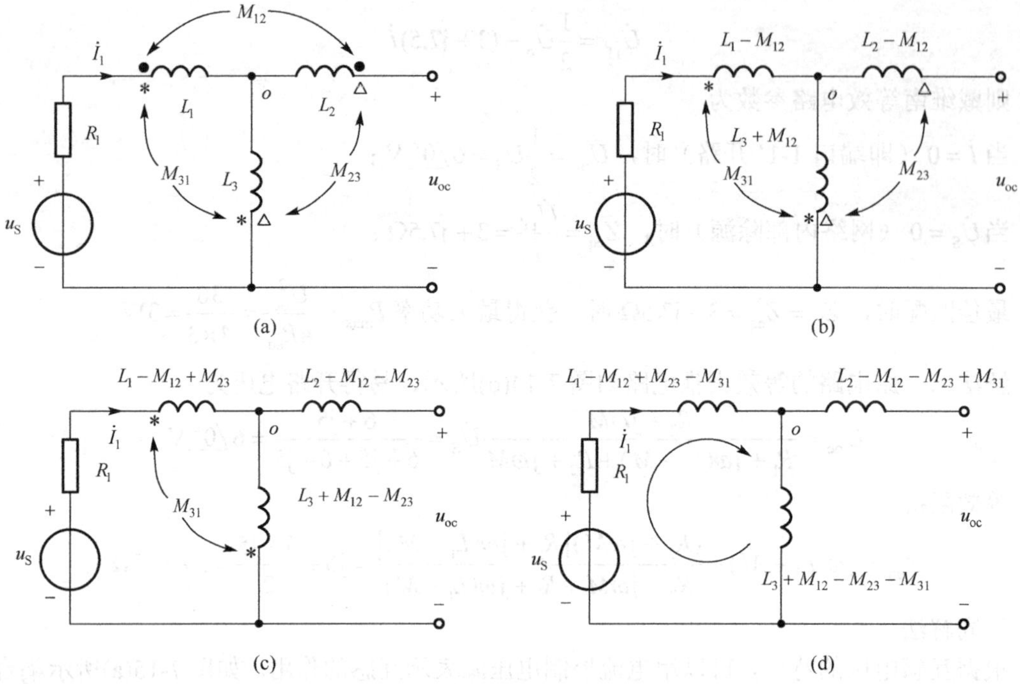


图 7-16 例 7-6 图

解得电流

$$\dot{I}_1=\frac{\dot{U}_S}{R_1+j\omega(L_1+L_3-2M_{31})}$$

同样，由于存在互感，电感 $L_2$ 上存在互感电压 $\dot{U}_{21}=j\omega M_{12}\dot{I}_1$ 和 $\dot{U}_{23}=j\omega M_{23}\dot{I}_1$，电感 $L_3$ 上存在互感电压 $\dot{U}_{31}=j\omega M_{31}\dot{I}_1$，它们的方向均可由打点惯例可确定。则

$$\dot{U}_{oc}=j\omega M_{12}\dot{I}_1-j\omega M_{23}\dot{I}_1-j\omega M_{31}\dot{I}_1+j\omega L_3\dot{I}_1=\frac{j\omega(L_3+M_{12}-M_{23}-M_{31})\dot{U}_S}{R_1+j\omega(L_1+L_3-2M_{31})}$$

解法二：去耦法

将互感两两对消，得到等效去耦电路。对消过程如图 7-16(b)和(c)所示，结果如图(d)。则

$$\dot{I}_1=\frac{\dot{U}_S}{R_1+j\omega(L_1+L_3-2M_{31})},$$

$$\dot{U}_{oc}=\frac{j\omega(L_3+M_{12}-M_{23}-M_{31})\dot{U}_S}{R_1+j\omega(L_1+L_3-2M_{31})}$$

## 7.3 空心变压器

变压器是通过磁耦合（互感）把信号或能量从一个电路传输到另一个电路的一种器件。变压器通常由两个具有互感的线圈组成。有时为了增强磁耦合，通常会将两个线圈绕在铁磁材料制成的铁芯上，可以使这种带铁心的变压器的耦合系数接近于 1。而在某些情况下，如高频电路，需要采用不带铁心的变压器——**空心变压器**，它是将两个互感线圈是绕在非铁磁

材料的心子上，工作在线性段所以又称**线性变压器**。尽管这种变压器耦合系数低，但其不存在铁心的各种功率损耗。空心变压器在高频电子线路中有广泛的应用，例如解调调相信号所用的鉴相器中就使用了空心变压器。

空心变压器的电路模型如图 7-17 所示。左边线圈作为输入端口，称为**原线圈**，接入电源后形成一个回路，称为**原边回路**，或一次回路；右边线圈作为输出端口，称为**副线圈**，接入负载后形成另一个回路，称为**副边回路**，或二次回路。原边回路与副边回路没有电的连接，只存在磁耦合。设原、副线圈的电阻和电感分别为 $R_1$、$L_1$ 和 $R_2$、$L_2$，负载阻抗为 $Z_L = R_L + jX_L$。在正弦稳态下，按照图示的电压、电流参考方向，对原边和副边列写 KVL 方程如下

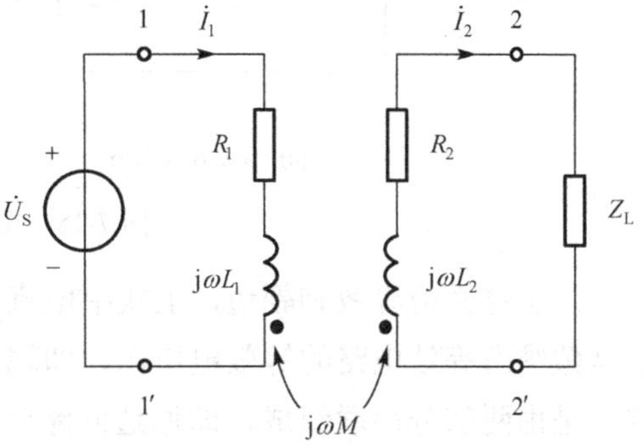


图 7-17　空心变压器电路模型

$$\begin{cases}(R_1 + j\omega L_1)\dot{I}_1 - j\omega M\dot{I}_2 = \dot{U}_S \\ -j\omega M\dot{I}_1 + (R_2 + j\omega L_2 + Z_L)\dot{I}_2 = 0\end{cases}$$

令 $Z_{11} = R_1 + j\omega L_1 = R_1 + jX_1$ 为原边的复阻抗，$Z_{22} = R_2 + j\omega L_2 + Z_L = R_{22} + jX_{22}$ 为副边复阻抗，则上面方程可以表示为

$$\begin{cases}Z_{11}\dot{I}_1 - j\omega M\dot{I}_2 = \dot{U}_S \\ -j\omega M\dot{I}_1 + Z_{22}\dot{I}_2 = 0\end{cases} \tag{7-11}$$

工程上根据不同的需要，采用不同的等效电路来分析和研究变压器。在方程组（7-11）中消去电流 $\dot{I}_2$，得到

$$\dot{I}_1 = \frac{\dot{U}_S}{Z_{11} + \dfrac{(\omega M)^2}{Z_{22}}} = \frac{\dot{U}_S}{\left(R_1 + \dfrac{(\omega M)^2}{R_{22}^2 + X_{22}^2}R_{22}\right) + j\left(X_1 - \dfrac{(\omega M)^2}{R_{22}^2 + X_{22}^2}X_{22}\right)}$$

上式结果表明，从原边端口 1-1′ 看进去，副边的作用相当于在原边串联了一个复阻抗 $Z_l = (\omega M)^2 / Z_{22}$，它是副边回路阻抗和互感抗通过互感反映到原边回路的等效阻抗，称为**引入阻抗**，或反映阻抗。引入阻抗的电阻部分和电抗部分分别为

$$R_l = \frac{(\omega M)^2}{R_{22}^2 + X_{22}^2}R_{22},$$

$$X_l = -\frac{(\omega M)^2}{R_{22}^2 + X_{22}^2}X_{22}$$

$R_l$ 和 $X_l$ 分别称为引入电阻和引入电抗，或反映电阻和反映电抗。可以看出，引入电阻恒为正，它吸收的功率就是副边吸收的功率；引入电抗前面的“−”说明引入电抗的性质与副边电抗 $Z_{22}$ 相反，即将副边阻抗容性（感性）变换为感性（容性）。其等效电路如图 7-18(a)所示。

同理，在方程组（7-11）中消去电流 $\dot{I}_1$，得到

$$\dot{I}_2 = \frac{j\omega M\dot{U}_S}{Z_{11}Z_{22} + (\omega M)^2} = \frac{j\omega M\dot{U}_S}{Z_{11}} \cdot \frac{1}{Z_{22} + \dfrac{(\omega M)^2}{Z_{11}}}$$

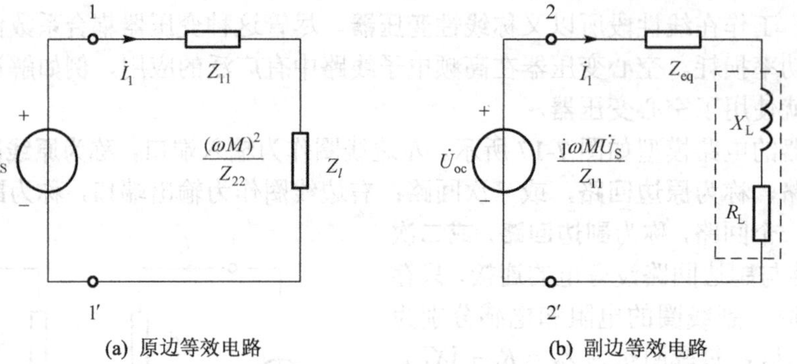


(a) 原边等效电路　　(b) 副边等效电路

图 7-18　空心变压器的等效电路

由于将原边等效到副边，上式中电流 $\dot{I}_2$ 实际就是戴维南等效电路中电流的解。其中，分子是戴维南等效电路的等效电压源，即端口 2-2′ 的开路电压 $\dot{U}_{oc}$；分母是等效电路的回路阻抗，是由两部分串联组成，即原边回路对副边回路的引入阻抗 $(\omega M)^2/Z_{11}$，原来副边的回路阻抗 $Z_{22}$。从戴维南等效电路的角度看，负载为 $Z_L$，一端口 2-2′ 的等效阻抗为 $Z_{eq}=(\omega M)^2/Z_{11}+R_2+j\omega L_2=R_{22}+jX_{22}$，其等效电路如图 7-18(b)所示。

此外，在求副边等效电路时，可以利用 7.2 节中介绍的去耦法，图 7-17 所示的变压器可以根据图 7-13 给出的方法变形。请读者自己进行练习。

**例 7-7**　如图 7-17 所示电路，$L_1=3.6$，$L_2=0.06\text{H}$，$M=0.465\text{H}$，$R_1=20\Omega$，$R_2=0.08\Omega$，$Z_L=42\Omega$，$\omega=314\text{rad/s}$，$\dot{U}_S=115\angle 0°\ \text{V}$。求 $\dot{I}_1$ 和 $\dot{I}_2$。

**解**　原边阻抗 $Z_{11}=R_1+j\omega L_1=20+j1130.4=1130.58\angle 88.99°$

副边阻抗 $Z_{22}=R_2+R_L+j\omega L_2=42.08+j18.85=46.11\angle 24.13°\ \Omega$

解法一：用原边等效电路，等效电路参见图 7-18(a)。引入阻抗

$$Z_l=\frac{(\omega M)^2}{Z_{22}}=\frac{146^2}{46.11\angle 24.13°}=421.89-j188.99\Omega$$

$$\dot{I}_1=\frac{\dot{U}_S}{Z_{11}+Z_l}=\frac{115\angle 0°}{20+j1130.4+421.89-j188.99}=0.111\angle -64.9°\ \text{A}$$

由 $-j\omega M\dot{I}_1+Z_{22}\dot{I}_2=0$ 计算 $\dot{I}_2$，则电流

$$\dot{I}_2=\frac{j\omega M\dot{I}_1}{Z_{22}}=\frac{j146\times 0.111\angle -64.9°}{42.08+j18.85}=\frac{16.2\angle 25.1°}{46.11\angle 24.13°}=0.353\angle 1.0°\ \text{A}$$

解法二：用副边等效电路，等效电路参见图 7-18(b)。等效开路电压

$$\dot{U}_{oc}=j\omega M\dot{I}_1=j\omega M\cdot\frac{\dot{U}_S}{R_1+j\omega L_1}=j146\times\frac{115\angle 0°}{20+j1130.4}=14.85\angle 1.01°\ \text{V}$$

引入阻抗

$$Z_l'=\frac{(\omega M)^2}{Z_{11}}=\frac{146^2}{20+j1130.4}=18.85\angle -88.99°\approx -j18.85\Omega$$

电流

$$\dot{I}_2=\frac{\dot{U}_{oc}}{Z_l^{'}+Z_{22}}=\frac{14.85\angle 1.01^\circ}{-j18.85+42.08+j18.85}=0.353\angle 1.0^\circ\ \mathrm{A}$$

同理，由 $-j\omega M\dot{I}_1+Z_{22}\dot{I}_2=0$ 计算 $\dot{I}_1$，这里从略。

**例 7-8** 如图 7-19(a)所示电路，已知 $U_S=20\mathrm{V}$，原边引入阻抗 $Z_l=10-j10\Omega$。求阻抗 $Z_X$ 并求负载获得的有功功率。

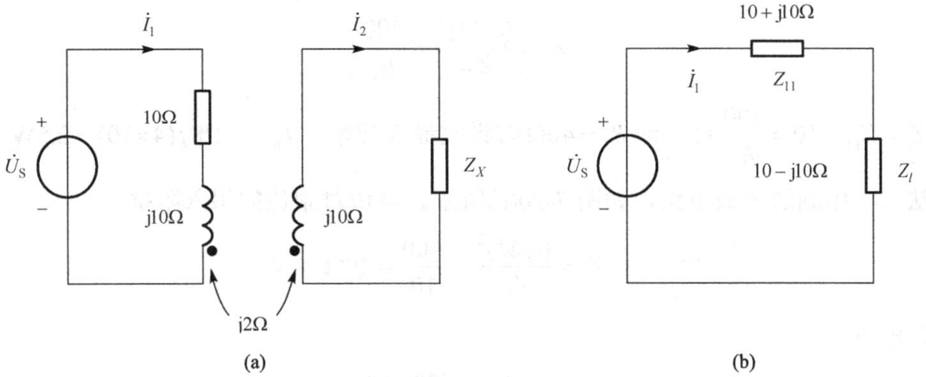


图 7-19　例 7-7 图

**解**　引入阻抗 $Z_l=\frac{(\omega M)^2}{Z_{22}}=\frac{4}{Z_X+j10}=10-j10\Omega$

解得 $Z_X=0.2-j9.8\ \Omega$

等效电路如图 7-19(b)所示，可以求得

$$P=P_{R_l}=\left(\frac{20}{10+10}\right)^2 R_l=10\ \mathrm{W}$$

或者，注意到此时 $Z_l$ 与 $Z_{11}$ 是共轭匹配关系，即 $Z_l=Z_{11}^*$，于是由最大功率传输定理，

$$P=\frac{U_S^2}{4R}=10\ \mathrm{W}$$

**例 7-9**　如图 7-20(a)所示电路，$L_1=L_2=0.1\mathrm{mH}$，$M=0.02\mathrm{mH}$，$R_1=10\Omega$，$C_1=C_2=0.01\mu\mathrm{F}$，$\omega=10^6\,\mathrm{rad/s}$，$\dot{U}_S=10\angle 0^\circ\ \mathrm{V}$。求 $R_2$ 为何值时能吸收最大功率？求此最大功率。

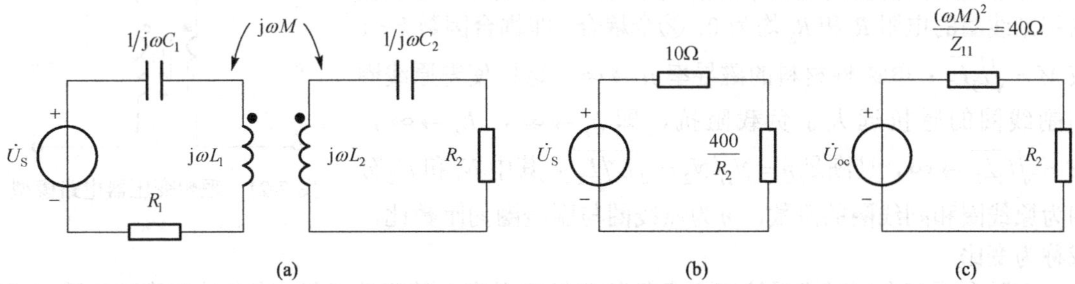


图 7-20　例 7-9 图

**解**　电路频域参数：$\omega L_1=\omega L_2=100\Omega$，$\frac{1}{\omega C_1}=\frac{1}{\omega C_2}=100\Omega$，$\omega M=20\Omega$，

$$Z_{11}=R_1+\mathrm{j}\left(\omega L_1-\frac{1}{\omega C_1}\right)=10\Omega\text{，}$$

$$Z_{22}=R_2+\mathrm{j}\left(\omega L_2-\frac{1}{\omega C_2}\right)=R_2$$

解法一：用原边等效电路，如图 7-20(b)所示。副边对原边的引入阻抗

$$Z_l=\frac{(\omega M)^2}{Z_{22}}=\frac{400}{R_2}$$

当 $Z_l=Z_{11}=10=\dfrac{400}{R_2}$ 时，即 $R_2=40\Omega$ 时吸收最大功率，$P_{\max}=10^2/(4\times10)=2.5\mathrm{W}$。

解法二：用副边等效电路，如图 7-20(c)所示。原边对副边的引入阻抗

$$Z_l=\frac{(\omega M)^2}{Z_{11}}=\frac{400}{10}=40\Omega$$

开路电压

$$\dot{U}_{\mathrm{oc}}=\mathrm{j}\omega M\cdot\frac{\dot{U}_{\mathrm{S}}}{Z_{11}}=\frac{\mathrm{j}20\times10}{10}=\mathrm{j}20\mathrm{V}$$

故 $R_2=Z_l=40\Omega$ 时吸收最大功率，$P_{\max}=20^2/(4\times40)=2.5\mathrm{W}$。

## 7.4 理想变压器

理想变压器是一种无损耗全耦合的变压器，是实际变压器在理想条件下的模型。实际中，大部分设计良好的铁心变压器在适当的频率范围和端部阻抗范围内非常接近理想变压器的特性。因此，用理想变压器代替铁心变压器来进行电路分析就变得很简单。在后续课程中分析调幅电路、高频功率放大器时，都会用到理想变压器模型。

### 7.4.1 理想变压器模型

理想变压器的电路模型如图 7-21 所示。相对于空心变压器，理想变压器需要满足三个理想化条件：①无损耗，即原线圈和副线圈的电阻 $R_1$ 和 $R_2$ 均为 0；②全耦合，即耦合因数 $k=1$ 或 $M=\sqrt{L_1L_2}$；③磁性材料的磁导率 $\mu\to\infty$，这样使得原线圈和副线圈的感抗远大于负载阻抗，即 $L_1\to\infty$，$L_2\to\infty$，$M=\sqrt{L_1L_2}\to\infty$，且满足 $n=N_1/N_2=\sqrt{L_1/L_2}$，其中 $N_1$ 和 $N_2$ 分别为原线圈和副线圈的匝数，$n$ 为原线圈与副线圈的匝数比，或称为变比。

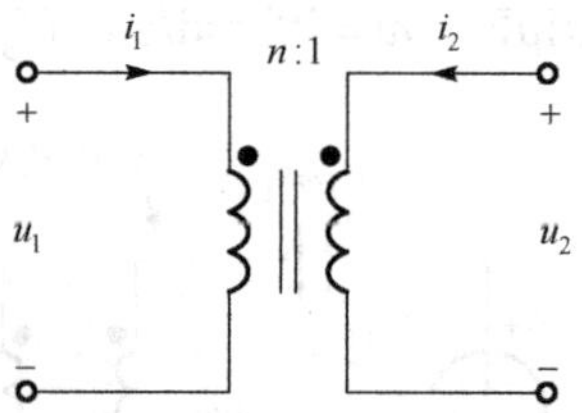

图 7-21　理想变压器电路模型

实际上不存在同时满足这三个条件的磁导率无穷大的磁性材料；或者是使线圈匝数 $N_1$ 和 $N_2$ 无穷大，这需要无限大空间，也是物理不可实现的。在工程中，只能在允许的条件下，尽可能用磁导率较高的磁性材料作为变压器的心子，在 $N_1/N_2$ 保持不变的前提下，尽可能增加变压器绕组的匝数，以接近于理想的极限状态。

### 7.4.2 理想变压器原、副线圈电流和电压关系

根据互感电压与电流的关系，有

$$u_1 = L_1\frac{\mathrm{d}i_1}{\mathrm{d}t} + M\frac{\mathrm{d}i_2}{\mathrm{d}t} \tag{7-12}$$

$$u_2 = M\frac{\mathrm{d}i_1}{\mathrm{d}t} + L_2\frac{\mathrm{d}i_2}{\mathrm{d}t} \tag{7-13}$$

由式（7-12）可得

$$\frac{\mathrm{d}i_1}{\mathrm{d}t} = -\frac{M}{L_1}\frac{\mathrm{d}i_2}{\mathrm{d}t} + \frac{u_1}{L_1}$$

注意到$L_1 \to \infty$，$M = \sqrt{L_1 L_2}$，于是

$$\frac{\mathrm{d}i_1}{\mathrm{d}t} = -\frac{M}{L_1}\frac{\mathrm{d}i_2}{\mathrm{d}t} = -\frac{\sqrt{L_1L_2}}{L_1}\frac{\mathrm{d}i_2}{\mathrm{d}t} = -\sqrt{\frac{L_2}{L_1}}\frac{\mathrm{d}i_2}{\mathrm{d}t} = -\frac{1}{n}\frac{\mathrm{d}i_2}{\mathrm{d}t}$$

设$i_1$和$i_2$的初始值为零，对上式两边同时积分，得

$$i_1 = -\frac{1}{n}i_2$$

由式（7-13）得

$$\frac{\mathrm{d}i_2}{\mathrm{d}t} = -\frac{M}{L_2}\frac{\mathrm{d}i_1}{\mathrm{d}t} + \frac{u_2}{L_2}$$

将上式代入式（7-12）中，得

$$u_1 = L_1\frac{\mathrm{d}i_1}{\mathrm{d}t} + M\frac{u_2}{L_2} - \frac{M^2}{L_2}\frac{\mathrm{d}i_1}{\mathrm{d}t} = L_1\frac{\mathrm{d}i_1}{\mathrm{d}t} + \frac{\sqrt{L_1L_2}}{L_2}u_2 - \frac{L_1L_2}{L_2}\frac{\mathrm{d}i_1}{\mathrm{d}t} = \sqrt{\frac{L_1}{L_2}}u_2 = nu_2$$

即

$$u_1 = nu_2$$

综上所述，理想变压器电压比和电流比可用变比$n$描述如下：

$$\begin{cases} i_1 = -\dfrac{1}{n}i_2 \\ u_1 = nu_2 \end{cases}$$

在正弦稳态下，可用相量来表示

$$\begin{cases} \dot{I}_1 = -\dfrac{1}{n}\dot{I}_2 \\ \dot{U}_1 = n\dot{U}_2 \end{cases}$$

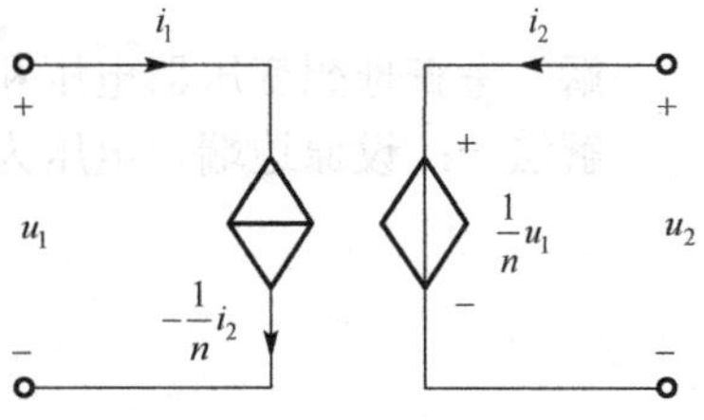

图 7-22 理想变压器受控源模型

图 7-22 给出了用受控源表示的理想变压器的等效电路。

### 7.4.3 理想变压器的功率

理想变压器的瞬时功率可以表示为

$$p = u_1i_1 + u_2i_2 = u_1i_1 + \frac{1}{n}u_1 \times (-ni_1) = 0$$

这表明，理想变压器将一侧吸收的功率全部传输到另一侧；在传输过程中，仅将电压和电流按照变比做数值的变换，而不消耗任何功率，是一个非动态的、无损耗的磁耦合元件。

### 7.4.4 理想变压器的变阻抗关系

如图 7-23 所示，在正弦稳态情况下，当理想变压器副线圈端口 2-2′ 接负载阻抗 $Z_L$ 时，则原线圈端口 1-1′ 的等效阻抗 $Z_{11'}$ 为

$$Z_{11'}=\frac{\dot{U}_1}{\dot{I}_1}=\frac{n\dot{U}_2}{-1/n\dot{I}_2}=n^2\left(-\frac{\dot{U}_2}{\dot{I}_2}\right)=n^2Z_L$$

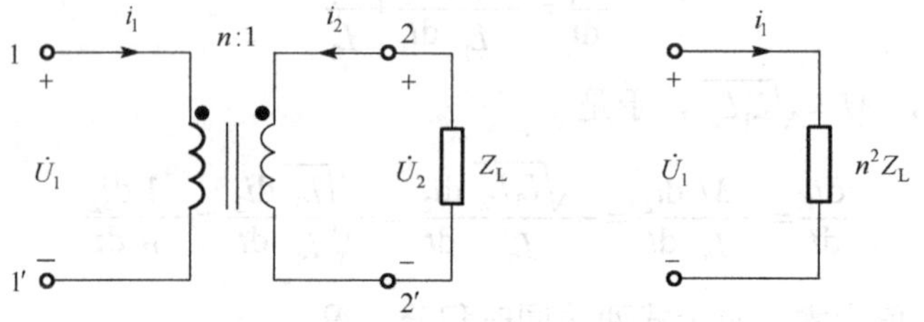

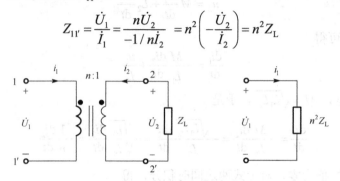

图 7-23　理想变压器的阻抗变换

可见，与空心变压器不同，理想变压器不改变元件的性质，只是改变元件的参数值。

**例 7-10**　如图 7-24(a)所示电路，理想变压器变比为 1:10，$R_1=1\Omega$，$R_2=50\Omega$，$\dot{U}_S=10\underline{/0^\circ}$ V。求电压 $\dot{U}_2$。

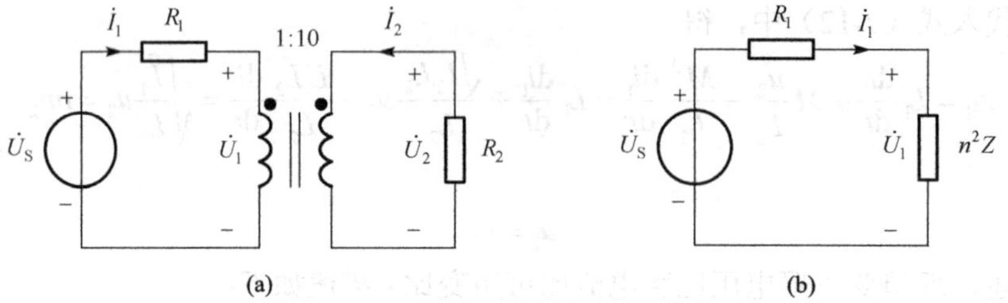


图 7-24　例 7-10 图

**解**　考查理想变压器电压和电流关系

解法一：设原边端口电压为 $\dot{U}_1$，列方程如下

$$\begin{cases}R_1\dot{I}_1+\dot{U}_1=10\underline{/0^\circ}\\ R_2\dot{I}_2+\dot{U}_2=0\\ \dot{U}_1=\dfrac{1}{10}\dot{U}_2\\ \dot{I}_1=-10\dot{I}_2\end{cases}$$

解得

$$\dot{U}_2=33.3\underline{/0^\circ}\text{ V}$$

解法二：利用理想变压器阻抗变换关系，得到等效电路如图 7-24(b)所示，则

$$n^2R_L=\left(\frac{1}{10}\right)^2\times R_2=\frac{1}{2}\Omega\text{；}\quad \dot{U}_1=\frac{10\angle 0^\circ}{1+1/2}\times\frac{1}{2}=\frac{10}{3}\angle 0^\circ\ \text{V}$$

而

$$\dot{U}_2=\frac{1}{n}\dot{U}_1=10\dot{U}_1\ =33.3\angle 0^\circ\ \text{V}$$

# 习 题 7

## 7.1 互感和互感电压

7-1 如题 7-1 图所示线圈的绕行方向，判断线圈的同名端。

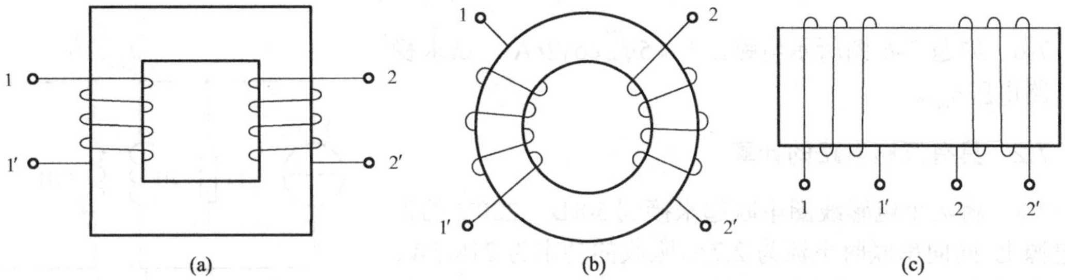


题 7-1 图

7-2 若有电流 $i_1=2+5\cos(10t+30^\circ)\text{A}$，$i_2=10e^{-5t}\text{A}$，从题 7-1(a)图所示线圈的 1 端和 2′端流入；设线圈 1 的电感 $L_1=6\text{H}$，线圈 2 的电感为 $L_2=3\text{H}$，互感为 $M=4\text{H}$。试求：（1）各线圈的磁通链；（2）端电压 $u_{11'}$ 和 $u_{22'}$；（3）耦合因数 $k$。

7-3 求题 7-3 图所示各电路中的 $u_1(t)$ 和 $u_2(t)$，已知 $L_1=1\text{H}$，$L_2=0.25\text{H}$，$M=0.25\text{H}$，$i_{S1}=\sin t\,\text{A}$，$u_{S2}=2\sin t\,\text{V}$，$i_{S3}=e^{-2t}\text{A}$，$i_{S4}=e^{-t}\text{A}$。

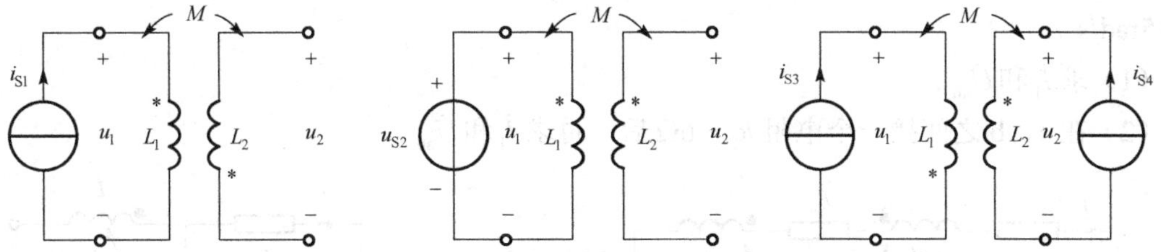


题 7-3 图

7-4 如题 7-4 图(a)所示电路，$i_S$ 的波形如题 7-4 图(b)所示，$R_1=10\Omega$，$L_1=5\text{H}$，$L_2=2\text{H}$，$M=1\text{H}$。求 $u(t)$ 和 $u_2(t)$。

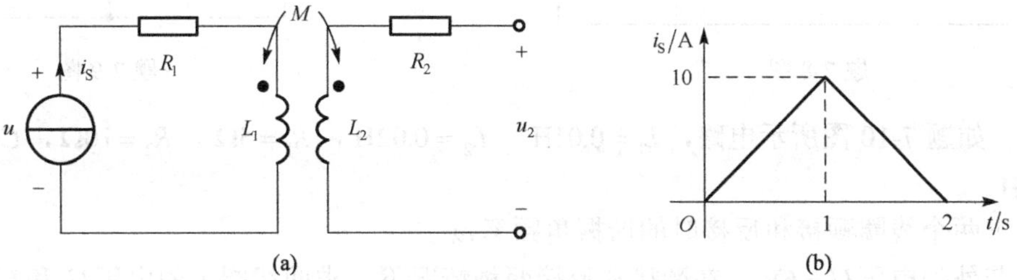


题 7-4 图

7-5 如题 7-5 图(a)所示耦合电感，$L_1=4\text{H}$，$L_2=2\text{H}$，$M=1\text{H}$，若电流 $i_1$ 和 $i_2$ 的波形如题 7-5 图(b)和(c)所示，试绘出 $u_1(t)$ 和 $u_2(t)$ 的波形。

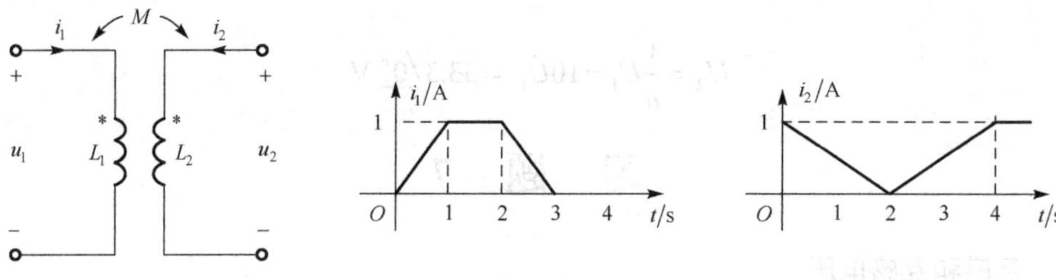


(a) (b) (c)

题 7-5 图

7-6 如题 7-6 图所示电路，$i_S=5\sqrt{2}\cos 2t\,\text{A}$，试求稳态开路电压 $u_{oc}$。

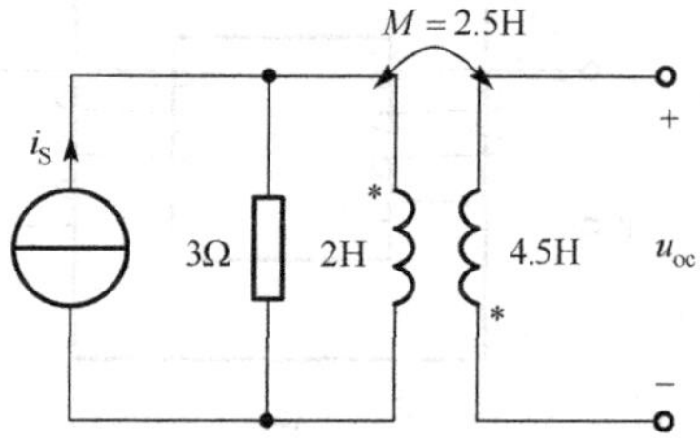


题 7-6 图

## 7.2 具有互感电路的计算

7-7 将两个电感线圈串联起来接到 50Hz、220V 的正弦电源上，同向串联时电流为 2.7A，吸收的功率为 218.7W；反向串联时电流为 7A。求互感 $M$。

7-8 如题 7-8 图所示电路，两个电感线圈参数为 $R_1=R_2=100\Omega$，$L_1=3\text{H}$，$L_2=10\text{H}$，$M=5\text{H}$，激励 $U_S=220\text{V}$，$\omega=100\text{rad/s}$。

（1）求两个线圈端电压，并做出电路的相量图；

（2）电路中需要串联多大的电容 $C$，才可使 $\dot{U}_S$ 与 $\dot{I}$ 同相？

（3）画出该电路的等效去耦电路。

7-9 如题 7-9 图所示电路，$\dot{U}_S=100\angle 0^\circ\,\text{V}$，$R_1=10\Omega$，$L_1=4\text{H}$，$L_2=5\text{H}$，$M=3\text{H}$，$\omega=5\text{rad/s}$。

（1）求 $\dot{I}_1$ 和 $\dot{U}_{ab}$；

（2）在 a、b 之间接一个电阻 $R_2=6\Omega$ 后，再求 $\dot{I}_1$ 和 $\dot{U}_{ab}$。

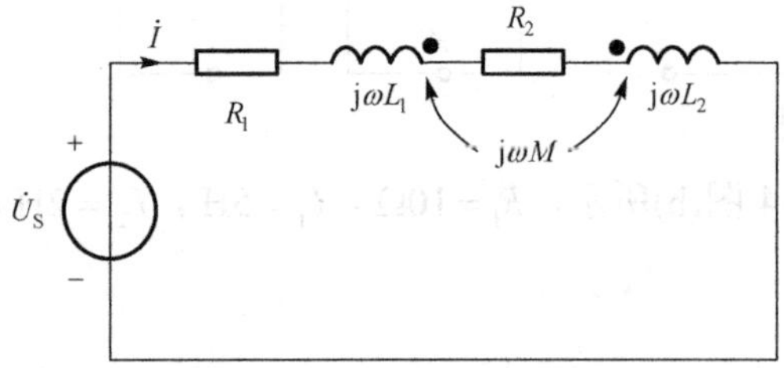


题 7-8 图

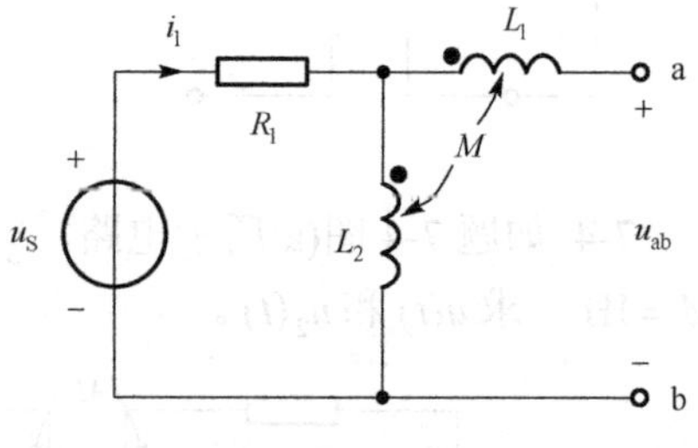


题 7-9 图

7-10 如题 7-10 图所示电路，$L_1=0.01\text{H}$，$L_2=0.02\text{H}$，$R_1=5\Omega$，$R_2=10\Omega$，$C=20\mu\text{F}$，$M=0.01\text{H}$。

（1）求两个线圈顺接和反接时的谐振角频率 $\omega_0$；

（2）若外加电压 $U=6\text{V}$，在顺接和反接两种情况下，求两线圈上的电压 $U_1$ 和 $U_2$。

7-11　如题 7-11 图所示电路，试推导左侧端口的输入阻抗为

$$R_1+\mathrm{j}\omega(L_1-M)+\frac{[R_2+\mathrm{j}\omega(L_2-M)](\mathrm{j}\omega M+R_0)}{R_2+R_0+\mathrm{j}\omega L_2}$$

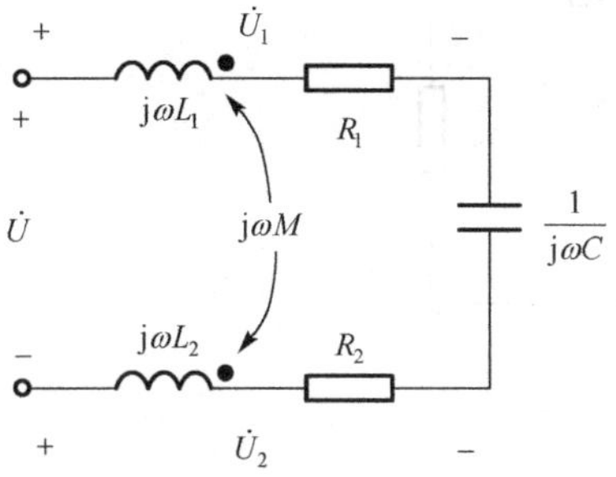


题 7-10 图

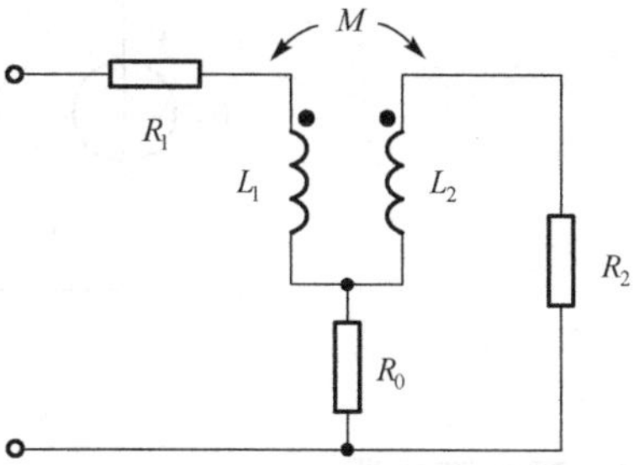


题 7-11 图

## 7.3　空心变压器

7-12　如题 7-12 图所示电路，$R_1=10\Omega$，$\omega L_1=10\Omega$，$\omega L_2=1000\Omega$，$\omega M=100\Omega$，$\dot{I}_S=0.1\underline{/0^\circ}$ A。求在 a、b 端开路和短路两种情况下，电流源两端电压和变压器副边的互感电压。

7-13　如题 7-13 图所示电路，已知电感均为 1H，$R_1=10\Omega$，$R_2=20\Omega$，$U_S=100$V，$\omega=100$rad/s。

（1）求 $R_1$、$R_2$ 吸收的功率；

（2）电压源发出的功率。

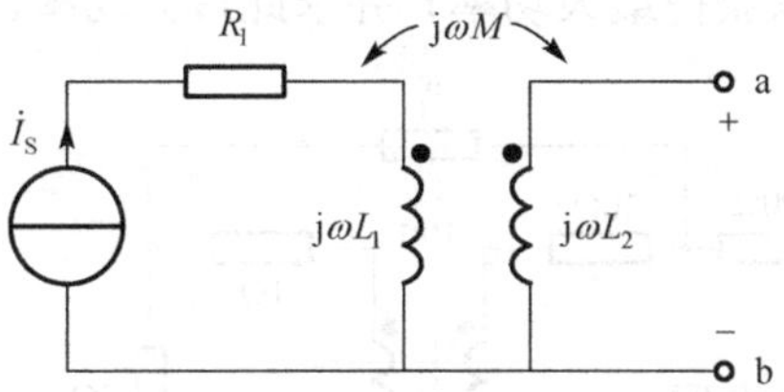


题 7-12 图

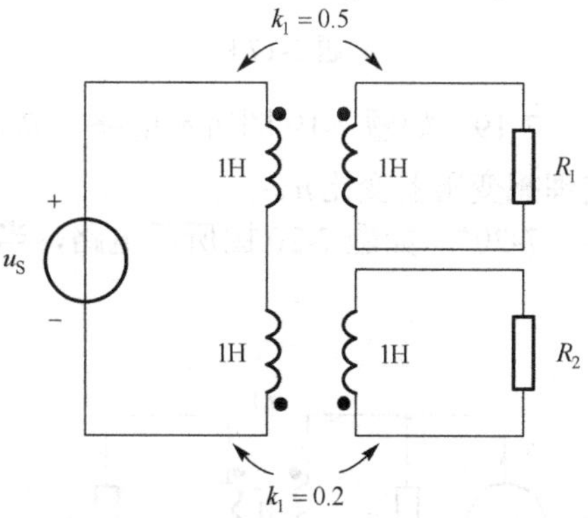


题 7-13 图

7-14　如题 7-14 图所示电路，$\dot{U}_S=8\underline{/0^\circ}$ V，$R=10\Omega$，$\omega L_1=2\Omega$，$\omega L_2=32\Omega$，耦合因数 $k=1$，$1/\omega C=32\Omega$。求电流 $\dot{I}_1$ 和 $\dot{U}_2$。（除了原副边等效，还可以用去耦法做）

7-15　如题 7-15 图所示电路，用去耦法求原边输入阻抗，并用原边或副边等效验证。

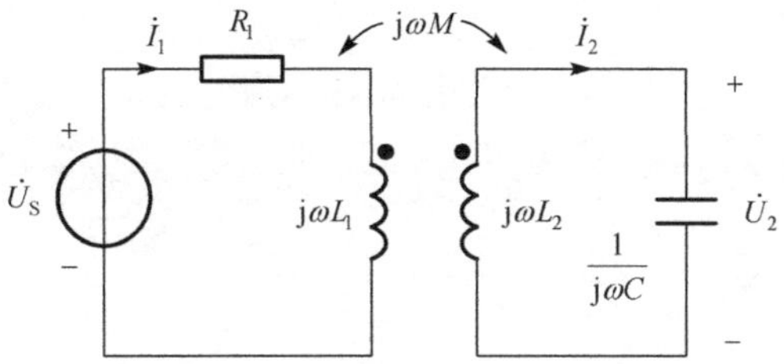


题 7-14 图

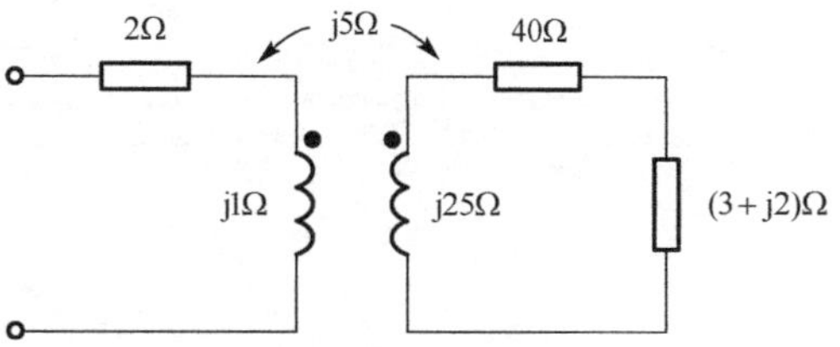


题 7-15 图

7-16　如题 7-16 图所示电路，$\dot{U}_S = 36\angle 0^\circ$ V，$Z_L = 4\Omega$，用戴维南定理求 $Z_L$ 吸收的功率。

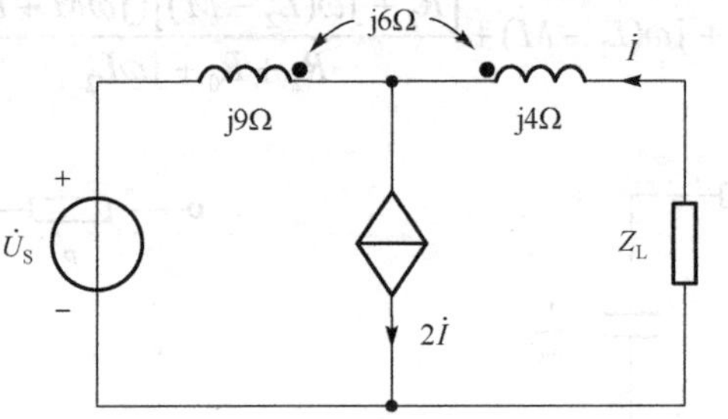


题 7-16 图

## 7.4　理想变压器

7-17　如题 7-17 图所示电路，$R_1 = 20\Omega$，$R_2 = 60\Omega$。求从 a-b 端口看进去的戴维南等效电路。

7-18　如题 7-18 图所示电路，$\dot{U}_S = 100\angle 0^\circ$ V，$R_1 = 300\Omega$，$R_2 = 8\Omega$。求电压 $U_2$。

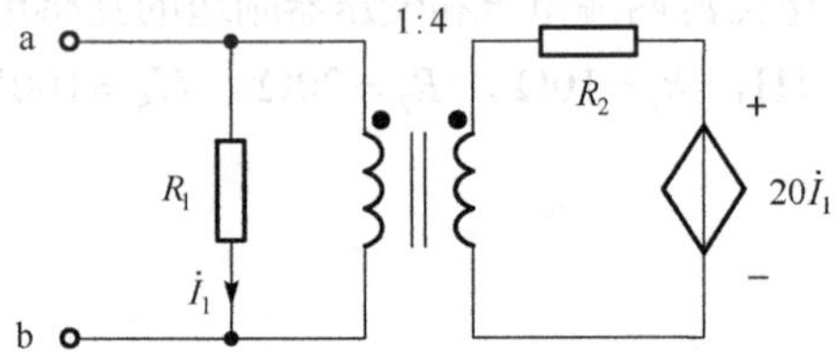


题 7-17 图

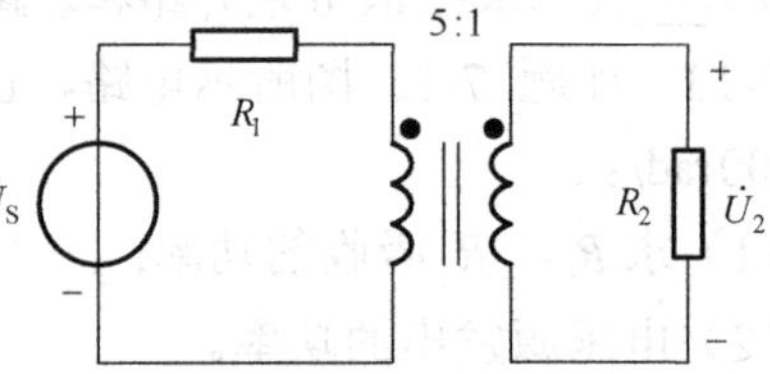


题 7-18 图

7-19　如题 7-19 图所示电路，$R_1 = 50\Omega$，若欲使 $R_L = 10\Omega$ 的电阻能获得最大功率，试确定理想变压器变比 $n$。

7-20*　如题 7-20 图所示电路，当 $R_L$ 为多大时，可以获得最大功率？并求此最大功率。

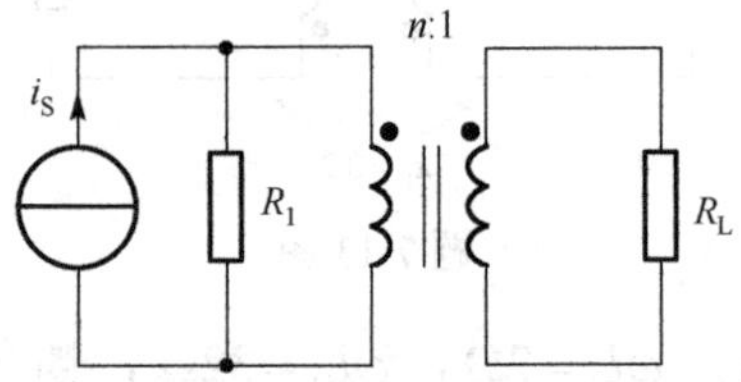


题 7-19 图

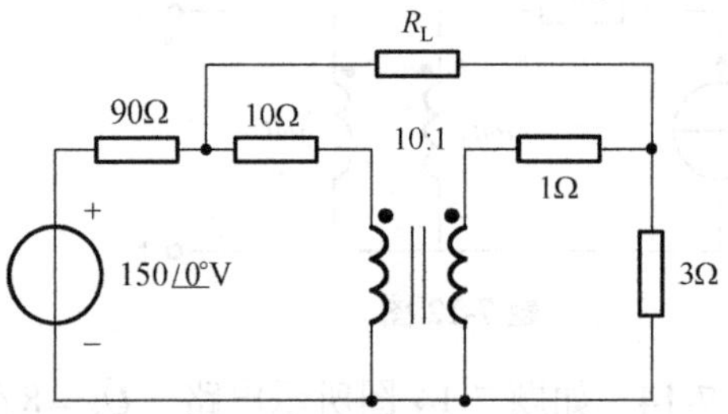


题 7-20 图

# 第 8 章　三 相 电 路

目前，国内外电力系统中电能的生产、传输和供电方式，以及交流电在动力方面的应用，几乎都采用三相制。我们最熟悉的 220V 交流电，实际上就是三相交流发电机发出来的三相交流电中的一相。我们知道，单相电路的瞬时功率是随时间变化的，但是从后面学习中我们将了解到，对称三相电路的总的瞬时功率是恒定的，因而三相电动机能产生恒定的转矩。由于三相电路在发电、输电等方面比用一个交流电源供电的单相电路具有更多优点，因此至今电力系统仍然广泛采用三相制供电系统。从专业特点看，本章内容侧重强电，对电气工程和机电等专业具有重要意义。

本章重点介绍三相电源的连接、对称三相电路的分析与计算、三相电路功率的计算以及不对称电路的分析方法。

## 8.1　三相电路的基本概念

三相电路实际上是一种特殊类型的复杂正弦交流电路。前面章节一直使用的相量法仍然是分析三相电路的基本方法。

### 8.1.1　三相电源的概念

三相电路中最基本的组成部分是三相交流发电机，如图 8-1(a)所示。定子内侧周围有三组相同的绕组，其端钮分别为 AA′、BB′、CC′，各占定子内侧的1/3空间。当转子以角速度 $\omega$ 逆时针旋转时，磁通依次穿过这三个绕组，进而感应出随时间按照正弦方式变化的电压。这三个电压的振幅、频率都是相同的。从图 8-1 不难看出，$u_{C'C}$ 滞后于 $u_{AA'}$ 60°，而 $u_{BB'}$ 滞后于 $u_{AA'}$ 120°。$u_{AA'}$、$u_{C'C}$ 和 $u_{BB'}$ 的波形如图 8-1(b)所示。若设 A、B、C 三端各为相对应绕组电压参考方向的正端，考虑到 $u_{C'C}=-u_{CC'}$，则 $u_{CC'}$ 滞后于 $u_{AA'}$ 的相角为 60°+ 180°= 240°；将 $u_{AA'}$、$u_{BB'}$ 和 $u_{CC'}$ 简写为 $u_A$、$u_B$ 和 $u_C$，并设 $u_A$ 初相为 0°，于是得到图 8-1(c)所示 $u_A$、$u_B$、$u_C$ 的波形图。因此，可以获得如下三组电压：

$$\begin{cases} u_{AA'}(t)=\sqrt{2}U\cos(\omega t) \\ u_{BB'}(t)=\sqrt{2}U\cos(\omega t-120^\circ) \\ u_{CC'}(t)=\sqrt{2}U\cos(\omega t-240^\circ)=\sqrt{2}U\cos(\omega t+120^\circ) \end{cases}$$

这三个具有相同振幅、相同频率，而相位依次相差 120°的电压称为**对称三相电压**（symmetrical three-phase voltages）。相应地，称 $u_A$ 为 A 相电压、$u_B$ 为 B 相电压、$u_C$ 为 C 相电压。对应于对称三相电压的相量电压为

$$\begin{cases} \dot{U}_A=U\angle 0^\circ \\ \dot{U}_B=U\angle -120^\circ=a^2\dot{U}_A \\ \dot{U}_C=U\angle 120^\circ=a\dot{U}_A \end{cases}$$

其中，$a=1\angle 120^\circ$ 是工程上为了方便而引入的相量算子。相量图如图 8-1(d)所示。

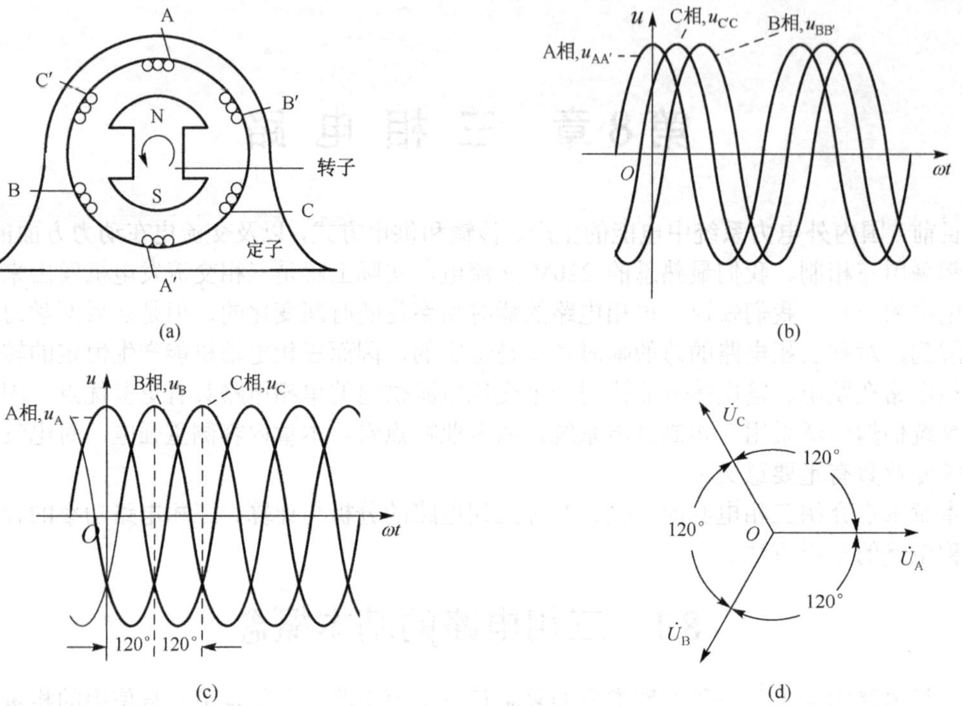


图 8-1　三相电

对称三相电压有一个重要特点：在任一时刻，对称三相电压之和恒为零，即

$$u_A + u_B + u_C = 0 \text{或} \dot{U}_A + \dot{U}_B + \dot{U}_C = 0 \tag{8-1}$$

上述三个电压分别达到最大值的先后次序称为**相序**（phase sequence）。当图 8-1(a)中转子沿逆时针方向旋转时，其相序为 A-B-C；而转子沿顺时针方向旋转时，其相序为 A-C-B。本书以 A-B-C 为默认相序，称之为**顺序或正序**，则相序 A-C-B 为反序或倒序。

## 8.1.2　三相电源的连接

对称三相电源的连接方式主要有两种：星形连接和三角形连接。

### 1. 三相电源的星（Y）形连接

三相电源的星形连接就是将三个电压源的负极性端连接在一起形成一个结点，该点称为**中性点**，用 N 表示；从中性点 N 引出一条导线 NN′ 称为**中线或零线**；从三个电压源的正极性端 A、B、C 向外引出三条导线，称为**端线**、相线或火线，如图 8-2(a)或(b)所示。上述星形连接方式的电源，称为星形电源。

在对称三相电源的星形连接中，每一个电源（对应一个定子绕组）的电压称为**相电压**（phase voltage），由图 8-2 可知：

$$\dot{U}_{AN} = \dot{U}_A,\ \dot{U}_{BN} = \dot{U}_B,\ \dot{U}_{CN} = \dot{U}_C$$

端线 A、B、C 之间的电压称为**线电压**，分别记为 $\dot{U}_{AB}$、$\dot{U}_{BC}$ 和 $\dot{U}_{CA}$。就线电压而言，通常采用的参考方向分别为 A→B、B→C 和 C→A。从上述定义，可以得出相电压和线电压的关系为

$$
\begin{cases}
\dot{U}_{AB}=\dot{U}_A-\dot{U}_B=\sqrt{3}\dot{U}_A\underline{/30^\circ} \\
\dot{U}_{BC}=\dot{U}_B-\dot{U}_C=\sqrt{3}\dot{U}_B\underline{/30^\circ} \\
\dot{U}_{CA}=\dot{U}_C-\dot{U}_A=\sqrt{3}\dot{U}_C\underline{/30^\circ}
\end{cases}
\tag{8-2}
$$

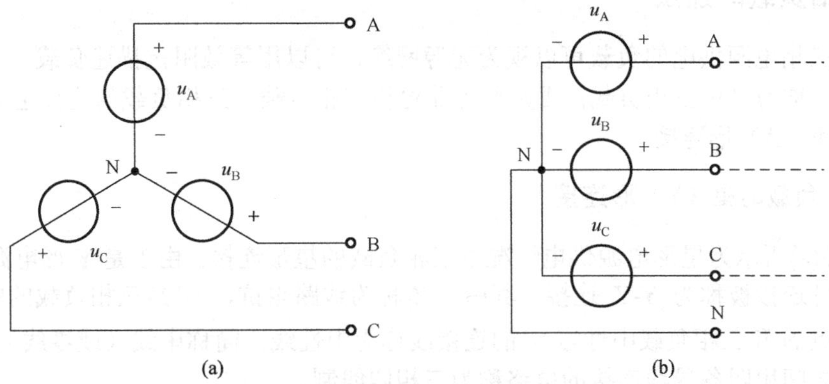


图 8-2　对称三相电源的星形连接

由式（8-1）中$\dot{U}_A+\dot{U}_B+\dot{U}_C=0$可知，$\dot{U}_{AB}+\dot{U}_{BC}+\dot{U}_{CA}=0$，所以式（8-2）中只有两个电压是独立的。式（8-2）表明，对称三相电源星形连接时，线电压的有效值是相电压有效值的$\sqrt{3}$倍，线电压超前响应的相电压 30°。如居民用电电压为 220V，就是使用对称三相电源中的一相电，则线电压有效值为$220V\times\sqrt{3}=380V$。

对称三相电源的相电压和线电压之间幅值与相位的关系，可以用图 8-3 所示相量图表示。

### 2. 三相电源的三角（Δ）形连接

三相电源的三角形连接就是将三个电压源依次连接成一个回路，再从端子 A、B、C 引出端线，如图 8-4 所示。这种连接方式的电源，称为三角形电源。从图 8-4 可以得出三角形电源的线电压和相电压的关系为：

$$
\begin{cases}
\dot{U}_{AB}=\dot{U}_A \\
\dot{U}_{BC}=\dot{U}_B \\
\dot{U}_{CA}=\dot{U}_C
\end{cases}
\tag{8-3}
$$

可见，三角形电源的线电压与相电压有效值相等，相位相同。

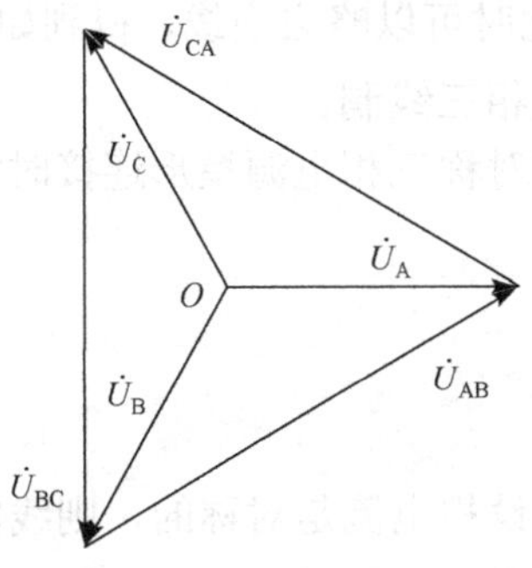


图 8-3　相电压与线电压的相量图

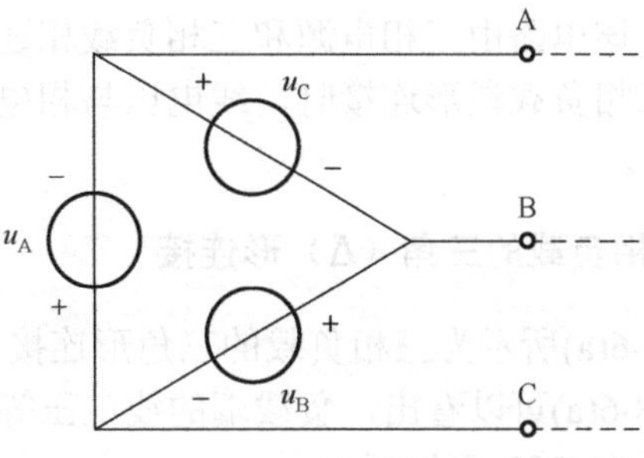


图 8-4　对称三相电源的三角形连接

应当注意的是，当对称三角形电源连接正确时，$\dot{U}_A+\dot{U}_B+\dot{U}_C=0$，所以电源内部不会产生环路电流。如果任何一个电源接反，三个相电压之和不再为零，Δ 形连接的闭合回路中将产生很大的短路电路，造成事故。因而，大容量的三相交流发电机大多采用星形连接。

### 8.1.3　三相负载的连接

由对称三相电源供电的负载可以视为无源网络，可以用等效阻抗描述负载。当三个阻抗相等的时候，称为对称三相负载；否则称为非对称三相负载。三相负载的连接也分为星（Y）形连接和三角（Δ）形连接。

#### 1．三相负载的星（Y）形连接

如图 8-5(a)所示为星形电源供电情况下三相负载的星形连接。由于是 Y 形电源接 Y 形负载，因此这种连接被称为 Y-Y 连接。其中，$Z_l$称为线路阻抗，N′是三相负载的中性点。星形电源中性点 N 和三相负载中性点 N′的连接线称为中性线，简称中线（或零线）。三相电源和三相负载之间用四条导线连接的电路称为**三相四线制**。

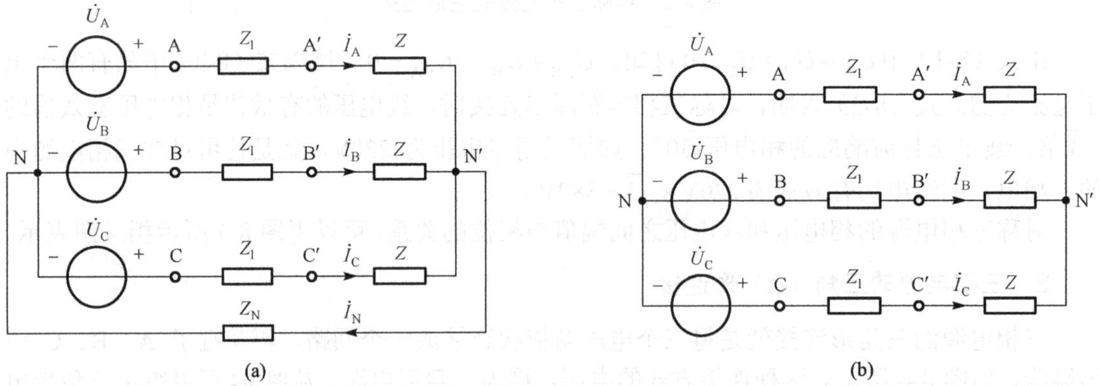


图 8-5　三相负载的星形连接

端线中的电流称为**线电流**，规定其参考方向从电源指向负载分别用$\dot{I}_A$、$\dot{I}_B$和$\dot{I}_C$表示，流过中线的电流称为中线电流，规定其参考方向从负载中性点 N′指向电源中性点 N。注意到三相负载的星形连接中，线电流等于相电流。中线电流由 KCL 可以表示为：

$$\dot{I}_N=\dot{I}_A+\dot{I}_B+\dot{I}_C \tag{8-4}$$

当三相电流$\dot{I}_A$、$\dot{I}_B$、$\dot{I}_C$对称时，中线电流$\dot{I}_N=0$，此时可以略去中线，得到如图 8-5(b)所示电路。该电路由三相电源和三相负载相连接，称为**三相三线制**。

对称三相负载星形连接时，线电压与相电压的关系与对称三相电源星形连接时相同，满足式（8-2）。

#### 2．三相负载的三角（Δ）形连接

如图 8-6(a)所示为三相负载的三角形连接。

从图 8-6(a)可以看出，负载端的线电压等于相电压。设相电流是对称的，则线电流和相电流的关系由 KCL 可以得出：

$$
\begin{cases}
\dot{I}_A = \dot{I}_{A'B'} - \dot{I}_{C'A'} = \sqrt{3}\dot{I}_{A'B'} \underline{/-30^\circ} \\
\dot{I}_B = \dot{I}_{B'C'} - \dot{I}_{A'B'} = \sqrt{3}\dot{I}_{B'C'} \underline{/-30^\circ} \\
\dot{I}_C = \dot{I}_{C'A'} - \dot{I}_{B'C'} = \sqrt{3}\dot{I}_{C'A'} \underline{/-30^\circ}
\end{cases} \tag{8-5}
$$

另外有 $\dot{I}_A + \dot{I}_B + \dot{I}_C = 0$，所以式（8-5）中只有 2 个方程是独立的，只要求出一个线电流，其他两个可以依次写出。式（8-5）表明，三相负载为三角形连接时，如果相电流对称，则线电流也是对称的，且线电流有效值是相电流有效值的 $\sqrt{3}$ 倍，线电流相位滞后于对应的相电流 30°。线电流和相电流的相量关系如图 8-6(b)所示。

最后需要说明两点。一是对称三相电路系统是由对称三相电源和对称三相负载以不同连接方式组成的。包括 Y-Y 形连接、Y-Δ 形连接、Δ-Y 形连接、Δ-Δ 形连接。二是所有关于电压、电流的对称性以及上述对称相值和对称线值之间关系的讨论，都是在指定的顺序和参考方向下得出的简单有序的表达形式。虽然理论上可以对顺序和参考方向任意设定，但是将会使表达形式杂乱无序。

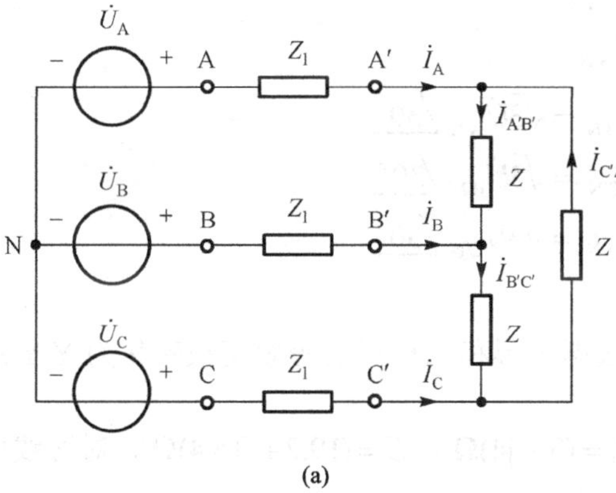


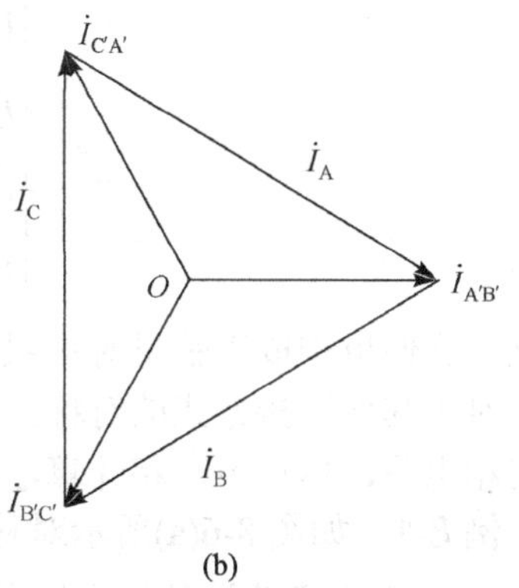


图 8-6　三相负载的三角形连接

# 8.2　对称三相电路的计算

对称三相电路是一种特殊的正弦交流电路，仍可以使用相量法对其进行分析和计算。就对称三相电路来说，由于对称的电源加在对称的负载上，无论电源和负载以何方式连接，其各处相电压、相电流、线电压和线电流都具有对称性。因此，利用对称性可以简化对称三相电路的分析和计算。

现以对称三相四线制 Y-Y 连接的电路为例进行说明。如图 8-5(a)所示，$Z_l$ 为线路阻抗，$Z_N$ 为中性线阻抗，$Z$ 为负载阻抗。以 N 为参考点，可以求出中性点 N′ 与 N 之间的电压。

$$
\left(\frac{1}{Z_N} + \frac{3}{Z + Z_l}\right)\dot{U}_{N'N} = \frac{1}{Z + Z_l}(\dot{U}_A + \dot{U}_B + \dot{U}_C)
$$

由于 $\dot{U}_A + \dot{U}_B + \dot{U}_C = 0$，则可得 $\dot{U}_{N'N} = 0$。所以各相电源的负载中的电流等于线电流，即

$$\begin{cases}\dot{I}_A=\dfrac{\dot{U}_A-\dot{U}_{N'N}}{Z+Z_1}=\dfrac{\dot{U}_A}{Z+Z_1}\\ \dot{I}_B=\dfrac{\dot{U}_B-\dot{U}_{N'N}}{Z+Z_1}=\dfrac{\dot{U}_B}{Z+Z_1}=a^2\dot{I}_A\\ \dot{I}_C=\dfrac{\dot{U}_C-\dot{U}_{N'N}}{Z+Z_1}=\dfrac{\dot{U}_C}{Z+Z_1}=a\dot{I}_A\end{cases}$$

可以看出，由于$\dot{U}_{N'N}=0$，使得各线（相）电流彼此独立，且构成对称组。因此，对称的 Y-Y 电路可以分列为三个独立的单相电路，先计算三相中的任一相，其他两相的电压和电流就可以直接按照对称顺序得出。图 8-7 所示为一相（A 相）计算电路。需要注意的是，由于$\dot{U}_{N'N}=0$，中线电流$\dot{I}_N=\dot{I}_A+\dot{I}_B+\dot{I}_C=0$。

负载端相电压和线电压分别为

$$\begin{cases}\dot{U}_{A'N'}=Z\dot{I}_A\\ \dot{U}_{B'N'}=Z\dot{I}_B=a^2\dot{U}_{A'N'}\\ \dot{U}_{C'N'}=Z\dot{I}_C=a\dot{U}_{A'N'}\end{cases}$$

$$\begin{cases}\dot{U}_{A'B'}=\dot{U}_{A'N'}-\dot{U}_{B'N'}=\sqrt{3}\dot{U}_{A'N'}\angle 30^\circ\\ \dot{U}_{B'C'}=\dot{U}_{B'N'}-\dot{U}_{C'N'}=\sqrt{3}\dot{U}_{B'N'}\angle 30^\circ\\ \dot{U}_{C'A'}=\dot{U}_{C'N'}-\dot{U}_{A'N'}=\sqrt{3}\dot{U}_{C'N'}\angle 30^\circ\end{cases}$$

可见，它们也构成正弦量对称组。

对于其他连接方式的对称三相电路，可以根据星形和三角形的等效变换转化为 Y-Y 连接的三相电路，然后用一相计算法求解。

**例 8-1** 如图 8-6(a)所示对称三相电路，$Z_1=(3+\mathrm{j}4)\Omega$，$Z=(19.2+\mathrm{j}14.4)\Omega$，对称线电压$U=380\mathrm{V}$。求负载端的线电压和线电流。

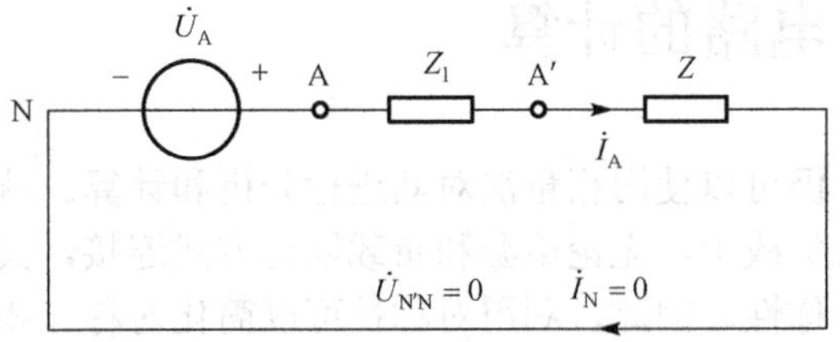


图 8-7 一相计算电路

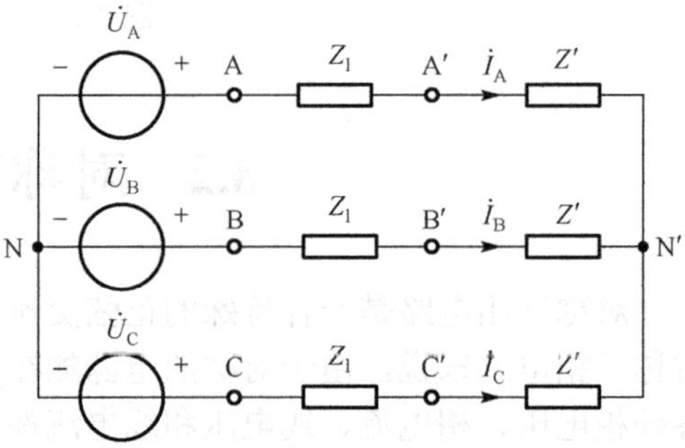


图 8-8 例 8-1 图

**解** 利用阻抗的 Y-Δ 变换，将电路转化为对称 Y-Y 连接电路，如图 8-8 所示。其中，

$$Z'=\frac{Z}{3}=\frac{19.2+\mathrm{j}14.4}{3}=(6.4+\mathrm{j}4.8)\Omega$$

令$\dot{U}_A=220\angle 0^\circ\ \mathrm{V}$，根据一相计算电路可得线电流

$$\dot{I}_A=\frac{\dot{U}_A}{Z+Z_1}=17.1\angle -43.2^\circ\ \mathrm{A}$$

则线电流

$$\dot{I}_B = a^2\dot{I}_A = 17.1\angle{-163.2^\circ}\ \text{A},\ \dot{I}_C = a\dot{I}_A = 17.1\angle{76.8^\circ}\ \text{A}$$

再利用线电压与相电压之间的关系，可以得出负载端的线电压

$$\dot{U}_{A'N'} = Z'\dot{I}_A = 136.8\angle{-6.3^\circ}\ \text{V}$$

根据式（8-2）可得

$$\dot{U}_{A'B'} = \sqrt{3}\dot{U}_{A'N'}\angle{30^\circ} = 236.9\angle{23.7^\circ}\ \text{V}$$

根据对称性可得

$$\dot{U}_{B'C'} = a^2\dot{U}_{A'B'} = 236.9\angle{-96.3^\circ}\ \text{V},\ \dot{U}_{C'A'} = a\dot{U}_{A'B'} = 236.9\angle{143.7^\circ}\ \text{V}$$

根据负载端的线电压可以求得负载的相电流

$$\dot{I}_{A'B'} = \frac{\dot{U}_{A'B'}}{Z} = 9.9\angle{-13.2^\circ}\ \text{A},\ \dot{I}_{B'C'} = a^2\dot{I}_{A'B'} = 9.9\angle{-133.2^\circ}\ \text{A},\ \dot{I}_{C'A'} = a\dot{I}_{A'B'} = 9.9\angle{106.8^\circ}\ \text{A}$$

**例 8-2** 如图 8-9 所示对称三相电路，电源线电压为 380V，星形连接负载阻抗 $Z_Y = 22\angle{-30^\circ}\ \Omega$，三角形连接的负载阻抗 $Z_\Delta = 38\angle{60^\circ}\ \Omega$。求：（1）三角形连接的各相电压 $\dot{U}_A$、$\dot{U}_B$、$\dot{U}_C$；（2）三角形连接的负载相电流 $\dot{I}_{AB}$、$\dot{I}_{BC}$、$\dot{I}_{CA}$；（3）传输线电流 $\dot{I}_A$、$\dot{I}_B$、$\dot{I}_C$。

**解** 根据题意，设 $\dot{U}_{AB} = 380\angle{0^\circ}\ \text{V}$。

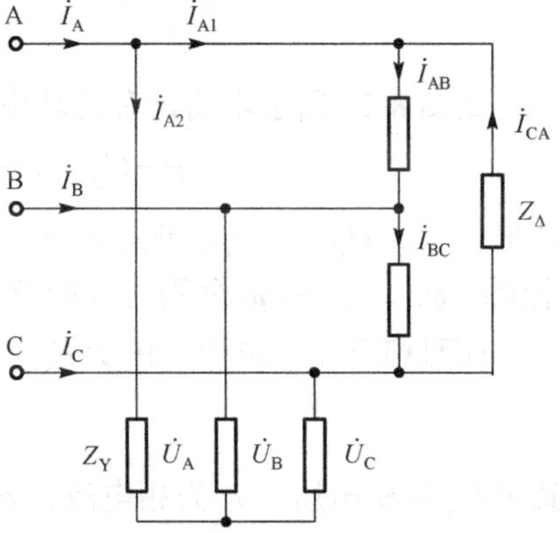

图 8-9 例 8-2 图

（1）由线电压和相电压的关系，可得出三角形连接的负载各相电压为：

$$\dot{U}_A = \frac{380\angle{0^\circ - 30^\circ}}{\sqrt{3}} = 220\angle{-30^\circ}\ \text{V},$$

$$\dot{U}_B = 220\angle{-150^\circ}\ \text{V},\ \dot{U}_C = 220\angle{90^\circ}\ \text{V}$$

（2）三角形连接的负载相电流为：

$$\dot{I}_{AB} = \frac{\dot{U}_{AB}}{Z_\Delta} = \frac{380\angle{0^\circ}}{38\angle{60^\circ}} = 10\angle{-60^\circ}\ \text{A}$$

由对称性可得

$$\dot{I}_{BC} = 10\angle{-180^\circ}\ \text{A},\ \dot{I}_{CA} = 10\angle{60^\circ}\ \text{A}$$

（3）传输线 A 线上的电流为星形负载的线电流 $\dot{I}_{A1}$ 与三角形负载线电流 $\dot{I}_{A2}$ 之和。其中

$$\dot{I}_{A2} = \frac{\dot{U}_A}{Z_Y} = \frac{220\angle{-30^\circ}}{22\angle{-30^\circ}} = 10\angle{0^\circ}\ \text{A}$$

$\dot{I}_{A1}$ 是相电流 $\dot{I}_{AB}$ 的 $\sqrt{3}$ 倍，相位滞后 $\dot{I}_{AB}$ 相位 30°，即：

$$\dot{I}_{A1} = \sqrt{3}\dot{I}_{AB}\angle{-30^\circ} = \sqrt{3}\times 10\angle{-60^\circ - 30^\circ}\ \text{A} = 10\sqrt{3}\angle{-90^\circ}\ \text{A}$$

$$\dot{I}_A = \dot{I}_{A1} + \dot{I}_{A2} = 10\angle{0^\circ} + 10\sqrt{3}\angle{-90^\circ} = 10 - \text{j}10\sqrt{3} = 20\angle{-60^\circ}\ \text{A}$$

由对称性可得

$$\dot{I}_B = 20\angle{-180^\circ}\ \text{A},\ \dot{I}_C = 20\angle{60^\circ}\ \text{A}$$

# 8.3 三相电路的功率

## 8.3.1 复功率

在三相电路中，三相负载吸收的复功率等于各相功率之和，即

$$\overline{S}=\overline{S}_{\mathrm{A}}+\overline{S}_{\mathrm{B}}+\overline{S}_{\mathrm{C}}$$

式中，$\overline{S}_{\mathrm{A}}=P_{\mathrm{A}}+\mathrm{j}Q_{\mathrm{A}}$，$\overline{S}_{\mathrm{B}}=P_{\mathrm{B}}+\mathrm{j}Q_{\mathrm{B}}$，$\overline{S}_{\mathrm{C}}=P_{\mathrm{C}}+\mathrm{j}Q_{\mathrm{C}}$。如图 8-10 所示电路，有

$$\overline{S}=\dot{U}_{\mathrm{AN'}}\dot{I}_{\mathrm{A}}^{*}+\dot{U}_{\mathrm{BN'}}\dot{I}_{\mathrm{B}}^{*}+\dot{U}_{\mathrm{CN'}}\dot{I}_{\mathrm{C}}^{*}$$

在对称三相电路中，显然有 $\overline{S}_{\mathrm{A}}=\overline{S}_{\mathrm{B}}=\overline{S}_{\mathrm{C}}$，因此 $\overline{S}=3\overline{S}_{\mathrm{A}}$。

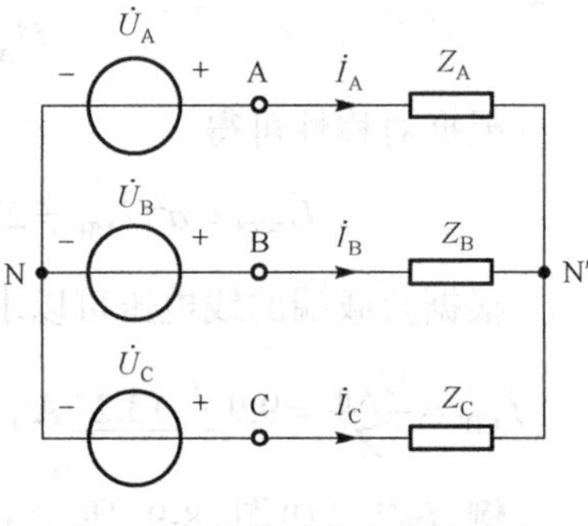

图 8-10　所示三相电路的功率

## 8.3.2 有功功率

三相负载吸收的总的有功功率等于各相有功功率之和，即

$$P=P_{\mathrm{A}}+P_{\mathrm{B}}+P_{\mathrm{C}}$$

如图 8-10 所示电路，有功功率 $P$ 可以写成

$$P=U_{\mathrm{AN'}}I_{\mathrm{A}}\cos\varphi_{\mathrm{A}}+U_{\mathrm{BN'}}I_{\mathrm{B}}\cos\varphi_{\mathrm{B}}+U_{\mathrm{CN'}}I_{\mathrm{C}}\cos\varphi_{\mathrm{C}} \tag{8-6}$$

其中 $U_{\mathrm{AN'}}$、$U_{\mathrm{BN'}}$ 和 $U_{\mathrm{CN'}}$ 分别为 A、B 和 C 相负载的相电压；$I_{\mathrm{A}}$、$I_{\mathrm{B}}$ 和 $I_{\mathrm{C}}$ 分别为各负载的相电流；$\varphi_{\mathrm{A}}$、$\varphi_{\mathrm{B}}$ 和 $\varphi_{\mathrm{C}}$ 分别为各相负载的阻抗角。

在对称三相电路中，由于 $P_{\mathrm{A}}=P_{\mathrm{B}}=P_{\mathrm{C}}$，所以三相负载吸收的总功率是

$$P=3P_{\mathrm{A}}=3U_{\mathrm{p}}I_{\mathrm{p}}\cos\varphi_{\mathrm{p}}$$

其中 $U_{\mathrm{p}}$ 为相电压；$I_{\mathrm{p}}$ 为相电流；$\varphi_{\mathrm{p}}$ 为相电压与相电流的相位差，即每相负载的阻抗角。由于对称三相电路中，无论负载采用星形连接还是三角形连接，总有

$$3U_{\mathrm{p}}I_{\mathrm{p}}=\sqrt{3}U_{\mathrm{l}}I_{\mathrm{l}} \tag{8-7}$$

其中 $U_{\mathrm{l}}$ 为线电压；$I_{\mathrm{l}}$ 为线电流。因此

$$P=\sqrt{3}U_{\mathrm{l}}I_{\mathrm{l}}\cos\varphi_{\mathrm{p}}$$

## 8.3.3 无功功率

三相负载总的无功功率等于各相负载的无功功率之和，即

$$Q=Q_{\mathrm{A}}+Q_{\mathrm{B}}+Q_{\mathrm{C}}$$

如图 8-10 所示电路，无功功率 $Q$ 可以写成

$$Q=U_{\mathrm{AN'}}I_{\mathrm{A}}\sin\varphi_{\mathrm{A}}+U_{\mathrm{BN'}}I_{\mathrm{B}}\sin\varphi_{\mathrm{B}}+U_{\mathrm{CN'}}I_{\mathrm{C}}\sin\varphi_{\mathrm{C}}$$

在对称三相电路中，总的无功功率是

$$Q=3Q_{\mathrm{A}}=3U_{\mathrm{p}}I_{\mathrm{p}}\sin\varphi_{\mathrm{p}}$$

由式（8-7）可知

$$Q=\sqrt{3}U_{l}I_{l}\sin\varphi_{p}$$

### 8.3.4 视在功率

与正弦稳态电路中的视在功率类似，三相电路中总的视在功率为

$$S=\sqrt{P^{2}+Q^{2}}$$

在对称三相电路中

$$Q=3U_{p}I_{p}=\sqrt{3}U_{l}I_{l}$$

功率因数的定义为有功功率与视在功率之比，即

$$\lambda=\frac{P}{S}=\cos\varphi_{p}$$

### 8.3.5 瞬时功率

如图 8-10 所示电路，设

$$u_{AN}=\sqrt{2}U_{AN}\cos(\omega t),$$
$$i_{A}=\sqrt{2}I_{A}\cos(\omega t-\varphi)$$

则

$$\begin{aligned}p_{A}&=u_{AN}\times i_{A}=\sqrt{2}U_{AN}\cos(\omega t)\times\sqrt{2}I_{A}\cos(\omega t-\varphi)\\&=U_{AN}I_{A}\left[\cos\varphi+\cos(2\omega t-\varphi)\right]\\p_{B}&=u_{BN}\times i_{B}=\sqrt{2}U_{AN}\cos(\omega t-120^{\circ})\times\sqrt{2}I_{A}\cos(\omega t-\varphi-120^{\circ})\\&=U_{AN}I_{A}\left[\cos\varphi+\cos(2\omega t-\varphi-240^{\circ})\right]\\p_{C}&=u_{CN}\times i_{C}=\sqrt{2}U_{AN}\cos(\omega t+120^{\circ})\times\sqrt{2}I_{A}\cos(\omega t-\varphi+120^{\circ})\\&=U_{AN}I_{A}\left[\cos\varphi+\cos(2\omega t-\varphi+240^{\circ})\right]\end{aligned}$$

则三相电路的瞬时功率等于各相负载瞬时功率之和，即

$$p=p_{A}+p_{B}+p_{C}=3U_{AN}I_{A}\cos\varphi=3P_{A}\tag{8-8}$$

其中，$\varphi=\varphi_{p}$ 为功率因数角。式（8-8）表明，对称三相电路的瞬时功率是常数，其值等于平均功率。这是对称三相电路的一个优越性能，通常称为**瞬时功率平衡**。

### 8.3.6 三相电路功率的测量

以三相三线制电路为例来说明三相电路功率的测量。对三相三线制电路，不论对称与否，都可以使用两个功率表测量三相功率，称为二瓦计法。其测量方式如图 8-11 所示，按照参考方向，使电流从*端分别流入两个功率表的电流线圈，而电压线圈的非*端都接到非电流线圈所在的第三条端线（图 8-11 中的 C 端线）上。这种测量方法的功率表的接线只涉及端线，而与电源和负载的连接方式无关。

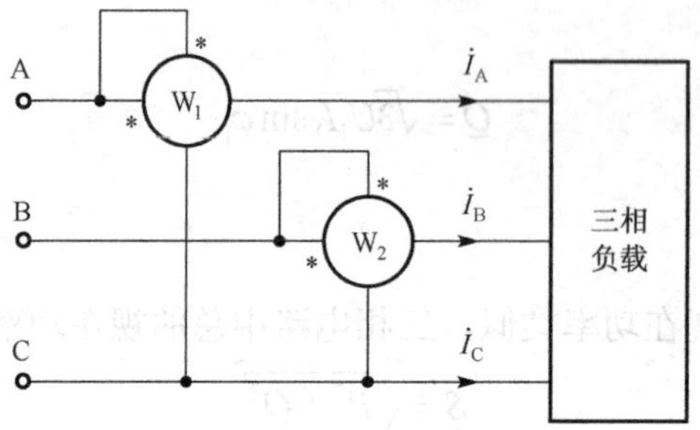


图 8-11 三相电路功率的测量

可以证明，两个功率表读数的代数和等于三相三线制电路中负载吸收的平均功率。设两个功率表的读数分别为 $P_1$ 和 $P_2$，则

$$P_1 = \mathrm{Re}\left[\dot{U}_{AC}\dot{I}_A^*\right],\quad P_2 = \mathrm{Re}\left[\dot{U}_{BC}\dot{I}_B^*\right]$$

因此

$$P_1 + P_2 = \mathrm{Re}\left[\dot{U}_{AC}\dot{I}_A^* + \dot{U}_{BC}\dot{I}_B^*\right] \tag{8-9}$$

由于 $\dot{U}_{AC} = \dot{U}_A - \dot{U}_C$，$\dot{U}_{BC} = \dot{U}_B - \dot{U}_C$，$\dot{I}_A^* + \dot{I}_B^* = -\dot{I}_C^*$，代入式（8-9）中，有

$$P_1 + P_2 = \mathrm{Re}\left[\dot{U}_A\dot{I}_A^* + \dot{U}_B\dot{I}_B^* + \dot{U}_C\dot{I}_C^*\right] = \mathrm{Re}\left[\bar{S}_A + \bar{S}_B + \bar{S}_C\right] = \mathrm{Re}\left[\bar{S}\right]$$

其中，$\mathrm{Re}\left[\bar{S}\right]$ 表示右侧三相负载吸收的有功功率。

在对称三相电路中，设 $\dot{U}_A = U_A\angle 0°$，$\dot{I}_A = I_A\angle -\varphi$，则

$$\begin{cases} P_1 = \mathrm{Re}\left[\dot{U}_{AC}\dot{I}_A^*\right] = U_{AC}I_A\cos(\varphi - 30°) \\ P_2 = \mathrm{Re}\left[\dot{U}_{BC}\dot{I}_B^*\right] = U_{BC}I_B\cos(\varphi + 30°) \end{cases}$$

其中，$\varphi$ 为负载的阻抗角。应该注意，当 $\varphi > 60°$ 时，两个功率表之一可能出现功率为负的情况，求两个功率表读数的代数和时，该读数应取负值。因此，一般来说，单独一个功率表的读数是没有意义的。

在三相四线制电路中，因为一般情况下不满足 $\dot{I}_A + \dot{I}_B + \dot{I}_C = 0$，所以用三瓦计法代替二瓦计法测量其三相功率。这里不再叙述。

**例 8-3** 如图 8-12 所示对称三相电路，已知一组星形连接的对称负载，接在线电压为 380V 的对称三相电源上，每相负载的复阻抗 $Z = (12 + \mathrm{j}16)\Omega$。（1）求各负载的相电压及相电流；（2）计算该三相电路的 $P$、$Q$ 和 $S$。

**解** （1）令线电压 $\dot{U}_{AB} = 380\angle 0°$ V，在对称三相三线制电路中，负载电压与电源电压相等，且三个相电压也对称，即：

$$\dot{U}_A = \frac{380\angle 0° - 30°}{\sqrt{3}} = 220\angle -30°\ \mathrm{V},\quad \dot{U}_B = 220\angle -150°\ \mathrm{V},\quad \dot{U}_C = 220\angle 90°\ \mathrm{V}$$

负载相电流也对称，即：

$$\dot{I}_A = \frac{\dot{U}_A}{Z} = \frac{220\angle -30°}{12 + \mathrm{j}16} = 11\angle -83°\ \mathrm{A},\quad \dot{I}_B = \frac{\dot{U}_B}{Z} = 11\angle -203°\ \mathrm{A} = 11\angle 157°\ \mathrm{A},\quad \dot{I}_C = \frac{\dot{U}_C}{Z} = 11\angle 37°\ \mathrm{A}$$

（2）根据有功功率、无功功率和视在功率的计算公式，可得：

$$P = 3U_{\mathrm{p}}I_{\mathrm{p}} \times \cos\varphi = 3\times220\times11\cos53^\circ = 4370\mathrm{W}$$

$$Q = 3U_{\mathrm{p}}I_{\mathrm{p}} \times \sin\varphi = 3\times220\times11\sin53^\circ = 5800\,\mathrm{var}$$

$$S = \sqrt{P^2+Q^2} = 7262\mathrm{VA}$$

**例 8-4** 如图 8-13 所示对称三相电路，已知对称三相负载吸收的功率为 3kW，功率因数 $\lambda = \cos\varphi = 0.866$（感性），线电压为 380V。求图中两个功率表的读数。

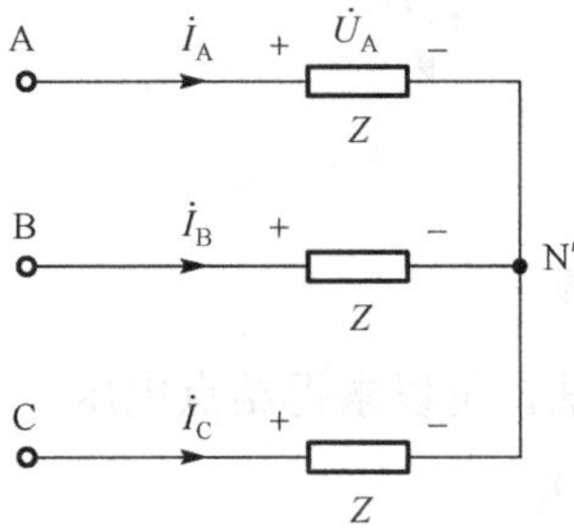


图 8-12 例 8-3 图

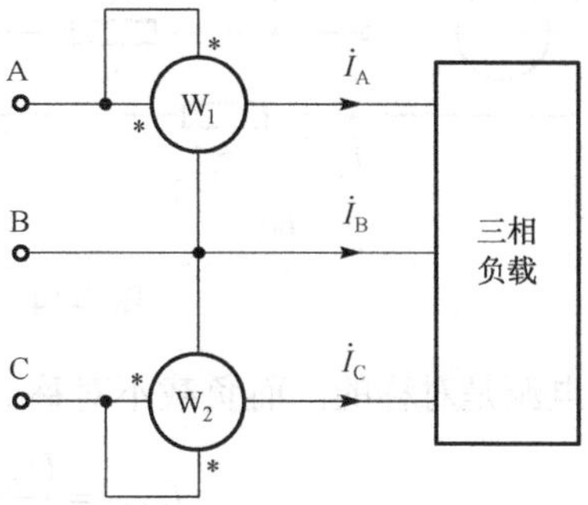


图 8-13 例 8-4 图

**解** 求功率表的读数，只要求出与它们相关联的相量电压、电流即可。

由于 $P = \sqrt{3}U_1I_1\cos\varphi$，则

$$I_1 = \frac{P}{\sqrt{3}U_1\cos\varphi} = 5.263\mathrm{A}$$

设 A 相电压 $\dot{U}_{\mathrm{A}} = 220\angle 0^\circ\ \mathrm{V}$，而 $\varphi = \arccos 0.866 = 30^\circ$，则

$$\dot{I}_{\mathrm{A}} = 5.263\angle -30^\circ\ \mathrm{A},\quad \dot{I}_{\mathrm{C}} = \dot{I}_{\mathrm{A}}\angle 120^\circ = 5.263\angle 90^\circ\ \mathrm{A}$$

$$\dot{U}_{\mathrm{AB}} = 380\angle 30^\circ\ \mathrm{V},\quad \dot{U}_{\mathrm{CB}} = -\dot{U}_{\mathrm{BC}} = -\dot{U}_{\mathrm{AB}}\angle -120^\circ = 380\angle 90^\circ\ \mathrm{A}$$

故两个功率表的读数分别为：

$$P_1 = \mathrm{Re}\left[\dot{U}_{\mathrm{AB}}\dot{I}_{\mathrm{A}}^*\right] = U_{\mathrm{AB}}I_{\mathrm{A}}\cos\varphi_1 = 380\times5.263\times\cos60^\circ = 999.97\mathrm{W}$$

$$P_2 = \mathrm{Re}\left[\dot{U}_{\mathrm{CB}}\dot{I}_{\mathrm{B}}^*\right] = U_{\mathrm{CB}}I_{\mathrm{B}}\cos\varphi_2 = 380\times5.263\times\cos0^\circ = 1999.94\mathrm{W}$$

因此

$$P_1 + P_2 = 3000\mathrm{W}$$

## 8.4 不对称三相电路的概念

在三相电路中，只要三相电源、三相负载和三条传输线上的复阻抗有任何一部分不对称，该电路就称为不对称三相电路。实际工作中的三相电路大多是不对称的。例如对称三相电路中的某一条端线断开，或者某一相负载发生短路或者开路，整个电路就失去了对称性。此外，有一些电气设备本来就是利用不对称三相电路工作的。因此，不对称三相电路的分析与计算具有重要意义。

下面以图 8-14(a)所示 Y-Y 连接电路为例讨论不对称三相电路的特点与分析方法。

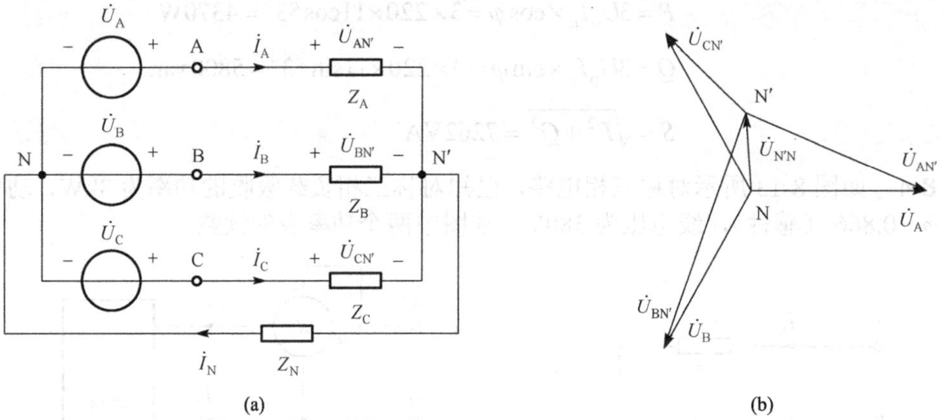


图 8-14　不对称三相电路

若三相电源是对称的，而负载不对称。用结点电压法，可以求得结点电压

$$\dot{U}_{NN'}=\frac{\dot{U}_A Y_A+\dot{U}_B Y_B+\dot{U}_C Y_C}{Y_A+Y_B+Y_C+Y_N}$$

由于负载不对称，则电压 $\dot{U}_{NN'}\neq 0$。

若三相电源不是对称的，也有 $\dot{U}_{NN'}\neq 0$。这种现象称为中性点位移。此时，负载各相电压为

$$\begin{cases}\dot{U}_{AN'}=\dot{U}_A-\dot{U}_{N'N}\\ \dot{U}_{BN'}=\dot{U}_B-\dot{U}_{N'N}\\ \dot{U}_{CN'}=\dot{U}_C-\dot{U}_{N'N}\end{cases}$$

根据三相电源的对称性可以画出该电路的电压相量图，图 8-14(b)所示。可以看出，在三相电源对称的情况下，中性点位移越大，负载相电压的不对称情况越严重，从而造成负载不能正常工作，甚至损坏电气设备。当负载发生变化时，由于各相的工作相互关联，因此彼此互有影响。为了使负载得到对称的电压，可以人为地使 $\dot{U}_{N'N}=0$，即用导线将 N 和 N′ 短路。这样就使得各相的工作相互独立，如果负载发生变化，彼此也互不影响。因而各相可以分别独立计算。需要说明，尽管负载相电压达到对称，但是由于负载不对称，各相电流并不对称，中性线电流

$$\dot{I}_N=\dot{I}_A+\dot{I}_B+\dot{I}_C\neq 0$$

因此负载不对称情况下中性线的存在是非常重要的，它能起到保证供电安全的作用。

将三相归结为一相的计算方法对于不对称三相电路不再适用，一般情况下，应用网络分析理论中复杂电路的解法对电路进行分析和计算。这里不再赘述。

**例 8-5**　如图 8-15 所示电路为相序指示器，由一个电容和两个相同的白炽灯（用 $R$ 表示）组成，可以用来确定三根端线的相序。若容抗与白炽灯电阻相同，即 $1/\omega C=R$，试说明在相电压对称的情况下，如何根据两个白炽灯的亮度确定三相电源的相序。

**解**　中性点电压

$$\dot{U}_{NN'} = \frac{j\omega C\dot{U}_A + G(\dot{U}_B + \dot{U}_C)}{j\omega C + 2G}$$

设 $\dot{U}_A = U\angle 0°$ V，且有 $U_A = U_B = U_C = U$ 和 $1/\omega C = R$，代入可得

$$\dot{U}_{NN'} = (-0.2 + j0.6)U = 0.63U\angle 108.4°$$

B 相白炽灯所承受的电压

$$\dot{U}_{BN'} = \dot{U}_{BN} - \dot{U}_{N'N} = 1.496U\angle -101.5°$$

所以，$U_{BN'} = 1.496U$。而

$$\dot{U}_{CN'} = \dot{U}_{CN} - \dot{U}_{N'N} = 0.401U\angle 138.4°$$

所以，$U_{CN'} = 0.401U$。

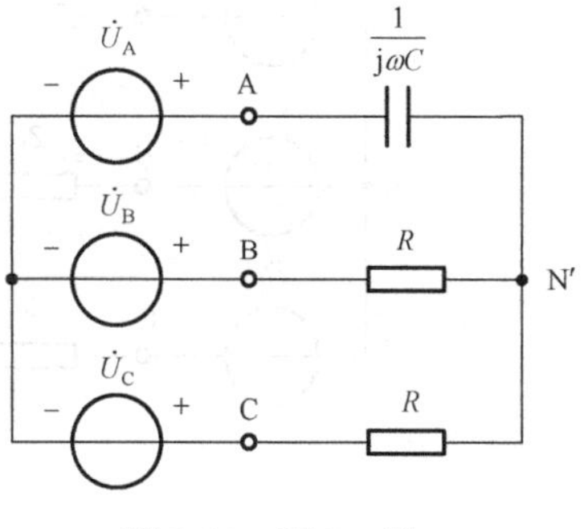

图 8-15　例 8-5 图

由以上结果可知，$U_{BN'} > U_{CN'}$，如果电容所在一相为 A 相，则白炽灯较亮的一相为 B 相，白炽灯较暗的一相为 C 相。

# 习　题　8

8-1　如题 8-1 图所示的对称三相电路中，$Z = (3 + j6)\Omega$，$Z_1 = 1\Omega$，负载相电流 $I_p = 45$A。求负载和电源相电压的有效值和线电流的有效值。

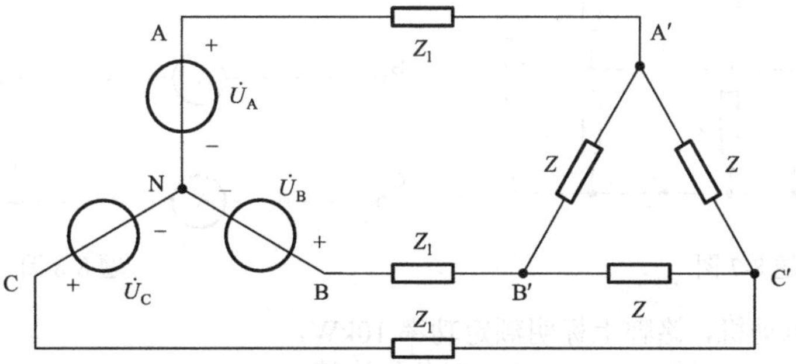

题 8-1 图

8-2　某 Y-Y 连接的对称三相电路中，已知每相负载阻抗为 $Z = (10 + j15)\Omega$，负载线电压的有效值为 380V，端线阻抗为零。求负载的线电流。

8-3　一组对称的三相负载 $Z = (5 + j8.66)\Omega$ 接于对称三相电路，已知线电压为 380 V。试求：（1）负载星形连接时，在该电源作用下，各相电流及中性线电流；（2）负载三角形连接时，在该电源作用下，各相电流与线电流。

8-4　如图 8-5(a)所示的三相四线制电路中，已知对称三相电源线电压 380 V，线路阻抗 $Z_1 = (20 + j20)\Omega$，负载阻抗 $Z = (30 + j30)\Omega$，中线阻抗为 $Z_N = (8 + j6)\Omega$。求线电流。

8-5　如图 8-6(a)所示的 Y-Δ 电路中，已知负载阻抗 $Z = (19.2 + j14.4)\Omega$，线路阻抗 $Z_1 = (3 + j4)\Omega$，电源相电压为 220V。求负载端的线电压和线电流。

8-6　如题 8-6 图所示的对称三相电路中，电源相电压为 220V，Y 形负载 $Z_L = (50 + j30)\Omega$，Δ 形负载 $Z_2 = (150 + j90)\Omega$，线路复阻抗 $Z_1 = (10 + j6)\Omega$。求线电流和各负载相电流。

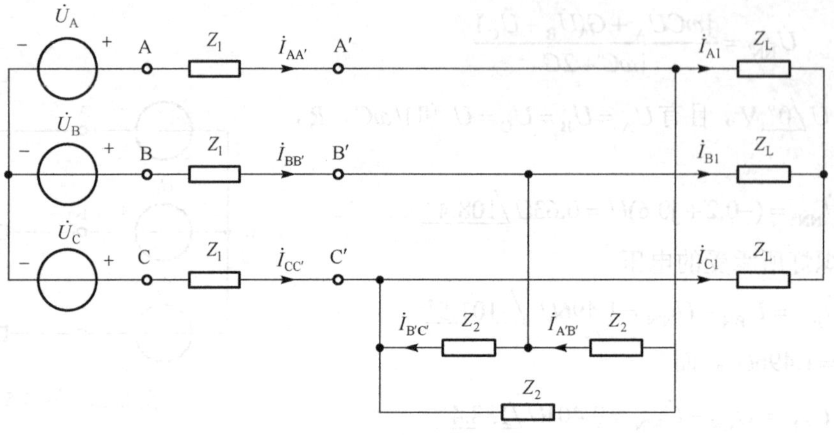


题 8-6 图

8-7　如题 8-7 图所示的三相电路中，三相电源对称，其相电压 $U_p = 220\text{V}$，阻抗 $Z_1 = 15\underline{/45^\circ}\ \Omega$，$Z_2 = 20\underline{/30^\circ}\ \Omega$，$Z_3 = 10\sqrt{3}\ \underline{/20^\circ}\ \Omega$。试求 $\dot{I}_1$、$\dot{I}_2$、$\dot{I}_3$、$\dot{I}_A$ 和 $\dot{I}_B$。

8-8　如题 8-8 图所示电路，S 闭合时，各电流表的读数均为 10A；若 S 打开，问各电流表的读数为多少？（设电源为民用三相电）。

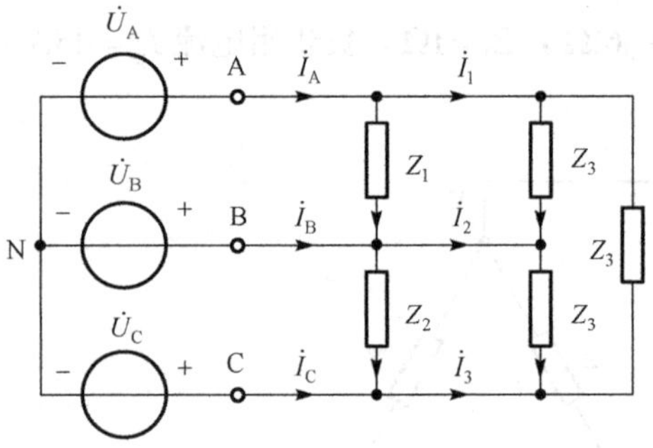


题 8-7 图

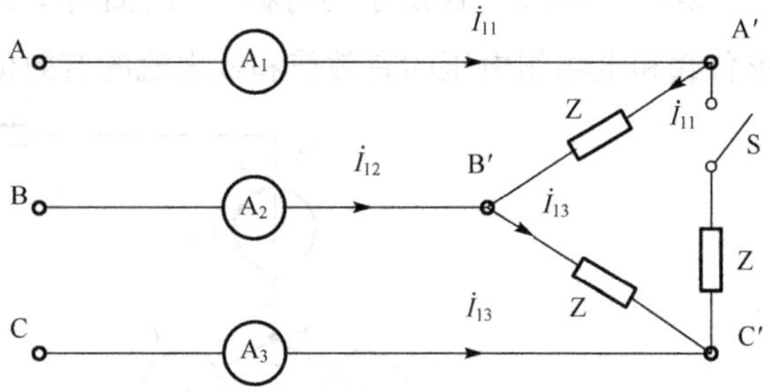


题 8-8 图

8-9　某三相电动机，铭牌上标明额定功率 10kW，额定电压 380V，功率因数 $\cos\varphi = 0.85$，三角形连接。（1）求相电流、线电流；（2）若接成星形，求线电流和功率。

8-10　Y 形连接对称负载每相阻抗为 $Z = (8 + \text{j}6)\Omega$，线电压为 220V。试计算各相电流和三相总功率。

8-11　如题 8-11 图所示电路，三相电源的相电压有效值为 220V，负载阻抗 $Z_A = (40 + \text{j}30)\Omega$，$Z_B = (30 + \text{j}30)\Omega$，$Z_C = (40 + \text{j}40)\Omega$。求电流 $\dot{I}_A$、$\dot{I}_B$、$\dot{I}_C$、$\dot{I}_N$ 和三相负载吸收的平均功率。

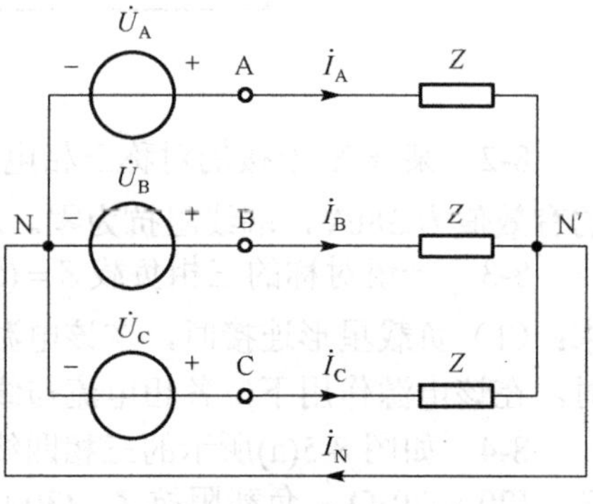


题 8-11 图

# 第 9 章　非正弦周期电流电路分析

在电力、电子与通信工程实践中，我们常常会遇到以非正弦形式周期变化的电压和电流激励信号。在高等数学中我们学过，利用傅里叶级数可以将非正弦周期函数分解为一系列不同频率的正弦分量。那么，原非正弦周期激励作用于电路，就等效为分解产生的一系列不同频率的正弦激励分别作用于该电路，再取这些正弦激励作用效果之和。这样，前面章节所讲正弦稳态电路、谐振电路和互感电路等的分析方法就可以推广到非正弦周期电流电路了。

本章主要介绍应用傅里叶级数和叠加定理分析非正弦周期电路的方法,称为谐波分析法;进而给出非正弦周期电流、电压有效值和平均功率的计算方法，并简要介绍非正弦周期信号频谱的概念。

## 9.1　非正弦周期电流和电压

前面章节先后研究了线性直流电路和正弦电流电路的性质和分析方法，工程中还存在非正弦周期电流电路，其中的电流和电压是时间的非正弦周期函数。

当一个电路中同时有直流电源和正弦电源作用时，在一般情况下，电路中的电流既不是直流，也不是正弦电流，而是非正弦周期电流。如果电路是线性的，便可根据叠加定理分别计算出由直流电源和正弦电源单独作用所引起的响应,然后再把这些响应的瞬时表达式相加,得到由直流和正弦量合成的非正弦周期电流或电压。当一个电路中有几个不同频率的正弦电源同时作用时，所产生的电流也是这种情形。

另外，在某些电路中，电源电压或电流本身就是非正弦周期函数。例如由方波或锯齿波电压源（如图 9-1 所示）作用而产生的响应一般也是非正弦周期函数，为了求出这种响应，可以根据傅里叶级数（Fourier Series）理论，将给定的非正弦周期电压或电流分解为傅里叶级数，其中包含恒定分量和一系列不同频率的正弦分量，这就相当于有直流电源和多个不同频率的正弦电源同时作用于电路中，这便和上述第一种情况一样，可根据线性电路的叠加定理计算电路的响应。

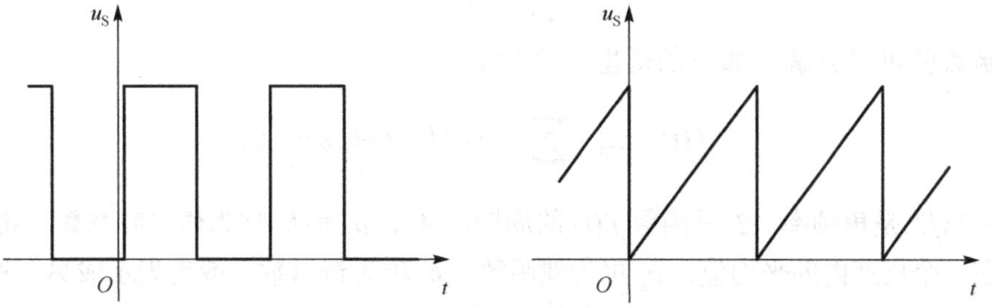


图 9-1　方波和锯齿波电压信号

再者，如果电路中包含非线性元件，即使激励是正弦量，其响应一般也是非正弦周期函数。例如图 9-2(a)所示是半波整流电路，其输入电压 $u_i$ 是正弦量，如图 9-2(b)所示；由于半导体二极管具有正向导通性，其输出电压 $u_o$ 则称为具有单一方向的非正弦周期电压，如图(c)所示。

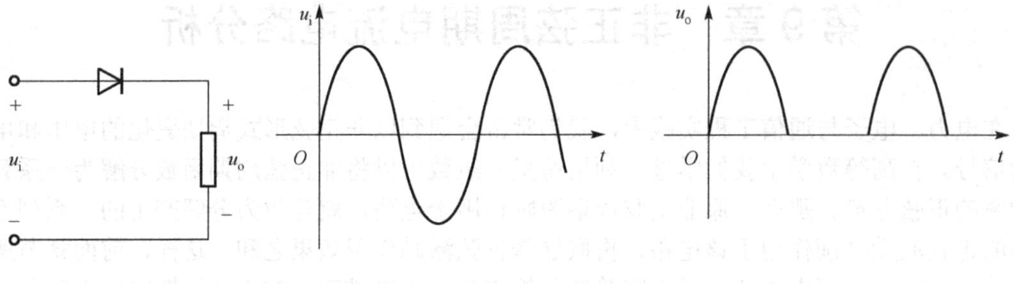


图 9-2　二极管半波整流电路及整流电压

最后还应该指出，前面几章所研究的直流电路和正弦交流电路指的都是电路模型，其中的直流电源和正弦交流电源都是理想的电路元件。而在工程实际中应用的某些直流电源和正弦交流电源，严格地讲，它们都是在一定准确度条件下近似的直流电源和正弦交流电源。例如晶体管直流稳压电源，通过整流电路把正弦电压整流为直流电压，尽管采取某些方法使其波形平直，但是仍然不可避免地存在一些周期性的起伏，即存在纹波（ripple）。又如电力系统中由发电机提供的正弦电压也难以达到理想的正弦波，也存在一定的畸变（distortion），严格地说应是非正弦周期电压。因此在研究实际电路问题时，尽管电源是所谓的直流或正弦的，如果必须考虑其纹波或畸变的影响，则应该建立非正弦周期电流电路模型，将其作为非正弦周期电流电路来分析。

## 9.2　周期函数分解为傅里叶级数和信号频率

### 9.2.1　周期函数的傅里叶分解

工程上遇到的周期函数 $f(t)=f(t+T)$，只要满足狄利克莱（Dirichlet）条件，即：（1）周期函数极值点的数目为有限个；（2）间断点的数目为有限个；（3）在一个周期内满足绝对可积，也就是

$$\int_0^T |f(t)|\,\mathrm{d}t<\infty$$

则该周期函数就可以分解为如下的傅里叶级数形式

$$f(t)=A_0+\sum_{k=1}^{\infty}[a_k\cos k\omega_1 t+b_k\sin k\omega_1 t] \tag{9-1}$$

其中，$\omega_1=2\pi/T$ 是角频率，$T$ 是函数 $f(t)$ 的周期；$A_0$、$a_k$ 和 $b_k$ 称为傅里叶系数，其中 $A_0$ 就是函数 $f(t)$ 在一个周期内的平均值；$a_k$ 项为偶函数，$b_k$ 项为奇函数。或者表示成另一种形式，即

$$\begin{aligned}f(t)&=A_0+\sum_{k=1}^{\infty}A_{km}\cos(k\omega_1 t+\varphi_k)\\&=A_0+A_{1m}\cos(\omega_1 t+\varphi_1)+A_{2m}\cos(2\omega_1 t+\varphi_2)+\cdots+A_{km}\cos(k\omega_1 t+\varphi_k)+\cdots\end{aligned} \tag{9-2}$$

不难得出式（9-1）和式（9-2）系数之间具有如下关系

$$\begin{cases} A_{km} = \sqrt{a_k^2 + b_k^2} \\ a_k = A_{km}\cos\varphi_k \\ b_k = -A_{km}\sin\varphi_k \\ \varphi_k = \arctan(-b_k/a_k) \end{cases}$$

傅里叶级数是一个无穷三角级数。式（9-2）的第一项 $A_0$ 称为周期函数 $f(t)$ 的恒定分量，或**直流分量**（DC component）；第二项（$k=1$）$A_{1m}\cos(\omega_1 t+\varphi_1)$ 的频率与原周期函数频率相同，称为一次谐波（first harmonic），或**基波**（fundamental wave），其中 $A_{1m}$ 和 $\varphi_1$ 分别为基波的振幅和初相；其他各项（$k>1$）$A_{km}\cos(k\omega_1 t+\varphi_k)$ 称为**高次谐波**（high order harmonic），即二次、三次、四次…谐波。这种将一个周期函数（信号）分解为一系列谐波之和的傅里叶级数称为谐波分析。

式（9-1）中傅里叶级数的系数按照下式求得

$$A_0 = \frac{1}{T}\int_0^T f(t)\mathrm{d}t \tag{9-3}$$

$$a_k = \frac{2}{T}\int_0^T f(t)\cos(k\omega_1 t)\mathrm{d}t = \frac{1}{\pi}\int_0^{2\pi} f(\omega_1 t)\cos(k\omega_1 t)\mathrm{d}(\omega_1 t) \tag{9-4}$$

$$b_k = \frac{2}{T}\int_0^T f(t)\sin(k\omega_1 t)\mathrm{d}t = \frac{1}{\pi}\int_0^{2\pi} f(\omega_1 t)\sin(k\omega_1 t)\mathrm{d}(\omega_1 t) \tag{9-5}$$

## 9.2.2 信号频谱

为了直观地表示一个周期函数分解为傅里叶级数后包含哪些频率分量的信号以及这些分量的幅度，可以用线段的高度表示各次谐波的振幅 $A_{km}$，画出 $A_{km}$ 随角频率 $\omega$ 变化的图形，称为 $f(t)$ 的**幅度频谱**（amplitude spectrum），它可以形象地表示出各次谐波频率及对应的振幅，如图 9-3 所示。由于各次谐波的角频率是基波角频率 $\omega_1$ 的正整数倍，故这种频谱是离散的，称为离散频谱（discrete spectrum）。各条谱线间距为 $\Delta\omega = \omega_1 = 2\pi/T$。可见，周期 $T$ 越大，谱线间距越小；周期 $T$ 越小，谱线间距越大。同理也可以画出各次谐波的初相 $\varphi_k$ 随着角频率 $\omega$ 变化的图形，称为**相位频谱**（phase spectrum）。由于幅度频谱用途多于相位谱，故无特殊说明时，一般所说的频谱均指幅度频谱。由于傅里叶级数是收敛的，一般来说，谐波次数越高，振幅越小。有时，由于周期信号的本身特性，其频谱并不是在所有基波正整数倍频率上都有振幅。工程上，往往从谐波的幅度和谱线疏密程度角度对频谱进行研究。

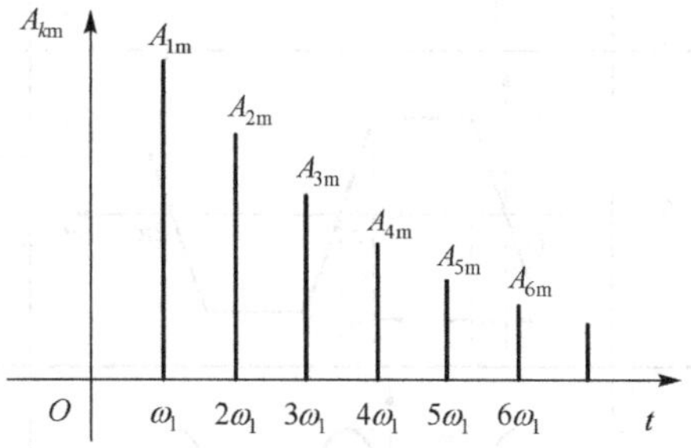

图 9-3 周期信号的幅度频谱

表 9-1 给出了几种常见的周期函数的傅里叶级数展开式，可供进行谐波分析时使用。

## 表 9-1　一些典型周期函数的傅里叶级数

| 序号 | $f(\omega t)$ 的波形图 | $f(\omega t)$ 的傅里叶级数<br>$A$（有效值） | <br>$A_{av}$（平均值） |
|---|---|---|---|
| 1 | 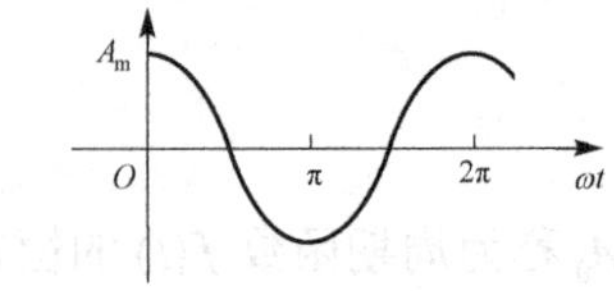 | $f(\omega t)=A_m\cos(\omega_1 t)$ | |
| | | $\frac{A_m}{\sqrt{2}}$ | $\frac{2A_m}{\pi}$ |
| 2 | 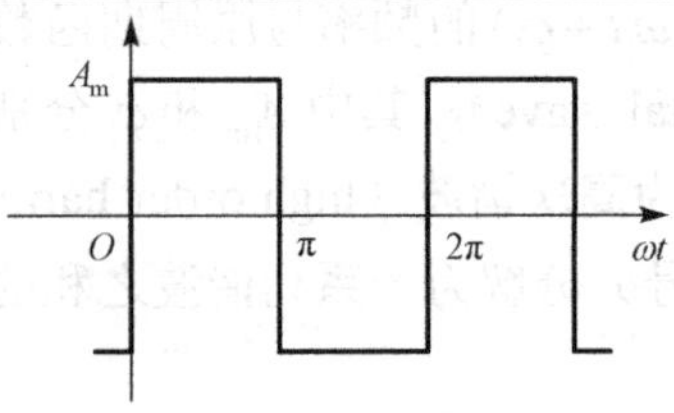 | $f(\omega t)=\frac{4A_m}{\pi}\sum_{k=1}^{\infty}\frac{1}{2k-1}\sin\left[(2k-1)\omega_1 t\right]$ | |
| | | $A_m$ | $A_m$ |
| 3 | 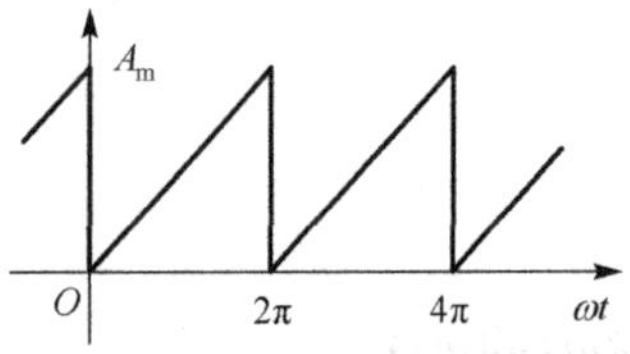 | $f(\omega t)=\frac{A_m}{2}-\frac{A_m}{\pi}\sum_{k=1}^{\infty}\frac{1}{k}\sin(k\omega_1 t)$ | |
| | | $\frac{A_m}{\sqrt{3}}$ | $\frac{A_m}{2}$ |
| 4 | 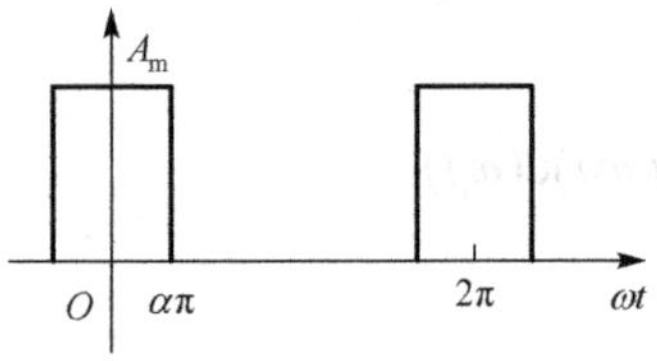 | $f(\omega t)=\alpha A_m+\frac{2A_m}{\pi}\sum_{k=1}^{\infty}\frac{1}{k}\sin(k\alpha\pi)\cos(k\omega_1 t)$ | |
| | | $\sqrt{\alpha}A_m$ | $\alpha A_m$ |
| 5 | 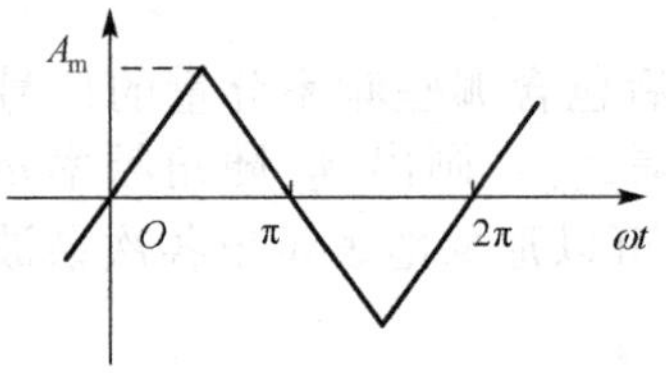 | $f(\omega t)=\frac{8A_m}{\pi^2}\sum_{k=1}^{\infty}\frac{(-1)^{k-1}}{(2k-1)^2}\sin\left[(2k-1)\omega_1 t\right]$ | |
| | | $\frac{A_m}{\sqrt{3}}$ | $\frac{A_m}{2}$ |
| 6 | 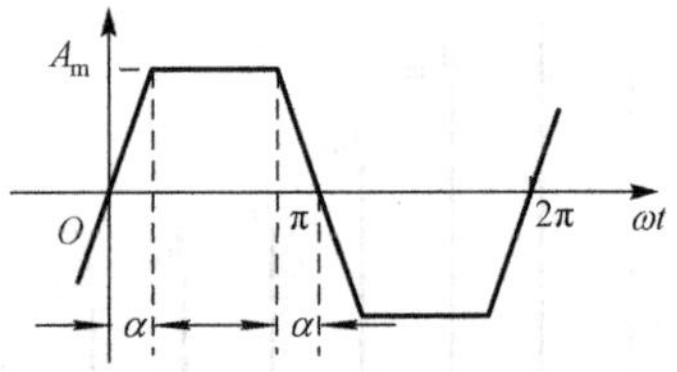 | $f(\omega t)=\frac{4A_m}{\alpha\pi}\sum_{k=1}^{\infty}\frac{1}{(2k-1)^2}\sin\left[(2k-1)\alpha\pi\right]\sin\left[(2k-1)\omega_1 t\right]$ | |
| | | $A_m\sqrt{1-\frac{4\alpha}{3\pi}}$ | $A_m\left(1\ \frac{\alpha}{\pi}\right)$ |
| 7 | 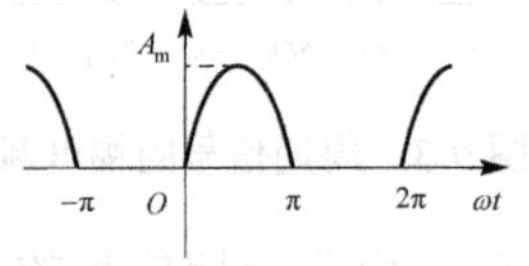 | $f(\omega t)=\frac{A_m}{\pi}+\frac{A_m}{2}\cos(\omega_1 t)+\frac{A_m}{\pi}\sum_{k=1}^{\infty}\frac{2}{4k^2-1}\cos(2k\omega_1 t)$ | |
| | | $\frac{A_m}{2}$ | $\frac{A_m}{\pi}$ |
| 8 | 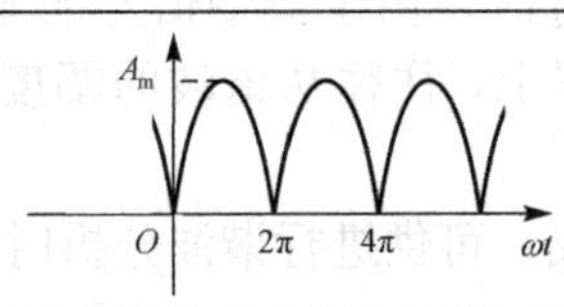 | $f(\omega t)=\frac{2A_m}{\pi}-\frac{4A_m}{\pi}\sum_{k=1}^{\infty}\frac{1}{4k^2-1}\cos(k\omega_1 t)$ | |
| | | $\frac{A_m}{\sqrt{2}}$ | $\frac{2A_m}{\pi}$ |

**例 9-1** 求图 9-4 所示周期性方波信号 $i_S(t)$ 的傅里叶展开式。

**解** 首先写出方波电流在一个周期内的表达式：

$$i_S(t)=\begin{cases} I_m, & 0<t\leqslant \dfrac{T}{2} \\ 0, & \dfrac{T}{2}<t\leqslant T \end{cases}$$

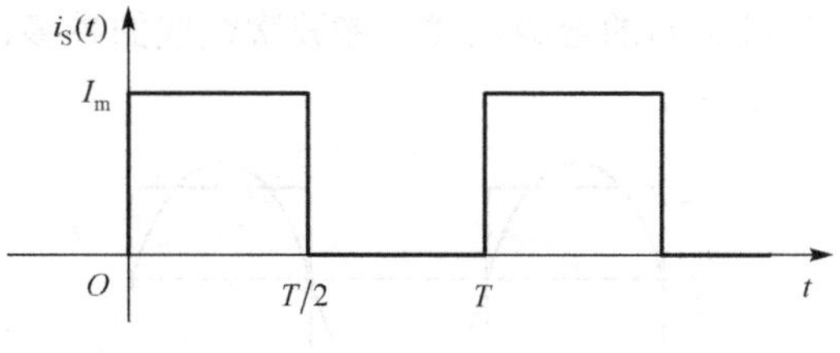


图 9-4 例 9-1 图——周期方波

根据式（9-3）～式（9-5）求 $A_0$、$a_k$ 和 $b_k$，有

$$A_0=I_0=\frac{1}{T}\int_0^T i_S(t)\mathrm{d}t=\frac{1}{T}\int_0^{T/2} I_m\mathrm{d}t=\frac{I_m}{2}$$

$$a_k=\frac{1}{\pi}\int_0^{2\pi} i_S(\omega_1 t)\cos(k\omega_1 t)\mathrm{d}(\omega_1 t)=\frac{I_m}{\pi}\cdot\frac{1}{k}\sin k\omega_1 t\Big|_0^{\pi}=0$$

$$b_k=\frac{1}{\pi}\int_0^{2\pi} i_S(\omega_1 t)\sin(k\omega_1 t)\mathrm{d}(\omega_1 t)=\frac{I_m}{\pi}\left(-\frac{1}{k}\cos k\omega_1 t\right)\Bigg|_0^{\pi}=\begin{cases}0, & k=2,4,6,\cdots \\ \dfrac{2I_m}{k\pi} & k=1,3,5,\cdots\end{cases}$$

$$A_k=\sqrt{b_k^2+a_k^2}=b_k=\frac{2I_m}{k\pi},\quad k=1,3,5,\cdots$$

$$\varphi_k=\arctan\left(\frac{-b_k}{a_k}\right)=-90^\circ$$

于是可以得到 $i_S(t)$ 的傅里叶展开式为

$$i_S=\frac{I_m}{2}+\frac{2I_m}{\pi}\left[\cos(\omega_1 t-90^\circ)+\frac{1}{3}\cos(3\omega_1 t-90^\circ)+\frac{1}{5}\cos(5\omega_1 t-90^\circ)+\cdots\right]$$
$$=\frac{I_m}{2}+\frac{2I_m}{\pi}\left(\sin\omega_1 t+\frac{1}{3}\sin 3\omega_1 t+\frac{1}{5}\sin 5\omega_1 t+\cdots\right)$$

方波电流信号的幅度频谱和相位频谱如图 9-5 所示。可以看出，谐波的振幅随着谐波次数的增加而反比地下降。

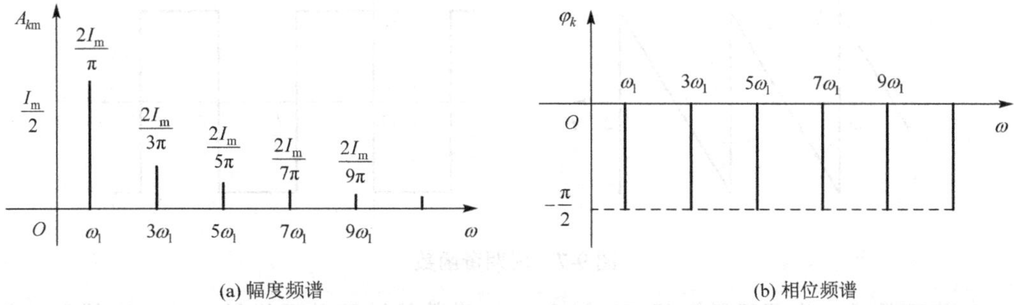


图 9-5 图周期性方波信号的频谱

图 9-6 通过图形清楚地表达了直流和各次谐波分量叠加对原信号的逼近。图(a)实线所示曲线是直流分量与基波 $2I_m/\pi\sin\omega t$ 叠加后的合成曲线。图(b)实线所示曲线是叠加到三次谐波

之后的合成曲线；可以看出，合成曲线已经具有方波轮廓。图(c)实线所示曲线是叠加到五次谐波之后的合成曲线。谐波次数取的越多，合成曲线就越接近于真实信号。

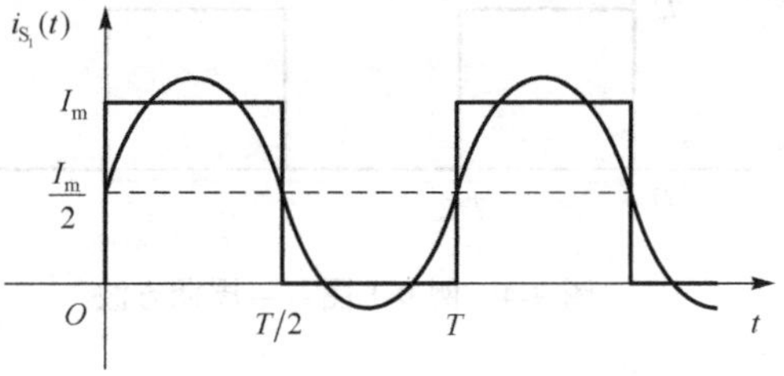


(a) 基波

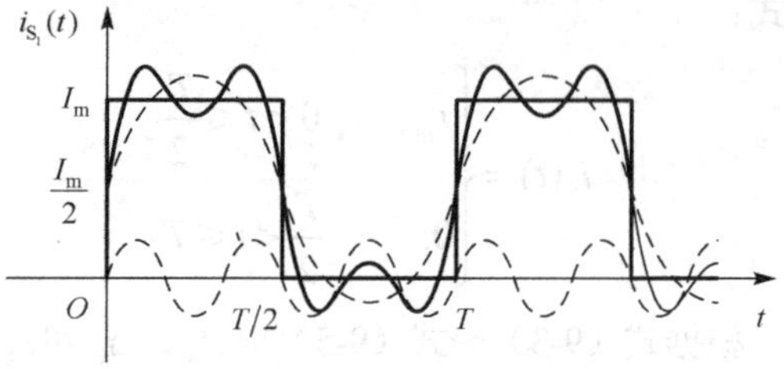


(b) 基波叠加三次谐波

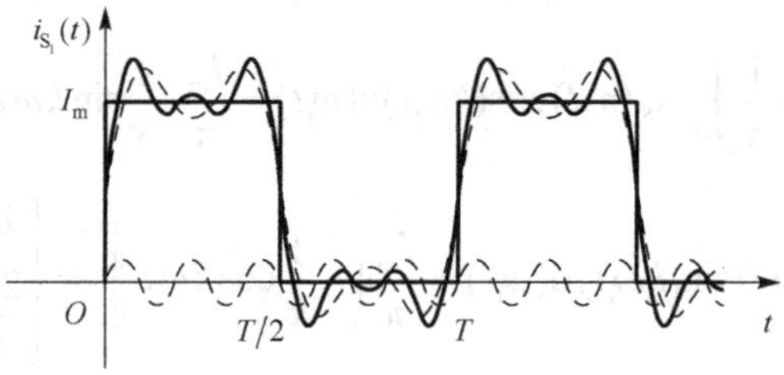


(c) 基波、三次谐波与五次谐波叠加

图 9-6　叠加直流和各次谐波分量逼近方波

# 9.3　周期函数波形与傅里叶系数的关系

傅里叶级数的系数取决于周期函数的波形。通过观察波形的某种对称性，可以推出哪些系数存在，哪些系数为零，同时还能够化简系数的计算。在此，将讨论三种常见的对称波形。

（1）若函数 $f(t)$ 为奇函数，即 $f(t)=-f(-t)$，函数的波形关于原点对称，则傅里叶级数中只含有正弦项，不含有直流分量和余弦项。如图 9-7 所示为奇函数的例子。这一结论很明显，因为恒定分量和余弦项都是偶函数。当然也可以根据式（9-3）～式（9-5）来证明。

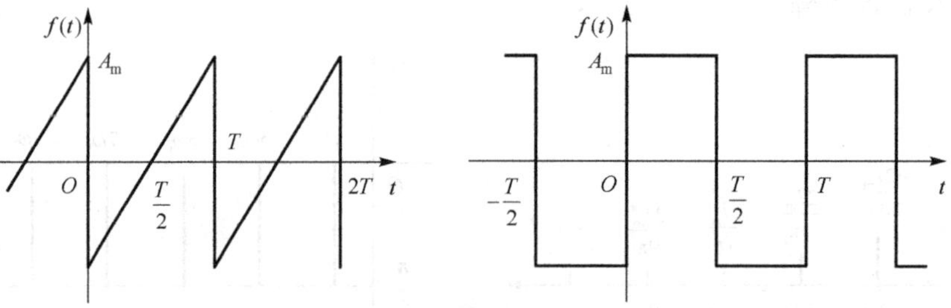


图 9-7　周期奇函数

（2）若函数 $f(t)$ 为偶函数，即 $f(t)=f(-t)$，函数的波形关于纵轴对称，则傅里叶级数中只含有直流分量（当 $A_0 \neq 0$ 时）和余弦项，不含有正弦项。如图 9-8 所示为偶函数的例子。这是因为正弦项都是奇函数，不符合给定条件；也可以根据式（9-3）～式（9-5）来证明。

（3）若函数 $f(t)$ 满足 $f(t)=-f(t\pm T/2)$，即该波形移动半个周期后与原波形关于横轴对称，称 $f(t)$ 为奇谐波函数，具有镜像对称性，则傅里叶级数中不含偶次谐波。如图 9-9 所示为镜像对称函数的例子。该性质证明如下。

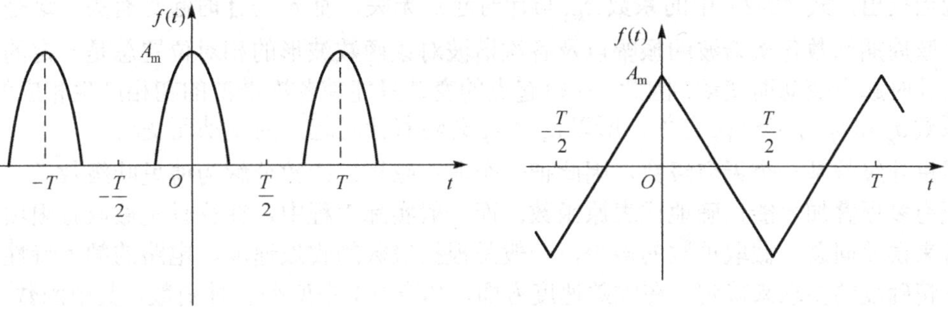


图 9-8　周期偶函数

$$
\begin{aligned}
a_k &= \frac{2}{T}\int_{-\frac{T}{2}}^{\frac{T}{2}} f(t)\cos(k\omega_1 t)\mathrm{d}t \\
&= \frac{2}{T}\left[\int_{-\frac{T}{2}}^{0} f(t)\cos(k\omega_1 t)\mathrm{d}t + \int_{0}^{\frac{T}{2}} f(t)\cos(k\omega_1 t)\mathrm{d}t\right]
\end{aligned} \tag{9-6}
$$

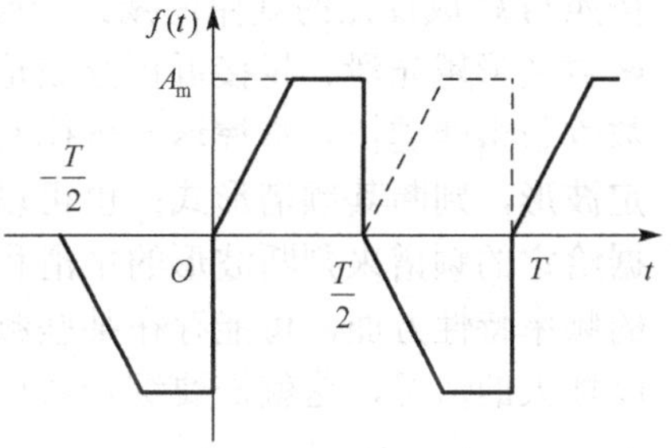


图 9-9　周期镜像函数

在式（9-6）右端第一个积分式中，以 $t+\dfrac{T}{2}$ 代替 $t$，得

$$
\begin{aligned}
\int_{-\frac{T}{2}}^{0} f(t)\cos(k\omega_1 t)\mathrm{d}t &= \int_{0}^{\frac{T}{2}} f\left(t+\frac{T}{2}\right)\cos\left[k\omega_1\left(t+\frac{T}{2}\right)\right]\mathrm{d}t \\
&= -(-1)^k \int_{0}^{\frac{T}{2}} f(t)\cos(k\omega_1 t)\mathrm{d}t
\end{aligned}
$$

将上式代入式（9-6），得

$$
a_k = \frac{2}{T}\left[1-(-1)^k\right]\int_{0}^{\frac{T}{2}} f(t)\cos(k\omega_1 t)\mathrm{d}t = \begin{cases} 0, & k=0,2,4,6,\cdots \\ \dfrac{4}{T}\displaystyle\int_{0}^{\frac{T}{2}} f(t)\cos(k\omega_1 t)\mathrm{d}t, & k=1,3,5,7,\cdots \end{cases} \tag{9-7}
$$

同理可得

$$
b_k = \begin{cases} 0, & k=0,2,4,6,\cdots \\ \dfrac{4}{T}\displaystyle\int_{0}^{\frac{T}{2}} f(t)\sin(k\omega_1 t)\mathrm{d}t, & k=1,3,5,7,\cdots \end{cases} \tag{9-8}
$$

得证。

由式（9-7）和式（9-8）可见，对于镜像对称的函数，求傅里叶系数时，只需在 $0\sim T/2$ 内积分，再乘以 2 即可。事实上，奇函数和偶函数也同样具有这种性质。当同时具有两种对称条件时，便可以在 $0\sim T/4$ 内积分，再乘以 4 就可以了。

表 9-1 中的（2）矩形波、（5）三角波和（6）梯形波都是奇函数，因此它们的傅里叶系数中只含有正弦项；而（4）方脉冲序列和（8）正弦全波整流波形都是偶函数，故只含余弦项和恒定分量。但需注意：$f(t)$ 是偶函数还是奇函数，不仅与波形有关，还与计时起点的选

择有关。只要把表 9-1 中各奇函数波形的时间轴原点移动$T/4$，则奇函数都将成为偶函数。但是，奇谐波函数的镜像对称性与计时起点无关，只取决于函数本身的性质。因此，适当选取计时起点可以使函数的级数展开式系数计算简化。

应当指出，式（9-2）中的系数$A_{km}$与计时起点无关，而$\varphi_k$与计时起点有关，这是因为构成非正弦周期函数各次谐波的振幅以及各次谐波对该函数波形的相对位置总是一定的，并不会因为计时起点变动而变动；因此，计时起点的变动只能使各次谐波的初相产生相应的改变。由于系数$a_k$和$b_k$与初相$\varphi_k$有关，所以$a_k$和$b_k$会随着计时起点的变动而变动。

傅里叶级数是一个无穷级数，因此把一个非正弦周期函数分解为傅里叶级数后，理论上需要无穷多项叠加才能正确地代表原函数。而一般实际工程中，往往只是截取有限项数，因而会带来误差问题。截取项数的多少，一般是根据级数的收敛速度、电路的频率特性以及工程上对精确度的要求来确定。在收敛速度方面，如表 9-1 中所列各种函数，其中函数（2）～（4）都存在间断点，它们的谐波分量的振幅都按照与$k$成反比的规律递减，收敛相对较慢；而函数（5）～（8）都是连续的，但是它们的导数都存在间断点，它们的谐波分量振幅大致按照与$k^2$成反比的规律递减。一般来说，周期函数波形越光滑、越接近正弦波形，其展开级数收敛得就越快。掌握这一规律有助于根据给定波形，判断其频谱形式；也可以反过来，根据给定的频谱来判断波形的平滑程度。在电路的频率特性方面，可能存在某些频段内响应幅度增大的情况，这就需要综合考虑对计算精度的要求进行更细致的分析。

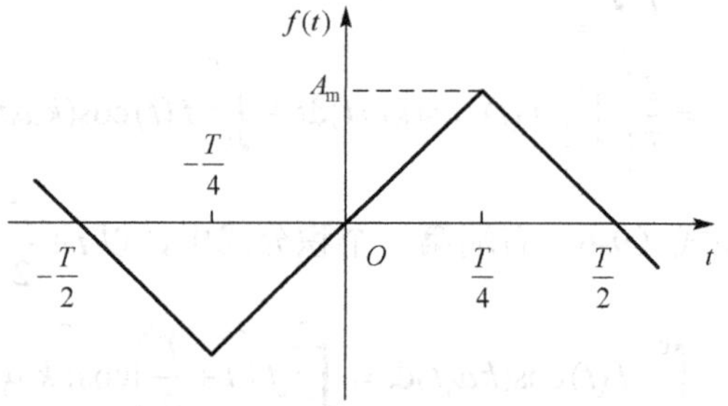


图 9-10　例 9-2 图

**例 9-2**　求图 9-10 所示周期性三角波的傅里叶级数。

**解**　首先观察给定波形的对称性，由于函数$f(t)$关于原点对称，是奇函数，则式（9-1）中只存在正弦项，即$A_0=0$，$a_k=0$，$b_k\neq 0$。进而，$f(t)$是镜像对称的，所以只含有奇次谐波，即$k=1,3,5,\cdots$，只需要计算奇次谐波正弦项的系数$b_k$。由于同时存在两个对称条件，可在 $0\sim T/4$ 内积分，即

$$b_k = 4\times\frac{2}{T}\int_0^{\frac{T}{4}} f(t)\sin k\omega_1 t\mathrm{d}t$$

由给定的波形知，当$0<t\leqslant T/4$时，$f(t)=\dfrac{4A_{\mathrm{m}}t}{T}$，代入上式得到

$$b_k = \frac{8}{T}\int_0^{\frac{T}{4}}\frac{4A_{\mathrm{m}}}{T}t\sin k\omega_1 t\mathrm{d}t = \frac{8A_{\mathrm{m}}}{k^2\pi^2}\sin\frac{k\pi}{2} = \begin{cases}\dfrac{8A}{k^2\pi^2}, & k=1,5,9,\cdots\\ -\dfrac{8A}{k^2\pi^2}, & k=3,7,11,\cdots\end{cases}$$

将$b_k$代入式（9-1）得

$$f(t)=\frac{8A}{\pi^2}\left(\sin\omega_1 t-\frac{1}{9}\sin 3\omega_1 t+\frac{1}{25}\sin 5\omega_1 t-\cdots\right)$$

# 9.4 非正弦周期量的有效值和平均功率

## 9.4.1 非正弦周期量的有效值

第 5 章中已经指出，任一周期电流 $i$ 的有效值 $I$ 的定义为

$$I=\sqrt{\frac{1}{T}\int_0^T i^2\mathrm{d}t} \tag{9-9}$$

按照式（9-9），当然可以使用非正弦周期函数直接按照上述定义的积分来求有效值。我们希望从傅里叶级数的角度，寻找有效值与各次谐波有效值之间的关系。

为了便于后面结果的推导，首先给出三角函数的几个性质。设 $\omega_1=2\pi/T$，$k$ 和 $p$ 为任意正整数，且满足 $k\neq p$，则：

（1）正弦、余弦信号一个周期内的积分为 0，即

$$\int_0^{2\pi}\sin(k\omega_1 t)\mathrm{d}(\omega_1 t)=0$$

$$\int_0^{2\pi}\cos(k\omega_1 t)\mathrm{d}(\omega_1 t)=0$$

（2）$\sin^2(\cdot)$ 和 $\cos^2(\cdot)$ 在一个周期内的积分为 $\pi$，即

$$\int_0^{2\pi}\sin^2(k\omega_1 t)\mathrm{d}(\omega_1 t)=\pi$$

$$\int_0^{2\pi}\cos^2(k\omega_1 t)\mathrm{d}(\omega_1 t)=\pi$$

（3）三角函数的正交性，即

$$\int_0^{2\pi}\cos(k\omega_1 t)\cdot\sin(p\omega_1 t)\mathrm{d}(\omega_1 t)=0$$

$$\int_0^{2\pi}\cos(k\omega_1 t)\cdot\cos(p\omega_1 t)\mathrm{d}(\omega_1 t)=0$$

$$\int_0^{2\pi}\sin(k\omega_1 t)\cdot\sin(p\omega_1 t)\mathrm{d}(\omega_1 t)=0$$

以上性质的证明这里从略，读者可以自行证明。

设某一非正弦周期电流 $i$ 可以分解为傅里叶级数

$$i=I_0+\sum_{k=1}^{\infty}I_{km}\cos(k\omega_1 t+\varphi_k)$$

将上式代入式（9-9），则电流 $i$ 的有效值可以表示为

$$I=\sqrt{\frac{1}{T}\int_0^T i^2\mathrm{d}t}=\sqrt{\frac{1}{T}\int_0^T\left[I_0+\sum_{k=1}^{\infty}I_{km}\cos(k\omega_1 t+\varphi_k)\right]^2\mathrm{d}t} \tag{9-10}$$

注意到，中括号[ ]内展开后，将出现以下四类积分项：

① $\frac{1}{T}\int_0^T I_0^2\mathrm{d}t=I_0^2$

② $\frac{1}{T}\int_0^T 2I_0\cos(k\omega_1 t+\varphi_k)\mathrm{d}t=0$（根据性质 1 可得）

③ $\frac{1}{T}\int_0^T I_{km}^2\cos^2(k\omega_1 t+\varphi_k)\mathrm{d}t=\frac{1}{2}I_{km}^2$（根据性质 2 可得）

④ $\frac{1}{T}\int_0^T 2I_{km}\cos(k\omega_1 t+\varphi_k)I_{qm}\cos(p\omega_1 t+\varphi_p)\mathrm{d}t=0$（根据性质 3 可得）

则式（9-10）表示的非正弦周期电流的有效值可以写为

$$I=\sqrt{I_0^2+I_1^2+I_2^2+\cdots\cdots}=\sqrt{I_0^2+\sum_{k=1}^{\infty}\frac{I_{km}^2}{2}} \tag{9-11}$$

式（9-11）表明，非正弦周期电流的有效值等于它的恒定分量与各次谐波分量有效值的平方和的算数平方根。这个结论可以推广到任意非正弦周期信号有效值的计算。

**例 9-3** 已知非正弦周期电流 $i=1+0.707\cos(\omega_1 t-20^\circ)+0.42\cos(2\omega_1 t+50^\circ)\text{A}$。求其有效值。

**解** 应用式（9-11）计算 $i$ 的有效值

$$I=\sqrt{1^2+\left(\frac{0.707}{\sqrt{2}}\right)^2+\left(\frac{0.42}{\sqrt{2}}\right)^2+\cdots\cdots}=1.16\text{A}$$

## 9.4.2 非正弦周期量的平均功率

设一端口网络的电压 $u$、电流 $i$ 取关联参考方向，若 $u$ 和 $i$ 是同频率的非正弦周期量，其傅里叶级数形式分别为

$$u=U_0+\sum_{k=1}^{\infty}U_{km}\cos(k\omega_1 t+\varphi_{ku}),\quad i=I_0+\sum_{k=1}^{\infty}I_{km}\cos(k\omega_1 t+\varphi_{ki})$$

则该一端口吸收的瞬时功率可以表示为

$$p=ui$$

其平均功率（有功功率）仍使用式（5-26），则

$$P=\frac{1}{T}\int_0^T ui\,\mathrm{d}t=\frac{1}{T}\int_0^T\left[U_0+\sum_{k=1}^{\infty}U_{km}\cos(k\omega_1 t+\varphi_{ku})\right]\cdot\left[i=I_0+\sum_{k=1}^{\infty}I_{km}\cos(k\omega_1 t+\varphi_{ki})\right]\mathrm{d}t$$

上式中，将中括号[ ]打开以后，会出现四类积分项，它们的处理过程与式(9-11)类似。最后可以得到

$$\begin{aligned}P&=U_0I_0+U_1I_1\cos\varphi_1+U_2I_2\cos\varphi_2+\cdots=P_0+P_1+P_2+\cdots\\&=U_0I_0+\sum_{k=1}^{\infty}U_kI_k\cos\varphi_k\qquad(\varphi_k=\varphi_{uk}-\varphi_{ik})\end{aligned} \tag{9-12}$$

其中，$U_k=U_{km}/\sqrt{2}$，为 $k$ 次谐波电压的有效值；$I_k=I_{km}/\sqrt{2}$，为 $k$ 次谐波电流的有效值；$\varphi_k$ 为 $k$ 次谐波的功率因数角；$k=1,2,3,\cdots$。

式（9-12）表明：非正弦周期信号的平均功率等于恒定分量和各次谐波分量产生的平均功率之和。这一结论是符合功率守恒原理的。但是这并不表明叠加原理适用于功率叠加；只是因为不同频率的谐波电压和电流产生的平均功率为零，在这个特殊条件下数学上的偶合。

**例 9-4** 已知某无源一端口网络的端口电压和端口电流瞬时值分别为

$$u(t)=50+84.6\cos(\omega_1 t+30^\circ)+56.6\cos(2\omega_1 t+10^\circ)\text{V}$$

$$i(t)=1+0.707\cos(\omega_1 t-20^\circ)+0.424\cos(2\omega_1 t+50^\circ)\text{A}$$

求该一端口网络输入的平均功率。

**解** 根据式（9-12），有

$$P=50\times1+\frac{84.6}{\sqrt{2}}\times\frac{0.707}{\sqrt{2}}\cos(30^\circ+20^\circ)+\frac{56.6}{\sqrt{2}}\times\frac{0.424}{\sqrt{2}}\cos(10^\circ-50^\circ)=78.5\text{W}$$

# 9.5 非正弦周期电流电路的稳态分析

本节讨论线性电路在非正弦周期性电源激励下的稳态响应。一般来说，在已知非正弦周期性激励和电路参数的条件下，可以按照以下步骤分析和计算电路的非正弦周期响应：

（1）利用傅里叶级数，将给定的非正弦周期函数分解为恒定分量和各次谐波分量叠加的形式；

（2）分别计算电路在上述恒定分量和各次谐波分量单独作用下的响应；

（3）利用叠加原理，将恒定分量和各次谐波分量的响应进行叠加。

通常将以上分析过程称为谐波分析法。此外，在具体求解过程中还需注意以下几点：

（1）当恒定分量作用时，电感相当于短路，电容相当于开路，只需计算纯电阻电路；

（2）当谐波分量作用时，由于激励都是正弦形式，因此可采用相量法求解各响应分量。特别需要腔调的是，由于各次谐波频率不同，电容和电感对于不用频率将呈现出不同电抗。电感$L$对基波（角频率为$\omega_1$）的感抗为$X_{L1}=\omega_1 L$，对$k$次谐波的感抗则为$X_{Lk}=k\omega_1 L=kX_{L1}$；电容$C$对基波的感抗为$X_{C1}=-1/\omega_1 C$，对$k$次谐波的感抗则为$X_{Ck}=-1/k\omega_1 C=-X_{C1}/k$。

（3）求出各次谐波分量相量形式的响应后，需要将求得的相量响应转化成瞬时表达式形式，再将各个瞬时表达式叠加。

（4）由于傅里叶级数是收敛的，随谐波次数$k$的增大，$k$次谐波在信号中的“比重”很快变小。因此在工程上可根据计算精度不同，只取前面若干项响应分量叠加即可。

（5）在一些电路中对于不同次谐波可能会发生并联谐振或者串联谐振，这需要针对具体问题举行具体分析。

**例 9-5** 如图 9-11 所示电路，$L=5\text{H}$，$C=10\mu\text{F}$，$R=2\text{k}\Omega$，设其输入为图 9-11(b)所示的正弦全波整流电压，电压振幅$U_m=150\text{V}$，整流前正弦交流电压角频率为 100π rad/s。求：电感电流$i$和负载电压$u_{ab}$。

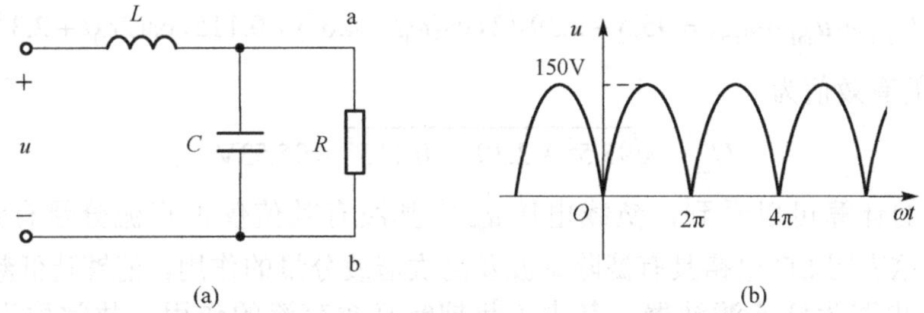


图 9-11　LC 滤波电路和正弦全波整流电压

**解** （1）由表 9-1 可查正弦全波整流信号的傅里叶级数形式，并代入$U_m=150\text{V}$，得

$$u=\frac{4\times150}{\pi}\left(\frac{1}{2}-\frac{1}{3}\cos\omega_1 t-\frac{1}{15}\cos 2\omega_1 t-\cdots\right)$$
$$=95.5+45\sqrt{2}\cos(\omega_1 t+180^\circ)+9\sqrt{2}\cos(2\omega_1 t+180^\circ)+\cdots\text{V}$$

（2）分别计算电源电压的直流分量和各次谐波产生的响应。

① 直流电压作用时

$$I_0=\frac{95.5}{2000}=0.0478\text{A}，\quad U_{ab0}=95.5\text{V}$$

② 基波电压作用时，全波整流的波形与整流前的正弦波形相比，周期减半，频率加倍，故基波角频率 $\omega_1 = 200\pi\,\text{rad/s}$，则 $RC$ 并联电路的阻抗为

$$Z_{\text{ab1}} = \frac{R\times 1/\text{j}\omega_1 C}{R+1/\text{j}\omega_1 C} = \frac{2000}{1+\text{j}4\pi} = 12.585 - \text{j}158.153 = 158.653\underline{/-85.45^\circ}\,\Omega$$

一端口输入阻抗为

$$Z_1 = \text{j}\omega_1 L + Z_{\text{ab1}} = \text{j}1000\pi + 12.585 - \text{j}158.153 = 2983.47\underline{/89.76^\circ}\,\Omega \approx \text{j}2983.47\Omega$$

$$\dot{I}_1 = \frac{45\underline{/180^\circ}}{2983.47\underline{/90^\circ}} = 15.08\underline{/90^\circ}\,\text{mA}$$

$$\dot{U}_{\text{ab1}} = Z_{\text{ab1}}\dot{I}_1 = 158.653\underline{/-85.45^\circ}\times 15.08\times 10^{-3}\underline{/90^\circ} = 2.39\underline{/4.6^\circ}\,\text{V}$$

③ 二次谐波电压作用时，计算方法同上，注意角频率加倍

$$Z_{\text{ab2}} = \frac{R\times 1/\text{j}2\omega_1 C}{R+1/\text{j}2\omega_1 C} = \frac{2000}{1+\text{j}8\pi} = 3.161 - \text{j}79.452 = 79.515\underline{/-87.72^\circ}\,\Omega$$

一端口输入阻抗为

$$Z_2 = \text{j}2\omega_1 L + Z_{\text{ab2}} = \text{j}2000\pi + 3.161 - \text{j}79.452 = 6203.734\underline{/89.97^\circ}\,\Omega \approx \text{j}6203.73\Omega$$

$$\dot{I}_2 = \frac{9\underline{/180^\circ}}{6203.73\underline{/90^\circ}} = 1.45\underline{/90^\circ}\,\text{mA}$$

$$\dot{U}_{\text{ab2}} = Z_{\text{ab2}}\dot{I}_2 = 79.515\underline{/-87.72^\circ}\times 1.45\times 10^{-3}\underline{/90^\circ} = 0.115\underline{/2.3^\circ}\,\text{V}$$

由此可见，负载电压中二次谐波有效值仅占直流电压的 0.12%（= 0.115/95.5），进而，二次以上谐波所占百分比更小，所以不必对更高次谐波分量进行计算。

（3）将相量转换为瞬时表达式形式，再把直流分量与各次谐波分量相叠加。

$$i = I_0 + i_1 + i_2 = 47.8 + 15.1\sqrt{2}\cos(\omega_1 t + 90^\circ) + 1.45\sqrt{2}(2\omega_1 t + 90^\circ)\,\text{A}$$

$$u_{\text{ab}} = U_{\text{ab0}} + u_{\text{ab1}} + u_{\text{ab2}} = 95.5 + 2.39\sqrt{2}\cos(\omega_1 t + 4.6^\circ) + 0.115\cos(2\omega_1 t + 2.3^\circ)\,\text{V}$$

负载电压的有效值为

$$U_{\text{ab}} = \sqrt{95.5^2 + 2.39^2 + 0.115^2} \approx 95.53\text{V}$$

通过上面的计算可以看到，负载电压 $u_{\text{ab}}$ 中基波有效值仅占直流分量有效值的 2.5%(=2.39/95.5)，这表明 LC 电路具有滤除基波及高次谐波分量的作用，能够让低频信号到达负载，故称 LC 电路为低通滤波器。其中 $L$ 起抑制高频交流的作用，故常称为高频扼流圈（high-frequency choke）；并联电容 $C$ 起减小负载电阻上交流电压的作用，称为旁路电容（bypass capacitor）。由于 $L$ 和 $C$ 两个参数对不同频率谐波会产生不同的电抗，所以可以利用此特性把 $L$ 和 $C$ 以不同形式的连接组成不同功能的滤波器。

**例 9-6** 如图 9-12(a)所示电路，$R_1 = R_2 = 8\Omega$，$\omega_1 L = 1\Omega$，$1/\omega_1 C = 9\Omega$，激励电压 $u(t) = 10 + 10\sqrt{2}(\cos\omega_1 t) + \sqrt{2}\cos(3\omega_1 t)$ V。求 $R_2$ 两端电压 $u_2$。

**解** $u(t)$ 中直流分量 $U_0 = 10\text{V}$，基波分量 $\dot{U}_1 = 10\underline{/0^\circ}\,\text{V}$，三次谐波分量 $\dot{U}_3 = 1\underline{/0^\circ}\,\text{V}$。

首先直流作用于电路，等效电路如图 9-12(b)所示，故有

$$U_{20} = \frac{R_2}{R_1 + R_2}U_0 = 5\text{V}$$

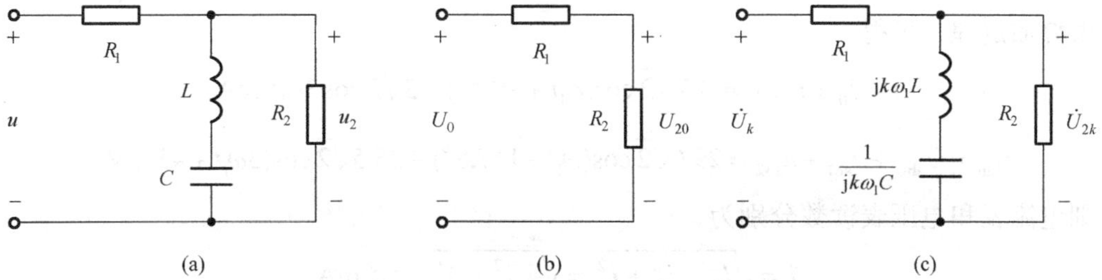


图 9-12　例 9-6 图

然后基波分量作用于电路，相应的相量电路模型如图 9-12(c)所示，则

$$\dot U_{21}=\frac{R_2\|\mathrm{j}(\omega_1L-1/\omega_1C)}{R_1+R_2\|\mathrm{j}(\omega_1L-1/\omega_1C)}\dot U_1=\frac{10\angle 0^\circ}{8+\dfrac{8\times(-\mathrm{j}8)}{8-\mathrm{j}8}}\times\frac{8\times(-\mathrm{j}8)}{8-\mathrm{j}8}=4.47\angle -26.6^\circ\ \mathrm{V}$$

$$u_{21}=4.47\sqrt2\cos(\omega_1t-26.5^\circ)\ \mathrm{V}$$

最后三次谐波分量作用于电路，注意到$3\omega_1L=1/3\omega_1C$，$L$和$C$发生串联谐振，故

$$\dot U_{23}=0\text{，}\ u_{23}=0\text{。}$$

因此$R_2$两端电压$u_2=5+4.47\sqrt2\cos(\omega_1t-26.5^\circ)\ \mathrm{V}$。显然，电源中三次谐波分量没有作用到电阻$R_2$上。

**例 9-7**　如图 9-13 所示电路，$R=6\mathrm{k\Omega}$，$\omega_1L=2\mathrm{k\Omega}$，$1/\omega_1C=18\mathrm{k\Omega}$，激励$u(t)=100+80\sqrt2\cos(\omega_1t+30^\circ)+18\sqrt2\cos(3\omega_1t)\ \mathrm{V}$。求交流电流表、电压表和功率表的读数。

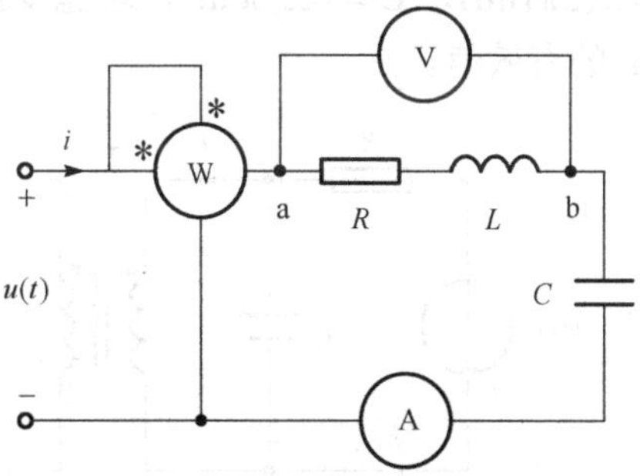


图 9-13　例 9-7 图

**解**　求交流电表的读数，实际上就是计算相应非正弦周期电流、电压的有效值和电路的平均功率。

（1）对直流分量：电容设为开路

$$I_0=0\text{，}\ U_{\mathrm{ab}0}=0$$

（2）对基波分量：　$\dot U_1=80\angle 30^\circ\ \mathrm{V}$

$$Z_1=R+\mathrm{j}(\omega_1L-1/\mathrm{j}\omega_1C)=6+\mathrm{j}(2-18)=17\angle -69.4^\circ\ \mathrm{k\Omega}$$

$$\dot I_1=\frac{\dot U_1}{Z_1}=\frac{80\angle 30^\circ}{17\angle -69.4^\circ}=4.7\angle 99.4^\circ\ \mathrm{mA}\text{，}\ i_1=4.7\sqrt2\cos(\omega_1t+99.4^\circ)\ \mathrm{mA}$$

$$\dot U_{\mathrm{ab}1}=(R+\mathrm{j}\omega_1L)\dot I_1=(6+\mathrm{j}2)\times4.7\angle 99.4^\circ=29.6\angle 117.8^\circ\mathrm{V}$$

（3）对 3 次谐波：　$\dot U_3=18\angle 0^\circ\ \mathrm{V}$

$$Z_3=R+\mathrm{j}(3\omega_1L-1/3\omega_1C)=6\mathrm{k\Omega}$$

$$\dot I_3=\frac{\dot U_3}{Z_3}=\frac{18\angle 0^\circ}{6}=3\angle 0^\circ\ \mathrm{mA}\text{，}\ i_3=3\sqrt2\cos3\omega_1t\ \mathrm{mA}$$

$$\dot U_{\mathrm{ab}3}=(R+\mathrm{j}3\omega_1L)\dot I_3=(6+\mathrm{j}6)\times3\angle 0^\circ=25.5\angle 45^\circ\ \mathrm{V}$$

由叠加定理，可得

$$i = I_0 + i_1 + i_3 = 4.7\sqrt{2}\cos(\omega_1 t + 99.4^\circ) + 3\sqrt{2}\cos 3\omega_1 t \text{ mA}$$

$$u_{ab} = U_{ab0} + u_{ab1} + u_{ab2} = 29.6\sqrt{2}\cos(\omega_1 t + 117.8^\circ) + 25.5\sqrt{2}\cos(3\omega_1 t + 45^\circ)\text{ V}$$

则电流表和电压表读数分别为

$$I = \sqrt{I_0^2 + I_1^2 + I_3^2} = \sqrt{4.7^2 + 3^2} = 5.6\text{mA}$$

$$U_{ab} = \sqrt{U_{ab0}^2 + U_{ab1}^2 + U_{ab3}^2} = \sqrt{29.6^2 + 25.5^2} = 39.1\text{V}$$

由于

$$P_0 = U_0 I_0 = 0$$

$$P_1 = U_1 I_1 \cos(99.4^\circ - 30^\circ) = 4.7 \times 80 \times 0.35 = 132.3\text{mW}$$

$$P_3 = U_3 I_3 \cos 0^\circ = 3 \times 18 = 54\text{mW}$$

即功率表读数为

$$P = P_0 + P_1 + P_3 = 186.3\text{mW}$$

**例 9-8** 如图 9-14(a)所示电路，$u(t)$ 是周期函数，波形如图 9-14(b)所示，$R = 8\Omega$，$L = 1/(2\pi)\text{mH}$，$C = 125/\pi\ \mu\text{F}$，理想变压器变比为 $2:1$。求理想变压器原边电流 $i_1(t)$ 和输出电压 $u_2$ 的有效值。

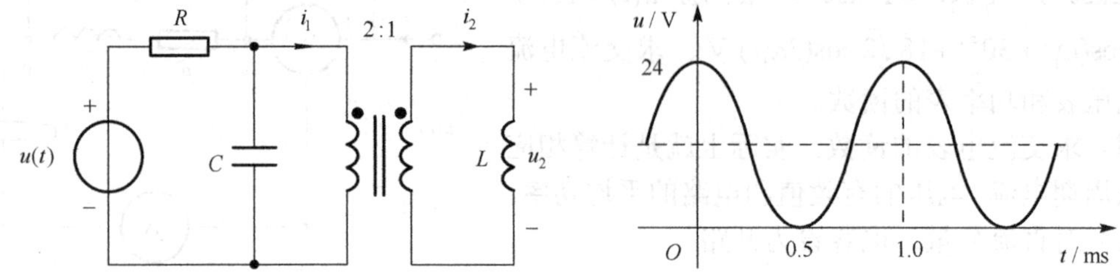


(a) (b)

图 9-14 例 9-8 图

**解** 由图 9-14(b)可知，$\omega = 2\pi/T = 2\pi \times 10^3 \text{rad/s}$，$u(t) = 12 + 12\cos(\omega t)\text{V}$

（1）当 $U_0 = 12\text{V}$ 作用时，电容开路、电感短路，有

$$i_1 = 12/8 = 1.5\text{A}，\quad u_{20} = 0$$

（2）当 $u' = 12\cos(\omega t)$ 作用时，有

$$X_C = -\frac{1}{\omega C} = -\frac{1}{2\pi \times 10^3 \times (125/\pi) \times 10^{-6}} = -4\Omega$$

$$X_L = \omega L = 2\pi \times 10^3 \times \frac{1}{2\pi} \times 10^{-3} = 1\Omega$$

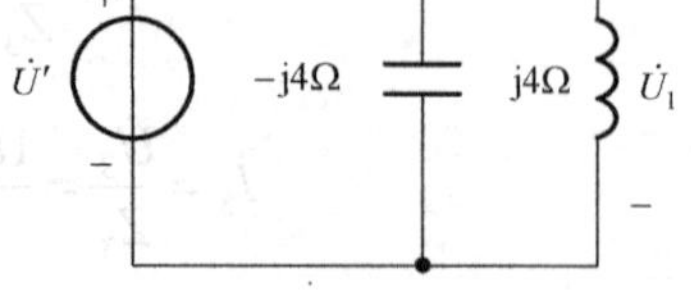

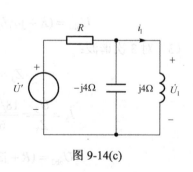


图 9-14(c)

利用理想变压器对阻抗变换的作用，副边 $\text{j}X_L$ 变换到原边为 $n^2 \text{j}X_L = \text{j}4\Omega$，故原电路可以等效为图 9-14(c)

所示电路。注意到并联部分电容$C$和电感$L$发生并联谐振，故

$$\dot{U}_{1m}=\dot{U}_{m}=12\underline{/0^\circ}\text{ V}$$

则

$$\dot{I}_{1m}=\frac{\dot{U}_{1m}}{\text{j}4}=\frac{12}{\text{j}4}=3\underline{/-90^\circ}\text{ A},\quad \dot{U}_{2m}=\frac{1}{2}\dot{U}_{1m}=6\underline{/0^\circ}\text{ V}$$

故

$$U_2=\frac{6}{\sqrt{2}}=4.243\text{V},\quad i_1=1.5+3\cos(\omega t-90^\circ)\text{ A}$$

**例 9-9** 如图 9-15(a)所示电路，已知$i_S=5+20\cos(1000t)+10\cos(3000t)\text{ A}$，$R_1=100\Omega$，$R_2=200\Omega$，$L=0.1\text{H}$，$C_3=1\mu\text{F}$，其中，$C_1$中只有基波电流，$C_3$中只有三次谐波电流。求$C_1$、$C_2$以及各支路电路$i_1$、$i_2$和$i_3$。

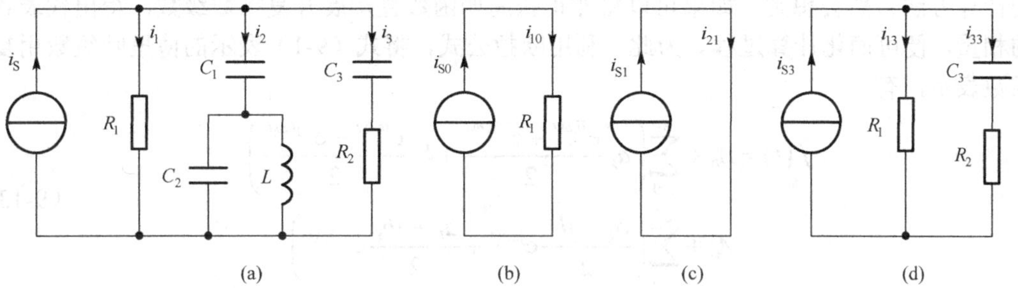


图 9-15 例 9-9 图

**解** $C_1$中只有基波电流，说明$L$和$C_2$对三次谐波发生并联谐振，则有

$$C_2=\frac{1}{\omega^2L}=\frac{1}{9\times10^5}\text{F}$$

$C_3$中只有三次谐波电流，说明$C_1$、$L$和$C_2$对一次谐波发生串联谐振（电压谐振），则串联总电抗为

$$Z_1=\frac{1}{\text{j}\omega C_1}+\frac{\text{j}\omega L\cdot 1/\text{j}\omega C_2}{\text{j}(\omega L-1/\omega C_2)}=\frac{\omega L-1/\omega C_2+\omega L(C_1/C_2)}{\text{j}\omega C_1(\omega L-1/\omega C_2)}$$

令分子$\omega L-1/\omega C_2+\omega L(C_1/C_2)=0$，则

$$C_1=\frac{1}{\omega^2L}-C_2=\frac{8}{9\times10^5}\text{F}$$

（1）只有直流分量$i_{S0}=5\text{ A}$作用时，所有电容均开路，电感短路，等效电路如图 9-15(b)所示，则

$$i_{10}=i_S=5\text{A},\quad i_{20}=i_{30}=0$$

（2）只有基波分量$i_{S1}=20\cos(1000t)\text{ A}$作用时，$C_1$、$L$和$C_2$组成的支路对一次谐波发生串联谐振，等效电路如图 9-15(c)所示，则

$$i_{21}=i_{S1}=20\cos1000t\text{ A},\quad i_{11}=i_{31}=0$$

（3）只有三次谐波分量 $i_{S3}=10\cos(3000t)$ A 作用时，等效电路如图 9-15(d)所示，则

$$\dot{I}_{33}=\frac{R_1}{R_1+[R_2-\mathrm{j}/(3000C_1)]}\dot{I}_{S3}=\frac{100\times10}{100+200-\mathrm{j}10^3/3}=2.23\angle 48^{\circ}\ \mathrm{A}\,,$$

$$\dot{I}_{13}=\dot{I}_{S3}-\dot{I}_{33}=10-\frac{30}{9-\mathrm{j}10}=8.67\angle -11^{\circ}\ \mathrm{A}\,,\quad i_{23}=0$$

综上可得

$$i_1(t)=5+8.67\cos(3000t-11^{\circ})\ \mathrm{A}\,,\quad i_2(t)=20\cos(1000t)\ \mathrm{A}\,,\quad i_3(t)=2.23\cos(3000t+48^{\circ})\mathrm{A}$$

## 9.6* 傅里叶级数的指数形式

前面几节分析了在非正弦周期量激励下，求解线性电路响应的基本方法和步骤。回想上面的计算方法自然会想到，如果可以将非正弦周期函数直接展开复指数级数，得出代表各谐波的相量，便可简化计算过程。为此，利用欧拉公式，将式（9-1）表示的傅里叶级数用复指数函数表示，有

$$\begin{aligned}f(t)&=A_0+\sum_{k=1}^{\infty}\left(a_k\frac{\mathrm{e}^{\mathrm{j}k\omega_1 t}+\mathrm{e}^{-\mathrm{j}k\omega_1 t}}{2}+b_k\frac{\mathrm{e}^{\mathrm{j}k\omega_1 t}-\mathrm{e}^{-\mathrm{j}k\omega_1 t}}{2}\right)\\&=A_0+\sum_{k=1}^{\infty}\left(\frac{a_k-\mathrm{j}b_k}{2}\mathrm{e}^{\mathrm{j}k\omega_1 t}+\frac{a_k+\mathrm{j}b_k}{2}\mathrm{e}^{-\mathrm{j}k\omega_1 t}\right)\end{aligned}\tag{9-13}$$

式中，系数 $A_0$、$a_k$ 和 $b_k$ 已经在 9-2 节的式（9-3）～式（9-5）给出。若设 $k$ 可以为 0 和负整数，并分别以 $a_0$、$b_0$ 和 $a_{-k}$、$b_{-k}$ 表示，并与式（9-3）～式（9-5）比较，便得到

$$\begin{aligned}a_0&=\frac{2}{T}\int_0^T f(t)\mathrm{d}t=2A_0\\b_0&=0\\a_{-k}&=\frac{2}{T}\int_0^T f(t)\cos(-k\omega_1 t)\mathrm{d}t=a_k\\b_{-k}&=\frac{2}{T}\int_0^T f(t)\sin(-k\omega_1 t)\mathrm{d}t=-b_k\end{aligned}$$

根据以上四式，可以将式（9-13）变换为

$$\begin{aligned}f(t)&=\left.\frac{a_k-\mathrm{j}b_k}{2}\right|_{k=0}+\sum_{k=1}^{\infty}\frac{a_k-\mathrm{j}b_k}{2}\mathrm{e}^{\mathrm{j}k\omega_1 t}+\sum_{k=-1}^{-\infty}\frac{a_k-\mathrm{j}b_k}{2}\mathrm{e}^{\mathrm{j}k\omega_1 t}\\&=\sum_{k=-\infty}^{\infty}\frac{a_k-\mathrm{j}b_k}{2}\mathrm{e}^{\mathrm{j}k\omega_1 t}=\sum_{k=-\infty}^{\infty}\tilde{A}_k\,\mathrm{e}^{\mathrm{j}k\omega_1 t}\end{aligned}$$

即周期函数 $f(t)$ 可以展成

$$f(t)=\sum_{k=-\infty}^{\infty}\tilde{A}_k\,\mathrm{e}^{\mathrm{j}k\omega_1 t}\tag{9-14}$$

式(9-14)称为傅里叶级数的指数形式，而式(9-1)称为傅里叶级数的三角形式。式(9-14)中的复系数 $\tilde{A}_k$ 为

$$\tilde{A}_k=\frac{a_k-\mathrm{j}b_k}{2}=\frac{1}{T}\int_0^T f(t)[\cos(k\omega_1 t)-\mathrm{j}\sin(k\omega_1 t)]\mathrm{d}t=\frac{1}{T}\int_0^T f(t)\mathrm{e}^{-\mathrm{j}k\omega_1 t}\mathrm{d}t$$

或

$$\tilde{A}_k=\frac{1}{T}\int_{-\frac{T}{2}}^{\frac{T}{2}} f(t)\mathrm{e}^{-\mathrm{j}k\omega_1 t}\mathrm{d}t$$

式中，$k$ 取从 $-\infty$ 到 $+\infty$ 之间的全部整数，包括 0。

# 9.7 傅里叶变换初步

## 9.7.1 傅里叶变换的概念

本章前面章节所介绍的有关谐波分析法，都是针对非正弦周期信号激励下的线性电路。对于非周期信号的情况前面所述方法将不再适用。这时，我们可以把非周期函数看作是一个周期无限长的周期函数，即在 $T\to\infty$ 的极限情况下，将傅里叶分析方法推广到非周期信号，导出信号领域中重要的概念——傅里叶变换。

根据式（9-14）

$$f(t)=\sum_{k=-\infty}^{\infty}\tilde{A}_k\mathrm{e}^{\mathrm{j}k\omega_1 t}$$

其中

$$\tilde{A}_k=\frac{1}{T}\int_0^T f(t)\mathrm{e}^{-\mathrm{j}k\omega_1 t}\mathrm{d}t=\frac{1}{T}\int_{-\frac{T}{2}}^{\frac{T}{2}} f(t)\mathrm{e}^{-\mathrm{j}k\omega_1 t}\mathrm{d}t \tag{9-15}$$

上式中 $\tilde{A}_k$ 是离散频谱的谱线。在 9.2 节中，我们已经讨论过，相邻谱线之间的间距 $\Delta\omega=\omega_1=2\pi/T$，即为基波频率。当 $T\to\infty$ 时，$\tilde{A}_k$ 将发生如下变化：第一，谱线的间距 $\Delta\omega$ 将趋于无穷小，最后 $\Delta\omega\to\mathrm{d}\omega\to 0$，而 $k\omega_1\to\omega$，这时，离散谱线就变成了连续频率；第二，由于周期 $T$ 无限大，使得表示各频率分量谱线的幅度 $\left|\tilde{A}_k\right|_{T\to\infty}\to 0$。换句话说，频谱函数 $\tilde{A}_k$ 在全频域是一个无穷小的连续函数，我们仅能从理论上说明其存在，并不能定量描述非周期函数 $f(t)$ 的频域特性，如无法画出其频谱图。此时，似乎信号的各分量都不存在，无法进行研究了。但是从物理概念上考虑，对一个信号进行某种形式的分解，信号的总能量是不会变的。如果将无限多个无穷小量相加，它们的相对值之间仍有差别。为了表示这种振幅之间的相对差别，需要引入一个新的概念——频谱密度函数。

由式（9-15）定义一个新的函数

$$F(\mathrm{j}k\omega_1)=T\tilde{A}_k=\frac{2\pi}{\Delta\omega}\cdot\tilde{A}_k=\int_{-\frac{T}{2}}^{\frac{T}{2}} f(t)\mathrm{e}^{-\mathrm{j}k\omega_1 t}\mathrm{d}t \tag{9-16}$$

当 $T\to\infty$ 时，$\Delta\omega\to\mathrm{d}\omega$，$k\omega_1\to\omega$。因此对上式取极限变为

$$F(\mathrm{j}\omega)=\int_{-\infty}^{\infty} f(t)\mathrm{e}^{-\mathrm{j}\omega t}\mathrm{d}t \tag{9-17}$$

通常将式（9-17）称为**傅里叶变换**（Fourier transform），这种积分形式称为傅里叶积分；

电子通信工程中，将$F(\mathrm{j}\omega)$称为函数$f(t)$的**频谱密度函数**（spectral density function），简称为**频谱函数**。

傅里叶变换表明：任何时域连续信号，都可以表示为不同频率的正弦信号的无限叠加。在工程上，傅里叶变换可以将很多难以处理的时域信号转换成易于分析的频域信号（信号的频谱），从而将时域信号$f(t)$被“掩盖”的频域特性揭示出来，然后利用一些工具对这些频域信号进行处理。

从式（9-16）可得如下关系

$$\tilde{A}_k=\frac{F(\mathrm{j}k\omega_1)}{T}=\frac{\Delta\omega}{2\pi}\cdot F(\mathrm{j}k\omega_1)$$

将上式代入式（9-14），有

$$f(t)=\sum_{k=-\infty}^{\infty}\frac{\Delta\omega}{2\pi}F(\mathrm{j}k\omega_1)\mathrm{e}^{\mathrm{j}k\omega_1 t}=\frac{1}{2\pi}\sum_{k=-\infty}^{\infty}F(\mathrm{j}k\omega_1)\mathrm{e}^{\mathrm{j}k\omega_1 t}\Delta\omega \tag{9-18}$$

当$T\to\infty$时，$\Delta\omega\to\mathrm{d}\omega$，$k\omega_1\to\omega$，则上式求和变为积分，即

$$f(t)=\frac{1}{2\pi}\int_{-\infty}^{\infty}F(\mathrm{j}\omega)\mathrm{e}^{\mathrm{j}\omega t}\mathrm{d}\omega \tag{9-19}$$

上式将频谱函数变换回时间函数$f(t)$，故称上式为**逆傅里叶变换**。式（9-17）和式（9-19）称为傅里叶变换对。

傅里叶变换在理论和应用上都有极其重要的意义，因为任意信号$f(t)$都可以被看作是无限长周期信号，傅里叶变换是分析和研究信号的有力工具。

**例 9-10** 求如图 9-16 所示矩形脉冲信号的傅里叶变换$F(\mathrm{j}\omega)$，并画出其频谱图。

**解** 矩形信号表达式为

$$f(t)=\begin{cases}E & -\frac{\tau}{2}<t<\frac{\tau}{2}\\ 0 & t\leqslant-\frac{\tau}{2}\text{或}t\geqslant\frac{\tau}{2}\end{cases}$$

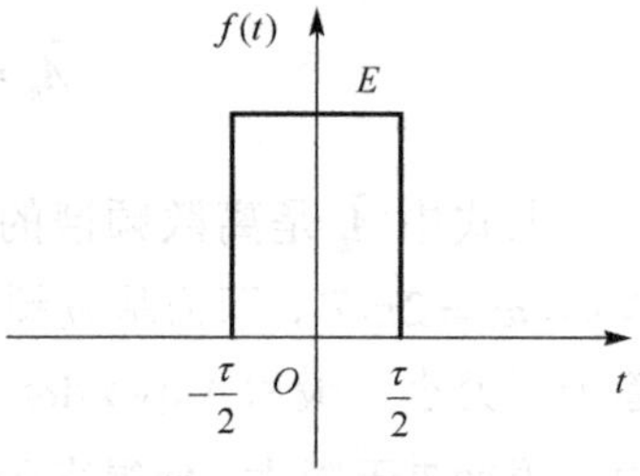

图 9-16 矩形脉冲信号

根据式（9-17），可得矩形脉冲信号的傅里叶变换（频谱函数）为

$$F(\mathrm{j}\omega)=\int_{-\infty}^{\infty}f(t)\mathrm{e}^{-\mathrm{j}\omega t}\mathrm{d}t=\int_{-\frac{\tau}{2}}^{\frac{\tau}{2}}E\mathrm{e}^{-\mathrm{j}\omega t}\mathrm{d}t=\frac{E}{\mathrm{j}\omega}\left(\mathrm{e}^{\mathrm{j}\frac{\omega\tau}{2}}-\mathrm{e}^{-\mathrm{j}\frac{\omega\tau}{2}}\right)$$

$$=\frac{2E}{\omega}\sin\left(\frac{\omega\tau}{2}\right)=E\tau\,\mathrm{Sa}\left(\frac{\omega\tau}{2}\right)$$

其中，$\mathrm{Sa}(x)=\frac{\sin x}{x}$，称为**抽样函数**（sampling function）。

令$F(\mathrm{j}\omega)=|F(\mathrm{j}\omega)|\mathrm{e}^{\mathrm{j}\varphi(\mathrm{j}\omega)}$，矩形脉冲的幅度谱和相位谱分别为

$$|F(\mathrm{j}\omega)|=E\tau\left|\mathrm{Sa}\left(\frac{\omega\tau}{2}\right)\right|$$

$$\varphi(\mathrm{j}\omega)=\begin{cases}0 & 2n\cdot\frac{2\pi}{\tau}<|\omega|<(2n+1)\cdot\frac{2\pi}{\tau}\\ \pi & (2n+1)\cdot\frac{2\pi}{\tau}<|\omega|<2(n+1)\cdot\frac{2\pi}{\tau}\end{cases}\qquad n=0,1,2,\cdots$$

图 9-17(a)示出了幅度谱$|F(\mathrm{j}\omega)|$，图形对称于纵轴，是$\omega$的偶函数；图 9-17(b)示出了相位谱$\varphi(\mathrm{j}\omega)$，它是$\omega$的奇函数；图 9-17(c)用一幅图同时示出了幅度谱和相位谱。可见，矩形脉冲频谱具有收敛性，绝大部分能量都集中在低频段，即$\omega=0\sim 2\pi/\tau$之间的频率范围，称$-2\pi/\tau<\omega<2\pi/\tau$之间的范围为**主瓣宽度**，信号的大部分能量都集中在主瓣内，因此又将主瓣宽度定义为矩形脉冲信号的带宽$\mathrm{BW}=4\pi/\tau$（rad/s），或$\mathrm{BW}=2/\tau$（Hz）。如果脉冲宽度$\tau$增加，对应频率谱上峰值$E\tau$增加，带宽减小，幅度谱变高变窄；反之，幅度谱变矮变宽。

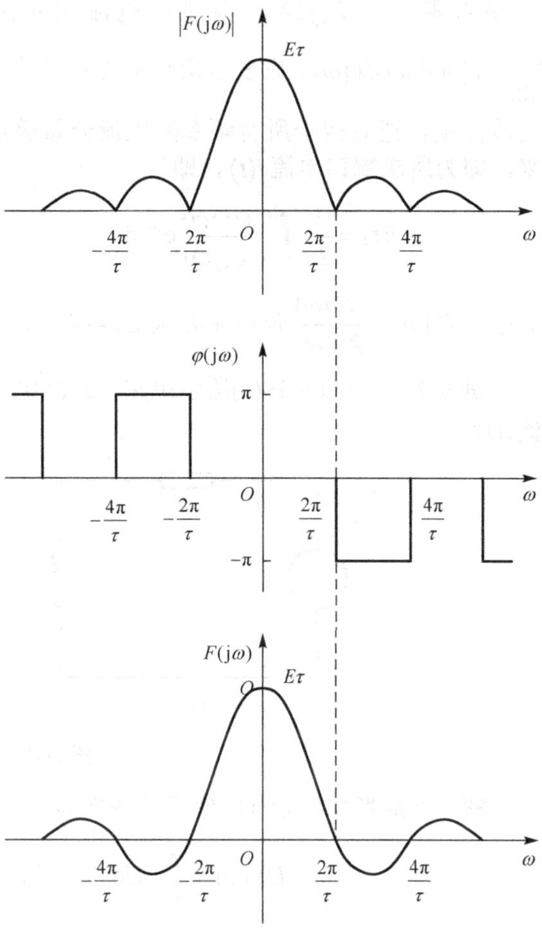

图 9-17　矩形脉冲的频谱

与周期函数展开为傅里叶级数的条件一样，对非周期函数进行傅里叶变换，也需要满足狄利克莱条件。这时，信号的绝对可积条件为

$$\int_{-\infty}^{\infty}|f(t)|\mathrm{d}t<\infty$$

需要指出，狄利克莱条件只是对信号进行傅里叶变换的充分非必要条件。一些函数虽不满足绝对可积条件，但是其傅里叶变换是存在的。傅里叶变换是通信、信号处理中最常用、也是最重要的数学工具，更多相关内容，大家可以在《信号与系统》课程中学习到。

## 9.7.2　傅里叶变换的简单应用

傅里叶变换在电路分析中有广泛的应用。

如果电路中时域信号（电流、电压等）可用傅里叶变换转化为频谱函数，就可以在频域内应用叠加定理来分析电路问题。例如，设某无源一端口网络上所加电压为非周期信号$u(t)$，如图 9-18 所示，要求其端口电流$i(t)$。为此，首先将给定电压做傅里叶变换，求出其频谱函数$U(\mathrm{j}\omega)$

$$U(\mathrm{j}\omega)=\int_{-\infty}^{\infty}u(t)\mathrm{e}^{-\mathrm{j}\omega t}\mathrm{d}t$$

时域电压$u(t)$用傅里叶反变换表示为

$$u(t)=\frac{1}{2\pi}\int_{-\infty}^{\infty}U(\mathrm{j}\omega)\mathrm{e}^{\mathrm{j}\omega t}\mathrm{d}\omega$$

其中，$\frac{1}{2\pi}U(\mathrm{j}\omega)\mathrm{d}\omega$相当于频率为$\omega$的谐波对应的电压相量。设一端口网络在角频率为$\omega$时

的输入阻抗为 $Z(\mathrm{j}\omega)$，则端口电流相量应为 $\frac{1}{2\pi}U(\mathrm{j}\omega)\mathrm{d}\omega \Big/ Z(\mathrm{j}\omega)$，它表示角频率为 $\omega$ 时的电流谐波分量，把对应于所有频率的电流分量叠加起来，即为所求端口电流 $i(t)$，即

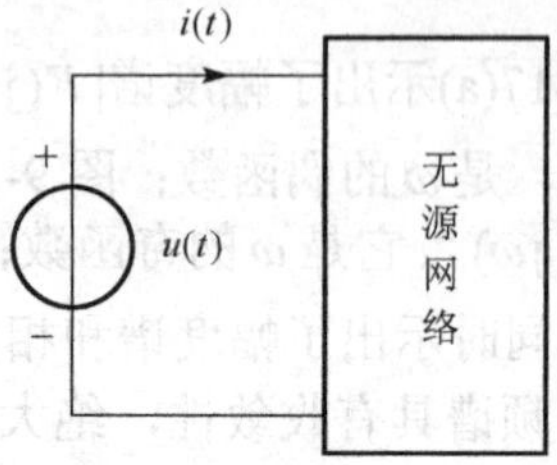


图 9-18　非周期电压信号作用下的一端口网络

$$i(t)=\frac{1}{2\pi}\int_{-\infty}^{\infty}\frac{U(\mathrm{j}\omega)}{Z(\mathrm{j}\omega)}\mathrm{e}^{\mathrm{j}\omega t}\mathrm{d}\omega$$

其中，$I(\mathrm{j}\omega)=\dfrac{U(\mathrm{j}\omega)}{Z(\mathrm{j}\omega)}$ 是电流的频谱函数，上式就是电流频谱函数的傅里叶反变换。

**例 9-11**　如图 9-19(a)所示电路，激励电压 $u(t)=U\mathrm{e}^{-\alpha t}$ $(t>0)$。试用傅里叶变换求响应电流 $i(t)$。

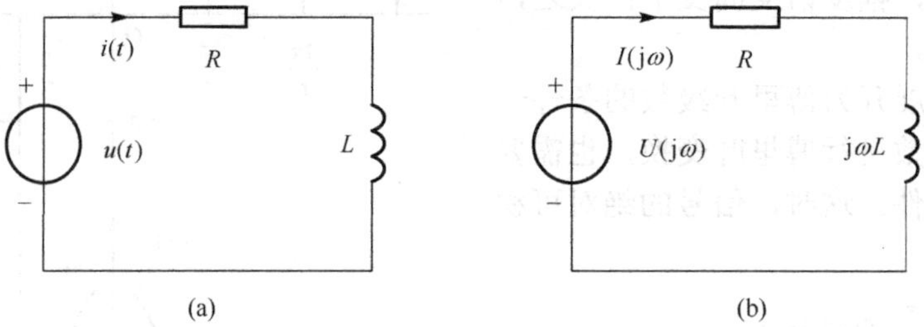


图 9-19　例 9-11 图

**解**　非周期电压 $u(t)$ 的傅里叶变换为

$$U(\mathrm{j}\omega)=\int_{-\infty}^{\infty}U\mathrm{e}^{-\alpha t}\mathrm{e}^{-\mathrm{j}\omega t}\mathrm{d}t=U\int_{-\infty}^{\infty}\mathrm{e}^{-(\alpha+\mathrm{j}\omega)t}\mathrm{d}t=\frac{U}{\alpha+\mathrm{j}\omega}$$

$RL$ 串联电路的相量模型如图 9-19(b)所示，其中电流频谱 $I(\mathrm{j}\omega)$ 为

$$I(\mathrm{j}\omega)=\frac{U(\mathrm{j}\omega)}{Z(\mathrm{j}\omega)}=\frac{U/(\alpha+\mathrm{j}\omega)}{R+\mathrm{j}\omega L}=\frac{U}{(R+\mathrm{j}\omega L)(\alpha+\mathrm{j}\omega)}$$

将 $I(\mathrm{j}\omega)$ 展成部分分式形式，即

$$I(\mathrm{j}\omega)=\frac{U}{R-\alpha L}\left(\frac{1}{\alpha+\mathrm{j}\omega}-\frac{1}{R/L+\mathrm{j}\omega}\right)$$

对 $I(\mathrm{j}\omega)$ 做傅里叶反变换，则

$$i(t)=\frac{U}{R-\alpha L}\left(\mathrm{e}^{-\alpha t}-\mathrm{e}^{-\frac{R}{L}t}\right)\quad(t>0)$$

# 习　题　9

### 9.4　非正弦周期量的有效值和平均功率

9-1　已知某无源一端口网络的端口电压和端口电流瞬时值分别为

$$u(t) = 100 + 100\cos(\omega_1 t) + 30\text{os}(3\omega_1 t)\,\text{V}$$
$$i(t) = 50\cos(\omega_1 t - 45^\circ) + 10\sin(3\omega_1 t - 60^\circ) + 20\cos(5\omega_1 t)\,\text{A}$$

求：（1）端口电压、端口电流的有效值；

（2）该一端口网络的平均功率。

9-2　有效值为 100V 的正弦电压施加在电感 $L$ 两端时，其电流为 $I = 10\text{A}$；当电压中有三次谐波分量，且电压有效值仍为 100V 时，其电流为 $I = 8\text{A}$。试求这一电压的基波和三次谐波的有效值。

9-3　已知某 RLC 串联电路的端口电压和端口电流瞬时值分别为

$$u(t) = 100\cos(314t) + 50\cos(942t - 30^\circ)\text{V}$$

$$i(t) = 10\cos(314t) + 1.755\cos(942t + \theta_3)\text{A}$$

试求：（1）$R$、$L$、$C$ 的值；（2）$\theta_3$ 的值；（3）电路消耗的功率。

9-4　在某 RLC 串联电路中，外加电压 $u(t) = 100 + 60\cos(\omega_1 t) + 40\cos(2\omega_1 t)\text{V}$，已知 $R = 30\Omega$，$\omega_1 L = 40\Omega$，$1/\omega_1 C = 80\Omega$。求电路中电流 $i(t)$ 的瞬时值表达式。

9-5　一个电感线圈的等效阻抗 $Z_L = (5 + \text{j}12)\Omega$，一个电容参数为 $|X_C| = 30\Omega$，二者串联，外加电压 $u(t) = 300\cos(\omega_1 t) + 150\cos(3\omega_1 t) + 50\cos(5\omega_1 t + 60^\circ)$ V。求电流瞬时值 $i(t)$ 和有效值 $I$。

## 9.5　非正弦周期电流电路的稳态分析

9-6　如题 9-6 图所示电路，已知 $u_S = 10\cos(5t)\text{V}$，$i_S = 2\cos(4t)\text{A}$。求电流 $i(t)$。

9-7　如题 9-7 图所示电路，已知 $u_S = \cos(3t)\text{V}$，$i_S = \sin(t)\text{A}$。求电压 $u(t)$。

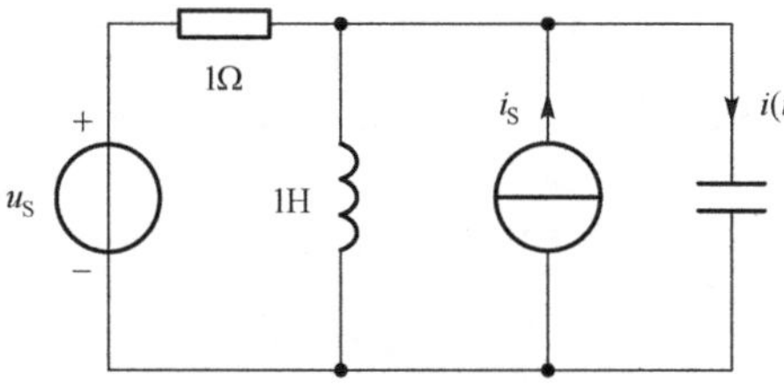


题 9-6 图

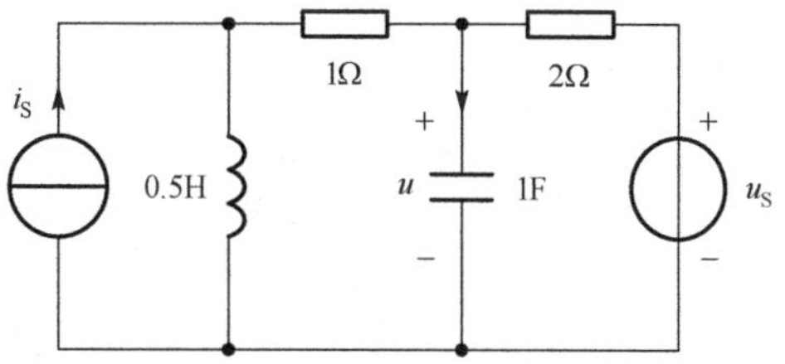


题 9-7 图

9-8　如题 9-8 图所示电路为滤波电路，要求负载中不含有基波分量，但是 $4\omega_1$ 谐波分量能全部传送至负载；设 $\omega_1 = 1000\,\text{rad/s}$，$C = 1\mu\text{F}$。求 $L_1$ 和 $L_2$。

9-9　如题 9-9 图所示电路，已知 $u_S = 400 + 100\sin(3\times 314t) - 20\sin(6\times 314t)$ V。求电压 $u_1$。

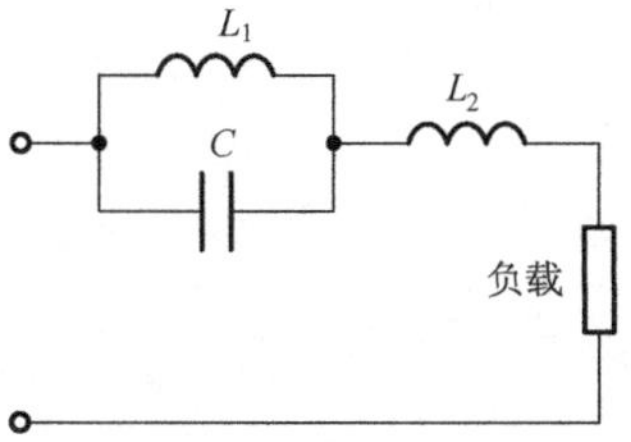


题 9-8 图

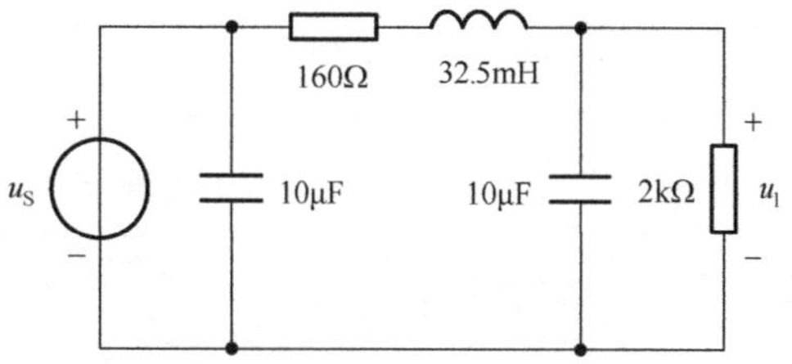


题 9-9 图

9-10　如题 9-10 图所示电路，$R_1 = 5\Omega$，$R_2 = 10\Omega$，基波感抗 $X_{L1} = \omega_1 L = 2\Omega$，基波容抗 $|X_{C1}| = 1/\omega_1 C = 15\Omega$，电源电压 $u_S = 10 + 141.4\cos(\omega_1 t) + 70.7\cos(3\omega_1 t + 30^\circ)$ V。求各支路电流 $i(t)$、$i_1(t)$、$i_2(t)$ 和电源输出的平均功率。

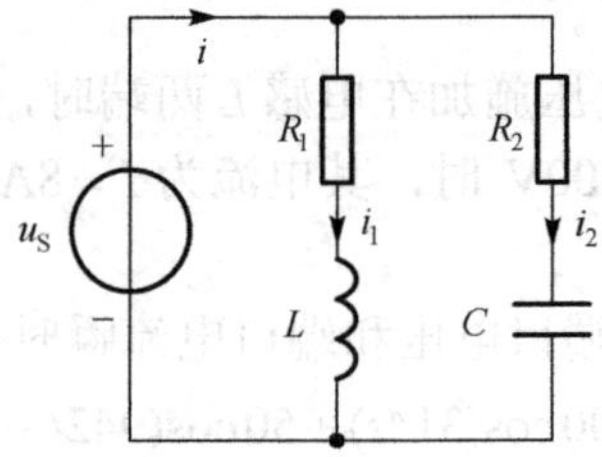


题 9-10 图

# 第 10 章　二端口网络

本章将以网络的观点看待一个复杂的电路。网络的观点实际上就是我们将一个电路看作是一个整体（你可以将整个电路想象成一个元器件），我们不关心（或者由于条件限制无法了解）电路的内部结构，在这种情况下，研究电路时，通常是首先要了解电路的外部特性，即从电路的引出端看该电路的伏安特性。当然这样的研究仅仅是一个开端，我们还可以在这个分析的基础上做进一步的分析。本章就是以网络的观点，分析一种常见的电路，这个电路就是二端口电路，我们称之为二端口网络。二端口电路是一种常见的电路，它具有两个端口，在工程应用中经常会遇到，比如放大电路，它具有一个输入端口，用于接收信号，同时还具有一个输出端口，用于将放大之后的信号送出去，因此该电路就是一个典型的二端口网络。掌握本章的二端口网络分析方法，就可以为今后模电课程中进一步分析三极管放大电路打下基础。

本章的主要内容有：二端口网络及其方程；二端口的 $\boldsymbol{Y}$、$\boldsymbol{Z}$、$\boldsymbol{T}(\boldsymbol{A})$、$\boldsymbol{H}$ 参数矩阵及其相互关系；T 型和 Π 型等效电路；二端口的连接；回转器和负阻抗变换器。

## 10.1　二端口网络及其方程

### 10.1.1　引例

我们首先复习一个例题。下面是第 2 章中的例 2-8。

**引例**：电路如图 10-1 所示，求负载电阻 $R_L$ 两端的电压 $u_L$。

在第 2 章中，我们采用戴维南定理进行了求解，将该电路分割为两部分，第一部分为负载电阻，第二部分为除负载电阻之外的部分，见图 10-2。首先将电路中第一部分拿掉，单独分析第二部分。第二部分的分析目的是要求出：开路电压和等效电阻，即 $u_{\text{oc}}$ 和 $R_{\text{eq}}$，这样我们就可以得到第二部分的等效电路，即戴维南等效电路，见图 10-3。

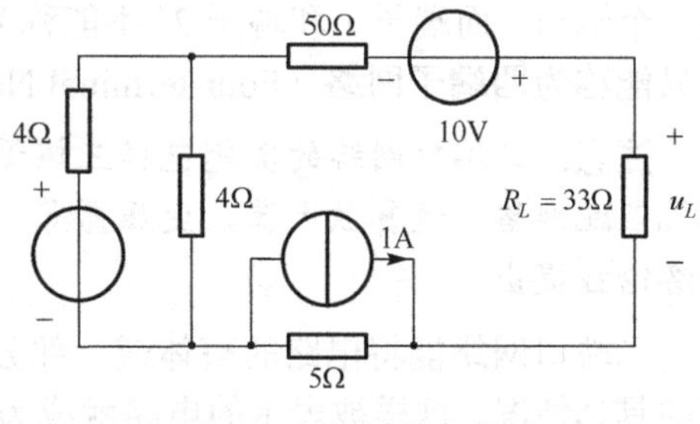

图 10-1　引例的电路图

**总结**：在这个例子中，我们实际上使用了两个概念，即网络的概念和一端口电路的概念。具体来说，就是在整个电路中，我们将这个复杂的电路视为一个电路网络，这个网络由两部分组成——负载电阻和其余部分。实际上将电路视为一个网络，就可以采用网络拓扑学理论进行分析处理，比如本例中将电路分割为两部分。这种方法在高级电路理论中还有更深入的应用，比如，电路方程的矩阵形式，在电路网络中引入了图论的工具求解大规模电路，建立起电路网络的矩阵形式的方程，并引入计算机技术进行求解。当然本例中仅仅是对电路进行了分割，是电路网络理论中的简单应用。第二个概念是引入了一端口网络的思想。所谓一端口网络就是：如果一个电路，无论其内部如何复杂，对外仅具有一对端子，即一个流入端子和一个流出端子，那么就称这对端子为一个端口，具有一个端口的电路称为一端口网络。引例中第二部分就是具有两个端子的一端口电路，或称一端口网络。引入一端口网络的思想可以使我们在分析负载电路时将精力集中在整个网络的分析上，只要得到其外部伏安特性即可，不必纠缠于该电路内部的分析。本章将继续这个例子的分析，一方面继续网络分析的思想，将电路视为一个网络，加以分割和组合。另一方面，要继续一端口网络的思想，将其扩展为更实用，更常见的二端口网络。

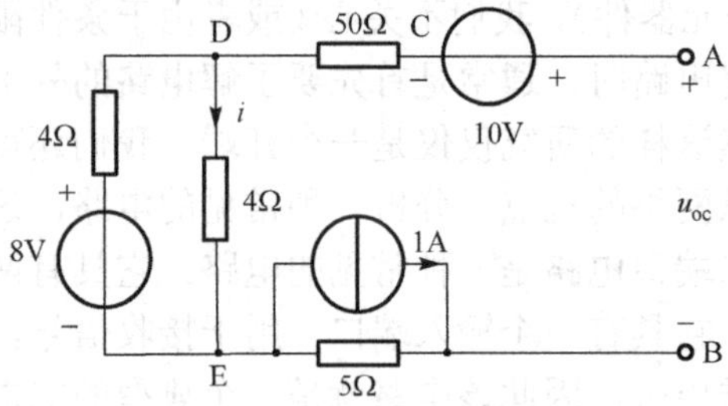


图 10-2　引例电路分割后的第二部分

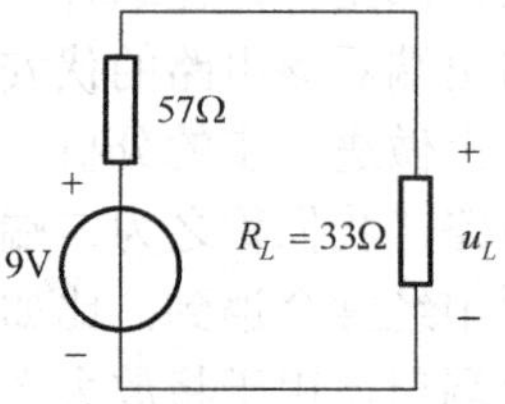


图 10-3　引例电路的戴维南等效电路

### 10.1.2　二端口网络定义

如果一个复杂电路只有两个端子向外连接，人们仅对外接电路中的情况感兴趣，则该电路可视为一个一端口，并用戴维南或诺顿等效电路替代，然后再计算感兴趣的电压和电流。

在实际中遇到的问题还常常涉及两对端子之间的关系，如果这两对端子满足端口条件：

对于任何时刻 $t$，从端子 1 流入网络的电流等于从端子 1′ 流出的电流；同时，从端子 2 流入网络的电流等于从端子 2′ 流出的电流，这种电路称为**二端口网络**（Two-port Network），简称**二端口**。

上述定义中要注意端口条件，端子 1 和端子 1′ 的电流是相同的。这里端子 1 和端子 1′ 是一个端口，而端子 1 和端子 2′ 不能称为一个端口。如果不满足这个端口条件，那么这个网络只能称为**四端子网络**（Four-terminal Network）。

**注意：**二端口网络的实例包括三极管的小信号模型（如混合Π参数模型），电子滤波器，阻抗匹配网络，运算放大器，变压器等。无源二端口网络的分析是互易定理的副产物，最初由洛伦兹提出。

二端口网络能将电路的整体或一部分用它们相应的外特性参数来表示，而不用考虑其内部的具体情况，这样被表示的电路就成为具有一组特殊性质的“暗箱”，从而就能抽象化电路的物理组成，简化分析。

本书讨论的二端口网络需要满足以下的条件：二端口是线性、无源二端口网络，即由线性的电阻、电感（包括耦合电感）、电容和线性受控源组成，不包含任何独立电源（如用运算法分析时，还规定独立的初始条件均为零，即不存在附加电源）。另外本章在讨论过程中均使用相量法进行推导，即电压电流采用$\dot{U}$，$\dot{I}$的形式。

### 10.1.3　二端口网络参数及其方程

作为网络端口，我们选择该网络在端口处的电压和电流作为该网络的特征参数。

对于一端口网络，外部特性可用$\dot{U}$和$\dot{I}$表征。但网络功能是由网络内的元件及连接方式决定的，它使得$\dot{U}$和$\dot{I}$存在一种关系，比如例 10-1 中，一端口网络经戴维南定理等效后，得到$\dot{U}=\dot{U}_{oc}+Z_{eq}\dot{I}$，因此，$\dot{U}$和$\dot{I}$只有一个是独立的。

同样，对于二端网络，端口电压电流为：$\dot{U}_1$、$\dot{U}_2$、$\dot{I}_1$和$\dot{I}_2$，其中只有两个是独立的。

二端口处的电压、电流，即$\dot{U}_1$、$\dot{U}_2$、$\dot{I}_1$和$\dot{I}_2$之间的关系可以通过一些参数表示，并且这些参数只取决于构成二端口网络本身的元件及它们的连接方式。这就意味着，在$\dot{U}_1$、$\dot{U}_2$、$\dot{I}_1$和$\dot{I}_2$的关系式中，这些参数不是随意的，它们反映出该二端口网络内部的一些特性；同时，还可以利用这些参数比较不同的二端口在传递能量和信号方面的性能，从而评价该二端口网络的质量。

一个任意复杂的二端口，可以看作由若干个简单的二端口组成，如果已知这些简单的二端口的参数，则根据它们与复杂二端口的关系就可以直接求出后者的参数。

**定义**：二端口网络的$\dot{U}_1$、$\dot{U}_2$、$\dot{I}_1$和$\dot{I}_2$的关系式称为**二端口网络方程**（Two-Port Network Equations）。

例如第 7 章互感电路中正弦稳态下电压电流关系：

$$\begin{cases}\dot{U}_1 = \mathrm{j}\omega L_1\dot{I}_1 + \mathrm{j}\omega M\dot{I}_2\\ \dot{U}_2 = \mathrm{j}\omega L_2\dot{I}_2 + \mathrm{j}\omega M\dot{I}_1\end{cases}$$

将其一般化：

$$\begin{cases}\dot{U}_1 = Z_{11}\dot{I}_1 + Z_{12}\dot{I}_2\\ \dot{U}_2 = Z_{21}\dot{I}_1 + Z_{22}\dot{I}_2\end{cases}$$

其中，四个变量中，只有两个是独立的，即$\dot{I}_1$和$\dot{I}_2$是独立的。$\dot{U}_1$、$\dot{U}_2$可以通过上面的方程求得。在上述二端口网络方程中，存在四个参数，即$Z_{11}$、$Z_{12}$、$Z_{21}$和$Z_{22}$，这四个参数的取值与该二端口网络的内部组成结构密切相关，反映出该二端口网络区别于其他二端口网络的特有的性质。因此$Z_{11}$、$Z_{12}$、$Z_{21}$和$Z_{22}$是很重要的参数，我们在本章中要讨论的主要内容就是如何求得这些参数。

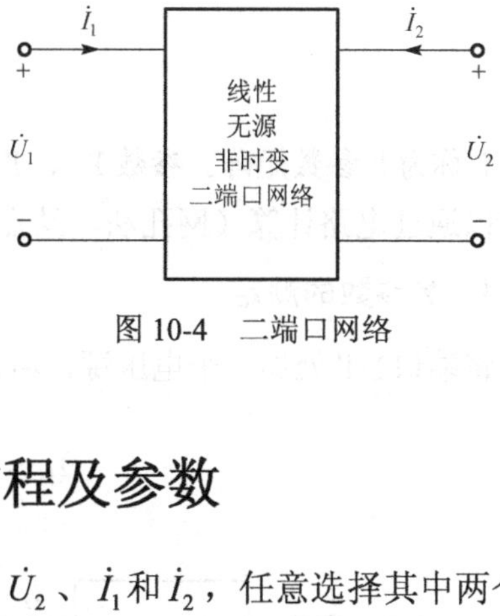


图 10-4　二端口网络

在下面研究的二端口网络中，均采用图 10-4 所示的参考方向。

# 10.2　二端口网络的方程及参数

对于二端口网络而言，共有两对端口电压电流$\dot{U}_1$、$\dot{U}_2$、$\dot{I}_1$和$\dot{I}_2$，任意选择其中两个作为自变量，其余两个即可用这两个自变量来表示，由于二端口网络由线性元件组成，因此这些表达式应该是线性表达式。根据排列组合，我们可以得到六种关系式。本章只讨论其中的四种，其余两种由于不常用，故不做讨论。

## 10.2.1　*Y* 参数矩阵

我们假设以$\dot{U}_1$、$\dot{U}_2$作为自变量（即激励），由于二端口网络为线性无源网络，所以函数（即响应）$\dot{I}_1$、$\dot{I}_2$可以分别用自变量$\dot{U}_1$、$\dot{U}_2$的线性组合表示。我们将$\dot{U}_1$、$\dot{U}_2$视为两个电压源，根据叠加原理，$\dot{I}_1$可通过以下方法进行计算：

$\dot{U}_1$单独作用，$\dot{U}_2$短路，产生的响应$\dot{I}_1' = K_1\dot{U}_1$；

$\dot{U}_2$单独作用，$\dot{U}_1$短路，产生的响应$\dot{I}_1'' = K_2\dot{U}_2$。

由叠加原理可得，

$$\dot{I}_1 = \dot{I}_1' + \dot{I}_1''$$

即
$$\dot{I}_1 = K_1\dot{U}_1 + K_2\dot{U}_2$$

式中参数$K_1$、$K_2$的量纲为导纳，我们将$K_1$、$K_2$换为导纳的符号$Y_{11}$和$Y_{12}$，得

$$\dot{I}_1 = Y_{11}\dot{U}_1 + Y_{12}\dot{U}_2$$

同理可得

$$\dot{I}_2 = Y_{21}\dot{U}_1 + Y_{22}\dot{U}_2$$

将上面两式合并，得

$$\begin{cases} \dot{I}_1 = Y_{11}\dot{U}_1 + Y_{12}\dot{U}_2 \\ \dot{I}_2 = Y_{21}\dot{U}_1 + Y_{22}\dot{U}_2 \end{cases}$$

写成矩阵形式

$$\begin{bmatrix} \dot{I}_1 \\ \dot{I}_2 \end{bmatrix} = \begin{bmatrix} Y_{11} & Y_{12} \\ Y_{21} & Y_{22} \end{bmatrix} \begin{bmatrix} \dot{U}_1 \\ \dot{U}_2 \end{bmatrix} = \boldsymbol{Y} \begin{bmatrix} \dot{U}_1 \\ \dot{U}_2 \end{bmatrix}$$

其中

$$\boldsymbol{Y} \triangleq \begin{bmatrix} Y_{11} & Y_{12} \\ Y_{21} & Y_{22} \end{bmatrix}$$

$\boldsymbol{Y}$称为$Y$参数矩阵。参数$Y_{11}$、$Y_{12}$、$Y_{21}$、$Y_{22}$实际上是一个具有导纳量纲的比例系数，它们可以通过电路计算（网孔法，结点法等方法）得到，也可以通过实验得到。

**1．*Y*参数的测定**

将端口1−1′处加一个电压源，将端口2−2′处短路，如图10-5(a)所示，此时$\dot{U}_2 = 0$，得

$$Y_{11} = \left.\frac{\dot{I}_1}{\dot{U}_1}\right|_{\dot{U}_2=0},\quad Y_{21} = \left.\frac{\dot{I}_2}{\dot{U}_1}\right|_{\dot{U}_2=0}$$

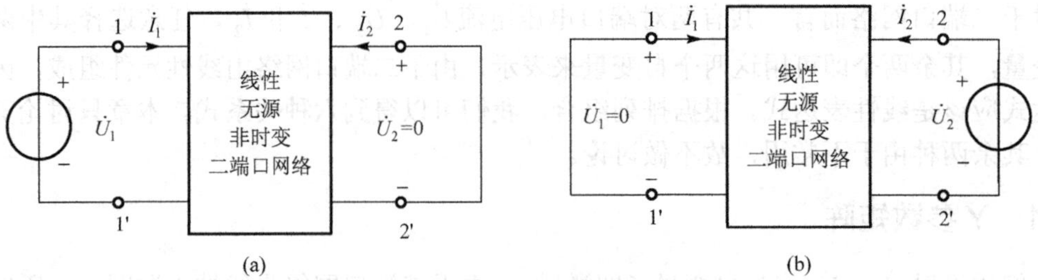


图10-5　*Y*参数的测定

将端口2−2′处加一个电压源，将端口1−1′处短路，如图10-5(b)所示，此时$\dot{U}_1 = 0$，得

$$Y_{12}=\frac{\dot{I}_1}{\dot{U}_2}\bigg|_{\dot{U}_1=0}\ ,\quad Y_{22}=\frac{\dot{I}_2}{\dot{U}_2}\bigg|_{\dot{U}_1=0}$$

通常我们将 $Y_{11}$ 称为**输入导纳**（Input Admittance），$Y_{22}$ 称为**输出导纳**（Output Admittance），$Y_{12}$、$Y_{21}$ 称为**转移导纳**（Transfer Admittance）。上述 4 个参数均是在短路情况下计算或实验测试而得到的，故或 $Y$ 参数矩阵也称为短路导纳矩阵。$Y_{11}$、$Y_{12}$、$Y_{21}$、$Y_{22}$ 也称为短路参数。

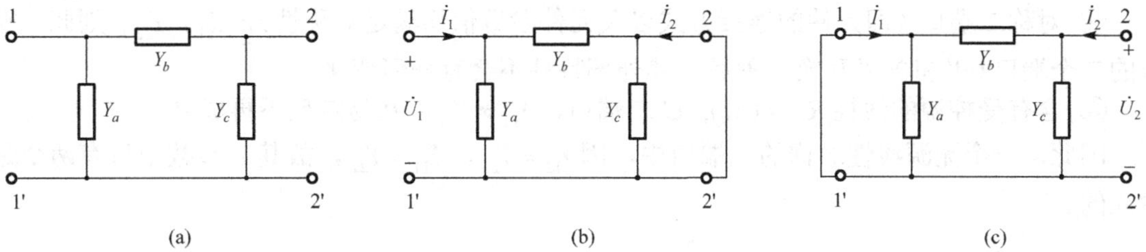


图 10-6　例 10.1 电路图

**例 10-1**　求图 10-6(a)所示二端口的 $Y$ 参数。

**解**　方法一：

① 把端口 2−2′ 短路，如图 10-6(b)所示，则

$$\dot{I}_1=\dot{U}_1(Y_a+Y_b)\qquad Y_{11}=\frac{\dot{I}_1}{\dot{U}_1}\bigg|_{\dot{U}_2=0}=Y_a+Y_b$$

$$-\dot{I}_2=\dot{U}_1Y_b\qquad Y_{21}=\frac{\dot{I}_2}{\dot{U}_1}\bigg|_{\dot{U}_2=0}=-Y_b$$

② 把端口 1−1′ 短路，如图 10-6(c)所示，则

$$\dot{I}_2=\dot{U}_2(Y_c+Y_b)\qquad Y_{22}=\frac{\dot{I}_2}{\dot{U}_2}\bigg|_{\dot{U}_1=0}=Y_c+Y_b$$

$$-\dot{I}_1=\dot{U}_2Y_b\qquad Y_{12}=\frac{\dot{I}_1}{\dot{U}_2}\bigg|_{\dot{U}_1=0}=-Y_b$$

最后

$$\boldsymbol{Y}=\begin{bmatrix}Y_a+Y_b & -Y_b\\ -Y_b & Y_c+Y_b\end{bmatrix}$$

方法二：

根据原电路图，列 KCL 方程：

$$\dot{I}_1=\dot{U}_1Y_a+(\dot{U}_1-\dot{U}_2)Y_b$$
$$\dot{I}_2=\dot{U}_2Y_c\text{-}(\dot{U}_1-\dot{U}_2)Y_b$$

将上式整理，得

$$\dot{I}_1=(Y_a+Y_b)\dot{U}_1+(-Y_b)\dot{U}_2$$
$$\dot{I}_2=(-Y_b)\dot{U}_1+(Y_b+Y_c)\dot{U}_2$$

所得的 $Y$ 参数矩阵仍为

$$
\boldsymbol{Y}=\begin{bmatrix} Y_a+Y_b & -Y_b \\ -Y_b & Y_c+Y_b \end{bmatrix}
$$

**2. Y 参数的特点**

① 根据互易定理，由线性 $R$ , $L(M)$, $C$ 构成的任何无源二端口， $Y_{12}=Y_{21}$ ，故一个无源线性二端口，只要 3 个独立的参数足以表征其性能；

② 对称二端口（即元件的连接方式以及元件参数值均满足对称性）， $Y_{11}=Y_{22}$ ，则此二端口的二个端口1-1′和2-2′互换位置后，其外部特性不会有任何变化；

③ 含有受控源的线性 $R$ , $L(M)$, $C$ 二端口， $Y_{12}\neq Y_{21}$ ，互易定理不再成立。

因此，一个无源线性对称的二端口中，因 $Y_{12}=Y_{21}$ ， $Y_{11}=Y_{22}$ ，故其 $Y$ 参数中只有两个是独立的。

### 10.2.2 Z 参数矩阵

我们假设以 $\dot{I}_1$、$\dot{I}_2$ 作为自变量（即激励），由于二端口网络为线性无源网络，所以函数（即响应）$\dot{U}_1$、$\dot{U}_2$ 可以分别用自变量 $\dot{I}_1$、$\dot{I}_2$ 的线性组合表示。我们将 $\dot{I}_1$、$\dot{I}_2$ 视为两个电流源，根据叠加原理，$\dot{U}_1$ 可通过以下方法进行计算：

$\dot{I}_1$ 单独作用，$\dot{I}_2$ 开路，产生的响应 $\dot{U}_1'=K_1\dot{I}_1$；

$\dot{I}_2$ 单独作用，$\dot{I}_1$ 开路，产生的响应 $\dot{U}_1''=K_2\dot{I}_2$。

由叠加原理得，

$$
\dot{U}_1=\dot{U}_1'+\dot{U}_1''\text{，}
$$

即

$$
\dot{U}_1=K_1\dot{I}_1+K_2\dot{I}_2
$$

式中参数 $K_1$、$K_2$ 的量纲为阻抗，我们将 $K_1$、$K_2$ 换为阻抗的符号 $Z_{11}$ 和 $Z_{12}$，得

$$
\dot{U}_1=Z_{11}\dot{I}_1+Z_{12}\dot{I}_2
$$

同理可得

$$
\dot{U}_2=Z_{21}\dot{I}_1+Z_{22}\dot{I}_2
$$

将上面两式合并，得

$$
\begin{cases} \dot{U}_1=Z_{11}\dot{I}_1+Z_{12}\dot{I}_2 \\ \dot{U}_2=Z_{21}\dot{I}_1+Z_{22}\dot{I}_2 \end{cases}
$$

写成矩阵形式

$$
\begin{bmatrix} \dot{U}_1 \\ \dot{U}_2 \end{bmatrix}=\begin{bmatrix} Z_{11} & Z_{12} \\ Z_{21} & Z_{22} \end{bmatrix}\begin{bmatrix} \dot{I}_1 \\ \dot{I}_2 \end{bmatrix}=\boldsymbol{Z}\begin{bmatrix} \dot{I}_1 \\ \dot{I}_2 \end{bmatrix}
$$

其中

$$
\boldsymbol{Z}\triangleq\begin{bmatrix} Z_{11} & Z_{12} \\ Z_{21} & Z_{22} \end{bmatrix}
$$

$\boldsymbol{Z}$称为 $Z$ 参数矩阵。参数 $Z_{11}$、$Z_{12}$、$Z_{21}$、$Z_{22}$ 实际上是一个具有阻抗量纲的比例系数，它们可以通过电路计算（网孔法，结点法等方法）得到，也可以通过实验得到。

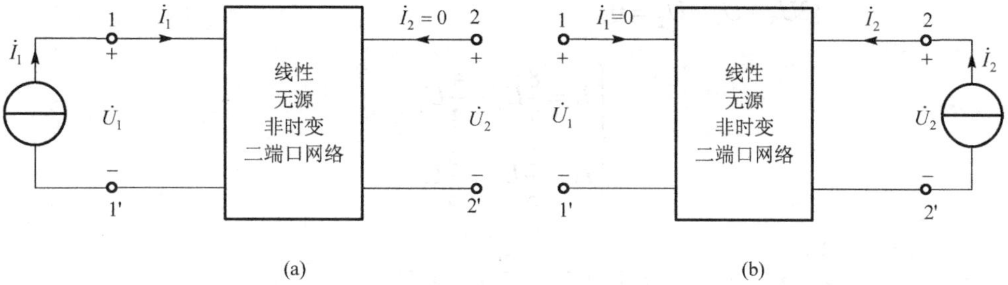


图 10-7　$Z$ 参数的测定

### 1．开路阻抗参数的测定

将端口 1−1′ 处加一个电流源，将端口 2−2′ 处开路，如图 10-7(a)所示，此时 $\dot{I}_2=0$，得

$$Z_{11}=\frac{\dot{U}_1}{\dot{I}_1}\bigg|_{\dot{I}_2=0},\qquad Z_{21}=\frac{\dot{U}_2}{\dot{I}_1}\bigg|_{\dot{I}_2=0}$$

将端口 2−2′ 处加一个电流源，将端口 1−1′ 处开路，如图 10-7(b)所示，此时 $\dot{I}_1=0$，得

$$Z_{12}=\frac{\dot{U}_1}{\dot{I}_2}\bigg|_{\dot{I}_1=0},\qquad Z_{22}=\frac{\dot{U}_2}{\dot{I}_2}\bigg|_{\dot{I}_1=0}$$

通常我们将 $Z_{11}$ 称为**输入阻抗**（Input Impedance），$Z_{22}$ 称为**输出阻抗**（Output Impedance），$Z_{12}$、$Z_{21}$ 称为**转移阻抗**（Transfer Impedance）。上述 4 个参数均是在开路情况下计算或实验测试而得到的，故 $Z$ 参数矩阵也称为开路阻抗矩阵。$Z_{11}$、$Z_{12}$、$Z_{21}$、$Z_{22}$ 也称为开路参数。

### 2．Z 参数的特点

① 无源二端口（线性 $R$，$L(M)$，$C$ 元件构成），$Z_{12}=Z_{21}$，$Z$ 参数只有 3 个是独立的；

② 对称二端口，$Z_{11}=Z_{22}$；

③ $\boldsymbol{Z}=\boldsymbol{Y}^{-1}$，$\boldsymbol{Y}=\boldsymbol{Z}^{-1}$；（注意：$Z_{11}\neq Y_{11}^{-1}$，$Y_{11}\neq Z_{11}^{-1}$，……）

④ 含有受控源的线性 $R$，$L(M)$，$C$ 二端口，$Y_{12}\neq Y_{21}$，$Z_{12}\neq Z_{21}$，互易定理不再成立。

**例 10-2**　求图 10-8 所示电路的 $Z$ 参数方程和 $Y$ 参数方程。

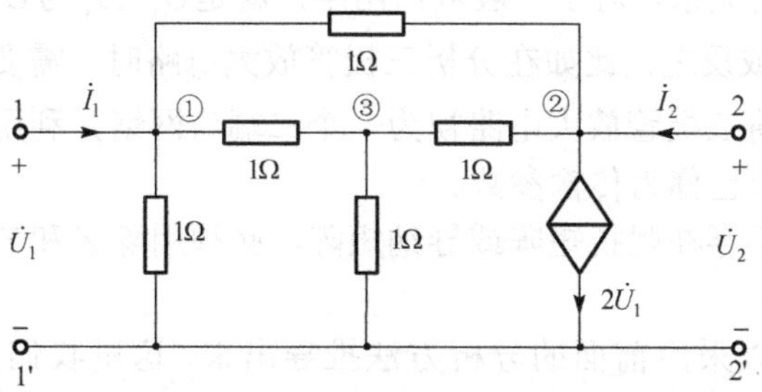


图 10-8　例 10.2 电路图

**解**　结点电压方程为

$$\begin{cases}3U_1-U_2-U_3=I_1\\2U_2-U_1-U_3=I_2-2U_1\\3U_3-U_1-U_2=0\end{cases}\Rightarrow\quad U_3=\frac{1}{3}U_1+\frac{1}{3}U_2$$

$$\begin{cases}I_1=\dfrac{8}{3}U_1-\dfrac{4}{3}U_2\\I_2=\dfrac{2}{3}U_1+\dfrac{5}{3}U_2\end{cases}$$

得 $\begin{bmatrix}I_1\\I_2\end{bmatrix}=\begin{bmatrix}\frac{8}{3}&-\frac{4}{3}\\\frac{2}{3}&\frac{5}{3}\end{bmatrix}\begin{bmatrix}U_1\\U_2\end{bmatrix}$ 或 $\begin{bmatrix}U_1\\U_2\end{bmatrix}=\begin{bmatrix}\frac{8}{3}&-\frac{4}{3}\\\frac{2}{3}&\frac{5}{3}\end{bmatrix}^{-1}\begin{bmatrix}I_1\\I_2\end{bmatrix}$

$$\therefore\quad \boldsymbol{Y}=\begin{bmatrix}Y_{11}&Y_{12}\\Y_{21}&Y_{22}\end{bmatrix}=\begin{bmatrix}\frac{8}{3}&-\frac{4}{3}\\\frac{2}{3}&\frac{5}{3}\end{bmatrix}\text{ 或 }\boldsymbol{Z}=\begin{bmatrix}Z_{11}&Z_{12}\\Z_{21}&Z_{22}\end{bmatrix}=\begin{bmatrix}\frac{8}{3}&-\frac{4}{3}\\\frac{2}{3}&\frac{5}{3}\end{bmatrix}^{-1}=\boldsymbol{Y}^{-1}$$

本例中由于二端口网络含有受控源，失去互易性，即 $Y_{12}\neq Y_{21}$，$Z_{12}\neq Z_{21}$。本例也可以用另外一种方法求解，将端口1-1′处加一个电流源，将端口2-2′处开路，求出

$$Z_{11}=\frac{\dot{U}_1}{\dot{I}_1}\bigg|_{\dot{I}_2=0},\qquad Z_{21}=\frac{\dot{U}_2}{\dot{I}_1}\bigg|_{\dot{I}_2=0}$$

将端口2-2′处加一个电流源，将端口1-1′处开路，求出

$$Z_{12}=\frac{\dot{U}_1}{\dot{I}_2}\bigg|_{\dot{I}_1=0},\qquad Z_{22}=\frac{\dot{U}_2}{\dot{I}_2}\bigg|_{\dot{I}_1=0}$$

具体做法请同学们课后练习。

### 10.2.3 *T* 参数矩阵

引入 $T$ 参数矩阵是基于：

（1）实际问题中，往往希望知道一个端口的电压、电流与另一个端口的电压、电流的关系，即输入、输出之间的关系，对于一般双口网络，就是 $\dot{U}_1$，$\dot{I}_1$ 与 $\dot{U}_2$，$\dot{I}_2$ 之间的关系，已知 $\dot{U}_2$，$\dot{I}_2$ 可求出 $\dot{U}_1$，$\dot{I}_1$，或反之。比如在分析三极管放大电路时，需要计算电压放大倍数，或电流放大倍数，这时，将三极管放大电路视为一个二端口网络，利用 $T$ 参数来描述该二端口网络就比较方便。$T$ 参数也称为传输参数。

（2）有些二端口并不存在阻抗矩阵或导纳矩阵，必须用除 $Z$ 和 $Y$ 参数以外的其他形式的参数描述其端口外特性。

$T$ 参数方程仍然可以采用前面的分析方法推导出来。这里我们采用另外一种方法推导 $T$ 参数方程。我们由 $T$ 参数出发，通过数学变换，将下标为“1”的电压、电流移到方程的左边，将下标为“2”的电压、电流移到方程的右边，这样就得到了 $T$ 参数方程。具体推导如下。

$$\begin{cases}\dot I_1 = Y_{11}\dot U_1 + Y_{12}\dot U_2\\ \dot I_2 = Y_{21}\dot U_1 + Y_{22}\dot U_2\end{cases} \Rightarrow \begin{cases}\dot U_1 = -\dfrac{Y_{22}}{Y_{21}}\dot U_2 + \dfrac{1}{Y_{21}}\dot I_2\\ \dot I_1 = \left(Y_{12} - \dfrac{Y_{11}Y_{22}}{Y_{21}}\right)\dot U_2 + \dfrac{Y_{11}}{Y_{21}}\dot I_2\end{cases}$$

$$\begin{cases}\dot U_1 = A\dot U_2 - B\dot I_2\\ \dot I_1 = C\dot U_2 - D\dot I_2\end{cases} \Rightarrow \begin{cases}A = -\dfrac{Y_{22}}{Y_{21}},\quad B = -\dfrac{1}{Y_{21}}\\ C = Y_{12} - \dfrac{Y_{11}Y_{22}}{Y_{21}},\quad D = -\dfrac{Y_{11}}{Y_{12}}\end{cases}$$

写成矩阵形式：

$$\begin{bmatrix}\dot U_1\\ \dot I_1\end{bmatrix} = \begin{bmatrix}A & B\\ C & D\end{bmatrix}\begin{bmatrix}\dot U_2\\ -\dot I_2\end{bmatrix}$$

**注意：上述推导中电流$\dot I_2$前面有一个负号。**

这是因为$T$参数矩阵经常用于两个二端口的级联，因此，前一个二端口的输出端口（端口 2）就是后一个二端口的输入端口（端口 1），按照二端口的约定，电流都是流入二端口的，因此将$\dot I_2$前面加上一个负号，就可以保证电流方向满足二端口的约定，即前一个二端口的输出电流等于后一个二端口的输入电流，在级联时可以直接代入计算，不需要进行电流方向的转换。关于二端口的级联，我们将在后面的章节介绍。

**1．$T$参数的测定**

$A = \left.\dfrac{\dot U_1}{\dot U_2}\right|_{\dot I_2=0}$，开路电压比；　　$B = \left.\dfrac{\dot U_1}{-\dot I_2}\right|_{\dot U_2=0}$，短路转移阻抗；

$C = \left.\dfrac{\dot I_1}{\dot U_2}\right|_{\dot I_2=0}$，开路转移导纳；　　$D = \left.\dfrac{\dot I_1}{-\dot I_2}\right|_{\dot U_2=0}$，短路电流比。

**2．$T$参数的特性**

① $A, B, C, D$都具有转移函数性质；

② 无源线性二端口，$A, B, C, D$，4 个参数中将只有 3 个是独立的；

$$\because Y_{12} = Y_{21},\qquad \therefore AD - BC = \frac{Y_{11}Y_{22}}{Y_{21}^2} + \frac{Y_{12}Y_{21} - Y_{11}Y_{22}}{Y_{21}^2} = \frac{Y_{12}}{Y_{21}} = 1$$

③ 对称二端口，由于$Y_{11} = Y_{22}$，还将有$A = D$；

④ $T$参数矩阵　$\boldsymbol{T} \triangleq \begin{bmatrix}A & B\\ C & D\end{bmatrix}$

## 10.2.4　$H$参数矩阵

当以$\dot I_1$、$\dot U_2$作为自变量（即以之为激励）时，由于网络为线性无源网络，所以函数$\dot I_2$、$\dot U_1$（即响应）可以分别用自变量$\dot I_1$、$\dot U_2$的线性组合表示为：

$$\begin{cases}\dot{U}_1 = H_{11}\dot{I}_1 + H_{12}\dot{U}_2 \\ \dot{I}_2 = H_{21}\dot{I}_1 + H_{22}\dot{U}_2\end{cases}$$

① 短路参数：输出电压 $\dot{U}_2 = 0$

$$H_{11} = \left.\frac{\dot{U}_1}{\dot{I}_1}\right|_{\dot{U}_2=0} = \frac{1}{Y_{11}}\text{（输入阻抗）；}\qquad H_{21} = \left.\frac{\dot{I}_2}{\dot{I}_1}\right|_{\dot{U}_2=0}\text{（两个电流比）。}$$

② 开路参数：输入电流 $\dot{I}_1 = 0$

$$H_{12} = \left.\frac{\dot{U}_1}{\dot{U}_2}\right|_{\dot{I}_1=0}\text{（两个电压比）；}\qquad H_{22} = \left.\frac{\dot{I}_2}{\dot{U}_2}\right|_{\dot{I}_1=0} = \frac{1}{Z_{22}}\text{（输出导纳）。}$$

$$\begin{bmatrix}\dot{U}_1 \\ \dot{I}_2\end{bmatrix} = \begin{bmatrix}H_{11} & H_{12} \\ H_{21} & H_{22}\end{bmatrix}\begin{bmatrix}\dot{I}_1 \\ \dot{U}_2\end{bmatrix} = \boldsymbol{H}\begin{bmatrix}\dot{I}_1 \\ \dot{U}_2\end{bmatrix},$$

$$\boldsymbol{H} \triangleq \begin{bmatrix}H_{11} & H_{12} \\ H_{21} & H_{22}\end{bmatrix}$$

由于 $\dot{I}_1 = 0$、$\dot{U}_2 = 0$ 分别意味着二端口网络的输入端口开路与输出端口短路，而且矩阵 $H$ 中的 $H_{11}$ 具有阻抗量纲，$H_{22}$ 具有导纳量纲，$H_{12}$ 无量纲，为电压比，$H_{21}$ 无量纲，为电流比，因此我们称矩阵 $H$ 为**混合参数矩阵**（Mixing Coefficient Matrix）。

**例 10-3** 求图 10-9 所示晶体管等效电路的 $H$ 参数。

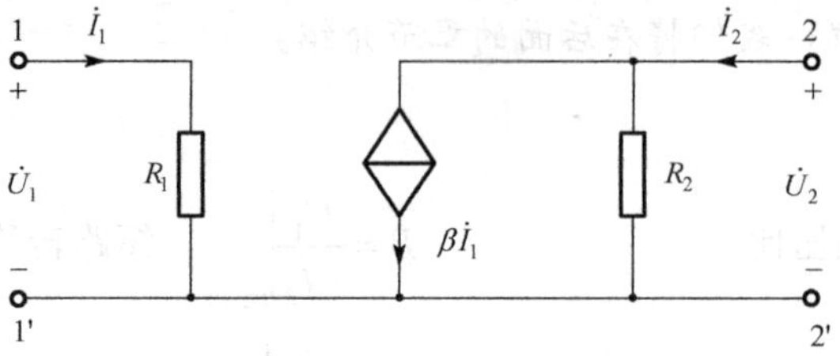


图 10-9 三极管等效电路

**解** ∵ $\begin{cases}\dot{U}_1 = R_1\dot{I}_1 \\ \dfrac{1}{R_2}\dot{U}_2 = \dot{I}_2 - \beta\dot{I}_1\end{cases}$ 可改为 $\begin{cases}\dot{U}_1 = R_1\dot{I}_1 \\ \dot{I}_2 = \beta\dot{I}_1 + \dfrac{1}{R_2}\dot{U}_2\end{cases}$

$$\therefore \boldsymbol{H} = \begin{bmatrix}H_{11} & H_{12} \\ H_{21} & H_{22}\end{bmatrix} = \begin{bmatrix}R_1 & 0 \\ \beta & \dfrac{1}{R_2}\end{bmatrix}$$

③ 无源线性二端口网络，因 $H_{21} = -H_{12}$，所有 $H$ 参数中只有 3 个是独立的。

④ 当 $H_{11}H_{22} - H_{12}H_{21} = 1$，即 $Y_{11} = Y_{22}$ 或 $Z_{11} = Z_{22}$，则为对称二端口网络。

### 10.2.5 二端口网络参数矩阵之间的关系

① 二端口网络各种参数之间存在一定关系，因此可以互换，四种参数之间的相互转换关系详见表 10-1。

② 一个二端口网络不一定都存在四种参数，有的网络无 $Y$ 参数，也有的既无 $Y$ 参数也无 $Z$ 参数（如理想变压器）。

③ 在传输线中，多用传输参数分析端口电压、电流的关系。

④ 电子线路中，广泛应用混合参数，$Y$ 参数多用于高频电子线路中。

**表 10-1 四种参数矩阵之间的转换关系**

| | $Z$ | $Y$ | $H$ | $T$ |
|---|---|---|---|---|
| $Z$ | $\begin{matrix} Z_{11} & Z_{12} \\ Z_{21} & Z_{22} \end{matrix}$ | $\begin{matrix} \frac{Y_{22}}{\Delta_Y} & -\frac{Y_{12}}{\Delta_Y} \\ -\frac{Y_{21}}{\Delta_Y} & \frac{Y_{11}}{\Delta_Y} \end{matrix}$ | $\begin{matrix} \frac{\Delta_H}{H_{12}} & \frac{H_{12}}{H_{22}} \\ -\frac{H_{21}}{H_{22}} & \frac{1}{H_{22}} \end{matrix}$ | $\begin{matrix} \frac{A}{C} & \frac{\Delta_T}{C} \\ \frac{1}{C} & \frac{D}{C} \end{matrix}$ |
| $Y$ | $\begin{matrix} \frac{Z_{22}}{\Delta_Z} & -\frac{Z_{12}}{\Delta_Z} \\ -\frac{Z_{21}}{\Delta_Z} & -\frac{Z_{11}}{\Delta_Z} \end{matrix}$ | $\begin{matrix} Y_{11} & Y_{12} \\ Y_{21} & Y_{22} \end{matrix}$ | $\begin{matrix} \frac{1}{H_{11}} & -\frac{H_{12}}{H_{11}} \\ \frac{H_{21}}{H_{11}} & \frac{\Delta_H}{H_{11}} \end{matrix}$ | $\begin{matrix} \frac{D}{B} & -\frac{\Delta_T}{B} \\ -\frac{1}{B} & \frac{A}{B} \end{matrix}$ |
| $H$ | $\begin{matrix} \frac{\Delta_Z}{Z_{22}} & \frac{Z_{12}}{Z_{22}} \\ -\frac{Z_{21}}{Z_{22}} & \frac{1}{Z_{22}} \end{matrix}$ | $\begin{matrix} \frac{1}{Y_{11}} & -\frac{Y_{12}}{Y_{11}} \\ \frac{Y_{21}}{Y_{11}} & \frac{\Delta_Y}{Y_{11}} \end{matrix}$ | $\begin{matrix} H_{11} & H_{12} \\ H_{21} & H_{22} \end{matrix}$ | $\begin{matrix} \frac{B}{D} & \frac{\Delta_T}{D} \\ -\frac{1}{D} & \frac{C}{D} \end{matrix}$ |
| $T$ | $\begin{matrix} \frac{Z_{11}}{Z_{21}} & \frac{\Delta_Z}{Z_{21}} \\ \frac{1}{Z_{21}} & \frac{Z_{22}}{Z_{21}} \end{matrix}$ | $\begin{matrix} -\frac{Y_{22}}{Y_{21}} & -\frac{1}{Y_{21}} \\ -\frac{\Delta_Y}{Y_{21}} & -\frac{Y_{11}}{Y_{21}} \end{matrix}$ | $\begin{matrix} -\frac{\Delta_H}{H_{21}} & -\frac{H_{11}}{H_{21}} \\ -\frac{H_{22}}{H_{21}} & -\frac{1}{H_{21}} \end{matrix}$ | $\begin{matrix} A & B \\ C & D \end{matrix}$ |

# 10.3 二端口网络的等效电路

无源线性一端口可用一个等效阻抗来表征它的外部特性。

任何给定的无源线性二端口的外部性能既然可以用 3 个参数来确定，只要找到一个由具有 3 个阻抗（或导纳）所组成的简单二端口网络，使这个二端口网络与给定的二端口网络的参数分别相等，则这两个二端口网络外特性完全相同，也即它们是等效的。

## 10.3.1 二端口网络 T 形等效电路

已知二端口的 $Z$ 参数，用 T 形电路（参数为阻抗）来等效，T 形电路如图 10-10 所示。

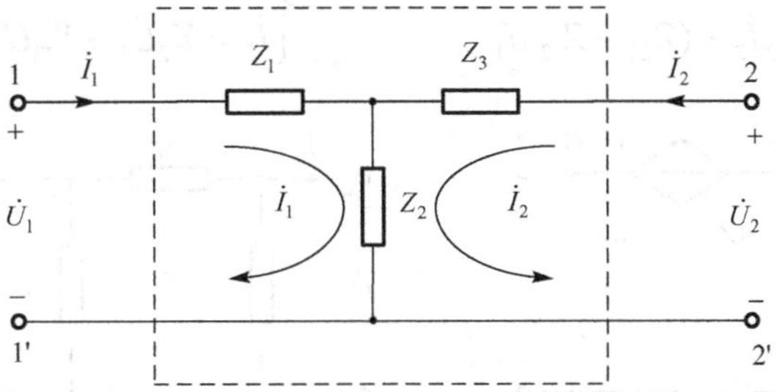


图 10-10 T 形等效电路

$$\because \begin{cases} \dot{U}_1 = Z_1\dot{I}_1 + Z_2(\dot{I}_2 + \dot{I}_1) = (Z_1 + Z_2)\dot{I}_1 + \dot{I}_2 Z_2 = Z_{11}\dot{I}_1 + Z_{12}\dot{I}_2 \\ \dot{U}_2 = Z_2(\dot{I}_1 + \dot{I}_2) + Z_3\dot{I}_2 = Z_2\dot{I}_1 + (Z_2 + Z_3)\dot{I}_2 = Z_{21}\dot{I}_1 + Z_{22}\dot{I}_2 \end{cases}$$

$$\therefore \quad \begin{cases} Z_{11} = Z_1 + Z_2 \\ Z_{12} = Z_{21} = Z_2 \\ Z_{22} = Z_2 + Z_3 \end{cases} \qquad \begin{cases} Z_1 = Z_{11} - Z_{21} \\ Z_2 = Z_{12} = Z_{21} \\ Z_3 = Z_{22} - Z_{12} \end{cases}$$

如果给定二端口的其他参数，可根据其他参数和 $Z$ 参数的变换关系求出用其他参数来表示T形等效电路中的 $Z_1$，$Z_2$ 和 $Z_3$。

### 10.3.2 二端口网络Π形等效电路

已知二端口的 $Y$ 参数，用Π形电路（参数为导纳）来等效，Π形电路如图 10-11 所示。

$$\because \quad \begin{cases} \dot{I}_1 = Y_1\dot{U}_1 + Y_2(\dot{U}_1 - \dot{U}_2) = (Y_1 + Y_2)\dot{U}_1 - Y_2\dot{U}_2 = Y_{11}\dot{U}_1 + Y_{12}\dot{U}_2 \\ \dot{I}_2 = Y_2(\dot{U}_2 - \dot{U}_1) + Y_3\dot{U}_2 = -Y_2\dot{U}_1 + (Y_2 + Y_3)\dot{U}_2 = Y_{21}\dot{U}_1 + Y_{22}\dot{U}_2 \end{cases}$$

$$\therefore \quad \begin{cases} Y_{11} = Y_1 + Y_2 \\ Y_{12} = Y_{21} = -Y_2 \\ Y_{22} = Y_2 + Y_3 \end{cases} \qquad \begin{cases} Y_1 = Y_{11} + Y_{21} \\ Y_2 = -Y_{21} \\ Y_3 = Y_{22} + Y_{21} \end{cases}$$

如果给定二端口的其他参数，可将其他参数变换为 $Y$ 参数，再代入上式，求得等效Π形电路的导纳。

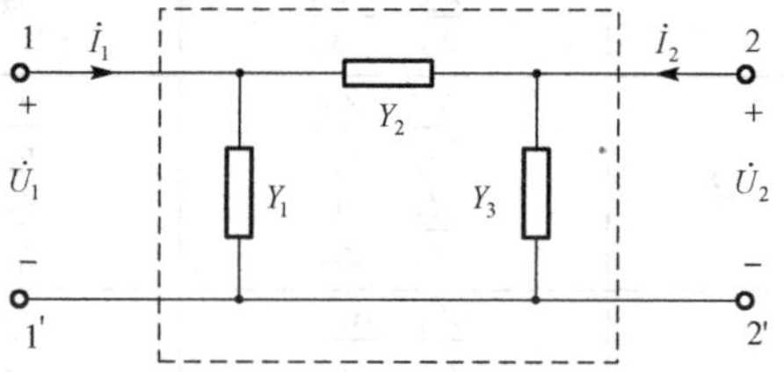

图 10-11 Π型等效电路

**注意：**

1．对称二端口，由于 $Y_{11} = Y_{22}$，$Z_{11} = Z_{22}$ 故有 $Y_1 = Y_3$，$Z_1 = Z_3$，它的等效Π形电路和T形电路也是对称的。

2．二端口的等效电路：求二端口的等效Π形电路，先求该二端口的 $Y$ 参数，从而确定等效Π形电路中的导纳；求二端口的等效T形电路，先求二端口的 $Z$ 参数，从而确定T形电路中的阻抗。

3．含有受控源的线性二端口，其外部性能要用 4 个独立参数来确定，在等效T形或Π形电路中适当另加一个受控源就可以计及这种情况。如图 10-12(a)、(b)所示，其相应的 $Z$ 参数方程、$Y$ 参数方程为

$$\begin{cases} \dot{U}_1 = Z_{11}\dot{I}_1 + Z_{12}\dot{I}_2 \\ \dot{U}_2 = Z_{12}\dot{I}_1 + Z_{22}\dot{I}_2 + (Z_{21} - Z_{12})\dot{I}_1 \end{cases} \qquad \begin{cases} \dot{I}_1 = Y_{11}\dot{U}_1 + Y_{12}\dot{U}_2 \\ \dot{I}_2 = Y_{12}\dot{U}_1 + Y_{22}\dot{U}_2 + (Y_{21} - Y_{12})\dot{U}_1 \end{cases}$$

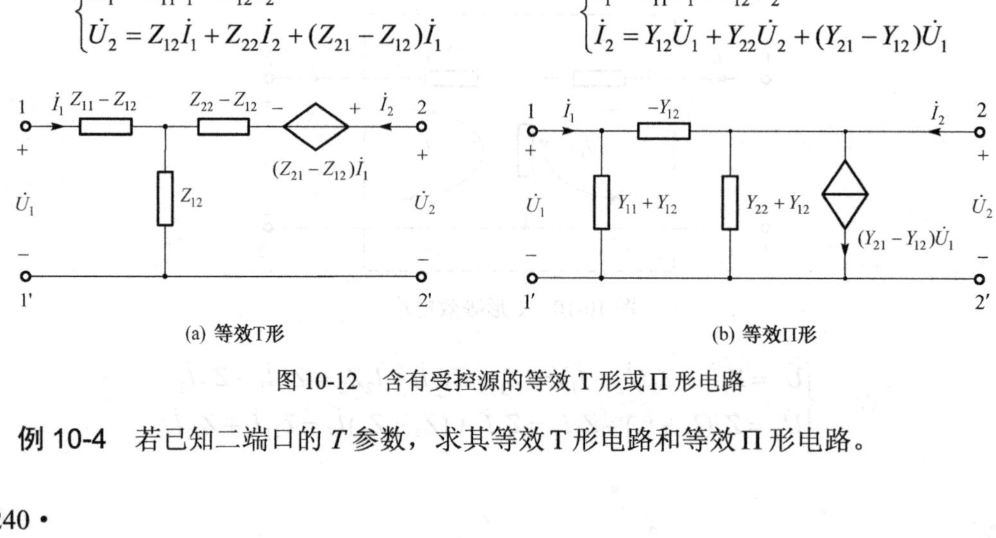

图 10-12 含有受控源的等效 T 形或Π形电路

**例 10-4** 若已知二端口的 $T$ 参数，求其等效T形电路和等效Π形电路。

**解** ① 查表可得：$Z_1=\dfrac{A-1}{C}$，$Z_2=\dfrac{1}{C}$，$Z_3=\dfrac{D-1}{C}$

② 查表可得：$Y_1=\dfrac{D-1}{B}$，$Y_2=\dfrac{1}{B}$，$Y_3=\dfrac{A-1}{B}$

由此可得等效T形电路和等效Π形电路。

**例 10-5** 求图 10-13 所示电路的等效T形电路。

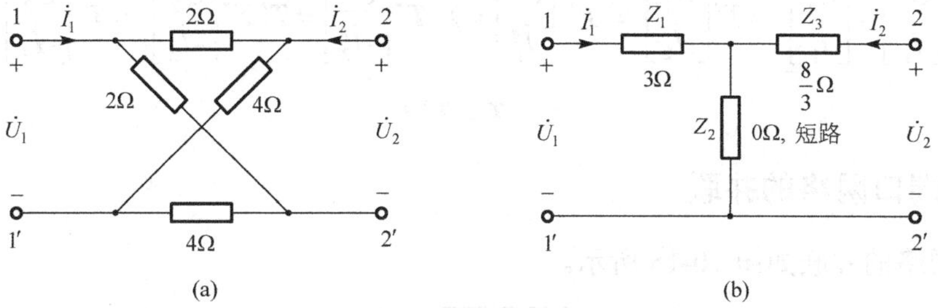


图 10-13 例 10-5 电路图

**解** （1）令 $\dot{I}_2=0$，则

$$\begin{cases}\dot{U}_1=[(4+2)//(4+2)]\times\dot{I}_1=3\dot{I}_1\\ \dot{U}_2=\dfrac{4}{6}\dot{U}_1-\dfrac{4}{6}\dot{U}_1=0\cdot\dot{U}_1\end{cases}\Rightarrow\begin{cases}Z_{11}=3\Omega\\ Z_{21}=0\end{cases}$$

（2）令 $\dot{I}_1=0$，则

$$\begin{cases}\dot{U}_2=[(2+2)//(4+4)]\times\dot{I}_2=\dfrac{8}{3}\dot{I}_2\\ \dot{U}_1=\dfrac{1}{2}\dot{U}_2-\dfrac{1}{2}\dot{U}_2=0\cdot\dot{U}_2\end{cases}\Rightarrow\begin{cases}Z_{12}=0\\ Z_{22}=\dfrac{8}{3}\Omega\end{cases}$$

# 10.4 二端口网络的连接

实现一个复杂的二端口，可以用简单的二端口作为“积木块”，把它们按一定方式连接成为具有所需特性的二端口。

## 10.4.1 二端口网络的级联

无源二端口 $P_1$ 和 $P_2$ 级联方式连接构成复合二端口，如图 10-14 所示。

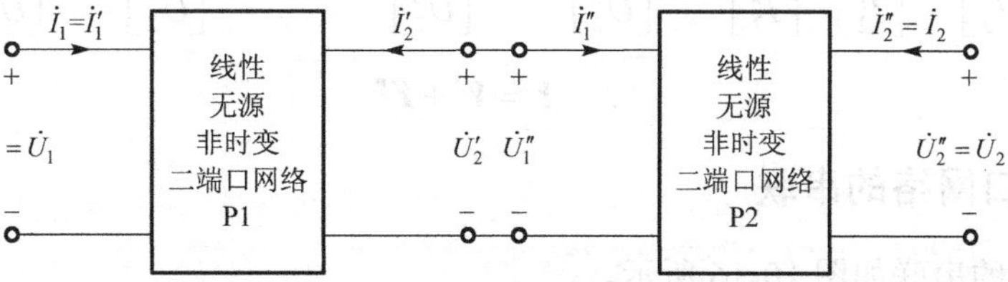


图 10-14 二端口网络的级联

$P_1$ 和 $P_2$ 的 $T$ 参数分别为 $\boldsymbol{T}'=\begin{bmatrix}A' & B'\\ C' & D'\end{bmatrix}$，$\boldsymbol{T}''=\begin{bmatrix}A'' & B''\\ C'' & D''\end{bmatrix}$

即
$$\begin{bmatrix}\dot{U}_1'\\\dot{I}_1'\end{bmatrix}=\begin{bmatrix}A' & B'\\C' & D'\end{bmatrix}\begin{bmatrix}\dot{U}_2'\\-\dot{I}_2'\end{bmatrix}=\boldsymbol{T}'\begin{bmatrix}\dot{U}_2'\\-\dot{I}_2'\end{bmatrix},$$

$$\begin{bmatrix}\dot{U}_1''\\\dot{I}_1''\end{bmatrix}=\begin{bmatrix}A'' & B''\\C'' & D''\end{bmatrix}\begin{bmatrix}\dot{U}_2''\\-\dot{I}_2''\end{bmatrix}=\boldsymbol{T}''\begin{bmatrix}\dot{U}_2''\\-\dot{I}_2''\end{bmatrix}$$

$$\begin{bmatrix}\dot{U}_1\\\dot{I}_1\end{bmatrix}=\begin{bmatrix}\dot{U}_1'\\\dot{I}_1'\end{bmatrix}=\boldsymbol{T}'\begin{bmatrix}\dot{U}_2'\\-\dot{I}_2\end{bmatrix}=\boldsymbol{T}'\begin{bmatrix}\dot{U}_1''\\\dot{I}_1''\end{bmatrix}=\boldsymbol{T}'\boldsymbol{T}''\begin{bmatrix}\dot{U}_2''\\-\dot{I}_2''\end{bmatrix}=\boldsymbol{T}'\boldsymbol{T}''\begin{bmatrix}\dot{U}_2\\-\dot{I}_2\end{bmatrix}=\boldsymbol{T}\begin{bmatrix}\dot{U}_2\\-\dot{I}_2\end{bmatrix}$$

$$\therefore\quad \boldsymbol{T}=\boldsymbol{T}'\boldsymbol{T}''$$

### 10.4.2 二端口网络的并联

二端口网络的并联如图 10-15 所示。

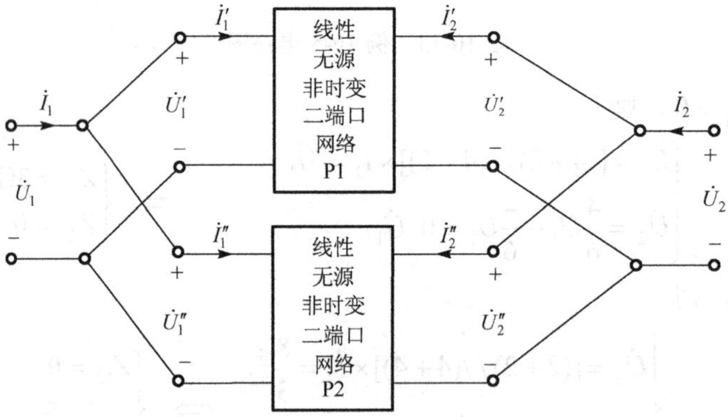


图 10-15 二端口网络的并联

$P_1$和$P_2$的$Y$参数分别为 $\boldsymbol{Y}'=\begin{bmatrix}Y_{11}' & Y_{12}'\\Y_{21}' & Y_{22}'\end{bmatrix}$，$\boldsymbol{Y}''=\begin{bmatrix}Y_{11}'' & Y_{12}''\\Y_{21}'' & Y_{22}''\end{bmatrix}$

即
$$\begin{bmatrix}\dot{I}_1'\\\dot{I}_2'\end{bmatrix}=\begin{bmatrix}Y_{11}' & Y_{12}'\\Y_{21}' & Y_{22}'\end{bmatrix}\begin{bmatrix}\dot{U}_1'\\\dot{U}_2'\end{bmatrix}=\boldsymbol{Y}'\begin{bmatrix}\dot{U}_1'\\\dot{U}_2'\end{bmatrix},$$

$$\begin{bmatrix}\dot{I}_1''\\\dot{I}_2''\end{bmatrix}=\begin{bmatrix}Y_{11}'' & Y_{12}''\\Y_{21}'' & Y_{22}''\end{bmatrix}\begin{bmatrix}\dot{U}_1''\\\dot{U}_2''\end{bmatrix}=\boldsymbol{Y}''\begin{bmatrix}\dot{U}_1''\\\dot{U}_2''\end{bmatrix}$$

$$\begin{bmatrix}\dot{I}_1\\\dot{I}_2\end{bmatrix}=\begin{bmatrix}\dot{I}_1'\\\dot{I}_2'\end{bmatrix}+\begin{bmatrix}\dot{I}_1''\\\dot{I}_2''\end{bmatrix}=\boldsymbol{Y}'\begin{bmatrix}\dot{U}_1'\\\dot{U}_2'\end{bmatrix}+\boldsymbol{Y}''\begin{bmatrix}\dot{U}_1''\\\dot{U}_2''\end{bmatrix}=(\boldsymbol{Y}'+\boldsymbol{Y}'')\begin{bmatrix}\dot{U}_1\\\dot{U}_2\end{bmatrix}=\boldsymbol{Y}\begin{bmatrix}\dot{U}_1\\\dot{U}_2\end{bmatrix}$$

$$\therefore\quad \boldsymbol{Y}=\boldsymbol{Y}'+\boldsymbol{Y}''$$

### 10.4.3 二端口网络的串联

二端口网络的串联如图 10-16 所示。

$P_1$和$P_2$的$Z$参数为：

$$\because\quad \begin{bmatrix}\dot{U}_1\\\dot{U}_2\end{bmatrix}=\begin{bmatrix}\dot{U}_1'\\\dot{U}_2'\end{bmatrix}+\begin{bmatrix}\dot{U}_1''\\\dot{U}_2''\end{bmatrix}=\boldsymbol{Z}'\begin{bmatrix}\dot{I}_1'\\\dot{I}_2'\end{bmatrix}+\boldsymbol{Z}''\begin{bmatrix}\dot{I}_1''\\\dot{I}_2''\end{bmatrix}=(\boldsymbol{Z}'+\boldsymbol{Z}'')\begin{bmatrix}\dot{I}_1'\\\dot{I}_2'\end{bmatrix}=\boldsymbol{Z}\begin{bmatrix}\dot{I}_1\\\dot{I}_2\end{bmatrix}$$

$$\therefore \quad \boldsymbol{Z} = \boldsymbol{Z}' + \boldsymbol{Z}''$$

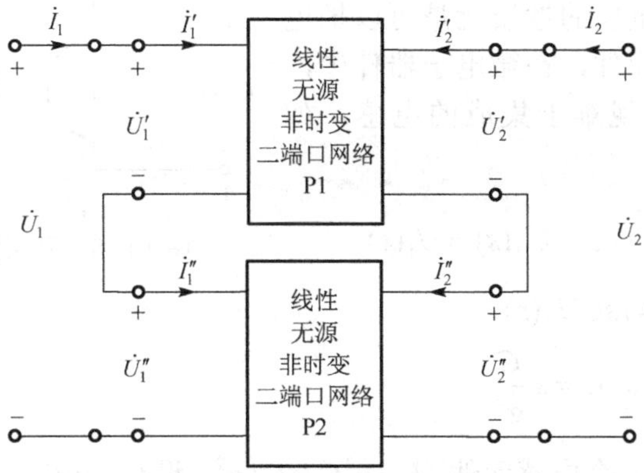


图 10-16　二端口网络的串联

# 10.5　回转器和负阻抗变换器

## 10.5.1　回转器

**回转器**（Gyrator）是一种线性非互易的多端元件，理想回转器既不消耗功率又不发出功率，它是一个无源线性元件，互易定理不适用于回转器。回转器的电路符号如图 10-17(a)所示，其等效电路如图 10-17(b)所示。

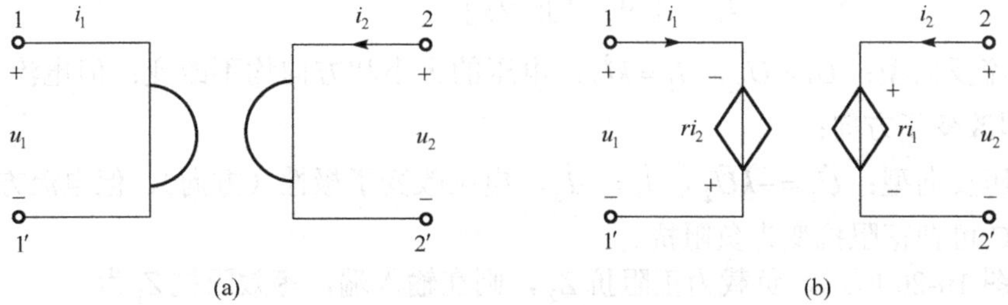

图 10-17　回转器符号及其等效电路

$$\begin{cases} u_1 = -r\, i_2 \\ u_2 = r\, i_1 \end{cases} \quad 或 \quad \begin{cases} i_1 = g u_2 \\ i_2 = -g u_1 \end{cases}$$

$$\begin{bmatrix} u_1 \\ i_1 \end{bmatrix} = \begin{bmatrix} 0 & r \\ \dfrac{1}{r} & 0 \end{bmatrix} \begin{bmatrix} u_2 \\ -i_2 \end{bmatrix} = \boldsymbol{T} \begin{bmatrix} u_2 \\ -i_2 \end{bmatrix}$$

$r$ 和 $g$ 分别称为回转电阻和回转电导，简称回转常数。

$$\begin{bmatrix} u_1 \\ u_2 \end{bmatrix} = \begin{bmatrix} 0 & -r \\ r & 0 \end{bmatrix} \begin{bmatrix} i_1 \\ i_2 \end{bmatrix} = \boldsymbol{Z} \begin{bmatrix} i_1 \\ i_2 \end{bmatrix},$$

$$\begin{bmatrix} i_1 \\ i_2 \end{bmatrix} = \begin{bmatrix} 0 & g \\ -g & 0 \end{bmatrix} \begin{bmatrix} u_1 \\ u_2 \end{bmatrix} = \boldsymbol{Y} \begin{bmatrix} u_1 \\ u_2 \end{bmatrix}$$

另外$u_1 i_1 + u_2 i_2 = -r i_2 i_1 + r i_1 i_2 = 0$

回转器的一个极其重要的性质就是可以把电容元件“回转”成电感元件，在微电子器件中，可用易于集成的电容实现难于集成的电感。如图 10-18 所示。

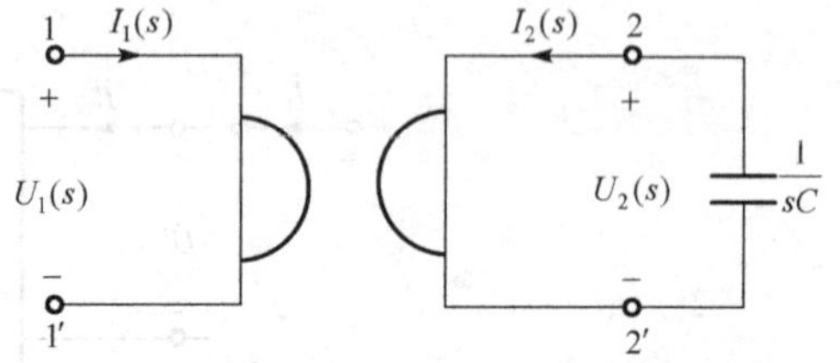


图 10-18　利用回转器进行阻抗变换

$$\because \quad U_2(s) = -\frac{1}{sC} I_2(s), \quad U_2(s) = rI_1(s)$$

$$U_1(s) = -rI_2(s) = rsCU_2(s)$$

$$\therefore \quad Z_{\text{in}}(s) = \frac{U_1(s)}{I_1(s)} = sr^2C = s\frac{C}{g^2}$$

从输入端看，相当于一个电感元件，$L = r^2C = C/g^2$，设$C = 1\mu\text{F}$, $r = 50\text{k}\Omega$，则$L = 2500\text{H}$，小电容回转成大电感。

## 10.5.2　负阻抗变换器

**负阻抗变换器**（Negative Impedance Converter, NIC）也是一个二端口，其符号如图 10-19 所示。它的特性可用$T$参数描述。

$$\begin{bmatrix} \dot{U}_1 \\ \dot{I}_1 \end{bmatrix} = \begin{bmatrix} 1 & 0 \\ 0 & -k \end{bmatrix} \begin{bmatrix} \dot{U}_2 \\ -\dot{I}_2 \end{bmatrix}，\text{电流反向型}$$

$$\begin{bmatrix} \dot{U}_1 \\ \dot{I}_1 \end{bmatrix} = \begin{bmatrix} -k & 0 \\ 0 & 1 \end{bmatrix} \begin{bmatrix} \dot{U}_2 \\ -\dot{I}_2 \end{bmatrix}，\text{电压反向型}$$

（1）电流反向型：$\dot{U}_1 = \dot{U}_2$，$\dot{I}_1 = k\dot{I}_2$，电压的大小和方向均不改变；但电流$\dot{I}_1$经传输后变为$k\dot{I}_2$，即改变了方向；

（2）电压反向型：$\dot{U}_1 = -k\dot{U}_2$，$\dot{I}_1 = -\dot{I}_2$，电压改变了极性（方向），但电流方向不变；

（3）NIC 可把正阻抗变为负阻抗。

电路如图 10-20 所示，负载为正阻抗$Z_2$，则在输入端，等效阻抗$Z_1$为

$$Z_1 = \frac{\dot{U}_1}{\dot{I}_1} = \frac{\dot{U}_2}{k\dot{I}_2} = -\frac{1}{k} Z_2$$

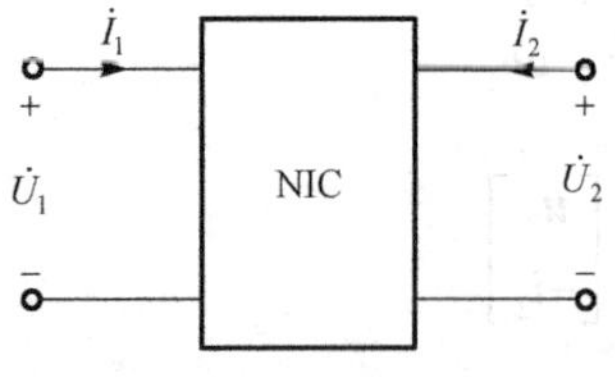

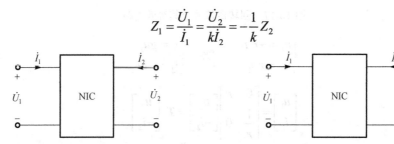

图 10-19　负阻抗变换器的符号

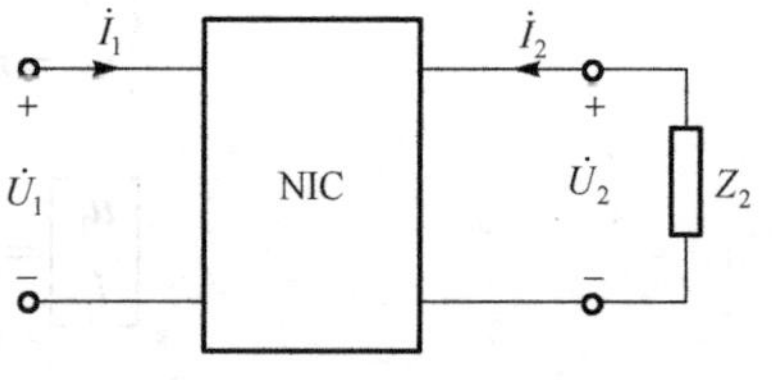


图 10-20　利用负阻抗变换器实现负阻抗

代入三种特殊阻抗，可以得到：

$$Z_2 = R,\ Z_1 = -R/k;$$

$$Z_2 = \text{j}\omega L,\ Z_1 = -\text{j}\omega L/k;$$

$$Z_2 = 1/\text{j}\omega C,\ Z_1 = -1/\text{j}\omega Ck = \text{j}/\omega Ck$$

输入阻抗 $Z_1$ 是负载阻抗 $Z_2$（乘以 $1/k$）的负值，这个二端口有把一个正阻抗变为负阻抗的本领。

# 习　题　10

## 10.1　二端口网络及其方程

10-1　你同意下面的论断吗：

（1）具有四个引出端的网络都是二端口网络。

（2）二端口网络一定是四端网络，但四端网络不一定是二端口网络。

（3）三端元件一般均可以用二端网络理论进行研究。

（4）二端网络内部总是连通的。

## 10.2　二端口网络的方程及参数

10-2　如题 10-2 图所示各二端口网络都有 $Z$，$Y$ 参数吗？如果有，求出 $Z$，$Y$ 参数矩阵；如果没有，说明原因。

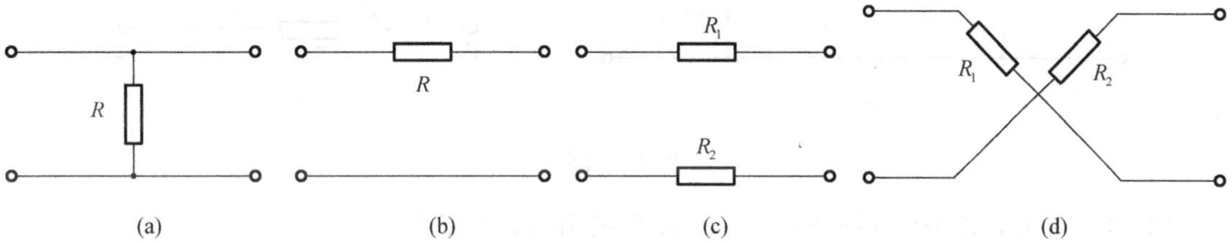


题 10-2 图

10-3　如题 10-3 图所示二端口网络，求 $Z$ 参数矩阵。

10-4　如题 10-4 图所示二端口网络，求 $Y$ 参数矩阵。

10-5　如题 10-5 图所示二端口网络，求 $T$ 、$H$ 参数矩阵。

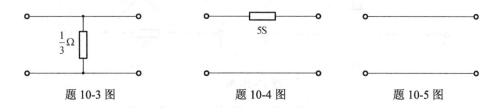

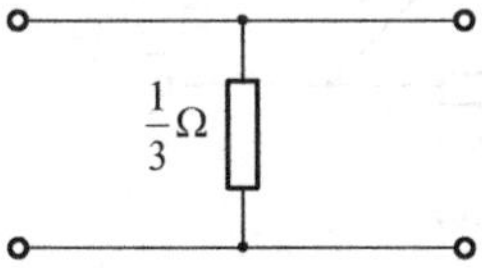


题 10-3 图

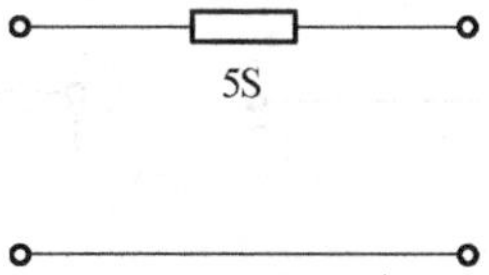


题 10-4 图

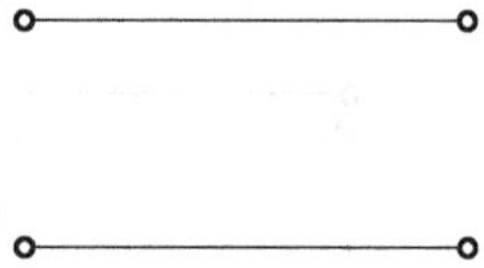

题 10-5 图

10-6　如题 10-6 图所示二端口网络，求 $Z$ 参数矩阵。

10-7　如题 10-7 图所示二端口网络，求 $H$ 参数矩阵。

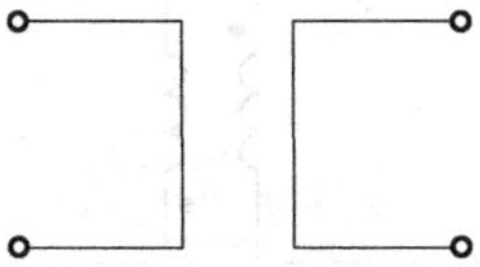

题 10-6 图

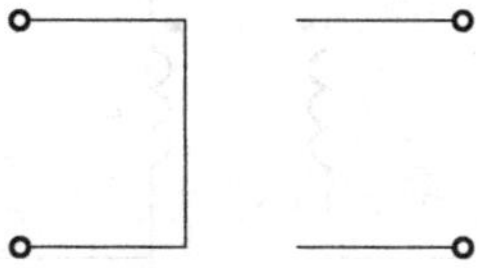

题 10-7 图

10-8　电路如题 10-8 图所示，求二端口网络的 $Z$ 参数矩阵。

10-9　电路如题 10-9 图所示，求二端口网络的 $Y$ 参数矩阵。

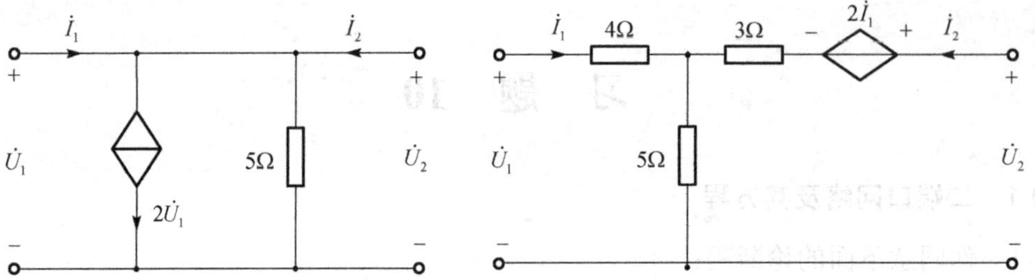


(a)　　　　(b)

题 10-8 图

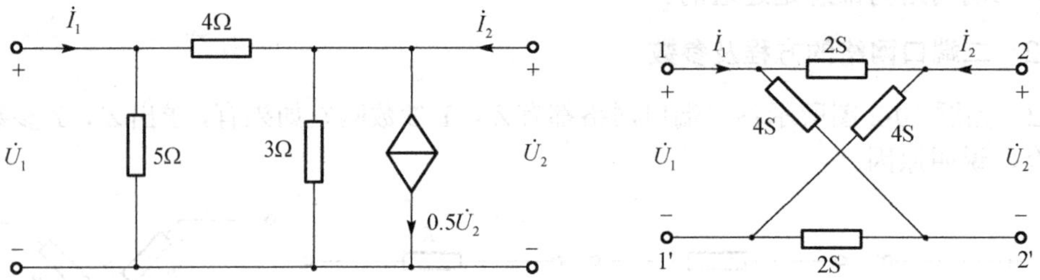


(a)　　　　(b)

题 10-9 图

10-10　电路如题 10-10 图所示，求二端口网络的 $Z$ 参数矩阵。

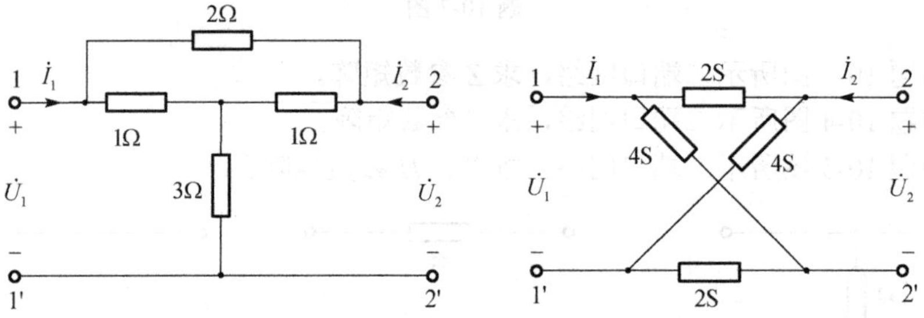


(a)　　　　(b)

题 10-10 图

10-11　电路如题 10-11 图所示，求二端口网络的 $T$ 、 $H$ 参数矩阵。

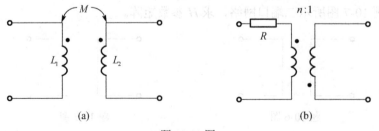

(a)　　　　(b)

题 10-11 图

10-12　电路如题 10-12 图所示，求双 $T$ 电路的 $Y$ 参数矩阵。

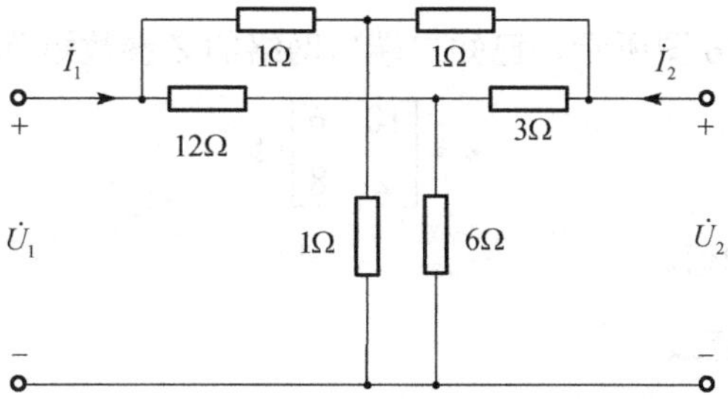


题 10-12 图

10-13　电路如题 10-13 图所示，已知二端口网络 $N_0$ 的 $T$ 参数矩阵为

$$\boldsymbol{T}=\begin{bmatrix} A & B \\ C & D \end{bmatrix}$$

分别求题 10-13 图所示两个二端口网络的 $T$ 参数矩阵。

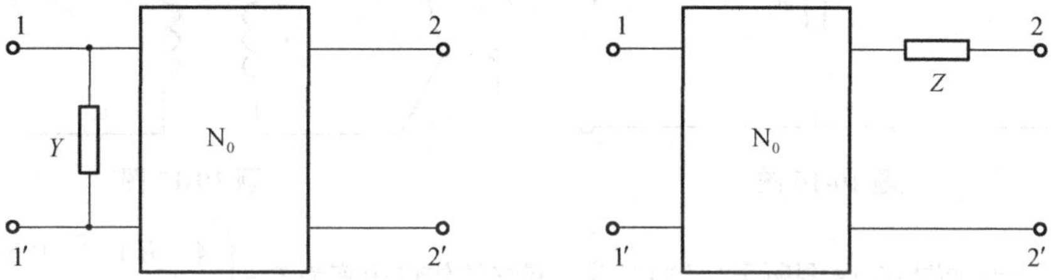


(a)　　(b)

题 10-13 图

10-14　电路如题 10-14 图所示，已知二端口网络中 $N_0$ 的 $Z$ 参数矩阵为

$$\boldsymbol{Z}=\begin{bmatrix} 2 & 3 \\ 3 & 3 \end{bmatrix}\Omega$$

求 $\dfrac{U_2}{U_s}$ 值。

10-15　电路如题 10-15 图所示，已知二端口网络中 $N_0$ 的 $Y$ 参数矩阵为

$$\boldsymbol{Y}=\begin{bmatrix} 3 & -1 \\ 20 & 2 \end{bmatrix}\text{S}$$

求 $\dfrac{U_2}{U_s}$ 值。

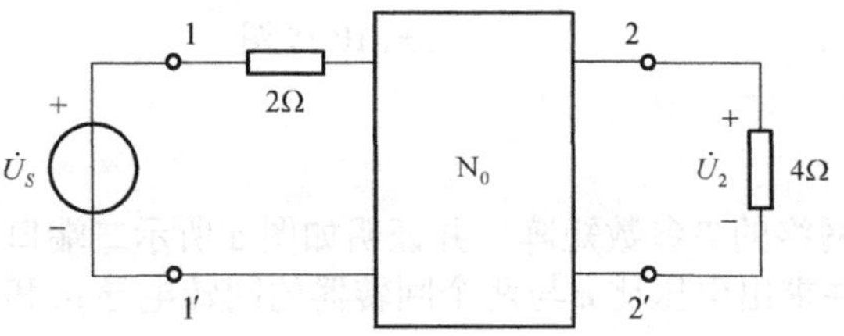


题 10-14 图

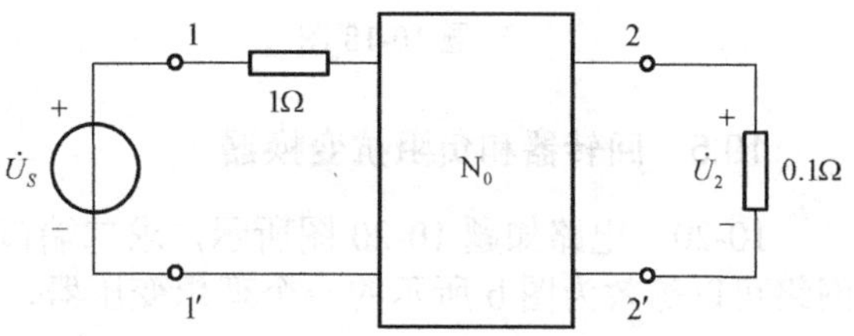


题 10-15 图

## 10.3 二端口网络的等效电路

10-16　电路如题 10-16 图所示，已知二端口网络的 $Z$ 参数矩阵为

$$\boldsymbol{Z}=\begin{bmatrix}10 & 6\\ 2 & 8\end{bmatrix}\Omega$$

求 $R_1$、$R_2$、$R_3$、$r$ 的值。

## 10.4 二端口网络的连接

10-17　电路如题 10-17 图所示，求网络的 $Y$ 参数矩阵。图中变压器是理想变压器，$R=1\Omega$。

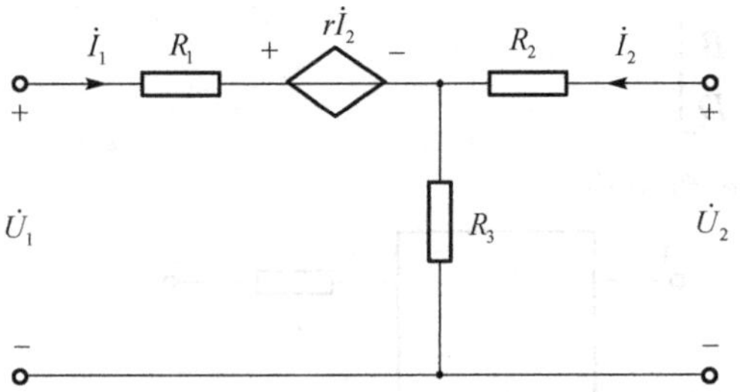

题 10-16 图

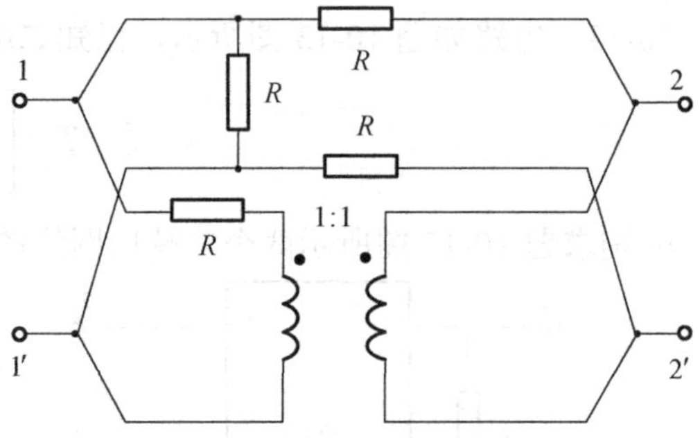

题 10-17 图

10-18　电路如题 10-18 图所示，已知二端口网络的传输矩阵为 $\boldsymbol{T}=\begin{bmatrix}A & B\\ C & D\end{bmatrix}=\begin{bmatrix}0.5 & \mathrm{j}25\Omega\\ \mathrm{j}0.02\mathrm{S} & 1\end{bmatrix}$，正弦电流源 $\dot{I}_s=1\mathrm{A}$，问负载阻抗 $Z_L$ 为何值时，它将获得最大的功率？并求此最大功率。

10-19　某线性无源电阻二端口网络（如题 10-19 图所示）的 $Z$ 参数矩阵为

$$\boldsymbol{Z}=\begin{bmatrix}2 & 3\\ 4 & 8\end{bmatrix}\Omega$$

当端口 $1-1'$ 处连接电压为 5V 的直流电压源、端口 $2-2'$ 处连接负载电阻 $R$ 时，调节 $R$ 使其获得最大功率，求这一最大功率？

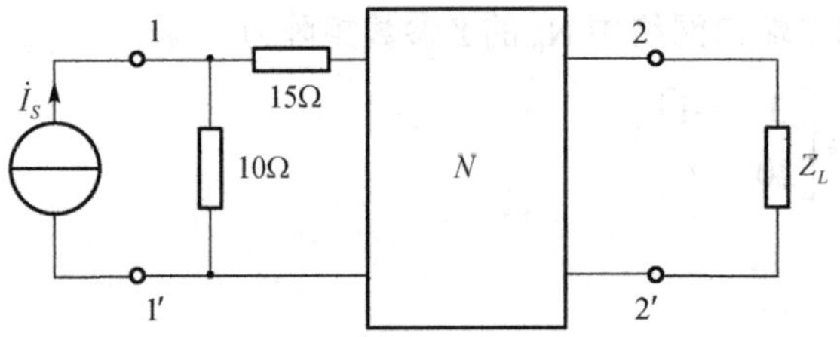

题 10-18 图

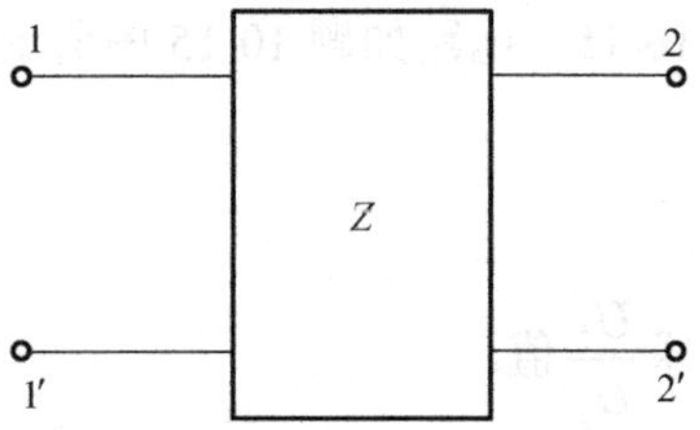

题 10-19 图

## 10.5 回转器和负阻抗变换器

10-20　电路如题 10-20 图所示，求二端口网络的 $T$ 参数矩阵。并证明如图 a 所示二端口网络可以等效为图 b 所示的一个理想变压器，并求出电压比 $n$ 与两个回转器的回转电导 $g_1$ 和 $g_2$ 的关系。

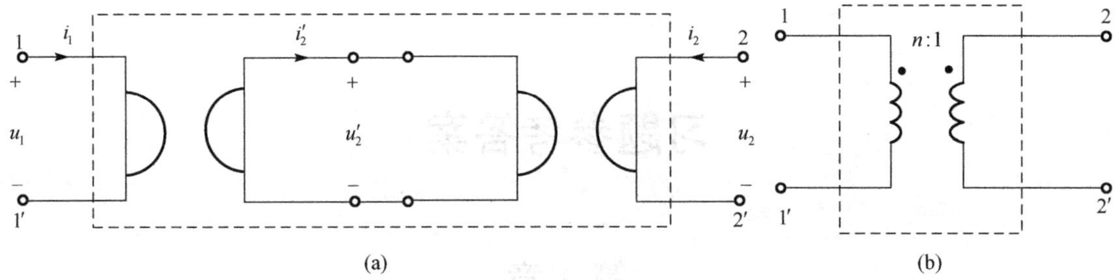


题 10-20 图

10-21　试说明如题 10-21 图所示二端口网络具有负阻抗变换器的性质。

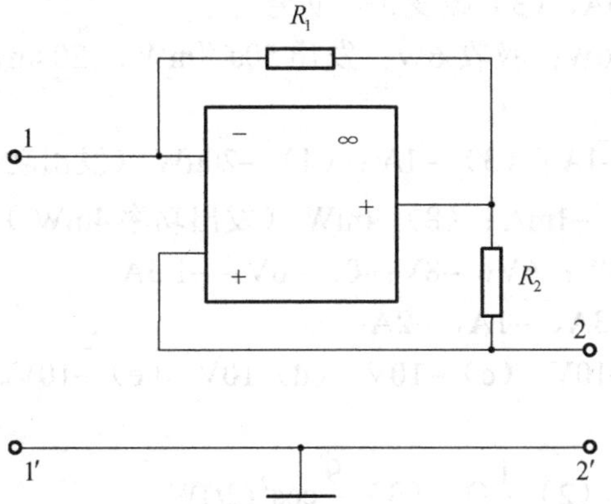


题 10-21 图

# 习题参考答案

## 第1章

1-1　–1A，0，1A

1-2　（1）5A，（2）–5A，（3）改变正、负号

1-3　发出 2W；吸收 6W；吸收 6W；发出 $50e^{-2t}$mW；$20\sin t$ mW，$p>0$吸收，$p<0$发出。

1-4　（1）10V；（2）–1A；（3）–1A；（4）–20μW（发出功率 20μW）；（5）–1A；（6）–10V；（7）–1mA；（8）4mW（发出功率 4mW）

1-5　0；10V；4V；20V；6V；–8V；0；–6V；–1.5A

1-6　6V、3V、–9V、3A、–1A、–2A

1-7　（a）10V　（b）–10V　（c）–10V　（d）10V　（e）–10V、80V、–70V

1-8　15.8mA

1-9　（1）$\frac{7}{4}\cos(2t)$A，（2）$\frac{1}{3}\Omega$，（3）$\frac{9}{5}\cos^2(2t)$W

1-10　（1）$-0.1\sin(1000t)$A，（2）$-10e^{-100t}$V

1-11　（1）$15e^{-10^4 t}$V，（2）15V

1-12　$(1-t)e^{-t}$A　$(t-2)e^{-t}$V

1-13　–10V，任意

1-14　–1A　任意

1-15　–20W，–4W

1-16　（1）14V　3.5V，（2）7V　7V

1-17　$16\times10^{-2}$W

1-18　5kΩ　5V 电压源　10V 电压源　2.5mA 电流源

1-19　（1）错误　（2）正确　（3）正确

1-20　不可能

1-21　（1）$i=5$A；（2）略；（3）$u_1=8$V，$u_2=-10$V，$u_3=18$V

1-22　（2）不能确定（3）$u_1=15$V　$u_5=11$V　$u_4=\pm6$V

1-23　略

1-24　90V　1A

1-25　–1A　0.5W　1W　0.5W　–4W　2W

1-26　–18V　12Ω

1-27　22V　–1A　–22W

1-28　–3A　–3V　15W

1-29　–30W

1-30　20W　100W　80W　−260W　−20W　80W

1-31　（a）4.4Ω（b）3Ω（c）1.5Ω（d）0.5Ω

1-32　2V　40V

1-33　（1）4k、3k 串联支路短路；（2）−4V 极性接反

1-34　−5V、−5/3A，3V、1A，1V、1A，50V、20mA，32V、20/3A，2V、1A

1-35　6V，2V，0；4V，0，−2V；160V，205V，0

1-36　（1）$u_2 = u_1 - R_1 i_1 \quad i_2 = i_1 - \dfrac{u_2}{R_2}$　　（2）$u_2 = u_1 \dfrac{R_2}{R_1 + R_2}$

（3）$u_2 = u_1$　　（4）$i_2 = i_1$，$i_2 = i_1\left(1 + \dfrac{R_1}{R_2}\right)$

1-37　（1）$u_2 = 66.67\text{V}$，$i_2 = i_3 = 8.333\text{mA}$　（2）$u_2 = 80\text{V}$，$i_2 = 10\text{mA}$，$i_3 = 0$

（3）$u_2 = 0$，　$i_2 = 0$，$i_3 = 50\text{mA}$

1-38　（1）$u_o = 38.7\text{V}$；（2）$u_{ot} = 40\text{V}$；（3）$\delta(\%) = -3.1\%$

1-39　略

1-40　0.125A

1-41　0.3

1-42　略

1-43　略

1-44　（a）$(1-\mu)R_1 + R_2$　（b）$R_1 + (1+\beta)R_2$

1-45　（a）$\dfrac{R_1}{1+\beta} // R_2$　（b）$\dfrac{R_1}{1-\mu} // R_3$

1-46　0.4Ω

# 第 2 章

2-1　8V，1A

2-2　11A　4A

2-3　（a）10V　（b）$\dfrac{26}{21}$V 略

2-4　21V

2-5　2A

2-6　25.6W

2-7　63.1V

2-8　148V　178W

2-9　（a）2A，−1A，3A，2A　（b）1.891A，1.240A，0.652A，2.261A，−1.609A

2-10　32V

2-11　11V，−11V

2-12　11Ω，6Ω

2-13　3A，−3V

2-14 20mA，–80mW

2-15 3.75V

2-16 672W

2-17 5mW，–6mW，9mW，–4.5mW，–5.625mW

2-18 –3.5mA

2-19 $U_0 = 276.25V$

2-20 3A，–1.02A

2-21 （1）2A，45V （2）2.2V

2-22 2A

2-23 10.5A 31.3A –34.3V –25.7V

2-24 4A

2-25 （1）150V （2）160V

2-26 190mA

2-27 略

2-28 0.2A 4.8V

2-29 （1）10V，4.3Ω

2-30 1.5mA –70V

2-31 90V

2-32 $u_{oc} = 10V, R_{eq} = 0.3\Omega$

2-33 （注意：戴维南等效电路就是实际电压源模型，即电压源与电阻串联）

（a）15V、14Ω（b）6V、16Ω（c）0V、7Ω

2-34 （a）5V，0；（b）7.5A，0.

2-35 0，192.3Ω

2-36 1A

2-37 1.5A 30Ω

2-38 0.5A $\frac{40}{6-\alpha}\Omega$

2-39 $-\frac{10}{9}V$ 22.22kΩ

2-40 16Ω 1.56W 5V

2-41 4Ω，2.25W

2-42 3Ω 1.2kW 3 kW 800 W

# 第 3 章

3-1 5V

3-2 –8V

3-3 $R_1 = \frac{10}{3}k\Omega$，$R_2 = 50k\Omega$

3-4 略

3-5 $\dfrac{-R_2R_3(R_4+R_5)}{R_1(R_2R_4+R_2R_5+R_3R_4)}$

3-6 $\dfrac{-R_2R_4}{R_1R_2+R_2R_3+R_3R_1}$

3-7 略

3-8 $u_o=\dfrac{(G_3+G_4)G_1u_{S1}+(G_1+G_2)G_3u_{S2}}{G_1G_4-G_2G_3}$

3-9 略

# 第 4 章

4-1 （a） $u_C(0_+)=-10\text{V}$， $i_C(0_+)=-1.5\text{A}$， $u_R(0_+)=-15\text{V}$

（b） $i_L(0_+)=1\text{A}$， $u_R(0_+)=5\text{V}$， $i_R(0_+)=1\text{A}$

4-2 （a） $u_{C1}(0_+)=10\text{V}$， $u_{C2}(0_+)=5\text{V}$， $i_1(0_+)=\frac{7}{3}\text{A}$， $i_2(0_+)=\frac{4}{3}\text{A}$， $i_3(0_+)=1\text{A}$， $u_{R1}(0_+)=7\text{V}$， $u_{R2}(0_+)=8\text{V}$， $u_{R3}(0_+)=3\text{V}$ （b） $i_L(0_+)=1.2\text{A}$， $u_{R1}(0_+)=60\text{V}$， $u_{R2}(0_+)=18\text{V}$， $u_{R3}(0_+)=36\text{V}$， $u_L(0_+)=-54\text{V}$ （c） $u_C(0_+)=15\text{V}$， $i(0_+)=\frac{1}{6}\text{A}$， $u_{R1}(0_+)=\frac{5}{6}\text{V}$， $u_{R2}(0_+)=\frac{25}{6}\text{V}$ （d） $u_C(0_+)=20\text{V}$， $i(0_+)=3.33\text{A}$， $u_R(0_+)=66.6\text{V}$

4-3 $2\text{e}^{-400t}$

4-4 $192\text{e}^{-125t}\text{V}$

4-5 $10\text{e}^{-t}\text{V}$， $-10^{-5}\text{e}^{-t}\text{A}$

4-6 $-2\text{e}^{-t}\text{V}$， $-0.5\text{e}^{-t}\text{V}$

4-7 1.55s，77.5kΩ，19.05V

4-8 $1.875\text{e}^{-36t}\text{V}$

4-9 $40\,000\text{e}^{-12000t}\text{V}$

4-10 0.5H，500Ω

4-11 $10(1-\text{e}^{-t})\text{V}$， $10^{-5}\text{e}^{-t}\text{A}$

4-12 $\left(\frac{3}{4}\text{e}^{-208.3t}-\frac{1}{2}\right)\text{mA}$

4-13 −39.35V，2.02mA，4.19mA，6.21mA

4-14 （1） $\frac{3}{4}\text{e}^{-0.5t}\text{A}$ （2） $\frac{4}{3}\text{e}^{-\frac{2}{3}t}\text{A}$

4-15 $\left(4-\frac{7}{3}\text{e}^{-\frac{1}{3}t}\right)\text{A}$， $\left(3-\frac{7}{2}\text{e}^{-\frac{1}{3}t}\right)\text{A}$

4-16 $4-4\,\text{e}^{-7t}\,\text{A}$

4-17 $4\text{e}^{-2t}\text{V}, 0.04\text{e}^{-2t}\text{mA}$

4-18 $2\text{e}^{-8t}\text{A}$， $-16\text{e}^{-8t}\text{V}$

4-19　$i = 0.24(e^{-500t} - e^{-1000t})A$

4-20　$i(t) = -e^{-\frac{1}{5}t}A$

4-21　$-60e^{-4t}V$

4-22　$(0.5 + 0.3e^{-t})A, t \geqslant 0$

4-23　$(10 - 5e^{-500t})mA, t \geqslant 0$

4-24　$4\Omega$，$4\Omega$，0.25F，（$2.5-2.5e^{-2t}$）V

4-25　$3\varepsilon(t-1) - 5\varepsilon(t-3) + 2\varepsilon(t-4)$

4-26　$4(1 - e^{-100t})\varepsilon(t)A$，$\left(2 - \frac{8}{3}e^{-100t}\right)\varepsilon(t)A$

4-27　$(1 - e^{-2t})\varepsilon(t)V$，$\frac{1}{5}e^{-2t}\varepsilon(t)A$

4-28　$e^{-\frac{1}{2}t}\left[K_1\cos\left(\frac{\sqrt{3}}{2}t\right) + K_2\sin\left(\frac{\sqrt{3}}{2}t\right)\right]$

$e^{-\frac{1}{2}t}\left[K_1\cos\left(\frac{1}{2}t\right) + K_2\sin\left(\frac{1}{2}t\right)\right]$

$e^{-\frac{1}{2}t}(K_1 + K_2 t)$

# 第 5 章

5-1　（1）$6.236 - j7.080$；（2）$2.89\underline{/68.1^\circ}$；（3）$13.07\underline{/127.6^\circ}$；（4）$4.370\underline{/-101.3^\circ}$

5-2　$8 + j12.66$；$50\underline{/113^\circ}$；$0.5\underline{/-6.9^\circ}$

5-3　（1）$i = 10\cos(\omega t - 53.13^\circ)A$；（2）$u = 10\cos(\omega t - 90^\circ)V$

5-4　（1）$\dot{U} = 220\underline{/-38^\circ}V$；（2）$\dot{I} = 5\sqrt{2}\underline{/50^\circ}A$

5-5　$V_2 = 80V$

5-6　$U_S = 25V$

5-7　$\sqrt{2}\underline{/-45^\circ}V$

5-8　$R = 30\Omega$、$C = 79.62\mu F$

5-9　$u_S(t) = 35.5\sqrt{2}\cos(500t + 58.9^\circ)V$

5-10　（1）$(1 - j2)\Omega$；$(0.2 + j0.4)S$；（2）$(2 - j1)\Omega$；$(0.4 + j0.2)S$；（3）$40\Omega$；0.025S

（4）$j\omega L - r$；$1/(j\omega L - r)$

5-11　$u_C = 2U\cos(t - 45^\circ)V$

5-12　$\dot{U}_{abm} = 25.25\underline{/26.56^\circ}V$；$2.53\underline{/-63.44^\circ}A$；$1.26\underline{/116.56^\circ}A$；$1.26\underline{/-63.44^\circ}A$

5-13　$i = 16\cos(3000t - 36.9^\circ)mA$、$i_C = 11.3\cos(3000t + 98.1^\circ)mA$、

$i_L = 25.3\cos(3000t - 55.3^\circ)mA$

5-14　$u_{ab} = 9.9\sqrt{2}\cos(400t + 78.7^\circ)V$

5-15　（1）$U = 300V$，$I = 5A$，$\varphi = 10^\circ - (-45^\circ) = 55^\circ$，故呈感性；

（2）$\lambda = \cos\varphi = \cos 55^\circ = 0.5736$，$P = UI\cos\varphi = 300 \times 5 \times 0.5736 = 860.4W$

5-16　20mW，10mW，0，－30mW

5-17　$P=1890\text{W}$，$Q=367\,\text{var}$，$S=1925.3\text{VA}$

5-18　$P=3000\text{W}$，$S=5000\text{VA}$，$\lambda$略

5-19　（1）$P=75\text{W}$；$Q=8.33\text{var}$；$S=75.46\text{VA}$；$\lambda=0.994$（2）略

5-20　$\bar{S}=(500-\text{j}1500)\,\text{VA}$

5-21　$U_1=36.6\text{V}$

5-22　结点①：$\left(\frac{1}{5}+\text{j}\frac{1}{5}\right)\dot{U}_1-\text{j}\frac{1}{10}\dot{U}_2=1$；结点②：$-\text{j}\frac{1}{10}\dot{U}_1+\left(\frac{1}{10}-\text{j}\frac{1}{10}\right)\dot{U}_2=\text{j}\frac{1}{2}$

5-23　$\dot{I}_1=6.33\underline{/71.57^\circ}\,\text{A}$

5-24　$\dot{U}_2=34.4\underline{/23.6^\circ}\,\text{V}$，$\dot{I}_2$略

5-25　$\dot{U}_{\text{oc}}=124\underline{/29.7^\circ}\,\text{V}$，$Z_{\text{eq}}=124\underline{/29.7^\circ}\,\Omega$。

5-26　$\dot{U}_{\text{oc}}=40\sqrt{2}\underline{/-135^\circ}\,\text{V}$，$Z_{\text{eq}}=22.36\underline{/153.43^\circ}\,\Omega$。

5-27　$\dot{U}_1=81.923\underline{/35^\circ}\,\text{V}$，$\dot{U}_{\text{oc}}=57.36\underline{/-55^\circ}\,\text{V}$，短路电流法求得$\dot{I}_{\text{sc}}=7\underline{/0^\circ}\,\text{A}$，故$Z_{\text{eq}}=8.19\underline{/-55^\circ}\,\Omega$。

5-28　（1）$\dot{U}_{\text{oc}}=8.78\underline{/-110.67^\circ}\,\text{V}$，$Z_{\text{eq}}=(2.44-\text{j}1.49)\text{k}\Omega$；（2）不再有效；

（3）$u=6.85\cos(120\pi t-141.17^\circ)\,\text{V}$

5-29　$\dot{I}_2=\dot{I}_2'+\dot{I}_2''=2.31\underline{/30^\circ}+1.16\underline{/-135^\circ}=1.23\underline{/15.9^\circ}\,\text{A}$

5-30　6A

5-31　1A

5-32　$\text{A}=5\sqrt{2}\text{A}$，$\text{A}_4=5\text{A}$

5-33　$\text{A}_0=10\text{A}$，$\text{V}_0=100\sqrt{2}\text{V}$

5-34　$\dot{U}_{\text{oc}}=240\underline{/53.13^\circ}\,\text{V}$，$Z_{\text{eq}}=48\underline{/53.13^\circ}\,\Omega$，当$Z_{\text{L}}=Z_{\text{eq}}^*=48\underline{/-53.13^\circ}\,\Omega$时，$P_{\max}=500\text{W}$

5-35　（1）$Z_{\text{eq}}=2.83\underline{/-45^\circ}\,\text{k}\Omega$，11.25W；（2）9.32W

5-36　$Z_{\text{eq}}=4\sqrt{2}\underline{/45^\circ}\,\Omega$，当$Z_{\text{L}}=Z_{\text{eq}}^*=4\sqrt{2}\underline{/-45^\circ}\,\Omega$时，$P_{\max}=U_{\text{oc}}^2/4R_{\text{eq}}=25\text{W}$

5-37　$\dot{U}_{\text{oc}}=20\sqrt{2}\underline{/90^\circ}\,\text{V}$，$Z_{\text{eq}}=(2+\text{j}4)\Omega$，当$Z_{\text{L}}=Z_{\text{eq}}^*=(2-\text{j}4)\Omega$时，

$P_{\max}=U_{\text{oc}}^2/4R_{\text{eq}}=100\text{W}$

5-38　125Ω，62.5mH；15.6W

5-39　$\omega=1000\,\text{rad/s}$，$I_C=0.2\text{A}$，$P_R=40\text{W}$（提示：RC串联部分功率最大，即电阻部分功率最大，当且仅当在$I_{\text{C}}$最大时。设$Z_1=R\,\|\,\frac{1}{\text{j}\omega C}$，$Z_2=R+\frac{1}{\text{j}\omega C}$，将$\dot{I}_{\text{C}}$表示成含$\dot{I}_{\text{S}}$、$Z_1$和$Z_2$的形式，讨论$\dot{I}_{\text{C}}$）。

# 第6章

6-1　$\frac{\dot{U}_2}{\dot{U}_1}=\frac{1}{4(1+\text{j}\omega)}$，$\frac{\dot{I}_1}{\dot{U}_1}=\frac{1+\text{j}2\omega}{4(1+\text{j}\omega)}$

6-2 $H(\mathrm{j}\omega)=\frac{\dot{U}_2}{\dot{U}_S}=\frac{-2\omega^2}{3\omega^2-\mathrm{j}4\omega+1}$。

6-3 $f_1=f_0-\frac{\mathrm{BW}}{2}=10^4-50=9950\mathrm{Hz}$，$f_2=f_0+\frac{\mathrm{BW}}{2}=10^4+50=10050\mathrm{Hz}$

6-4 （1）$\omega_0=10^6\ \mathrm{rad/s}$、$Q=20$、$\mathrm{BW}=5\times10^4\ \mathrm{rad/s}$；（2）$1.622\times10^5\mathrm{Hz}$，$1.561\times10^5\mathrm{Hz}$。

6-5 $R=100\Omega$、$L=1\mathrm{H}$ 和 $\mathrm{C=1\mu F}$

6-6 （1）$R=503\Omega$、$C=0.103\mu\mathrm{F}$ 和 $Q=3.5$；（2）1.07W，0.535W；（3）$U_L=U_C=81.2\mathrm{V}$

6-7 （1）$f_0=2.25\mathrm{MHz}$；（2）$U_C=50\sqrt{2}\ \mathrm{mV}$；（3）$\mathrm{BW}=2\times10^5\ \mathrm{rad/s}$

6-8 $L=12.43\mu\mathrm{H}$、$f_0=2.26\mathrm{MHz}$、$U_L=352.6\mathrm{mV}$

6-9 （1）$L=20\mathrm{mH}$，$Q=50$；

（2）$\dot{I}=10\underline{/15^\circ}\ \mathrm{A}$，$\dot{U}_L=500\underline{/105^\circ}\ \mathrm{V}$，$\dot{U}_R=10\underline{/15^\circ}\ \mathrm{V}$，$\dot{U}_C=500\underline{/-75^\circ}\ \mathrm{V}$

6-10 （1）$C=0.1\mu\mathrm{F}$；（2）$i=0.2\sqrt{2}\cos(5000t)\mathrm{A}$，$u_L=400\sqrt{2}\cos(5000t+90^\circ)\mathrm{V}$，

$u_C=400\sqrt{2}\cos(5000t-90^\circ)\mathrm{V}$

6-11 （1）短路：$\omega_0=\frac{1}{\sqrt{LC}}$；开路：$\omega=0$ 和 $\omega=\infty$；

（2）短路：$\omega=0$ 和 $\omega=\infty$；开路：$\omega_0=\frac{1}{\sqrt{LC}}$；

（3）短路：$\omega_{01}=\frac{1}{\sqrt{L_1C_1}}$ 和 $\omega=0$；开路：$\omega_{02}=\frac{1}{\sqrt{(L_1+L_2)C_1}}$ 和 $\omega=\infty$；

（4）短路：$\omega=\infty$ 和 $\omega_{01}=\frac{1}{\sqrt{L_1C_1}}$；开路：$\omega=0$ 和 $\omega_{02}=\frac{1}{\sqrt{L_1\frac{C_1C_2}{C_1+C_2}}}$。

6-12 $R=100\mathrm{k}\Omega$、$L=1.59\mathrm{H}$、$C=1.59\times10^{-8}\mathrm{F}$。

6-13 $R=10^5\Omega$、$L=10\mathrm{H}$、$C=0.1\mu\mathrm{F}$。

6-14 $\omega_0=\frac{R}{\sqrt{R^2LC-L^2}}=5.001\times10^6\ \mathrm{rad/s}$；$Z(\mathrm{j}\omega_0)=\frac{L}{RC}=40\Omega$

6-15 （1）$Y=\frac{1}{R}+\mathrm{j}\left[\omega C\left(1+\frac{r}{R}\right)-\frac{1}{\omega L}\right]$；

（2）$\omega_0=\frac{1}{\sqrt{LC\left(1+\frac{r}{R}\right)}}=47.673\times10^3\ \mathrm{rad/s}$，$Q=52.44$。

6-16 （1）$C=\frac{R_2^2+\omega^2L^2}{\omega^2LR_2^2}=2.5\times10^{-5}\mathrm{F}$；（2），$U=180\mathrm{V}$

6-17 $\omega_0=\sqrt{\frac{1-Rg}{LC}}=4472\ \mathrm{rad/s}$，$Q=22.36$

6-18 $R_2=7.2\Omega$，$X_L=9.6\Omega$。

6-19 $C_2=8C_1$

# 第 7 章

7-1　略

7-2　（1）$\Psi_1 = 12 + 30\cos(10t + 30^\circ) - 40e^{-5t}$Wb，$\Psi_2 = -8 - 20\cos(10t + 30^\circ) + 30e^{-5t}$Wb；

（2）$u_{11'} = -300\sin(10t + 30^\circ) + 200e^{-5t}$V，$u_{22'} = 200\sin(10t + 30^\circ) - 150e^{-5t}$V；

（3）$k = 0.943$。

7-3　（a）$u_1 = \cos t$V，$u_2 = -0.25\cos t$V；（b）$u_1 = 2\sin t$V，$u_2 = 0.5\sin t$V；

（c）$u_1 = -2e^{-2t} + 0.25e^{-t}$V，$u_2 = 0.5e^{-2t} - 0.25e^{-t}$V

7-4　$i_1 = \begin{cases} 10t & 0 \leqslant t \leqslant 1\text{s} \\ 20 - 10t & 1 \leqslant t \leqslant 2\text{s} \\ 0 & 2 \leqslant t \end{cases}$，$u_2(t) = M\dfrac{di_1}{dt} = \begin{cases} 10\text{V} & 0 \leqslant t \leqslant 1\text{s} \\ -10\text{V} & 1 \leqslant t \leqslant 2\text{s} \\ 0 & 2 \leqslant t \end{cases}$，

$$u(t) = R_1 i_1 + L\frac{di_1}{dt} = \begin{cases} 100\,t + 50\text{V} & 0 \leqslant t \leqslant 1\text{s} \\ -100\,t + 150\text{V} & 1 \leqslant t \leqslant 2\text{s} \\ 0 & 2 \leqslant t \end{cases}$$

7-5

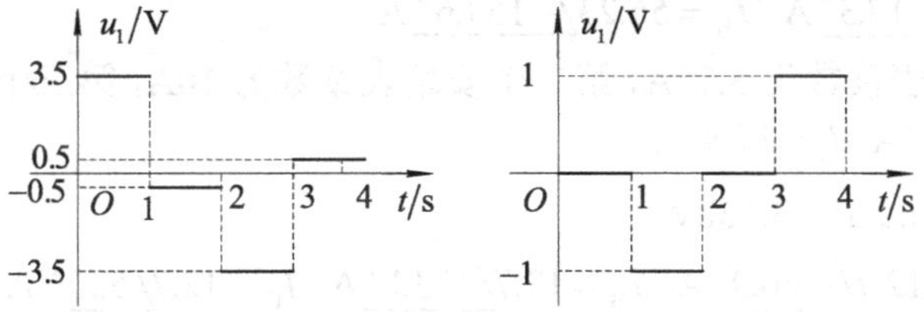


7-6　略

7-7　$M = 52.83$mH

7-8　（1）$\dot{U}_1 = 136.4\angle{-119.74^\circ}$ V，$\dot{U}_2 = 311.0\angle{22.4^\circ}$ V；（2）$C = 33.33\mu$F

7-9　（1）$\dot{I}_1 = 3.712\angle{-68.2^\circ}$ A，$\dot{U}_{ab} = 37.12\angle{21.8^\circ}$ V；

（2）$\dot{I}_1 = 4.38\angle{-57.43^\circ}$ A，$\dot{U}_{ab} = 16.26\angle{-35.63^\circ}$ V

7-10　（1）顺接$\omega_0 = 1000$rad/s，反接$\omega_0 = 2236$rad/s；

（2）顺接时，$U_1 = 8.25$V，$U_2 = 12.6$V；反接时$U_1 = 2$V，$U_2 = 9.81$V

7-11　略

7-12　开路时$\dot{U}_{IS} = \sqrt{2}\angle{45^\circ}$ V，$\dot{U}_{oc} = 10\angle{90^\circ}$ V；短路时$\dot{U}_{IS} = 1\angle{0^\circ}$ V，$\dot{U}_{sc} = 10\angle{90^\circ}$ V

7-13　（1）0.842W、0.262W；（2）1.104W

7-14　$\dot{I}_1 = 0$，$\dot{U}_2 = 32\angle{0^\circ}$ V

7-15　$2.53\angle{16.98^\circ}\,\Omega$

7-16　126.3W

7-17　$\dot{U}_{oc} = 0$，$Z_{eq} = 4\Omega$

7-18　$U_2 = 8.01$V

7-19　2.24

7-20　64.2Ω，5.62W

## 第 8 章

8-1 $I_1 = 45\sqrt{3}$A；电源相电压 $U_p = 220$V；负载相电压 $U'_p = 302$V

8-2 $I_1 = I_p = 12.2$A

8-3 （1）负载星形连接时，相电流 $\dot{I}_A = 22\underline{/-90^\circ}$ A，$\dot{I}_B = 22\underline{/150^\circ}$ A，$\dot{I}_C = 22\underline{/30^\circ}$ A，中性线电流 $\dot{I}_N = 0$；（2）负载星形连接时，相电流 $\dot{I}_{AB} = 38\underline{/-60^\circ}$ A，$\dot{I}_{BC} = 38\underline{/180^\circ}$ A，$\dot{I}_{CA} = 38\underline{/60^\circ}$ A，线电流 $\dot{I}_A = 66\underline{/-90^\circ}$ A，$\dot{I}_B = 66\underline{/150^\circ}$ A，$\dot{I}_C = 66\underline{/30^\circ}$ A

8-4 $\dot{I}_A = 3.11\underline{/-45^\circ}$ A，$\dot{I}_B = 3.11\underline{/-165^\circ}$ A，$\dot{I}_C = 3.11\underline{/75^\circ}$ A

8-5 $\dot{I}_A = 171.1\underline{/-43.2^\circ}$ A，$\dot{I}_B = 171.1\underline{/-163.2^\circ}$ A，$\dot{I}_C = 171.1\underline{/76.8^\circ}$ A；
$\dot{U}_{A'B'} = 236.9\underline{/23.7^\circ}$ V，$\dot{U}_{B'C'} = 236.9\underline{/-96.3^\circ}$ V，$\dot{U}_{C'A'} = 236.9\underline{/143.7^\circ}$ V

8-6 $\dot{I}_{A1} = 2.7\underline{/-31^\circ}$ A，$\dot{I}_{B1} = 2.7\underline{/-151^\circ}$ A，$\dot{I}_{C1} = 2.7\underline{/89^\circ}$ A；$\dot{I}_{A'B'} = 1.56\underline{/-1^\circ}$ A，$\dot{I}_{B'C'} = 1.56\underline{/-121^\circ}$ A，$\dot{I}_{C'A'} = 1.56\underline{/119^\circ}$ A

8-7 $\dot{I}_1 = 22\underline{/-20^\circ}$ A $\dot{I}_2 = 22\underline{/-140^\circ}$ A $\dot{I}_3 = 22\underline{/100^\circ}$ A；
$\dot{I}_A = 47.25\underline{/-17.3^\circ}$ A $\dot{I}_B = 56.23\underline{/-154.6^\circ}$ A

8-8 第一个安培表读数为 5.77A，第二个安培表读数为 10A，第三个安培表读数为 5.77A

8-9 （1）$I_p = 10.3$A $I_1 = 17.8$A；
（2）$I_1 = 5.96$A $P = 3.33$kW

8-10 相电流 $\dot{I}_A = 12.7\underline{/-66.9^\circ}$ A $\dot{I}_B = 12.7\underline{/173.1^\circ}$ A $\dot{I}_C = 12.7\underline{/53.1^\circ}$ A；
三相总功率 $P = 3871$W

8-11 $\dot{I}_A = 4.4\underline{/-36.87^\circ}$ A $\dot{I}_B = 5.19\underline{/-165^\circ}$ A $\dot{I}_C = 3.89\underline{/75^\circ}$ A $\dot{I}_N = 0.53\underline{/-154.38^\circ}$ A；
$P = 2187.8$W

## 第 9 章

9-1 （1）124.3V，38.7A；（2）1842.77W

9-2 $U_1 = 77.14$V，$U_3 = 63.64$V

9-3 （1）$R = 10\Omega$、$L = 31.86$mH、$C = 318.34\mu$F；（2）$-99.45^\circ$；（3）$P = 515.4$W

9-4 $i(t) = 1.2\cos(\omega_1 t + 53.1^\circ) + 0.8\cos(2\omega_1 t - 53.1^\circ)$ A

9-5 略

9-6 $i(t) = 10.2\cos(5t + 11.8^\circ) + 2.06\cos(4t + 14.9^\circ)$ A

9-7 $u(t) = 0.312\cos(t - 51.3^\circ) + 0.188\cos(3t - 72.3^\circ)$ V

9-8 1H，66.67mH

9-9 $u_1(t) = 370.34 + 55.82\sin(3\times 314t - 62.5^\circ) + 6.57\sin(6\times 314t + 88.6^\circ)$ V

9-10 $i_1(t) = 2 + 18.6\sqrt{2}\cos(\omega_1 t - 21.8^\circ) + 6.4\sqrt{2}\cos(3\omega_1 t - 20.2^\circ)$ A
$i_2(t) = 5.55\sqrt{2}\cos(\omega_1 t + 56.3^\circ) + 4.47\sqrt{2}\cos(3\omega_1 t + 56.6^\circ)$ A

$i_0(t) = 2 + 20.5\sqrt{2}\cos(\omega_1 t - 6.4^\circ) + 8.62\sqrt{2}\cos(3\omega_1 t + 10.17^\circ)$ A

$P = 2474.58$W

# 第 10 章

10-1　略

10-2　略

10-3　$\boldsymbol{Z} = \begin{bmatrix} \frac{1}{3} & \frac{1}{3} \\ \frac{1}{3} & \frac{1}{3} \end{bmatrix}\Omega$

10-4　$\boldsymbol{Y} = \begin{bmatrix} 5 & -5 \\ -5 & 5 \end{bmatrix}\mathrm{S}$

10-5　$\boldsymbol{T} = \begin{bmatrix} 1 & 0 \\ 0 & -1 \end{bmatrix}$, $\boldsymbol{H} = \begin{bmatrix} 0 & 1 \\ -1 & 0 \end{bmatrix}$

10-6　$\boldsymbol{Z} = \begin{bmatrix} 0 & 0 \\ 0 & 0 \end{bmatrix}\Omega$

10-7　$\boldsymbol{H} = \begin{bmatrix} 0 & 0 \\ 0 & 0 \end{bmatrix}$

10-8　$\boldsymbol{Z} = \begin{bmatrix} \frac{5}{11} & \frac{5}{11} \\ \frac{5}{11} & \frac{5}{11} \end{bmatrix}\Omega$, $\boldsymbol{Z} = \begin{bmatrix} 9 & 5 \\ 7 & 8 \end{bmatrix}\Omega$

10-9　$\boldsymbol{Y} = \begin{bmatrix} 0.45 & -0.25 \\ -0.25 & \frac{13}{12} \end{bmatrix}\mathrm{S}$, $\boldsymbol{Y} = \begin{bmatrix} \frac{1}{8} & -\frac{1}{28} \\ 0 & \frac{1}{7} \end{bmatrix}\mathrm{S}$

10-10　$\boldsymbol{Z} = \begin{bmatrix} \frac{15}{4} & \frac{13}{4} \\ \frac{13}{4} & \frac{15}{4} \end{bmatrix}\Omega$, $\boldsymbol{Z} = \begin{bmatrix} \frac{3}{8} & -\frac{1}{8} \\ -\frac{1}{8} & \frac{3}{8} \end{bmatrix}\Omega$

10-11　$\boldsymbol{T} = \begin{bmatrix} \frac{L_1}{M} & \mathrm{j}\omega\left(\frac{L_1 L_2}{M} - M\right) \\ \frac{1}{\mathrm{j}\omega M} & \frac{L_2}{M} \end{bmatrix}$, $\boldsymbol{H} = \begin{bmatrix} \mathrm{j}\omega\left(L_1 - \frac{M^2}{L_2}\right) & \frac{M}{L_2} \\ -\frac{M}{L_2} & \frac{1}{\mathrm{j}\omega L_2} \end{bmatrix}$, $\boldsymbol{T} = \begin{bmatrix} -n & -\frac{R}{n} \\ 0 & -\frac{1}{n} \end{bmatrix}$,

$\boldsymbol{H} = \begin{bmatrix} R & -n \\ n & 0 \end{bmatrix}$

10-12　$\boldsymbol{Y} = \begin{bmatrix} \frac{31}{42} & -\frac{8}{21} \\ -\frac{8}{21} & \frac{17}{21} \end{bmatrix}\mathrm{S}$

10-13 $\boldsymbol{T}=\begin{bmatrix} A & ZA+B \\ C & ZC+D \end{bmatrix}$

10-14 $\dfrac{U_2}{U_S}=\dfrac{12}{19}$

10-15 $\dfrac{U_2}{U_S}=-\dfrac{5}{17}$

10-16 $R_1=8\Omega,\ R_2=6\Omega,\ R_3=2\Omega,\ r=4\Omega$

10-17 $\boldsymbol{Y}=\begin{bmatrix} 2.5 & -1.5 \\ -1.5 & 1.5 \end{bmatrix}\text{S}$

10-18 当$Z_L=Z_{\text{eq}}=50\Omega$时，$P_{\max}=1\text{W}$

10-19 当$Z_L=Z_{\text{eq}}=2\Omega$时，$P_{\max}=12.5\text{W}$

10-20 $\boldsymbol{T}=\begin{bmatrix} \dfrac{g_2}{g_1} & 0 \\ 0 & \dfrac{g_1}{g_2} \end{bmatrix},\ n=\dfrac{g_2}{g_1}$

10-21 略

# 网 络 资 源

从本书第 5 章开始，同学们就进入了新的学习阶段。随着信号频率参数的引入，正弦交流电路工作状态与直流信号电路有着很大不同。为了帮助同学们学好正弦稳态电路、弄懂频率与电路工作状态之间的关系，这里向同学们推荐以下网络资源以供学习时参考。这些资源不仅对学习电路理论课程有帮助，对以后学习后续课程也是有极大帮助的。

在百度里搜索“中国通信网 深入浅出通信原理”，找到如图搜索结果：

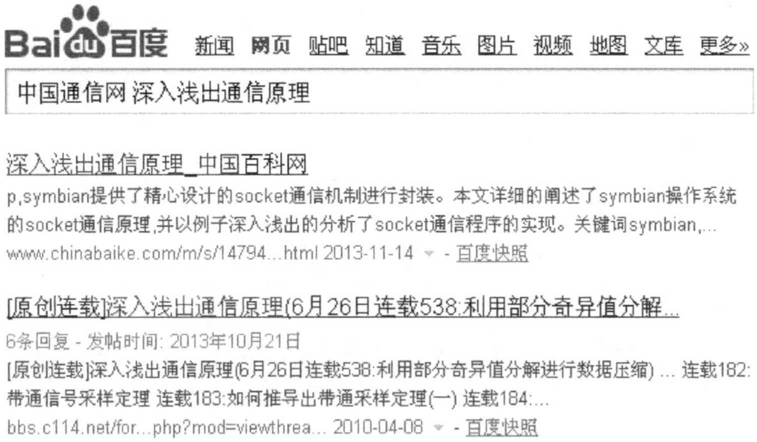

Bai百度
新闻 网页 贴吧 知道 音乐 图片 视频 地图 文库 更多»
中国通信网 深入浅出通信原理
深入浅出通信原理_中国百科网
p,symbian提供了精心设计的socket通信机制进行封装。本文详细的阐述了symbian操作系统的socket通信原理,并以例子深入浅出的分析了socket通信程序的实现。关键词symbian,...
www.chinabaike.com/m/s/14794...html 2013-11-14 - 百度快照
[原创连载]深入浅出通信原理(6月26日连载538:利用部分奇异值分解...
6条回复 - 发帖时间: 2013年10月21日
[原创连载]深入浅出通信原理(6月26日连载538:利用部分奇异值分解进行数据压缩) ... 连载182:带通信号采样定理 连载183:如何推导出带通采样定理(一) 连载184:...
bbs.c114.net/for...php?mod=viewthrea... 2010-04-08 - 百度快照


打开下面[原创连载]那个链接，可以看到打开的网页里有 3 个“连载总目录”。与本课程直接相关的是“连载总目录（三）”中的“连载 436—连载 474”。同学们可以从学习第 5 章开始，找对应相关的知识点阅读。

不仅如此，所有 538 个连载（截止到 2014 年 1 月 3 日）其实就是一部经典的专业教科书，它用通俗易懂的语言和简洁明了的配图讲解了电子通信专业核心课程的所有重要内容，涵盖“电路理论”、“信号与系统”、“数字信号处理”、“通信原理”四门课程的全部精髓。如果这些内容通读完毕、熟烂于胸，你专业知识的掌握能力和科学研究能力，将会得到极大提高，也会发现电子通信专业课也没想象的难学和枯燥。

此外，给同学们推荐几个论坛：（1）通信人家园（http://bbs.c114.net/forum-11-1.html）；（2）小木虫论坛（http://emuch.net/bbs/）；（3）考研网（http://bbs.kaoyan.com/）； “通信人家园”是电子通信专业技术、资源交流论坛，大牛不少，可能同学们在本科期间对其中很多内容和资料阅读和理解起来尚有困难，但是通过这个论坛，同学们可以了解到很多行业发展、技术创新的动态。“小木虫论坛”是综合性学术科研论坛，里面有电子通信专业版面，专门针对学术问题的探讨。“考研网”对未来有志于攻读硕士研究生的同学会有所帮助。

希望同学们能够借助网络获得更多知识，找到学习乐趣。如果在学习过程中有什么疑难问题，可以通过新浪微博留言@冰城暖风，我会尽全力答复。

2014 年 1 月于大连海事大学

# 反侵权盗版声明